计算与虚拟化技术丛书

云原生网关 Traefik

入门、进阶与实战

李 杰 ◎著

CLOUD NATIVE GATEWAY TRAEFIK
From Beginner to Advanced

图书在版编目（CIP）数据

云原生网关 Traefik：入门、进阶与实战 / 李杰著 . —北京：机械工业出版社，2023.12
（云计算与虚拟化技术丛书）

ISBN 978-7-111-74306-4

I. ①云⋯　II. ①李⋯　III. ①云计算　IV. ① TP393.C27

中国国家版本馆 CIP 数据核字（2023）第 225185 号

机械工业出版社（北京市百万庄大街 22 号　邮政编码 100037）
策划编辑：杨福川　　　　　　　责任编辑：杨福川　董惠芝
责任校对：孙明慧　张　薇　　　责任印制：刘　媛
涿州市京南印刷厂印刷
2024 年 2 月第 1 版第 1 次印刷
186mm×240mm・29.5 印张・708 千字
标准书号：ISBN 978-7-111-74306-4
定价：129.00 元

电话服务　　　　　　　　　　网络服务
客服电话：010-88361066　　机 工 官 网：www.cmpbook.com
　　　　　010-88379833　　机 工 官 博：weibo.com/cmp1952
　　　　　010-68326294　　金 书 网：www.golden-book.com
封底无防伪标均为盗版　机工教育服务网：www.cmpedu.com

自 2013 年提出以来，云原生快速发展，已经成为近年来的热门话题。企业在拥抱云原生的过程中，需要基于云原生的软件、工具和服务等构建的生态。Traefik 作为一款强大的云原生网关，为云原生应用的构建和管理提供了全新的解决方案。

最早听闻 Traefik 还是在内部的论坛上，看到有人回复 Nginx 反向代理的问题时提到，若使用 Docker 则强烈推荐使用 Traefik 替代。作为 Kubernetes、Docker 爱好者，我对此产生些许兴趣，然而当时也未对 2016 年才出来的新框架有太多关注和实战的机会。这次和李杰兄就云原生深入交流并认真读完此书，才算是对 Traefik 有了系统性认识。

该书旨在带领读者深入了解 Traefik 的核心概念、功能特性以及在实际应用中的最佳实践。内容从基础到进阶，并且结合了具体实战应用，最后更是给希望深入学习 Traefik 机制的读者进行了源码剖析。全书覆盖面极广，不单单是一本 Traefik 学习用书，更是完整理解云原生及其生态的实战指南，工程化及实操性强。

无论你是正在探索云原生技术的奇妙世界，还是希望在实际项目中深化对云原生技术特别是云原生网关 Traefik 的应用，该书都会成为你的得力助手。愿你在阅读这本书的过程中获得丰富的知识和灵感，愿 Traefik 为你的云原生旅程添彩添力。

邹飞

Google 技术总监

序　二 *Prologue*

对于写序，我认为应该从两方面着手：一方面是专业技术相关性，另一方面是自己作为作者写书的经验交流。

从专业技术相关性看，我本身是学软件的，顺应了科技时代的发展，从接触软件到学习分布式技术、大数据技术，再到转向人工智能技术。虽然这本书讲的是云原生网关 Traefik 的最佳实践，但是我们可以看到新一轮科技革命的主线是数字化、网络化、智能化。我们知道，网络互联的移动化、泛在化，信息处理的高速化、智能化，计算技术的高能化、量子化，正在改变人类的生产生活方式，重塑各国经济竞争力和全球竞争格局，改变原有国际分工的"中心 – 外围"结构。物联网、云计算、大数据等新型技术正在构建"人 – 网 – 物"互联体系和泛在智能信息网络，推动人工智能向自主学习、人机协同增强智能和基于网络的群体智能方向发展，带来众多产业的深刻变革和创新。对于我们这些人工智能从业者，看待云原生技术的视角更为独特，了解这些技术有助于动手搭建 AI 原型系统。

从写书经验看，我深刻理解写书的不容易，写书本身是对作者技术系统性的重大考验。具体到本书结构，全书分为 4 个部分，分别是基础、进阶、实战，以及核心源码解析。总体来说，结构清晰且合理。写书，每一天都会有不同的收获、思路。出版后，读者会有不同的反馈意见，大家互相帮助，共同学习，共同进步。

推荐大家阅读本书，每一本书都有作者的内心独白和技术诠释，相信会有收获。

周明耀

九三学社社员、安徽省科技厅专家咨询评审委员会委员、现任华为高级技术专家

Preface 前　言

为什么要写这本书

云原生已经成为当今软件开发和部署的重要趋势。越来越多的公司正在拥抱云原生并重塑其技术架构。在云原生架构下，微服务网格的流量管理和控制至关重要。作为微服务的前哨和流量入口，网关承担着请求路由、安全防护、流量控制等重要任务。然而，传统网关与云原生架构存在难以适应的问题，只有新型的云原生网关才能真正融入云原生架构并发挥价值。因此，市面上急需一本介绍云原生网关的实战指南。

Traefik 是一款非常优秀的云原生边缘路由器和反向代理服务器，它的模块化架构和自动配置功能大大简化了反向代理操作，使其成为微服务和容器化部署的理想选择。然而，Traefik 的强大功能和众多优点目前尚未得到国内开发者的足够重视。关于 Traefik 的中文学习资料非常稀缺，因此国内许多开发者并不了解如何使用 Traefik，导致无法充分利用其价值。同时，其他语言版本的 Traefik 资料存在一定的阅读门槛，且案例也与国内实际情况存在一定差异。因此，出版一本针对国内用户的 Traefik 中文学习指南与实战手册刻不容缓。

对于微服务开发者来说，Traefik 可以极大地减少服务间复杂的网络调用和依赖。通过自身强大的动态路由和负载均衡功能，Traefik 可以实现服务的自动注册和网络调度，从而将微服务开发者从烦琐的服务配置中解放出来。通过本书的学习，微服务开发者可以轻松地将 Traefik 与主流的 Spring Cloud、Kubernetes 等微服务平台集成，实现服务的自动发现、负载均衡、容错切换等。相比于手动配置服务网格，这将大幅降低微服务基础设施的复杂度，让微服务开发者更专注于业务创新。

与 Docker、Kubernetes 等容器编排平台结合，实现容器的自动化部署和服务的自动发现 / 注册。这将大幅降低容器管理的复杂度，简化并优化整个 CI/CD（持续集成 / 持续部署）流程。

希望本书不仅可以帮助读者学习云原生网关的方方面面，还可以激发读者对云原生及其相关知识进一步学习和研究的兴趣。

读者对象

作为一本全面涵盖云原生技术体系的图书，本书适合广泛的群体阅读。按照读者的职业岗位来划分，群体对象涉及多个领域，包括但不限于以下人员。

❑ 云原生架构师、解决方案架构师

❑ 云原生开发工程师

❑ 云原生系统工程师、维护工程师

❑ DevOps 工程师

❑ 站点可靠性工程师（SRE）

本书特色

本书是一本云原生网关 Traefik 指南书，深入浅出地介绍了 Traefik 的核心架构、用法和云原生项目实践。本书的主要特色如下。

❑ 内容深入浅出。对 Traefik 技术的核心概念及生态进行了深入浅出的介绍，包括 Traefik 代理、Traefik 网格、Traefik 中心及 Traefik 网关等。此外，书中还介绍了 Traefik 的架构和设计理念，以帮助读者更好地理解 Traefik 的实现原理。

❑ 实践案例丰富。实践案例从简单的 Web 应用程序到复杂的微服务架构，涵盖了 Traefik 在各种场景下的应用，并对 Traefik 迁移、插件开发、Traefik Operator 编排以及基于 Traefik 进行云原生网关改造等内容进行解析。通过这些实践案例，读者能够深入了解 Traefik 的实际应用方法。

❑ 技术面面俱到。书中介绍了 Traefik 的工具链和调试技巧，帮助读者更深入地了解 Traefik 的工作原理和调试方法。此外，书中还介绍了 Traefik 的可观测性、交付管理、性能优化及安全性等，以帮助读者更好地使用 Traefik。

如何阅读本书

本书分为四大部分。

第一部分　Traefik 基础（第 1 ～ 6 章）：探讨云原生生态的发展趋势，以及 Traefik 安装与配置、架构与原理、基本特性和迁移等内容，为后续章节奠定基础，让读者能够全面了解 Traefik。

第二部分　Traefik 进阶（第 7 ～ 14 章）：从 Traefik 高级特性中间件出发，探讨中间件的实现原理、常见类型、基础配置和开发等，为云原生项目改造提供技术支持。此外，本部分还深入探讨 Traefik Mesh 和 Traefik Hub 等，介绍如何进行流量治理和原生 API 管理，最后还对 Traefik Operator 编排、插件开发、可观测性实践和性能优化进行了深入解析。

第三部分　Traefik 实战（第 15 章）：探讨如何在实际项目中实施 Traefik，为新手和经验丰富的用户提供宝贵的经验。

第四部分　核心源码剖析（第 16 章）：探讨 Traefik 的核心功能源码，进一步深入说明 Traefik 组件的内部特性。通过对源码的解读，读者可以依据实际的业务场景进行业务开发与性能调优，从而支撑业务发展。

勘误和支持

由于作者水平有限，书中难免会出现一些错误或者不准确的地方，恳请读者批评指正。如果你有任何疑问，可通过邮箱 lugalee2023@gmail.com 或微信公众号"架构驿站"与我联系，我会尽快回复。

致谢

感谢我的好友——Google 公司的邹飞先生，他在我写作本书的过程中提供了许多宝贵的建议和指导。他的学识与经历激励着我不断前行，他的专业技能和经验给我带来了极大的启发，让我能够对技术内容有更好的理解和表达。

感谢华为公司的周明耀先生，他对技术的执着和无尽的热情一直都是我技术方向前进的动力。他深厚的技术造诣和卓越的专业能力对我的个人发展产生了深远的影响。

感谢 Traefik Labs 营销副总裁 Marie Ponseel 女士及实验室团队、ARMO 首席技术官兼联合创始人 Ben Hirschberg、Linkerd 创始人 William Morgan 等国外专家，他们提供了许多高质量的反馈和建议，帮助我不断改进和完善本书内容。

感谢每一位为本书创作和出版做出贡献的人。没有他们的支持，这本书无法顺利完成。

感谢我的妻子 Penny 女士、女儿 Meagan 以及其他所有亲人，感谢他们在我写作与日期

目　录 *Contents*

Traefik 基础

云原生转型，充满变数，亦生机盎然。云原生技术让云计算的潜力得以充分激活，使创新、敏捷与弹性达到更高维度。借助云原生技术，崭新的技术生态正在成形，不断推进数字化变革迈入新阶段。

Chapter 1 第 1 章

云原生生态体系

世界又向前迈进了一步，注定要到来的终将降临……

在相对较短的时间内，我们从云时代（运行应用程序所需资源在云端作为服务可用）迈向云原生时代，这是一个专为充分利用云计算优势（如弹性和可伸缩性）而构建和优化应用程序运行环境的时代。

显然，整个行业都在关注云原生，包括分布式系统、微服务、容器、无服务器计算等新兴技术和架构的应用。尽管许多组织正在努力制定并优化它们的云策略，但 IT 专业人士和决策者们仍对云原生的真正含义以及如何利用现代技术来达成组织的最终目标和期望感到困惑。他们面临的最大问题可能是："我们的组织应如何通过云原生技术获得成功，这些技术将对业务目标产生什么影响？"

从经济角度来看，云原生技术使应用程序能够在比以往更短的时间内完成扩展，从而实现云计算的真正价值。这种可扩展性为业务创造了新的机会，不仅在增加收入、提升效率方面，还在优化客户体验方面。

1.1 概述

在经济学家马克·莱文森的著作《集装箱改变世界》中，我们看到一个不起眼的技术，因为进行了标准化和系统化的创新而彻底改变了全球的货物贸易运行体系，进而推动了 20 世纪贸易的全球化发展。

IT 领域亦是如此。如果我们把互联网看作数字世界里的贸易航线，那么应用软件和其中的数据便是穿行在航线上的船只和货物。在传统的 IT 架构中，最小的应用单位可以视为单体应用（类比为船只）。不同的企业各自拥有自己的单体应用，每个单体应用上都要配备一整套 IT 基础设施（计算、存储及网络等）。单体应用需要依据业务系统规模提前规划。若业务量增加，需增补硬件设备；若业务量下降，则增补的设备只能搁置浪费。

在当今 IT 领域，云计算的兴起和发展推动了数字世界的全球化革新。随着云计算这种"集中式货运"的出现，一种适应云计算架构特点的应用开发技术和运维管理方式应运而生，这就是云原生（Cloud Native）。容器是云原生的核心技术之一，其创新之处就类似于集装箱的伟大发明。在云计算生态中，软件的最小单元不再是主机或虚拟机，而是容器。

云原生的概念最早由 Pivotal 公司的 Matt Stine 在 2013 年提出，经过短短的几年，已经成为当今热门的生态领域之一。

根据云原生计算基金会（CNCF）的官方定义，云原生有助于组织在公有云、私有云、混合云等新型动态环境中构建和运行可弹性扩展的应用程序。云原生采用容器、服务网格、微服务、不可变基础设施和声明式 API 等代表性技术，构建出容错性好、易于管理和便于观察的松耦合系统。同时，在可靠的自动化手段的驱动下，工程师团队能够轻松地对系统进行频繁和可预测的大规模变更，从而提高交付效率。

谈及云原生，不可避免地会提到云计算。云计算服务类型通常分为基础设施即服务（IaaS）、平台即服务（PaaS）和软件即服务（SaaS）三个层次。从 IaaS 到 PaaS 再到 SaaS，云平台提供的工具和服务越来越多，购买云计算服务的企业所需承担的开发相关任务也越来越少。这为云原生的出现提供了技术基础和方向指引。

云的发展轨迹可参考图 1-1。

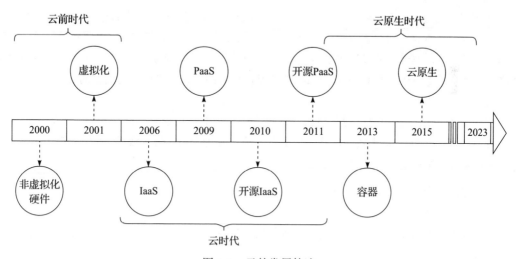

图 1-1　云的发展轨迹

1. 云前时代

（1）开发模型

在早期的软件项目开发活动中，开发人员采用传统的瀑布式开发方法，需要经历需求分析、设计、编码、测试等多个阶段。这些阶段必须按……

需要等待前一个阶段完成后才能开始。这种开发方式导致需要数年时间才能完成软件的一个完整版本迭代，而且很难及时响应用户需求。

另外，开发、质量保证和运维通常由不同的组织负责，而这些组织之间往往缺乏有效的协作和沟通，导致软件开发过程中会出现许多问题，例如需求不清晰、代码质量差、测试不充分等。此外，针对同一个系统，新发布的功能较少，使软件无法快速适应市场变化和满足用户需求。

（2）基础设施

在过去，开发完成的系统往往被部署在本地的物理机上。然而，随着服务器虚拟化技术的出现，越来越多的系统被部署到虚拟服务器上，这些虚拟服务器通常会被整合到更少但更大的物理服务器上。由于系统之间相互依赖，相互影响，在部署和维护虚拟服务器时需要进行更加审慎和周密的考虑。

（3）维护模式

在系统维护的早期阶段，维护人员通常需要进行高强度的手动操作，这限制了系统的规模。随着技术的发展，配置管理工具逐渐被引入，可以更轻松地实现物理和虚拟基础设施的配置与维护。

2. 云时代

（1）开发模型

进入云时代，敏捷开发和 DevOps 成为广大软件公司推崇的开发方法，取代了传统的瀑布式开发方法。相较于瀑布式开发，它们具有更高效地开发高质量软件的优点。

（2）基础设施

由于采用敏捷开发和 DevOps 开发方法，软件或系统的交付频率显著提升，而传统的物理或虚拟设备维护逐渐成为制约项目交付的瓶颈。为了实现在资源池设施方面的快速交付，云技术应运而生。公共云以服务的形式提供了运行应用程序所需的资源，赢得了市场的青睐。许多公司选择将云作为一种专注于核心业务和卸载部分 IT 基础设施的方式，以便只为消耗的资源付费。

（3）维护模式

基于云的革命性推动，自动化在云运营和管理中变得更加普遍，涉及配置、部署、扩展及自愈等多种新兴特性。除此之外，基于云平台，传统较为分散的各种平台都集中在统一的设施中，从而降低了维护成本，提升了交付质量。

3. 云原生时代

（1）开发模型

巨石应用程序正在被微服务应用程序所取代。微服务应用程序开始利用云计算的关键特性，主要体现在如下几点。

1）基于服务的架构：模块化和基于服务的架构为应用程序开发提供了更大的灵活性和更快的交付速度，而不会增加复杂度。

2）应用程序编程接口（API）：API 使用轻量级标准连接服务，从而降低了部署、扩展和维护的复杂度和成本。通过将 API 与契约优先方法相结合，可以提高服务的协作性、独立性和一致性。

3）容器技术：容器和 Kubernetes 为所有流程提供了通用的运营模型，无论基础技术如何，都能减少多层和多云环境的管理成本。基于容器的部署还可以支持跨基础设施的应用程序移植，从而提高 IT 架构的敏捷性。

采用云原生技术开发应用程序时所做的组织、流程和技术更改可以向外扩展，以支持更大范围的转型计划。转型计划的成功可以证明云原生技术的价值，鼓励组织内的其他团队采用相同的做法。通过这种创新和改进，组织可以提高开发速度、增加收入和节约成本。

（2）基础设施

平台即服务（PaaS）是一种云计算服务类型，提供了一个基础架构，使开发人员能够在其中构建、部署和管理应用程序和服务。为了最大限度利用不同提供商的资源和服务，许多组织采用多云或混合云来运行应用程序和服务。

（3）维护模式

由于容器具有轻量级、可移植性和隔离性等特点，容器化的应用程序可以在任何支持容器的环境中运行，也可以很容易地进行扩展和升级。在容器编排平台的辅助下，开发人员可以轻松地管理应用程序，包括自动化部署、扩展、故障恢复等任务，从而减轻工作负担。

云原生系统开发模型如图 1-2 所示。

图 1-2　云原生系统开发模型

企业业务要想真正地云化，不仅要在基础设施和平台层面实现，而且应用本身也应该基于云的特点进行开发，从架构设计、开发方式、部署维护等各个阶段重新设计，构建真正的云原生应用。

本质上讲，云原生生态体系是指建立在云原生技术基础上的一系列开源软件、工具和服务，旨在提供全面、高效、可靠的云原生应用开发、部署和管理解决方案。

1.2　再见，传统虚拟化生态

1.2.1　架构发展史

传统 IT 架构指的是在计算机科学领域，以中央处理器为核心，利用硬件和软件的结合完成计算和处理任务的系统架构。传统架构的历史可以追溯到计算机发展的早期阶段，当时的 IT 架构通常采用单一的中央处理器来执行所有计算和处理任务，性能和扩展性受到硬件的限制。随着技术的发展，新的架构如分布式架构和云计算架构出现，采用分布式计算和虚拟化技术来提高系统性能与可扩展性。传统 IT 架构在某些特定应用场景下仍然是最佳选择。

第一阶段：单机架构

早期计算机系统采用单机架构，仅配备一个中央处理器和有限的存储空间。这种架构在大型机和小型机中广泛应用。然而，单机架构的可扩展性有限，无法满足日益增长的计算需求，必须进行改进。

第二阶段：分布式架构

为了解决海量数据处理难题，计算机系统开始采用分布式架构。分布式架构是一种将系统的处理能力分散在多个节点，这些节点彼此协作完成指定任务的架构。相比传统的单机架构，分布式架构具有高可用性、扩展性强和灵活性高等优点。

尽管如此，分布式架构也面临一些挑战。虽然分布式架构可以显著提高数据处理效率和负载均衡性，但同时需要考虑数据安全、通信时延、系统复杂性等，这些因素对架构设计提出了更高的要求。

第三阶段：客户端 / 服务器架构

随着互联网的普及，客户端 / 服务器架构被广泛应用。这种架构将网络划分为客户端和服务器两个组件。客户端通常指用户端设备，如 PC、手机或平板电脑，通过网络与服务器进行通信，实现数据传输、数据处理、数据查询、数据存储等功能。服务器通常指数据中心或云服务器，处理所有的传入请求，并提供对应的响应。

客户端 / 服务器架构的最大优点是客户端和服务器的职责明确：客户端专注于用户交互和数据展示，服务器专注于数据存储和业务逻辑处理。

第四阶段：面向服务的架构

随着计算量和数据量的急剧增长，提高系统的可维护性和复用性变得日益重要。面向服务的架构（SOA）通过分层和模块化设计，将大型系统分解为更小的、可重复使用的服务，有效实现了这一目标。

SOA 通过服务之间的通信和数据交互，实现系统的高灵活性和可配置性。SOA 还具有可扩展性强、易于维护和开发的优点。SOA 支持根据需要灵活组合服务，快速构建新应用。当服务改变或需要更新时，开发人员只需要调整对应服务，而不会影响其他依赖该服务的系统。

第五阶段：微服务架构

微服务架构是基于 SOA 思想的一种升级版本，它将系统拆分为多个更小的服务单元，每个服务单元都可以独立开发、部署和维护，使得它具有更灵活的部署和扩展能力。相比于传统的单块式架构，微服务架构更容易实现快速响应变化和需求，支持多种开发工具和语言，并容易在各个服务之间实现通信和协调。微服务架构可以大大提高系统的可维护性和开发效率，这是一种被越来越多企业和组织采纳的新型架构。

1.2.2　传统 IT 架构的好处

传统 IT 架构的基本组成部分包括应用服务器、数据库、客户端 / 前端界面等。因秉承成熟稳定的开发理念，它在软件开发中仍然占据着一席之地。下面将从多个方面分析传统 IT 架构的好处。

1. 高可靠性与稳定性

传统 IT 架构已经形成一套完整的技术体系，并且已经经过实践的检验，稳定性高，使用成本低，可靠性高。此外，传统 IT 架构采用模块化的设计，使得整个系统更加灵活，方便升级、更新、维护。

2. 高可扩展性和可维护性

通过添加新的模块，我们可以很容易地扩展系统，并且修改单个模块不会影响其他模块的正常运行。这使得传统 IT 架构具有高可扩展性和可维护性。传统 IT 架构的维护难度较低，能够在保持系统稳定性的同时更好地满足用户需求。

3. 支持多平台兼容

传统 IT 架构采用通用的开发语言和工具，支持在多个平台上进行应用开发，并支持应用移植和扩展。对于跨平台软件的开发，传统 IT 架构的适用性很高。

4. 普适性广

传统 IT 架构作为较为通用的架构，适用于绝大多数应用开发场景，采用大多数应用开发中常见的技术和开发理念。因此，传统 IT 架构适用于各种大小不同、类型不同的系统开发。传统 IT 架构在企业级应用开发中得到了广泛应用，尤其在金融、保险、电信等领域。

1.2.3　传统虚拟化生态面临的挑战

随着计算机技术的飞速发展，虚拟化技术也在持续创新和完善。在这个瞬息万变的领域，传统虚拟化生态正逐渐被淘汰。

传统虚拟化生态是指基于 Hypervisor 技术的虚拟化生态。虚拟机技术通常是指在单个物理硬件上运行多个虚拟机，每个虚拟机都拥有自己独立的操作系统、应用程序和数据。这种技术的优点是能够更好地利用硬件资源，从而实现私有云和公有云的共存以及提供高可用性和灵活性。

然而，传统虚拟化生态在应对大规模数据中心的挑战时出现了许多问题：首先，Hypervisor技术需要额外的硬件支持，这无疑会增加成本；其次，由于每个虚拟机都需要一个完整的操作系统，虚拟机的资源消耗和管理复杂度都比较高；再次，虚拟机之间的通信会因为虚拟网络和虚拟交换机的存在而变得更加复杂；最后，虚拟机的保护机制也存在一些缺陷，例如 Meltdown 和 Spectre 漏洞。

现在，市场上出现了更加新颖的容器技术作为替代虚拟机技术的解决方案。容器是一种轻量级的虚拟化技术，共享操作系统内核，支持在其上运行应用程序。这使得容器比传统虚拟机更加灵活、高效、易于管理和部署，也更加流行。在容器化应用程序的架构中，Docker 已经成为一个流行的容器平台，提供了易于管理的部署解决方案和其他工具。

此外，容器技术还能够提供更高的安全性和更好的多租户支持。容器之间的隔离性更好，可以更好地控制容器之间的数据共享，从而更好地保护用户的数据。容器还能够更好地支持多租户，并降低资源消耗。

因此，容器技术越来越受到各种行业的关注，并在越来越多的应用程序中得到应用。实际上，许多公司已经在向容器化应用程序迁移，并在容器技术中迭代其解决方案。Docker Hub 上已经有数百万个容器镜像，这些镜像可以在任何云上运行，并能够快速实现部署和扩展。

尽管传统虚拟化生态难以很好地满足现代数据中心的需求，但它仍然在许多场景中占据着一定的地位。因此，如何对传统虚拟化生态进行适当的整合和升级，使其更好地满足现代数据中心的需求，将是一个值得研究的问题。

1.3　走向云原生

云原生是一种全新的软件开发和部署模式，核心思想是将应用程序和基础设施彻底解耦，以容器化、微服务和自动化运维为基础，构建高可扩展、高可用、高弹性和安全的云端应用系统。随着云计算、大数据、人工智能等技术的快速发展，云原生已经成为一个新的趋势和发展方向。

1.3.1　云原生架构发展史

云原生架构支持在云环境中设计、部署和运行应用程序，旨在提高应用程序的可扩展性、可靠性和安全性。

云原生架构的发展轨迹可参考图 1-3。

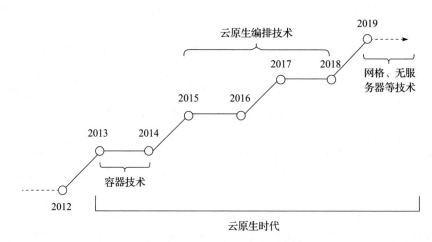

图 1-3　云原生架构发展轨迹

基于图 1-3，云原生架构发展可以概括为以下几个阶段。

第一阶段：容器技术的出现（2013—2014 年）

容器技术的出现打破了传统虚拟化技术的限制，使应用程序可以更加便捷地在不同的平台和云环境中运行，为云原生架构的实现奠定了基础。相较于传统虚拟化技术，容器技术具有更轻量级的特性，支持在同一个操作系统运行多个应用程序，同时不会产生额外的虚拟化开销。

容器技术（如 Docker）已经成为云原生架构的核心技术之一，进一步提高了云原生应用的可移植性和弹性。

第二阶段：云原生技术的兴起（2015—2018 年）

随着容器技术的广泛应用，Kubernetes、Mesos 等云原生技术相继涌现，解决了传统应用程序在云环境中面临的一系列问题，例如不能自动适应变化的负载和恢复故障、部署和管理烦琐、耗时和易错等。通过使用云原生编排技术，开发人员可以将应用程序和依赖项打包成一个可移植的容器镜像文件，并使用编排工具自动协调和管理容器部署、负载均衡、故障恢复等任务。这使应用程序可以更加高效、可靠地运行于任何云环境，而开发人员无须担心环境差异和复杂性问题。

第三阶段：云原生生态的形成（2019 年至今）

云原生架构已经成为大多数应用程序开发、部署的最佳选择。在云原生生态的形成过程中，不断涌现的新技术，比如服务网格、持续集成和持续部署（CI/CD）等提供了很多支持。服务网格可以实现微服务之间的通信和流量控制，使得应用程序的开发和部署更具可控性和可靠性。CI/CD 技术可以自动化应用的构建、测试、部署等过程，缩短开发周期，提高生产效率。

总体来说，云原生架构是一个不断发展的领域，融合了云计算、容器、微服务和 DevOps 等技术，使得应用开发和部署更加高效、可靠和可管理。随着更多新技术的出现，云原生架构将会有更广阔的应用前景和更大的发展潜力。

1.3.2 云原生架构

随着业务变革和技术创新，"云原生"这个词一直萦绕在我们耳旁。虽然云原生的理念由来已久，但大家对于云原生架构的理解却千差万别。

那么，到底什么是云原生架构？云原生与开源、云计算有什么关联？为什么技术从业者和企业会选择云原生架构？对于这些问题的看法，一千个人眼中有一千个哈姆雷特。

1. 云原生架构的概念

对于云原生架构的理解各有差异，但其本质始终保持一致。

从技术角度来看，云原生架构是基于云原生生态相关技术构建的一种架构模型，包含一系列设计模式和架构原则。这些原则可以将云应用中的非业务代码部分最大限度地提取、分离，以便底层云基础设施接管应用中原有的非功能特性，如弹性、扩展性、观测性、灰度等。这使业务与非功能业务得以解耦，同时具备轻量、敏捷、流水线等快速交付特性。

从交付角度来看，云原生架构是一种创新的软件开发方法，专为充分利用云计算模型而设计，结合了云服务、DevOps 和软件开发原则，从网络、服务器、数据中心、操作系统和防火墙中抽象出所有 IT 层。这使组织能够基于微服务架构将应用程序构建为松耦合的服务，并在动态编排的平台上运行。采用云原生架构的应用程序具有高可靠性、高性能，并能更快上市。通过云原生架构，企业可以更好地应对业务变化，快速实现创新，以及更高效地管理和运营自己的 IT 基础设施。

从业务角度来看，云原生架构利用云服务实现动态和敏捷的应用程序开发，使用基于云的微服务而非单一应用程序基础架构来构建、运行和更新软件。捆绑在云计算基础设施上运行的容器中的微服务构成了云原生应用程序。这些应用程序可以部署在私有云、公有云、混合云或多云环境中，以支撑构建的业务系统。云原生架构的优势在于能够提供高可用性、高弹性和高灵活性的应用程序部署与管理，从而帮助企业更好地应对业务变化和市场挑战。

云原生架构关联技术参见图 1-4。

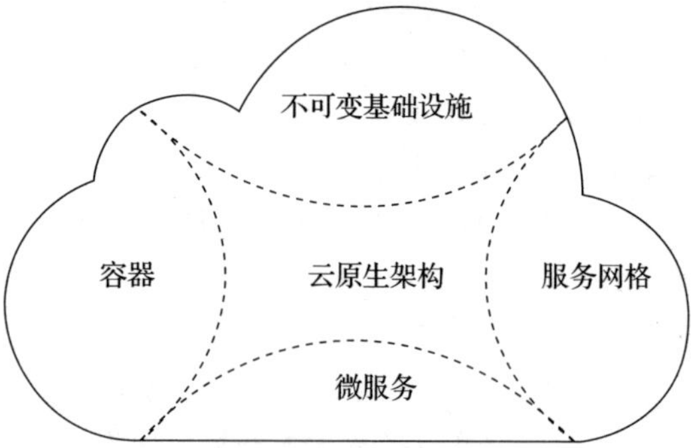

图 1-4 云原生架构关联技术参考示意图

2. 为什么选择云原生架构

为什么我们要选择云原生架构？

在数字化时代，企业面临诸多挑战。而云原生架构是帮助企业应对这些挑战的一种独特方法。云原生架构可以帮助企业针对业务痛点解决传统 IT 架构所带来的问题。云原生架构将新的操作工具、编排器、持续集成和容器引擎以及其他服务集成在一起，使应用程序的开发、设计、构建和运行变得更加便捷。通过采用云原生架构，企业能够更好地应对市场需求的变化，更快地推出新产品，并更好地满足客户需求。

同时，全球大大小小的互联网企业都在深入了解自动化的价值，以缩短产品的上市时间。在这个过程中，DevOps 发挥着重要作用，能够协同开发团队和运维团队，促进高效协作和流程优化。云技术也不断推进企业转型，优化开发和测试过程，使企业能够更快地推出新产品。

除此之外，采用云原生架构还可以减少风险问题，例如错误、加载速度慢等问题。随着 SaaS 行业的快速发展，可扩展的开发能力成为迫切需求。企业需要支持不断增长的用户群并控制成本，这也是采用云原生架构的重要原因之一。通过采用云原生架构，企业可以更加灵活地开展业务，更快速地推出新产品，并且更好地满足市场需求。

在 IaaS 的世界中，企业只需在获得新客户或扩大业务规模时支付额外的资源使用费用，避免了高额的前期资本和运营支出。同时，云平台支持弹性的资源分配，使企业能够更好地适应不断变化的产品需求，更加灵活地开展业务。这些优势让企业能够更加专注于创新和业务拓展，提高效率和竞争力。

综上所述，如果企业想要在数字化时代保持竞争优势，那么采用云原生架构是一个不可或缺的选择。

3. 云原生架构的基本构建原则

基于实际的业务模型，在项目开发活动中，设计和运行云原生应用程序需要遵守一系列原则，以实现最佳业务实践。接下来，我们来了解一下云原生架构的基本构建原则。

（1）自依赖容器

通常，云原生架构中的容器包含微服务所需的一切要素，涉及库、依赖项和轻量级运行时。技术人员可以快速将隔离容器从一个环境移植到另一个环境，基于外挂的配置实现更高的移植性和独立性。容器的基础设施是不可变的，并且可以针对特定环境进行自定义变量配置。

（2）面向交互和协作的服务

在云原生体系中，服务往往相互调用并与第三方应用程序通信，而且复杂度较高。RESTful API 作为一套协议，通常被用来规范云原生应用程序中的服务和外部应用程序或遗留软件之间的通信。在云原生架构设计中，服务网格用于处理微服务之间的东西向流量，主要功能为连接、保护和监控等，以提高服务的可靠性和安全性。

（3）无状态和可扩展的组件

为了实现云原生属性，应用程序应尽可能包含无状态组件（即状态存储在外部），允许服务的任何实例处理特定请求。在创建分布式云原生应用程序时，我们需要尽可能多的无状态组件。

在云原生架构设计理念中，系统往往被设计为满足业务快速增长、自愈、回滚以及负载均衡等需求，而无须维护数据持久性或会话。云原生应用程序能够基于集群工作负载情况自动调整服务实例，以实现业务的稳定运行。此外，技术人员可以启动替代实例，以在最短的停机时间内修复当前实例。因此，基于无状态组件实现回滚至应用程序的早期版本以及实例之间的负载均衡相对来说更容易。

（4）CI/CD 自动化流程

云原生系统的一大优势是能够快速、灵活地构建和部署应用程序，同时实现高度自动化的基础架构管理。为了更快地修复、扩展和部署应用程序，技术团队可以通过 CI/CD 自动化流程完成相关阶段，例如构建、测试、部署和交付等的实施，从而减少软件交付所需的时间和精力，提高软件交付质量，并降低发生错误或宕机的风险。CI/CD 自动化对于云原生应用程序的成功至关重要，使组织能够以高效的方式部署和管理复杂的应用程序。

（5）弹性架构

在实际的架构设计中，设计持久的应用程序是首要任务。通常，应用程序需要被设计与配置具有高可用性和可靠灾难恢复策略的系统。由于失败是不可避免的，提前规划是应对未来可能出现的问题的最佳策略。

基于微服务的云原生架构提供了一个可确保弹性的强大系统。由于系统配置了自动恢复和无状态可扩展组件，多个实例可以在需要时同时接管任务。因此，我们可以减少停机时间并保证应用程序持久运行，以提供最佳用户体验。

4. 云原生架构的好处

云原生架构为企业带来一些好处，主要涉及如下几点。

（1）缩短软件开发生命周期

软件开发生命周期（SDLC）是指软件产品开发中涉及的各个阶段。一个典型的 SDLC 通常包括以下几个关键阶段。

1）需求收集阶段：收集当前问题、业务需求、客户需求等信息。

2）分析阶段：定义原型系统需求，对现有原型进行市场调查，根据提议的原型分析客户需求等。

3）设计阶段：准备产品设计、软件需求规范文档、编码指南、技术栈、框架等。

4）开发阶段：根据规范和指南文档编写代码来构建产品。

5）测试阶段：测试代码，并根据安全要求合规书评估代码质量。

6）部署阶段：将软件部署到生产环境。

7）运营和维护阶段：完成产品维护、客户问题处理、根据指标监控性能等任务。

由于云原生架构支持应用程序在公有云和私有云之间进行无缝迁移，企业可以基于成本和安全考虑在不同的云平台中选择一个来运行应用程序，而无须修改代码或额外投入。

同时，云原生应用程序深度集成了 CD 流程，通过 DevOps 和自动化提升了软件开发速度和质量。跨职能团队利用 CI/CD 流水线最大限度实现自动化构建、测试和部署。基础设施即代码（IaC）使基础架构配置一致可控，整个开发流程高效协作且可追溯。

（2）高可扩展性

云原生架构支持轻松扩展计算资源，满足海量数据处理需求。当数据量增加时，云原生架构支持按需弹性扩展计算资源，确保所有需要处理数据的用户都能获得所需的计算资源，并且用户只需为实际消耗的资源付费。

此外，云原生架构采用基于 API 的松耦合集成方式，可以轻松连接云端的海量数据与前端应用。在云原生架构中，每一个 IT 资源都以服务的形式存在，并通过开放的 API 对外提供服务。这样，企业可以通过 API 将云端数据无缝集成到 Web 应用和移动应用中，不仅提供了良好的用户体验，还可以将传统系统平滑迁移到云原生架构，实现业务创新。

（3）高弹性及高可用性

为了避免频繁的系统中断导致客户流失，企业应该构建高可用的云原生系统。传统的单体架构一旦出现故障，就会造成整体服务中断，这对于核心业务系统是不可接受的。

采用微服务架构与 Kubernetes 容器编排的云原生方案，可以实现系统的自我修复和高可用性。当部分服务发生故障时，系统可以通过隔离和重启快速恢复服务，从而实现应用程序的持续可用。同时，系统可以动态调配资源，实时满足业务需求，从而大大提升灵活性。

（4）自助服务

在云原生架构中，一切皆由 API 控制。用户可以选择他们需要的资源，而不必依赖其他设施。在快速发展的 IT 世界中，速度和服务质量是两个核心要素。通过 DevOps 实践，用户可以轻松构建和自动化持续交付管道，从而更快、更好地交付软件。

IaC 工具使得按需自动配置基础设施成为可能，同时允许用户随时随地扩展或关闭基础设施。通过简化 IT 管理和更好地控制整个产品生命周期，SDLC 显著缩短，使组织能够加快上市速度。

（5）低成本

随着 CapEx 转变为 OpEx，企业可以更好地管理开发资源和成本。在 OpEx 方面，云原生架构利用开源的 Kubernetes 管理容器化应用。市场上还有其他云原生工具可以有效地管理应用。借助 Serverless 架构、基础设施标准化、开源工具，运营成本也会降低，从而降低 TCO（总体拥有成本）。

与传统的软件许可模式不同，云原生架构的运营成本是基于资源消费计算的，而非一次性的许可证费用。这种灵活的付费方式更符合企业的实际需求。

1.3.3　云原生架构模式

随着云原生技术日益成熟，越来越多的企业正在加速采用以 Kubernetes 为核心的云原生架构，以更好地满足业务的敏捷性和灵活性需求。但是，云原生架构并非一成不变的，不同的公司和场景需要不同的架构模式。因此，企业需要根据业务规模、安全要求、数据特征等因素，设计出适合自身业务的云原生架构模式。

下面列举了一些常见的云原生架构模式及其最佳实践。

模式 1：按需收费

在云原生架构中，资源根据用户需求动态调度、弹性伸缩且按用量计费。系统可根据业务负载灵活分配计算、存储和网络等资源，只为实际使用量支付费用。这意味着我们可以随业务负载实时增加或减少资源，高效利用资源。

不同的服务提供商提供各具特点的定价方案，特别是流行的 Serverless 架构模式，只需在代码真正执行时配置必要的资源，即仅在应用运行期间产生费用。

模式 2：自助服务设施

IaaS 是云原生应用架构的一个关键属性。无论我们是在弹性、虚拟还是共享环境中部署应用程序，应用程序都会自动重新调整以适应底层基础架构，并根据不断变化的工作负载进行弹性伸缩。这意味着我们无须寻求并获得服务器、负载均衡器或中央管理系统的许可即可创建、测试或部署 IT 资源，在减少等待时间的同时，简化了 IT 管理。

模式 3：服务托管

云原生架构可以充分利用云托管服务，以高效管理云基础设施。这不仅包括迁移和配置，还包括管理和维护，同时缩短维护时间和降低成本。可以将每个服务作为独立的生命周期单元来管理，并轻松地将其纳入 DevOps 流程。可以使用多个 CI/CD 流水线，也可以分别管理这些流水线。

模式 4：全球分布式

全球分布式是云原生架构的另一个关键属性，允许我们跨基础架构安装和管理软件。安装在不同位置的独立组件共享消息以实现单一目标。分布式系统使组织能够大规模扩展资源，同时给最终用户留下他正在一台服务器上工作的印象。在这种情况下，分布式系统共享数据、软件或硬件等资源，并且单个功能同时在多台服务器上运行。这些系统具有容错、透明和高可扩展性。虽然早期分布式系统使用客户端/服务器架构，但现代分布式系统使用多层、三层或对等网络架构。分布式系统提供无限水平扩展、容错和低延迟功能。不利的一面是，它们需要智能监控、数据集成和数据同步，因此，避免网络和通信故障是一项挑战。云供应商负责架构治理、安全、工程、演化和生命周期控制。这意味着我们不必担心云原生应用程序的更新、补丁和兼容性问题。

模式 5：资源优化

对于传统数据中心，组织需要提前部署整套完整的基础设施才能运行。当业务增长到高峰时，组织需要增加投入来扩充基础设施。然而一旦业务下降，新购置的资源可能闲置，造成资源浪费。

在云原生架构下，我们可以随时启动所需资源并只需为实际使用的资源付费。这让组织有机会试验新理念，因为不需要永久拥有资源。

模式 6：弹性伸缩

弹性伸缩是云原生架构的另一项强大功能，能够让我们依据实际的业务量自动调整资源以将应用程序维持在最佳水平。弹性伸缩的好处在于可以抽象每个可缩放层并缩放特定资源。通常，我们有两种扩展资源的方法，即垂直扩展与水平扩展。垂直扩展增加了计算机的配置以处理不断增加的流量，水平扩展则增加了更多计算机以横向扩展资源。垂直扩展受容量限制，水平扩展提供了无限资源。

例如，AWS 提供开箱即用的水平自动扩展功能。无论弹性计算云（EC2）实例、DynamoDB 索引、弹性容器服务（ECS），还是 Aurora 集群，AWS 都会根据用户定义的每个应用程序的统一扩展策略来监控和调整资源。用户可以定义扩展优先级。AWS 的自动扩展功能是免费的，但用户需要为扩展的资源付费。

模式 7：12 因素方法论

为了促进同一应用程序的开发人员之间的无缝协作，有效管理应用程序规模随时间推移的增长，同时最大限度降低软件蔓延成本，Heroku 的开发人员提出了 12 因素方法论，帮助组织轻松构建和部署云原生应用程序。

此方法论的关键在于：应用程序应采用一个共享的代码库，包含相互隔离的所有依赖项。配置代码应与应用程序代码分离，以实现高可配置性。进程应是无状态的，这样可以自由启动、扩展和终止。我们还应构建 CI/CD 流程，独立管理构建、发布和运行无状态进程。

另一个重要原则是，应用程序应该可以"置于一次性资源"之上，这样我们可以独立启动、停止和扩展每个资源，从而提高应用程序的弹性。

12 因素方法论非常适合云原生架构。其基本理念是松耦合。最后，我们可以基于容器、Docker 和微服务技术使得开发、测试和生产环境尽可能一致。基于云的应用程序 12 因素方法论如表 1-1 所示。

表 1-1　基于云的应用程序 12 因素方法论

12 因素 方法论	原则	描述
1	代码库	为每个应用程序维护一个代码库。该代码库可用于部署同一应用程序的多个实例 / 版本，支持使用 Git 等中央版本控制系统进行追踪
2	依赖	定义应用程序的所有依赖项，将其隔离并打包在应用程序中
3	配置	多环境下，配置与代码分开，使用环境变量存储
4	支持服务	在使用数据库等支持服务时，将其视为附加资源并定义在配置文件中
5	构建 / 发布 / 运行	作为软件开发项目的 3 个重要组成部分，建议将这 3 个组件分开管理，以避免代 码中断
6	进程	将所有进程作为无状态进程的集合运行，这样扩展变得容易，同时消除意外影响
7	端口绑定	与传统 Web 应用程序相反，12 因素方法论下的应用程序没有运行时依赖项，而 采用监听端口以使服务可供其他应用程序使用
8	并发	通过同时运行多个实例，可以根据预定义的值手动和自动扩展应用程序
9	一次性	当构建在云原生架构上的应用程序宕机时，应用程序应该优雅地处理损坏的资源 并立即进行替换，以确保快速启动和关闭
10	日志	日志存储应该与应用程序解耦
11	管理进程	修复错误记录、迁移数据库等任务项存储于同一个代码库
12	开发 / 生产一致性	对于不同平台提供性能一致的应用程序包

模式 8：IaC 和自动化

通过在微服务架构中运行容器，组织能够在业务流程上实现敏捷。为了将这一功能扩展至生产环境，组织正采用 IaC 技术。通过将软件工程实践应用于资源供应自动化，组织可以通过配置文件来管理基础设施。通过测试和版本控制部署，组织能够自动化部署过程并维持基础设施处于所需状态。当需要更改资源分配时，组织只需在配置文件中进行定义，然后自动将更改应用到基础设施。IaC 使组织能够实现一次性系统，从而即时创建、管理和销毁生产环境，同时自动执行各项任务。

从根本上讲，云计算的设计基因高度支持自动化。我们可以利用 Terraform 或 CloudFormation 实现基础设施管理自动化，通过 Jenkins、GitLab 的 CI/CD 管道以及 AWS 内置的自动缩放功能来优化资源利用。云原生架构使我们能够构建与云无关的应用程序，这些应用程序可以部署到任何云服务提供商的平台。Terraform 是一款强大的工具，可以帮助我们使用 Hashicorp 配置语言（HCL）创建模板，以便在多个流行的云平台（如 AWS、Azure、GCP 等）上自动配置应用程序。CloudFormation 是 AWS 提供的一项受欢迎的功能，用于自动化配置在 AWS 服务上运行的资源，使我们能够轻松在 AWS 服务上自动设置和部署各种 IaaS 产品。如果使用多种 AWS 服务，那么利用 CloudFormation 可以更便捷地实现基础设施自动化。

模式 9：自动恢复

在当今时代，应用程序的持续可用性对客户至关重要。因此，很有必要制订全面的容灾恢复计划，以确保所有资源的高可靠性。

我们可以设计具有自我修复能力的系统，以快速恢复数据、源代码仓库和资源。例如，利用 IaC 工具（如 Terraform 和 CloudFormation）自动配置基础设施，以应对故障。

通过自动化容灾恢复工作流的各个方面，我们能够快速回滚基础设施的变更，或按需重新创建实例，包括 EC2 实例和 VPC 等。此外，我们可以利用 CI 服务器，如 Jenkins、GitLab，还原 CI/CD 管道的修改。这意味着容灾恢复可以快速高效地执行。

模式 10：不可变基础设施

"不可变基础设施"或"不可变代码部署"是一种部署服务器的概念，其中服务器被部署为无法编辑或更改。如果需要更改，需要销毁服务器并在公共镜像存储库中重新部署一个新的服务器实例。每个部署都带有时间戳和版本控制，因此我们可以根据需要回滚到较早的版本。每次部署都是独立的，没有配置漂移。

不可变基础设施有助于管理员更换有问题的服务器而不影响应用程序。所有环境下的部署行为都变得可预测和一致，测试工作也更容易实现，自动水平缩放变得相对容易。因此，不可变基础设施提高了部署环境的稳定性和一致性。

模式 11：可观测架构

可观测架构包括日志记录（Logging）、链路追踪（Tracing）和指标监控（Metrics）3 个功能。其中，日志记录功能提供了多个层级（verbose、debug、warning、error、fatal）的详细信息追踪，由应用开发者主动提供。链路追踪功能提供了一个请求从前端到后端的完整调用链路追踪，对分布式场景尤其有用。指标监控功能则提供了对系统多维度的度量。

架构决策者需要选择合适的、支持可观测性的开源框架（比如 OpenTracing 和 OpenTelemetry），并规范上下文的可观测数据（例如方法名、用户信息、地理位置、请求参数等），还需要规划这些可观测数据在哪些服务和技术组件中传播。

由于建立可观测性的主要目标是对 SLO（服务层面目标）进行度量，从而优化 SLA，因此我们在架构设计时需要为各个组件定义清晰的 SLO，包括并发度、响应时间、可用时间、容量等。

1.4　云原生堆栈

云原生堆栈是基于云原生技术的全新生态系统，其核心原则是将应用程序和基础设施作为一个整体来设计与管理，以更好地支持云计算环境中应用程序的部署、管理和运行。

云原生堆栈包含各种不同的技术和工具，旨在帮助企业更好地利用云计算环境中的资源，提高应用程序的可靠性、可伸缩性和安全性。这些技术和工具包括微服务、容器、Serverless、服务网格、开放式应用模型、DevOps 等，如图 1-5 所示。

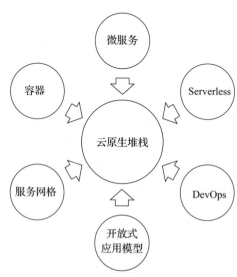

图 1-5　云原生堆栈的核心技术和工具

1.4.1 微服务

随着云计算技术的不断进步，微服务架构由于其所能提供的高可用性、灵活性和可扩展性等优势，已经成为许多企业的首选。

1. 微服务的概念

微服务是云原生开发中最基础的技术之一，是一种通过独立、松耦合的服务构建应用程序的设计方法，它基于多个独立部署和运行的服务，构建一个完整的应用程序。所有这些服务一起工作以确保即使一个服务停止运行，应用程序也能继续工作。这种容器化的开发风格使应用程序具有高可扩展性、高弹性和低运维成本。

与之相对的是，单体架构将应用程序的所有流程紧密耦合在一起作为单一服务运行。这意味着如果应用程序的某个进程遇到需求高峰，则必须扩展整个架构。随着代码库规模的扩大，添加或改进单体应用程序中的进程变得非常复杂。这种复杂性限制了试验并使实施新想法变得困难。此外，单体架构提高了应用程序可用性的风险，因为许多相互依赖且紧密耦合的进程增大了单个进程故障的影响。

单体架构与微服务架构的对比可参考图 1-6。

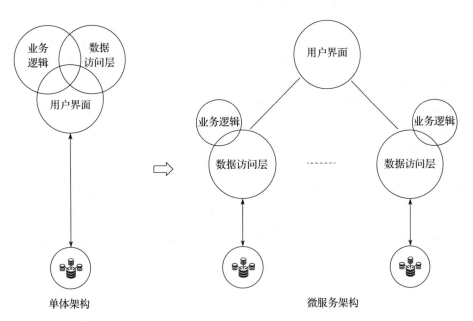

图 1-6　单体架构与微服务架构的对比

与依赖性强的单体架构相比，微服务架构通过将不同服务打包到不同的容器，以实现服务独立。这些容器（亦称微服务）通过 API 互通，相连实现整个应用程序。

不同于单体架构，微服务架构允许轻松添加、编辑、删除和扩展服务，而不会破坏整体。这种灵活性使小团队可以专注他们的微服务而无须考虑兼容性问题。

此外，微服务架构支持混合技术栈，这意味着不同团队可以使用不同的编程语言、库及依赖，自主进行开发及部署，从而提高效率。微服务具有充分利用云资源的优势，可提供更高弹性、可用性及安全性。

2. 微服务的好处

那么，使用微服务到底有哪些好处？

（1）高可扩展性

可扩展性是微服务架构的亮点，这使其成为不断发展的企业的理想选择。借助微服务架构，企业可以轻松根据需要增加或减少服务数量。与单体架构不同，微服务架构允许遇到高流量时进行服务扩展，确保系统可以处理高流量请求而不影响整体性能。借助微服务架构，企业可以更好地使基础设施适应业务需要，提高敏捷性和交付效率。

（2）高弹性

相较于单体架构，微服务架构具有高弹性。基于庞大的微服务集群，一个服务发生故障不会影响整体，这是因为故障局限于该服务内，而其他服务可持续运行。

此外，由于每个服务可独立部署，企业可以轻松更新服务而不影响其他服务。这使得修复Bug、添加新功能或部署新版本更容易实现而无须停机。

（3）高灵活性

微服务架构非常灵活，允许企业为每项服务选择它们想要使用的技术栈，这意味着技术团队可以使用不同的编程语言和框架创建不同的服务。而且，技术团队可以轻松地对服务进行更改，而不必担心影响应用程序的其他部分。

除此之外，每个服务都是独立的，开发人员更容易识别系统故障或错误的来源，更容易修复故障并提高系统的整体性能。

（4）更敏捷

归根结底，微服务架构能让开发流程变得更敏捷。通过模块化设计，企业可以快速采用新功能或服务，快速测试并快速上线，从而缩短开发周期，在竞争激烈的市场中抢占先机。

此外，微服务架构能激发技术团队探索新技术和框架的热情，让其紧跟技术前沿。

3. 微服务架构

自 2011 年微服务架构理念诞生以来，基于不同的业务场景，典型的微服务架构先后经历 4 个发展阶段。

（1）轻量级 SOA

在此阶段，针对各应用，我们不仅要实现各应用的业务逻辑，还需解决各应用与上下游服务的调用、通信及容错等问题。

随着业务规模的扩大，微服务数量快速增多，导致服务寻址逻辑日趋复杂且低效。即使是使用同一编程语言开发的应用，也仍需重复实现基础能力，导致交付延迟，影响效益。

第一代轻量级 SOA 如图 1-7 所示。

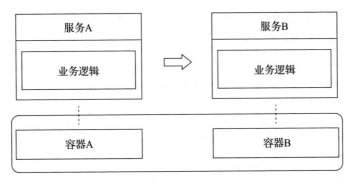

图 1-7　第一代轻量级 SOA 示意图

（2）引入服务治理

第二代微服务架构引入注册中心作为协调者来自动化注册和发现服务。服务间通信和容错机制开始模块化，形成独立的服务框架。

然而，随着服务框架功能的不断增多，使用不同编程语言复用基础能力逐渐变得困难。这意味着开发者被迫绑定某一特定语言，违背了微服务快速迭代的初衷。

第二代引入服务治理的微服务架构可参考图 1-8。

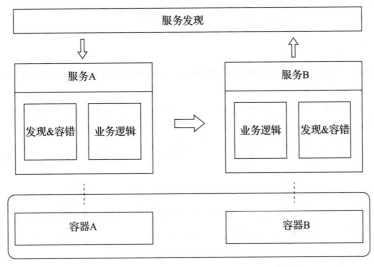

图 1-8　第二代引入服务治理的微服务架构

（3）引入服务网格

直到 2016 年服务网格概念出现，微服务基础能力从服务框架演进到独立 Sidecar 进程。这一变化彻底解决了第二代微服务架构中多语言支持问题，微服务基础能力和业务逻辑实现完全解耦。

Sidecar 进程开始处理微服务间通信，承担第二代微服务框架的功能，包括服务发现、调用容错，甚至细粒度的服务治理（如权重路由、灰度发布、流量回放、端点伪装等）。

第三代引入服务网格的微服务架构如图 1-9 所示。

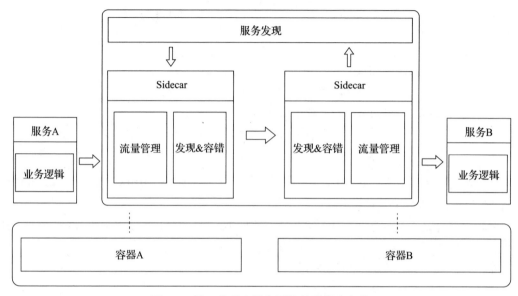

图 1-9　第三代引入服务网格的微服务架构

（4）Serverless 架构

随着组织及技术生态的发展，管理架构成为一个重大挑战。为了应对这一挑战，Serverless 架构成为一种新兴解决方案。

Serverless 是一种新的应用程序架构模式，允许开发者创建和运行应用程序而无须管理服务器。其主要思想是将应用程序的逻辑划分为小型函数，这些函数可以在需要时自动触发并执行。选择 Serverless 架构不仅可以简化应用程序开发流程，还可以促进企业在 DevOps 和敏捷实践方面的优化。

在此架构中，微服务被进一步简化为微逻辑，从而对 Sidecar 模式提出了更高要求。更多可复用的分布式能力，例如状态管理、资源绑定、链路追踪、事务管理等从应用中剥离，被下沉到 Sidecar 中。同时，在开发侧开始提倡面向 localhost 编程的理念，提供标准 API 以屏蔽底层资源、服务、基础设施的差异，进一步降低微服务开发难度。这便是目前业界提出的多运行时微服务架构。

Serverless 架构的优点主要在于简化了应用程序的开发和部署流程，降低了成本，提高了可伸缩性和可靠性。随着 Serverless 架构的不断发展，越来越多的云服务提供商也开始提供 Serverless 服务，例如 AWS Lambda、Azure Functions、Google Cloud Functions 等。云服务提供商为开发者提供简单、快速、可靠的方式来构建和部署应用程序，让开发者能够专注于应用程序的业务逻辑和功能，而不必担心基础设施的管理和维护。

作为当前最为流行的架构模式，Serverless 架构可参考图 1-10。

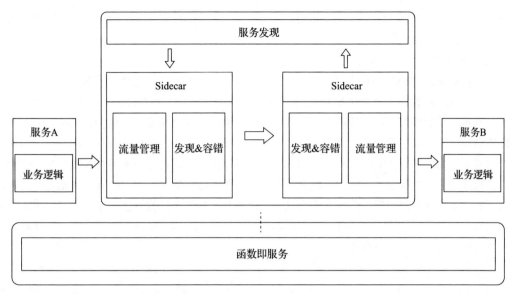

图 1-10　Serverless 架构

4. 常用的微服务技术框架

随着微服务架构的不断普及和应用，市场上出现了许多微服务技术框架。从开发语言角度来看，微服务技术框架目前主要涉及两大生态体系，分别是基于 Java 生态的技术框架和基于 Go 生态的技术框架。

（1）基于 Java 生态的技术框架

1）Spring Cloud。Spring Cloud 是目前最为流行的 Java 微服务框架之一，基于 HTTP（HTTPS）的 REST 服务构建微服务体系，为开发者提供了一套完整的微服务架构技术生态链，其中包括配置管理、服务发现、断路器、智能路由、微代理、控制总线、一次性 Token、全局锁、决策竞选、分布式会话与集群状态管理等。

2）Apache Dubbo。Apache Dubbo 是阿里巴巴开发的高性能 RPC 框架，具有基于接口的 RPC、智能负载均衡、自动注册和发现以及高可扩展性等特性，可以实现实时流量管理和服务治理。多年来，Dubbo 已经成为国内使用最广泛的微服务框架，并形成了庞大的生态体系。

为了打造生态竞争力，阿里巴巴开源 Spring Cloud Alibaba、Nacos、Sentinel、Seata 和 Chaosblade 等项目。

Dubbo 3.0 版本加入了服务网格特征，Dubbo 协议得到 Envoy 支持。除此之外，Dubbo 仍在不断完善服务发现、负载均衡和服务治理能力，以进一步提升在微服务架构中的应用价值。

3）Quarkus。Quarkus 是 Red Hat 专为 OpenJDK HotSpot 和 GraalVM 设计的 Kubernetes 原生 Java 开发框架，提供了反应式和命令式编程模型，以应对微服务开发中的挑战。Quarkus 的优势之一是易于集成开发 HTTP 微服务、反应式服务、消息驱动微服务和 Serverless 架构。同时，Quarkus 具备极简的特性和直观的系统设计，使开发者可以更专注于业务方面的开发，大幅提高了开发者的生产力。此外，Quarkus 还具有统一配置、实时编码、DEV UI 和持续测试等特性，为开发者提供了极佳的微服务开发体验。

（2）基本 Go 生态的技术框架

1）GoMicro。GoMicro 是使用 Go 语言开发微服务的最简单的工具之一。作为一个可插入的 PRC 库，GoMicro 提供了微服务应用程序开发的基本构建块。尽管 GoMicro 本身不是框架，但基于其开箱即用的模块，可以快速应对分布式架构的挑战，并为开发人员提供通用的、易于理解和使用的简单抽象。

从本质上而言，GoMicro 的核心是服务抽象，即一个用于创建微服务并与微服务交互的通用接口。服务由名称、版本、可选的元数据映射和公开服务功能的端点列表组成。除此之外，服务抽象还提供了注册处理程序、订阅者和客户端以便与其他服务通信的方法。处理程序主要负责处理来自客户端的传入请求，订阅者从发布者接收关于给定主题的消息，客户端负责向其他服务发送请求或作为向主题发布消息的接口。

2）Go Kit。作为一种流行的开源工具包，Go Kit 专门用于帮助开发人员基于 Go 语言构建可扩展、模块化和可维护的微服务。Go Kit 专注于 3 个主要的抽象：服务、传输和中间件。通过将服务逻辑与传输和中间件问题分离，开发人员可以构建可测试、解耦和可重用的微服务。此外，Go Kit 还提供了内置支持，如服务发现、熔断、指标监测等，以提高微服务的可靠性、性能和可观测性。Go Kit 的模块化架构允许开发者根据需要部分替换或扩展框架，因此，它成为一个灵活的工具包。

3）Go Dubbo。Go Dubbo 是一个基于 Apache Dubbo 框架的开源 RPC 框架，专门用于构建可伸缩、可靠、高性能的微服务，使用 Protocol Buffers 定义服务接口，实现服务之间的高效通信，并可以方便地与其他语言集成。Go Dubbo 提供了一套包和工具，帮助开发者构建服务接口定义、服务发现、负载均衡、服务调用、服务治理、服务网格等。此外，Go Dubbo 的配置包提供对服务治理的内置支持，并允许对服务到服务的通信和可观测性进行细粒度控制，使其成为构建分布式系统和微服务架构的热门选择之一。

1.4.2 容器

在过去几年，云计算和虚拟化技术得到了广泛应用，这使技术团队可以更加高效地管理和部署应用程序。然而，虚拟化技术存在一些缺点，例如启动时间长、占用资源多等。为了解决这些问题，容器技术应运而生。

1. 容器的概念

容器是一种虚拟化技术。应用及其依赖可以打包到独立的运行环境（即容器）。与虚拟机相比，容器更轻量，启动更快，且易于在环境间移动。每个容器化应用运行在单个操作系统上，共享内核但在进程、网络和文件系统方面与其他容器隔离。

Kubernetes 已经成为容器编排领域的事实标准，具有卓越的开放性、可扩展性，屏蔽了基础设施层的差异，并基于优良的可移植性，让应用在不同的环境中运行。企业可以通过 Kubernetes，结合自身业务特征来设计自己的云架构，以更好地支持多云、混合云，避免被云厂商锁定。

随着容器技术的标准化，生态社区开始构建上层的业务抽象，例如服务网格 Istio、机器学习平台 Kubeflow 和 Serverless 应用框架 Knative 等。这些业务抽象进一步促进了容器生态的分工和协同，帮助企业更好地构建自己的云架构。

2. 容器技术的 3 个核心价值

近年来，容器技术在云计算和数字化转型中的应用越来越广泛，容器技术的 3 个核心价值——敏捷、高弹性和可移植性——也受到企业的广泛关注。

（1）敏捷

容器技术不仅提高了企业 IT 架构的敏捷性，还能加速业务迭代，为创新探索提供坚实的技术保障。据统计，使用容器技术可以获得 3 ～ 10 倍的交付效率提升，这意味着企业可以更快速地迭代产品，以更低的成本进行业务试错。容器技术的快速启停业务、高度可移植性及资源隔离等特性，使企业可以更灵活地部署和管理应用程序，从而更快地响应市场变化和客户需求。

（2）高弹性

在互联网时代，企业 IT 系统经常需要应对各种预期之外的爆发式流量增长，例如促销活动、突发事件等带来的流量增长。容器技术可以帮助企业应对这些挑战，充分发挥云计算的弹性优势，同时降低运维成本。

通常情况下，利用容器技术，企业可以提高部署密度并降低弹性需求，从而降低计算成本。这意味着企业可以更有效地利用云计算资源，满足业务需求。

（3）可移植性

容器将应用程序与底层运行环境解耦，已经成为应用程序分发和交付的标准技术。Kubernetes 是一个容器编排系统，屏蔽了底层基础设施之间的差异，帮助应用程序在不同基础设施上平滑运行。

为了进一步保障不同 Kubernetes 实现之间兼容，CNCF（云原生计算基金会）推出了 Kubernetes 一致性认证。这项认证确保了 Kubernetes 实现的一致性，使企业更加放心地采用容器技术来构建云时代的应用基础设施。

3. 容器编排与 Kubernetes

容器编排已经成为现代 IT 基础架构中不可或缺的一部分。随着越来越多的组织采用容器技术，对容器的管理和扩展需求也越来越高，从而推动了容器编排工具的发展和应用。

容器编排是指在容器化环境中管理和扩展容器的过程，涉及跨主机集群自动部署、管理和扩展容器化应用程序。容器编排工具提供了一个抽象层，使开发人员可以专注于编写代码，而无须担心基础设施问题。

（1）容器编排的生态意义

在实际的项目开发中，容器编排工具可以给团队带来以下好处。

❑ 可扩展性：容器编排工具允许根据需求变化向上或向下扩展容器化应用程序。这意味着团队可以根据业务需求灵活调整应用程序规模，确保应用程序始终能够可靠地响应用户请求。

❑ 高可用性：容器编排工具支持跨主机集群部署应用程序，即使其中一台主机故障也可以保证应用程序可用，从而降低硬件故障或网络故障导致应用程序不可用的风险，提高应用程序可用性。

❑ 自动化：容器编排工具自动执行许多任务，包括应用程序部署、应用程序扩展和负载均衡等，从而减少手动干预工作，降低出错风险，使 IT 团队能够将更多时间和精力放在其他关键任务上，提高工作效率。

❑ 灵活性：容器编排工具允许团队在各种环境（包括本地、云和混合环境）中部署应用程序，这意味着团队可以依据不同的业务需求和场景选择最适合的部署环境，从而提高应用程序的灵活性。

（2）容器编排产物——Kubernetes

Kubernetes 已经成为事实标准，被广泛用于自动部署、扩展和管理容器化应用程序。作为一种分布式应用程序管理工具，Kubernetes 提供了以下核心能力。

❑ 资源调度：Kubernetes 可以根据应用程序对 CPU、内存、GPU 等资源的需求，在集群中选择合适的节点运行应用程序，从而实现资源的优化分配和利用。

❑ 应用程序部署与管理：Kubernetes 支持应用程序的自动发布和回滚，以及管理与应用程序相关的配置。同时，它还可以自动编排存储卷，将存储卷与容器化应用程序的生命周期相关联，从而提高应用的可靠性和可管理性。

❑ 自动修复：Kubernetes 监测集群中所有宿主机的状态，当宿主机或操作系统出现故障时，自动启动节点健康检查。此外，Kubernetes 还支持应用自愈，从而大大简化运维管理。

❑ 服务发现与负载均衡：Kubernetes 提供了各种应用服务，结合 DNS 和多种负载均衡机制，支持容器化应用之间相互通信，提高了应用程序的可用性和可靠性。

❑ 弹性伸缩：Kubernetes 能够实时监控工作负载所承受的压力，如果当前业务的 CPU 使用率过高或响应时间过长，自动对该业务负载进行扩容，从而提高应用程序的可扩展性和性能。

Kubernetes 是一款高度可扩展的容器编排平台，控制平面包含 4 个主要组件：API Server、Controller、Scheduler 及 Etcd。这些组件共同协作，为 Kubernetes 集群提供可靠的管理和运维支持。Kubernetes 架构如图 1-11 所示。

作为一个流行的容器编排平台，Kubernetes 的设计理念主要包括以下关键点。

1）声明式 API：Kubernetes 提供多种资源类型，如 Deployment（无状态应用）、StatefulSet（有状态应用）、Job（任务类应用）等，以实现对不同类型工作负载的抽象。开发者可以使用声明式 API 关注应用自身，而无须关注系统执行细节。采用基于声明式 API 的条件触发可以构建更加健壮的分布式系统，相较于边缘触发更可靠。

2）可扩展性：Kubernetes 的所有组件都是基于一致的、开放的 API 实现和交互。开发者可以使用 Kubernetes 中的自定义资源（CRD）和操作符（Operator）等进行相关扩展，从而提升 Kubernetes 的能力。这种可扩展架构使 Kubernetes 可以轻松适应各种应用场景，满足各种业务需求。

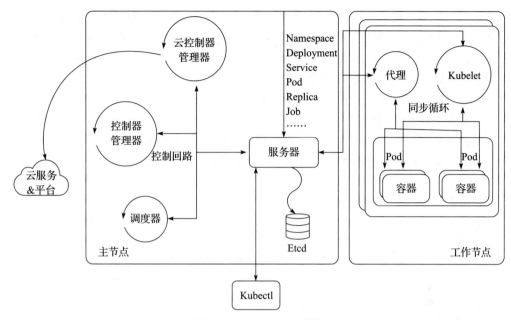

图 1-11　Kubernetes 架构

3）可移植性：Kubernetes 通过一系列抽象层，如负载均衡服务、容器网络接口（CNI）、容器存储接口（CSI）等，屏蔽底层基础设施的实现差异，从而实现容器灵活迁移。这种可移植设计使 Kubernetes 能够在不同的基础设施中高效运行，从而降低应用开发和部署的复杂度。

1.4.3　Serverless

随着组织规模及技术生态的持续扩大，技术团队在管理架构方面面临着巨大挑战。由于他们需要将时间和资源集中在应用程序的开发与优化上，基础设施管理往往成为制约发展的瓶颈。Serverless 作为一种新兴技术，有助于技术团队专注于核心业务，避免因基础设施管理而分散精力，进而提升开发效率。

1. Serverless 简介

随着 Kubernetes 成为云原生技术的代表，被视为云计算的新一代操作系统，面向特定领域的后端即服务（BaaS）成为该操作系统的服务接口。数据库、中间件、大数据、AI 等领域的大量产品开始提供全托管的云服务。如今越来越多的用户已经习惯使用云服务，而不是自己搭建存储系统、部署数据库软件。

当这些 BaaS 产品日趋完善时，Serverless 技术因为降低了服务器运维复杂度，让开发人员可以将更多精力集中于业务逻辑设计与实现，而逐渐成为云原生主流技术之一。

作为一种云计算执行模型，Serverless 架构能够根据客户需求提供应用程序部署基础架构的主要组件，例如服务器和机器资源。这意味着开发人员不再负责确保端到端的服务器扩展、维护和配置。

在 FaaS 中，应用程序代码是不同功能实现的集合，每个功能旨在执行不同的操作。这些功能必然会被某些事件触发，例如电子邮件或 HTTP 请求转发。开发人员必须在部署应用之前对这些功能进行基本测试（具体需要测试功能及其各自的触发器），然后将其部署到服务提供商账户上。

服务提供商需要实现一个新功能时，通常有两种方法可以选择。

❏ 利用当前正在运行、可用的服务器来实现该功能。

❏ 调用一个新的服务器来实现该功能。

这两种操作都是以远程方式进行的，开发人员不需要亲自参与其中，可以专注于编码工作。传统架构和 Serverless 架构的对比如图 1-12 所示。

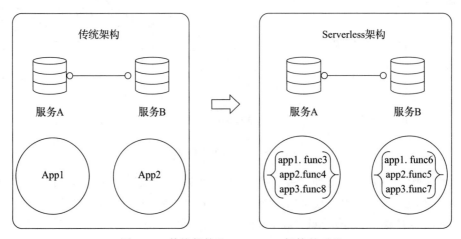

图 1-12　传统架构和 Serverless 架构的对比

2. Serverless 架构特点

Serverless 架构强调使用基于云的服务和技术来构建和部署应用程序，而无须开发者关注服务器和基础设施的管理。Serverless 架构的特点如下。

（1）FaaS

FaaS 是 Serverless 架构中最重要的功能之一。基于 FaaS 功能，开发者在构建、运行、部署和维护应用程序时无须考虑服务器和基础设施的管理。

（2）安全令牌

Serverless 用户通过提供商提供的 API 登录系统并使用服务。因此，Serverless 架构应该设计为在触发 API 访问之前为每个用户生成一个安全令牌。

（3）数据库

尽管应用程序是在无服务器计算架构上开发和管理的，但其中的数据仍需要存储在数据库中。因此，具备高稳定性和高可靠性的数据库仍然是 Serverless 架构的重要组成部分。

3. Serverless 架构的价值

Serverless 架构的价值主要体现在以下几方面。

（1）节省成本

Serverless 架构的最大优势之一是可以大幅削减基础设施管理工作和降低运维成本。Serverless 服务是按需计费的，而不是像传统计算架构那样需要购买和维护服务器，这样可以显著节省成本，并且更容易做预算和控制支出。

（2）提高开发效率

Serverless 架构可以使开发人员更专注于业务逻辑的编写，而不必花费时间和精力来管理服务器和基础设施。此外，Serverless 架构还支持自动扩展和管理资源，从而减轻开发人员的负担。这样可以提高开发效率，缩短产品上市时间。

（3）提高服务的稳定性和可用性

在 Serverless 架构中，运维任务交给云服务提供商，这样开发人员有更多的精力来确保服务的稳定性和可用性。此外，Serverless 架构还可以自动处理错误和故障，从而降低应用程序中断风险。

（4）提高应用可扩展性

Serverless 架构可以根据需求自动扩展资源，从而提高应用可扩展性。这使应用程序可以在高峰期保持高性能，而在低峰期减少资源使用量，从而节省成本。

（5）提高应用安全性

Serverless 架构可以通过多层安全措施来保护应用程序和数据。此外，Serverless 架构还可以自动更新安全补丁，保护应用程序免受网络攻击。

1.4.4　开放式应用模型

1. 开放式应用模型（OAM）简介

在云原生技术的推动下，负载均衡器和网络基础设施等可以通过 API 控制，基础设施可以像管理应用一样由代码管理。应用开发人员可以将基础设施管理融入代码，即构建包括基础设施在内的应用环境。这也意味着应用开发人员需要掌握更多的基础设施知识，增加了他们的学习成本和工作负担。

为了解决这个问题，微软和阿里云提出了一个开源项目——开放式应用模型（Open Application Model，OAM）。OAM 提供了一种标准方法来描述和部署云原生应用，即通过为应用及其组件提供声明式规范，简化云原生环境中应用的部署和管理。

2. OAM 的优势

OAM 为构建和部署云原生应用的开发人员、运营商和组织提供了方便，具有以下优势。

（1）简化应用部署和管理

OAM 通过声明的方式来描述应用及其组件，从而简化云原生应用的部署和管理，尤其在处理多个组件和依赖项时。

（2）与平台无关

OAM 与平台无关，这意味着 OAM 可以与任何云原生平台一起使用，包括 Kubernetes、OpenShift 和 Cloud Foundry。基于 OAM 的灵活性，技术团队可以根据业务需求选择最适合的平台。

（3）易于应用管理

基于声明式规范，应用程序中组件之间的关系和依赖项得到了清晰定义，使开发人员和运维人员能够更容易地管理应用。

（4）简化多云部署

基于声明式规范，开发人员可以将应用中的组件和依赖项定义为一组相互关联的资源，使得应用能够更加简单、可靠地在不同的云环境中部署和运行。

3. OAM 工作原理

OAM 提供了一种声明式规范。依据此规范，我们可以利用 YAML 文件来描述云原生应用及其组件、依赖项、相关配置和资源。通过 YAML 文件描述，应用架构及组件关系更加清晰，同时也更易于实现版本控制和管理。

OAM 架构如图 1-13 所示。

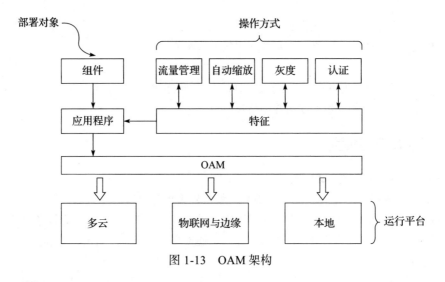

图 1-13　OAM 架构

OAM 规范包括应用配置、组件原理和特征定义。

❑ 应用配置：设置云原生应用的首要规则，定义了应用名称、版本、描述、组件及依赖。

❑ 组件原理：定义了构成云原生应用的组件及其配置、资源和依赖。每个组件可使用定义属性和资源的 YAML 文件进行描述。

❑ 特征定义：定义了可应用于云原生应用组件的特征，为组件提供附加功能，例如缩放、指标监控。

OAM 还提供了应用部署控制器（Application Deployment Controller，ADC），该组件负责根据 OAM 规范来部署和管理云原生应用。ADC 读取 OAM 规范，并将应用及其组件部署到底层的基础设施或平台上。

对于在分布式计算环境中构建和部署云原生应用的开发人员、运维人员和组织来说，OAM 是一个非常重要的工具，可以帮助他们以一致和可重复的方式来定义、部署和管理应用。

1.4.5 服务网格

服务网格是分布式应用在微服务架构之上发展起来的新技术，旨在将微服务间连接、流量控制和可观测等通用功能下沉到基础设施层，实现应用与基础设施的解耦。这个解耦意味着开发者无须关注微服务相关治理问题，而聚焦于业务逻辑本身，提升应用开发效率并加速业务探索和创新。

服务网格通过在应用之外引入专用的数据平面和控制平面，将大量非功能性需求从业务进程剥离到其他进程，实现了应用轻量化。

图 1-14 展示了服务网格的典型架构，其中数据平面和控制平面密切配合，共同实现服务网格功能。

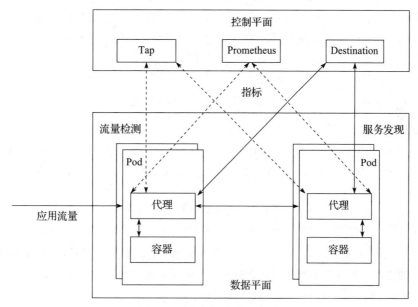

图 1-14 服务网格典型架构

除了 Istio，市场上还有一些相对小众的服务网格解决方案，如 Linkerd 和 Consul。Linkerd 在数据平面上采用 Rust 语言实现代理，而在控制平面上与 Istio 一样采用 Go 语言编写。最新的性能测试数据显示，Linkerd 在时延和资源消耗方面比 Istio 更具优势。在 Consul 的控制平面可以直接使用服务，在数据平面可以选择性地使用 Envoy。Linkerd 和 Consul 的功能均不如 Istio 完整。

除了基于 Sidecar 代理模式的网格外，市场上逐渐流行基于节点、主机的代理模式，例如 Traefik。无论选择哪种模式，作为云原生生态体系的一部分，服务网格在管理东西向流量方面都有重要意义。

1.4.6 DevOps

DevOps 是一种组织和实践方法论，旨在通过协调开发团队和运营团队之间的合作，高效创建和交付应用程序和服务。

1. DevOps 概念

随着项目周期延长、协作减少，长期增量交付对业务产生负面影响。DevOps 提出在组合的管道中持续开发和交付。通过协作，开发和运营团队可以消除障碍，并专注于改进创建、部署和持续监控软件的方式。

借助云原生技术、开源解决方案和敏捷 API，团队可以比以往更高效地交付和维护代码，将开发、运维和支持过程整合，以满足不断变化的需求。

对于开发团队而言，目标是将创建代码的过程视为一个持续的循环而不是一条直线。与运营团队合作或整合开发有助于将敏捷开发的原则——基于优先级的快速、小规模的改进——应用于整个软件生命周期（包括初始设计、概念验证、测试、部署和最终修订）。

对于运营团队而言，与开发团队合作可以将敏捷流程从软件扩展到平台和基础架构，有助于分析 IT 架构中所有层的详细信息和上下文。通过将设计思维应用于交付系统，运营团队可以将他们的注意力从管理基础架构转移到提供出色的用户体验上。

DevOps 通过重新定义工作流和方法链的范式，改变了 IT 行业的运作方式。随着 DevOps 进入第二个十年，DevOps 应用范围和重点正在扩展到产品交付之外。

2. DevOps 成熟度模型

为了评估组织在 DevOps 之旅中的位置并制定改进路线，我们提出 DevOps 成熟度模型。DevOps 成熟度模型重点关注组织流程的有效性，例如通过某些业务实践，实现更高级别的成熟度和提高绩效。

下面总结了 4 个关键原则，作为 DevOps 实践成熟度的评估基准。

（1）文化

DevOps 实践不仅代表着技术转变，还代表着文化转变。要充分发挥 DevOps 的潜力，需要有效地跨职能协作，并且要求组织层面普遍接受失败并反复试错，让所有利益相关方参与进来，以确保 DevOps 实践不会以任何形式被破坏或阻碍。

据 Gartner 的一份报告，预计四分之三的 DevOps 计划无法实现，原因是组织无法打造准备好接受变化的文化。该报告指出，不切实际的期望、忽视业务成果、协作不足及员工抗拒变革是 DevOps 实践失败的关键因素。以下是为了确保 DevOps 实践成功而制定的文化准则。

- ❑ 为每个产品创建一个专门的团队。
- ❑ 消除开发和测试团队之间的界限。
- ❑ 每个团队都有自己的待办事项。
- ❑ 团队负责将管理的产品一直交付至生产阶段。
- ❑ 明确要求和预期结果。
- ❑ 依据发布需求确定工作流和流程的优先级。

（2）持续测试

随着应用程序在驱动业务流程中扮演的角色越来越重要，企业现在比以往任何时候都更加重视在速度和准确性之间取得平衡。任何性能或构建质量问题都会影响最终的用户体验。同时，延误交付也会直接导致失去竞争优势。这些问题仍然是实施持续测试的主要障碍。

DevOps 高成熟度可以帮助我们最大限度利用持续测试,从中获取最大价值。就持续测试而言,DevOps 成熟度主要在以下流程和实践中评估。

❑ 为每个产品创建专门的测试环境。

❑ 实施一系列测试模型。

❑ 自动对所有提交的更改进行安全和单元测试。

❑ 持续分析和验证单元测试覆盖率。

❑ 定义和自动化回归测试。

❑ 进行风险分析,为探索性测试提供基础。

(3)自动化

自动化在 DevOps 流程中起着关键作用,但必须基于已定义的流程才能产生理想的结果。将糟糕的流程或未定义的流程自动化只会妨碍 DevOps 按照最佳方式实施。

就自动化而言,DevOps 成熟度可从以下方面评估。

❑ 构建过程的高效性。基于历史工件、日志以及每次代码提交和构建结果,可以快速分析问题。

❑ 标准化的部署管道。可以满足所有环境(如开发、测试、生产)的需求。

❑ 快速迭代。通过频繁发布软件来实现高效的代码管理。

❑ 完全自动化。通过版本控制系统中存储的脚本,将数据库变更作为部署流程的一部分,以减少人为失误。

(4)架构

一个组织能否成熟地实施 DevOps 流程,取决于基础架构的稳健性。应用程序架构是决定因素之一,决定组织是否能够利用 DevOps 实现快速发布。

不同的架构支持不同的目标实现。我们必须选择适合自身需求、符合自身目标、与开发技术和基础设施兼容的架构。

就架构而言,DevOps 成熟度可从以下方面评估。

❑ 在系统内设置模块,边界清晰。

❑ 每个模块都具备独立运行能力。

❑ 明确定义所需的质量属性。

❑ 快速、频繁地测试每个应用程序组件。

❑ 防止断路或级联故障。

3. DevOps 成熟度模型划分

(1)应用程序维度的 DevOps 成熟度模型

应用程序维度的 DevOps 成熟度是根据从开发到生产阶段的代码开发过程的安全性来评估的。在评估过程中,我们需要全面进行构建、测试、安全扫描、代码覆盖检查,以及对部署管道中的自动化元素进行持续监控。

（2）数据维度的 DevOps 成熟度模型

要从数据维度衡量 DevOps 成熟度模型，我们必须关注 DataOps 能力，即自动执行数据变更的能力和自动验证功能的能力。

（3）基础设施维度的 DevOps 成熟度模型

基础设施维度的 DevOps 成熟度模型关注处理基础设施问题的相关技能，以及在商店环境中的自助服务能力，特别是与其他业务相关的能力。

4. DevOps 工作原理

（1）DevOps 生命周期定义

DevOps 生命周期描述了整个应用程序生命周期中不同阶段各团队的协作方式和过程，以及在各阶段各团队使用的工具和技术方案。

DevOps 生命周期如图 1-15 所示。

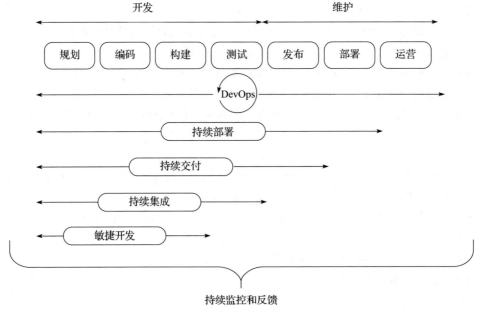

图 1-15　DevOps 生命周期

（2）DevOps 工作流

在每个阶段，DevOps 实践如下。

1）规划阶段：在这个阶段，技术团队确定业务需求并结合最终用户反馈，根据创建的产品路线图最大化业务价值，并为交付所需的产品做好准备。

2）编码阶段：开发团队利用工具（如 Git）简化开发过程，避免安全问题和低效的编码，着手进行代码输出。

3）构建阶段：一旦代码开发完成，开发者利用构建工具（如 Maven 和 Gradle）将代码提交至共享代码库。

4）测试阶段：测试人员将软件部署到测试环境，利用 JUnit、Selenium 等工具进行用户测试、安全测试、集成测试和性能测试，确保软件质量。

5）发布阶段：测试通过后，运营团队根据组织要求安排发布或将多个版本同时部署到生产环境。

6）部署阶段：运营团队基于基础设施即代码原则构建生产环境，随后利用不同工具以及基于特定的流程规范进行构建版本的发布。

7）运营阶段：软件正式上线，供最终用户使用。运营团队利用相关自动化工具配置和维护服务器资源。

8）监控阶段：在这个阶段，DevOps 管道对客户行为、应用程序性能等进行监控。监控整个环境有助于找到影响开发和运营团队生产力的瓶颈。

（3）DevOps 生命周期的 7C

DevOps 是一个持续性的软件开发方法论，覆盖了从规划到监控的整个软件生命周期。为了强调这种持续性，该方法论将整个生命周期分解为 7 个以持续性为核心的阶段，即 TC。

1）持续开发（Continuous Development）。持续开发是整个软件开发周期中至关重要的阶段，在描绘愿景方面起着关键作用。在这个阶段，开发团队通过与利益相关者讨论和收集项目需求来规划项目。同时，根据客户反馈不断更新产品待办列表，以实现持续的软件开发。开发团队会根据业务需求编写代码，并持续优化与改进代码以应对需求变化和性能问题。

为了支持持续开发，开发团队需要使用一些代码维护工具，如 GitLab、Git、TFS、SVN、Mercurial、Jira、BitBucket、Confluence 和 Subversion 等。许多公司更喜欢采用敏捷协作方法，如 Scrum、Lean 和 Kanban 等。在这些工具和方法中，Git 和 Jira 是最受欢迎的，它们可用于复杂项目中开发团队之间的协作。

2）持续集成（Continuous Integration）。这是生命周期中的另一个关键阶段，在这个阶段，更新的代码、功能和程序被集成到现有代码中。同时，单元测试也会在每一次变更中检测和识别错误，并相应地修改源码。

为了支持持续集成，有许多 DevOps 工具可供选择，例如 Jenkins、Bamboo、GitLab CI、Buddy、TeamCity、Travis 和 CircleCI 等。这些工具旨在使工作流程更加顺畅和高效。例如，Jenkins 是一款被广泛使用的开源工具，用于自动化构建和测试。在持续集成时，我们应根据业务和项目需求选择工具。

3）持续测试（Continuous Testing）。在持续集成之前还是之后执行持续测试，团队可以自主决定。在这个阶段，质量分析师使用工具不断测试软件，如果发现问题，返回到集成阶段进行代码修改。自动化测试可以帮助团队节省时间和精力，同时降低交付低质量软件的风险。此外，持续测试还可以修正测试评估结果，以最大限度地减少测试环境的配置和维护成本。

为了支持持续测试，有许多 DevOps 工具可供选择，例如 JUnit、Selenium、TestNG 和 TestSigma 等。Selenium 是最流行的开源自动化测试工具，支持在多平台使用。TestSigma 是一个 AI 驱动的测试自动化平台，可以通过 AI 降低测试复杂性。

4）持续部署（Continuous Deployment）。持续部署是 DevOps 生命周期中最关键和最活跃的阶段之一，最终代码将部署在生产服务器上。在这个阶段，配置管理是非常重要的，以确保代码在服务器上部署准确、顺畅。开发团队将代码发布到服务器并更新服务器，以在整个生产过程中保持配置一致。容器化工具可以帮助部署，并确保开发、测试、生产和暂存环境的一致性。这使得在生产环境持续交付新功能成为可能。

为了支持持续部署，有许多 DevOps 工具可供选择，例如 Docker、Vagrant、Spinnaker、Argo CD 等。Docker 和 Vagrant 是广泛用于持续部署的可扩展性工具。Spinnaker 是一个用于发布软件变更的开源持续交付平台。Argo CD 是用于 Kubernetes 原生 CI/CD 的开源工具。

5）持续反馈（Continuous Feedback）。为了有效地分析和改进应用程序代码，持续反馈活动应运而生。在这个阶段，定期评估每个版本下的用户行为，以改进版本。企业可以选择结构化或非结构化方法来收集反馈。在结构化方法中，反馈是通过调查和问卷收集的。非结构化方法是通过社交媒体平台等收集反馈。总体来说，持续反馈使得持续交付成为可能。

通过持续反馈，团队可以了解用户的需求和意见，并及时进行改进，有助于提高用户满意度和应用程序质量。此外，持续反馈还可以帮助团队预测和解决存在的问题，从而降低修复成本和风险。

6）持续监控（Continuous Monitoring）。在持续监控阶段，应用程序的功能和特性会被持续监控，以发现问题，例如内存不足、无法访问服务器等。持续监控有助于团队快速识别与应用程序性能相关的问题及其根本原因。团队发现任何关键问题，应用程序将再次经历整个 DevOps 周期以找到解决方案。此外，持续监控工具可以自动监测并解决安全问题。

为了支持持续监控，有许多 DevOps 工具可供选择，例如 Nagios、Kibana、Splunk、PagerDuty、ELK Stack、New Relic 和 Sensu 等。这些工具可以监控应用程序的各种指标，并提供实时警报和分析，以便团队及时采取行动。

7）持续运营（Continuous Operation）。在 DevOps 生命周期的最后阶段，持续运营对于最大限度缩短停机时间至关重要。通常，更新可能会使得服务器下线，从而延长停机时间，甚至可能给公司造成重大损失。持续运营是利用 Kubernetes 和 Docker 等容器管理系统完全消除停机时间。这些容器管理工具有助于简化在多个环境中构建、测试和部署应用程序的过程。这一阶段的最终目标是最大限度延长应用程序的正常运行时间，以确保提供流畅的服务。通过持续运营，开发人员可以节省时间，加快应用程序上市。

为了支持持续运营，有许多 DevOps 工具可供选择，如 Kubernetes 和 Docker Swarm 等。这些工具可以自动处理容器的创建、扩展、负载均衡等任务，从而显著提高应用程序的可靠性和稳定性。

1.5 眺望云原生的未来

云原生的未来是科技界越来越关注的话题。通过采用云原生技术，组织可以在应用程序中实现更高的敏捷性、可扩展性和弹性，从而更好地满足当今快速变化的业务需求。

云原生的未来可能会受到几个关键趋势的影响。其中一个重要的趋势是 Kubernetes 的持续流行。Kubernetes 是一个开源容器编排平台，已经成为云原生架构部署的事实标准。随着 Kubernetes 的不断成熟，我们将会看到越来越多的组织将其作为云原生计算的主要平台。

另一个重要的趋势是 Serverless 架构的兴起，允许开发者运行代码而无须关注服务器或基础设施。Serverless 架构可以简化云原生应用程序的开发和部署。

除了这些趋势之外，我们还将看到边缘计算、机器学习和数据分析等领域的持续创新。这些领域的创新将进一步推动云原生的发展，使其成为更强大和应用更广泛的生态体系。未来，云原生计算将成为企业数字化转型的重要推力，为企业带来更高的效率和更好的业务体验。

1.5.1　云原生与人工智能

1. 云原生与人工智能的关系

在全球化背景下，世界各地的头部机构或组织正在广泛采用云原生生态体系来构建下一代产品，以保持其在激烈竞争中的领先地位。尽管云原生是一种极具革命性的技术生态，但在实际的业务场景中，我们也需要关注另一个技术——人工智能。

人工智能应用可以帮助组织更好地管理云原生架构，进一步提高其可靠性、效率和安全性，例如，利用人工智能应用可以优化负载均衡、自动化容量规划、提高容器安全性等。此外，人工智能应用还可以帮助组织更深入地理解其数据湖，并从中提取宝贵信息，从而实现数据驱动业务决策。

因此，将云原生与人工智能结合在一起，可以为企业创造更多价值，特别是在处理大规模数据和复杂工作负载时。我们有理由期待未来云原生将与人工智能深度融合，为企业数字化转型带来更多机遇。

云原生与人工智能的融合可参考图 1-16 所示。

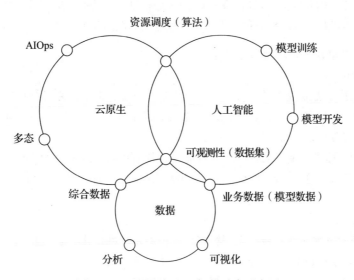

图 1-16　云原生与人工智能融合示意图

2. 基于云原生生态运行人工智能

（1）部署模式

相对于云原生，人工智能还处于蓬勃发展期。然而，事实证明，DevOps 围绕云原生建立的许多最佳实践也可以应用于人工智能领域。例如，CI/CD、可观测性和蓝绿部署等实践非常适合应对人工智能应用的特殊需求。

在人工智能领域，CI/CD 可以确保模型训练与部署的自动化和标准化。可观测性可以帮助团队及时发现并排除问题，提高模型的可用性和可靠性。蓝绿部署可以降低模型部署的风险，确保在生产环境中实现无缝切换。

（2）资源支撑

云原生为人工智能带来了资源分配的弹性支撑。在人工智能领域，我们往往需要非常弹性的计算资源，特别是用新数据集训练模型时，可能需要调用大量资源，并且需要大量 GPU 计算。此时，我们需要一种智能的方法来解决资源存储、分配问题，例如使用云原生调度器。云原生调度器可以自动管理容器化应用的部署和资源分配。当人工智能应用需要更多计算资源时，云原生调度器可以根据负载情况为其分配计算资源，并确保应用在整个集群中平衡使用资源。这种自动化的资源分配方式可以减少手动干预，提高资源利用率，并确保应用始终具备足够多的计算资源。

（3）多环境融合

机器学习或训练模型通常建立在大型数据集上。Kubernetes 使组织能够灵活地跨公有云、私有云、本地和安全空隙位置部署和管理人工智能应用中的组织，并在不产生超额成本的情况下轻松更改和迁移部署。在许多用例中，训练通常在云端进行，推理则在边缘设备上进行。

使用 Kubernetes 进行应用部署有多个好处。首先，它可以帮助组织实现跨基础设施的应用一致性，从而简化管理和降低成本。其次，Kubernetes 的自动化和可扩展特性使组织能够更加高效地管理人工智能应用和资源。最后，Kubernetes 还提供了一些有用的特性，如自动伸缩、负载均衡和服务发现，以帮助组织更好地管理人工智能应用的性能和可用性。

3. 使用人工智能技术改进云原生架构

（1）问题分析

虽然云原生技术为业务的发展带来了不可估量的价值，但也带来了维护复杂性。云原生体系涉及的组件较多，导致问题排查变得棘手。技术团队需要基于观测平台所展示的相关指标和数据进行深入的链路分析，从而增加了时间成本。

通过对大量数据进行加工处理，人工智能可以帮助我们快速识别和分析问题出现的根本原因，并给出相关建议。这种自动化诊断和调整的方式可以显著缩短排障时间，减少人工干预，提高系统稳定性。

（2）观测及预防

相较于传统的可观测性平台，人工智能可观测性是一种现代、全面和完整的方法，可用于深入了解机器学习模型在整个生命周期中的行为、数据和性能。

通过引入问责制和可解释性，人工智能可观测性能够对模型行为进行根本原因分析，以帮助我们检测出错、问题的严重性及影响，从而提出解决问题的最佳策略。

此外，人工智能的可观测性有助于我们更好地理解模型的决策过程。这种清晰的决策过程有助于我们更好地控制正在构建的智能系统。通过对模型的全面了解，用户的信任度得以增强。

（3）性能优化

除了上述场景，人工智能还可以基于分析提出性能优化建议，以微调云原生基础设施的运行方式。例如，人工智能可以告知我们如何调整参数以提高计算效率，或者如何最好地安排机器学习工作负载。特别是在容器编排平台 Kubernetes 中，随着业务量的不断增加，我们可以借助人工智能及时调整容器实例的数量，以实现资源的适应性分配，从而达到节能增效的目的。

因此，人工智能与云原生相结合是一个双赢的局面。云原生技术可以在弹性、可扩展性和性能方面支持人工智能，同时人工智能的丰富场景算法能够帮助组织优化现有云原生架构的维护方式。

1.5.2　云原生的价值及挑战

云计算在过去十年迅速成为技术领域的焦点，彻底改变了公司经营模式和客户服务方式。云计算大大降低了业务扩展成本，提高了业务弹性，并可快速提高效率。展望未来，云原生应用有望成为云计算发展的新方向。

1. 云原生的价值

随着组织重心从传统 IT 基础架构转移至云环境，云原生技术日趋重要。云原生技术能让组织以更具可扩展性、灵活性和成本效益的方式开发、部署及管理应用。

云原生技术的主要优势在于极大地提升了应用的可扩展性。在传统的 IT 环境中，扩容应用可能需要烦琐的手动操作，这既浪费时间又效率低下。但是，借助云原生技术，应用能够根据需求实现自动扩展，在不需要人工干预的情况下处理大量请求。

云原生技术的另一个优势是提高了应用的可用性和弹性。云原生应用通常被设计为分布式，这意味着它们可以同时在多台服务器上运行。这种冗余确保即使一台服务器出现故障，应用仍可供用户使用。此外，云原生应用可以通过自动将工作负载转移到其他服务器来响应故障，从而确保高可用性。

云原生技术还提高了应用的灵活性。在传统 IT 环境中，组织很难对应用进行更改，因为更改可能会导致应用中断。借助云原生技术，应用被设计为由小型、独立的服务组成，这些服务可以在不中断整个应用的情况下单独修改。这使组织更容易适应市场和客户需求的变化。

最后，云原生技术还提高了应用的开发和部署速度。云原生应用由小而独立的服务构成，因此可以快速进行开发和部署。开发人员可以专注于开发单个服务，而不需要考虑整体应用的构建。此外，微服务架构还允许开发人员独立工作，这有助于实现组件的并行开发和测试。

2. 云原生面临的挑战

尽管云原生技术具有显著优势，但它也带来一些挑战。主要挑战之一是云原生应用的复杂性。云原生应用由许多服务组成，这些服务协同工作。这可能会导致难以理解应用的工作原理以及进行应用故障排查。

应用自动化与编排是云原生技术面临的另一个挑战。云原生应用旨在实现自动化,即实现自动部署和扩展,不需要人工干预。然而,这要求各个服务之间协调配合,而这是难以实现的。

此外,云原生技术需要与传统 IT 环境不同的技能组合。开发人员必须具备容器化、Kubernetes 和 DevOps 方法等云原生技术的专业知识,这可能需要花费更多时间来学习。

最后,管理云原生应用的安全性可能是一项挑战。云原生应用是分布式的,这意味着有更多的攻击面。此外,云原生应用可以自动部署和扩展,如果管理不当,可能会带来安全风险。

综上所述,云原生生态体系可以帮助组织在革命性的流程中实现业务目标。云原生作为一种新的云计算架构和开发模式,可以为企业和组织提供更加可靠、安全、可扩展、高效、高成本效益的服务。同时,云原生技术也需要不断优化和改进,以适应不断变化的业务需求。

1.6 本章小结

本章主要围绕云原生生态的相关内容进行深入解析,具体内容如下。

❏ 回顾传统生态,涉及发展历史、传统架构的优势与弊端等。

❏ 解析云原生架构,分别从演进过程、基本概念、架构模式、基本准则、价值意义 5 方面进行阐述。

❏ 对云原生生态体系内容进行阐述及分析,为后续章节的学习做铺垫。

❏ 对云原生的未来发展进行展望。

第 2 章　Chapter 2

云原生网关

作为一种软件组件，云原生网关是云原生架构体系的重要组成部分，为访问云原生应用程序和服务提供安全且可扩展的入口点。通过利用云原生网关提供的高级安全和管理功能，组织可以提高云原生部署的整体可靠性、安全性和合规性。

2.1　概述

随着微服务架构的流行，企业正在将应用程序和服务拆分成更小的模块，以便开发、测试和部署。然而，微服务架构也带来了一些问题，比如复杂的服务发现、负载均衡和安全问题等。

云原生网关作为一种解决方案，可以保证微服务架构安全、可靠、高效的访问。通常来讲，云原生网关可以将多个微服务打包成一个统一的服务，并提供负载均衡和流量控制等功能。这样，客户端只需要访问一个入口点，就可以访问多个微服务。

云原生网关的出现是为了解决微服务架构中的一些问题。在微服务架构中，每个微服务都有自己的端口和 API，这使服务的管理和访问变得非常复杂。微服务架构也存在安全问题，比如未经授权的访问和 DDoS 攻击等。

除此之外，云原生网关的实现需要使用一些关键技术，包括负载均衡、反向代理、安全认证和流量控制等。负载均衡可以将请求分发到多个微服务实例中，以提高系统的可靠性和性能。反向代理可以隐藏微服务的实现细节，从而保证微服务的安全性。未来，云原生网关将成为构建下一代应用程序和服务的重要基础。

2.2 网关演进

随着技术变革的推动和系统架构的不断演进，服务与外部组件、服务内部之间的交互模式也发生了较大变化。从较早的直连模式到当前的云原生负载均衡器及 Gateway API，网关的发展可谓曲折。

Gateway API 的引入解决了客户端应用程序和后端组件之间的通信问题，但同时带来了额外的开发成本。加上云原生生态的普及，传统 API 网关处于尴尬的境地。

此时，网关的出路在哪里？

2.2.1 传统 API 网关

API 网关是微服务架构的重要组成部分，允许将应用程序分解为更易于管理和更新的小组件。借助 API 网关，开发人员可以更好地管理应用程序的前端，并专注于应用程序的核心功能开发。

1. API 网关概念

API 网关通常用于 API 管理，位于客户端和后端服务之间，接受所有应用程序编程接口（API）调用，聚合实现应用所需的各种服务，并返回结果。

无论基于传统的单体架构还是流行的微服务架构，API 网关的主要职责都是接受来自客户端的 API 调用，将请求路由到对应的微服务，并执行一些业务逻辑，例如，可能会组合来自后端服务的响应和进行协议转换。API 网关可以同时处理多个外部请求，并将它们路由到后端的各种微服务。

简而言之，API 网关作为请求从防火墙外部进入应用程序的单一入口点，实现了包括请求授权及认证、请求路由、速率限制、计费、监控、分析、策略检查、告警和统计等多种功能。

2. API 网关工作原理

API 网关的工作原理可以参考图 2-1。

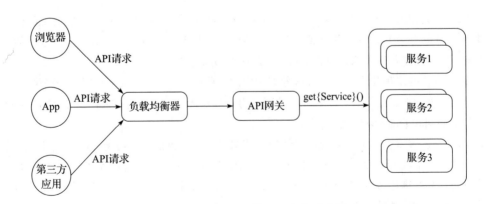

图 2-1　API 网关工作原理参考示意图

根据上述参考示意图，我们可以得知，API 网关工作主要涉及如下几个阶段。

1）请求接收。API 网关接收来自客户端的 API 请求，并将请求转发到后端服务。通常，API 网关可以接收各种类型（包括 REST、WebSocket 和 HTTP）的请求。

2）请求验证。API 网关会验证请求的格式、认证、权限等，涉及验证 API 密钥、JWT 令牌、基本认证等。如果验证失败，API 网关会直接返回错误响应，不转发到后端服务。

3）请求转发。验证成功后，API 网关会将请求转发到相应的后端服务，然后将请求路由到正确的服务和端点。

4）响应处理及返回。后端服务处理请求并返回响应后，API 网关会接收到响应结果，并进行一些额外的处理以及将结果返回给客户端。

API 网关的核心功能之一是请求路由，通过将请求路由到相应的服务来实现某些 API 操作。API 网关收到请求时会查询路由映射。该映射指定了将请求路由到哪个服务，例如，可以将 HTTP 方法和路径映射到 HTTP 服务的 URL。

协议转换也是 API 网关的常用功能，在应用服务逻辑处理中发挥着重要作用。在实际场景中，API 网关可能向外部客户端提供 RESTful API，即使应用程序服务内部使用的是混合协议，如 REST 和 gRPC。在需要时，某些 API 操作会在基于 REST 的外部 API 和基于 gRPC 的内部 API 之间进行转换，以满足业务需求。

API 网关可以提供通用的 API。通常，单一 API 的存在是因为不同客户往往有不同的需求，例如，第三方应用可能需要 Get Merchant Details API 操作命令返回完整的 Merchant 详细信息，而客户端可能只需要数据的一个子集。解决这个问题的一种方法是让客户端在请求中指定服务器应返回哪些字段和相关对象。对于为第三方应用提供服务的公共 API，这种方法已经足够，但通常无法为客户提供所需的控制权。

在现代应用框架设计中，最佳解决方案是 API 网关为每个客户端提供定制的 API。例如，Mobile API 网关可以实现为移动客户端提供专门设计的 API。API 网关甚至可以为 Android 和 iPhone 移动应用程序提供不同的 API。此外，API 网关还提供了公共 API，供第三方开发者使用。

API 网关为通过一组 API 向外界暴露多个微服务或 Serverless 服务的架构组件。建立在典型反向代理的一部分功能之上，API 网关能够承载多个任务的处理，具体如下。

（1）负载均衡

在微服务架构中，API 网关旨在多个服务之间依据所设定的算法策略路由所流经的流量，以提高架构整体性能和可用性。

（2）流量治理

依据实际的业务场景，API 可将流量与基础设施的容量进行自适应适配，主要涉及速率限制、服务发现、请求聚合等。

（3）访问控制

API 网关通过在传入连接到达 Web 服务器之前对其进行身份验证以及对客户端隐藏 Web 服务器的 IP 地址和网络结构来保证访问安全。

（4）SSL/TLS 连接终止

将处理 SSL/TLS 连接的任务从 Web 服务器转移到反向代理，让 Web 服务器专注于处理请求。

（5）缓存

API 网关通过缓存更靠近客户端的频繁请求内容来提高性能。

（6）请求 / 响应转换

API 网关通过修改传入请求或传出响应来符合特定要求，例如添加或删除标头、压缩 / 解压缩以及加密 / 解密内容。

（7）记录和监控

API 网关主要收集 API 使用情况和性能数据，为流量分析及后续架构优化提供数据参考。

3. API 网关架构

在实际的业务场景中，API 网关具有分层的模块化架构。API 网关架构如图 2-2 所示，由两层组成——API 层和公共层。API 层由一个或多个独立的 API 模块组成，每个 API 模块为特定客户端实现一个 API。通用层实现共享功能，包括身份验证等边缘功能。

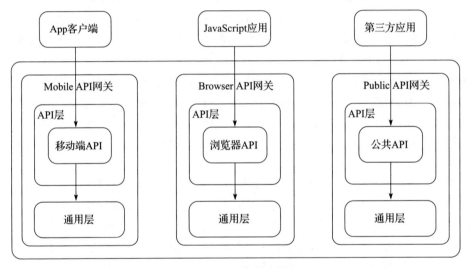

图 2-2　API 网关架构

在上述架构中，API 网关有 3 个核心模块。

❑ 移动端 API：为移动客户端提供 API 调用。

❑ 浏览器 API：为在浏览器中运行 JavaScript 应用程序提供 API 调用。

❑ 公共 API：为第三方开发者提供的 API。

API 模块通过两种方式实现 API 操作。

❑ 一些 API 操作可以直接映射到单个服务的 API 操作。API 模块通过将请求路由到相应服务的 API 操作来实现这些 API 操作。我们可以使用通用的路由模块，读取路由规则配置文件来实现这些 API 操作。

❑ 复杂 API 操作使用 API 组合实现。这些 API 操作由自定义代码实现。每个 API 操作通过调用多个服务并组合结果来处理请求。

4. API 网关选型关注点

API 网关降低了后端服务的复杂性。在选择 API 网关之前应考虑几个关键方面,具体如下。

（1）可扩展性和性能

在选择 API 网关之前,最重要的考虑因素是其可扩展性和性能。具有 API 网关的平台应同时支持异步和非阻塞 I/O,以提高效率。虽然 API 网关具有可扩展性、高可用性、负载均衡和共享状态等优点,但在确保性能不受影响的前提下,我们尽可能使其表现良好。

此外,API 网关还应该为硬件或云基础设施提供容错能力,并为消费者提供更低时延。

（2）安全

API 网关充当应用程序的第一道防线,验证请求的授权并确保数据安全传输,为 API 的消费者和开发者提供了一个集中的访问点和控制界面,从而保障 API 安全和按照预期运行。

为了防止对 API 资源未授权访问,API 网关可以将 API 访问和使用限制为仅授权用户。API 调用安全功能可以确保只有授权用户才能调用 API,并在执行 API 调用时使用正确的参数。

从本质上讲,这类似于我们使用护照或签证来验证自己的身份。通过提供身份验证层,API 网关可确保只有经过身份验证的用户才能访问后端,以避免安全漏洞。

（3）响应变换

API 网关通过将请求转发给服务并将服务的响应返回给客户端来处理请求。API 网关负责将请求路由到适当的后端服务,以满足客户端的需求。

API 网关可以通过缓存频繁请求的数据来提高后端服务性能,并且可以转换请求和响应格式,以针对客户端或后端服务进行优化。例如,API 网关可以将客户端的 JSON 格式请求转换为 XML 格式,然后将其转发到仅支持 XML 格式的后端服务。

（4）速率限制

API 可以轻松处理来自不同路径的多个请求。在现实世界中,API 需要处理大量请求而不会使系统过载。这就是速率限制功能的用武之地。

速率限制功能用于控制可能流经 API 网关的流量。通过限制在特定时间段内可以发出的请求数,我们可以确保 API 即使在高负载下也能正常运行。

（5）立体化观测

默认情况下,API 网关应提供对所有 API 的监控,以便跟踪所有 API 请求和响应,还应该能与 API 监控解决方案集成,以便分析 API 指标。

日志记录是 API 监控的关键组件,以便查看 API 运行状况和分析性能,从而及早发现并解决问题。

5. API 网关的优势

API 网关的优势主要体现在如下几方面。

（1）灵活性

API 网关易于配置。在微服务架构中,开发人员可以轻松地以各种标准设计应用程序的内部结构,以便用户获得合适的服务。

（2）轻松的服务交付

API 网关以合乎逻辑的方式合并请求并及时提供服务。灵活的 API 网关架构可节省带宽并协调 API 流程，从而带来更好的用户体验。这就是移动应用程序可以快速提供服务的原因。

（3）增强 API 端点的安全性

API 网关可作为前端服务和其他微服务之间通信安全的障碍，确保基本 API 端点不被泄露，还可以保护 API 免受恶意网络攻击，包括 SQL 注入、DoS 攻击和其他利用 API 缺陷的恶意攻击。

（4）扩展遗留应用程序

即使遗留应用程序过时，我们也可以尝试使用 API 网关来访问，而不是完全迁移。

（5）降低 API 复杂性

API 的目标是提供某种服务。然而，访问控制、速率限制、令牌授权和缩放等可能会阻碍 API 快速处理任务。API 网关负责这些日常任务，让 API 与其核心功能一起工作。

（6）监控 API

通常，在将 API 集成到应用程序时，企业会使用监控工具来监控集成 API 的服务。API 网关比其他监控工具要好得多，可以在监控过程中完美识别具体问题。

6. API 网关的劣势

API 网关在现代应用程序设计中扮演着重要角色，但也存在一些缺点和问题，需要技术团队注意和解决。API 网关的劣势主要体现在以下几方面。

（1）可靠性和弹性低

由于 API 网关通常是应用程序的入口，如果 API 网关出现故障，整个应用程序的可用性将受到影响。

同时，在增强应用功能和服务时，技术团队应谨慎行事，因为当网关存在风险时，整个应用程序的性能和服务交付可能会受到影响。

（2）易成为攻击目标

API 网关有广泛的应用场景，这也成为其被恶意攻击的原因之一。API 网关需要处理大量敏感数据，包括用户凭据、个人身份信息等，如果 API 网关受到攻击，这些敏感数据可能会被泄露。

（3）复杂

通常，API 网关能够监控和控制功能和服务的交付。即使是系统中微小的变化也会对 API 网关性能产生深远影响。如果开发人员要使用其他增强功能更新应用程序，那么需要确保 API 网关也得到更新。同时，API 网关需要动态发现和路由请求到后端服务，这需要使用复杂的算法和配置选项。

2.2.2 Ingress 代理

在虚拟机或 Kubernetes Ingress 出现之前，一般会采用 Nginx 或 HAproxy 等组件作为暴露的负载均衡器，以将外部流量路由到内部集群服务。这些负载均衡器可以根据不同的路由规则将流量分发到不同的后端服务，并通过健康检查来确保服务的可用性和稳定性。

随着云原生技术的快速发展，Kubernetes Ingress 已经成为新一代的负载均衡器，通过更加灵活和简单的方式来管理集群服务的流量。

1. 流量路由模型

通常，路由规则可以被添加到 Nginx 或 HAProxy 的 Pod 或服务实例的配置映射中。当 DNS 发生变化或需要添加新的路由条目时，可以更新配置映射并重新加载 Pod 或服务实例的配置，或者重新部署以使更改生效。

（1）传统虚拟机模式

基于传统虚拟机模式的流量路由架构示意图具体可参考图 2-3。

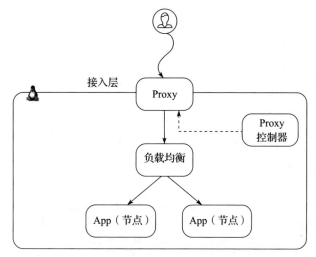

图 2-3　基于传统虚拟机模式的流量路由架构参考示意图

在此架构中，负载均衡器通常会使用一些算法来决定将流量路由到哪个后端应用服务器上。例如，轮询、最少连接和 IP 散列等算法都可以用于负载均衡器。应用服务器通常会运行多个相同的应用实例，以便同时处理更多的流量，提高可用性和容错性。

然而，基于传统虚拟机模式的流量路由模型也存在一些劣势。在这种架构中，每个应用程序都需要单独管理和部署，这可能会导致管理和部署的复杂度提升、资源浪费和效率降低。

此外，在这种架构中，负载均衡器和应用服务器通常是静态配置的，无法自适应地根据流量变化进行调整。这可能会导致负载均衡器、应用服务器出现资源浪费或过载的情况，从而影响应用程序的性能或可用性。

（2）未引入 Ingress

在云原生架构中，未引入 Ingress 的容器云模式的流量路由架构示意图具体可参考图 2-4。

在此架构中，流量入口模型通常使用服务网格和云原生服务端口来处理流量入口：将服务端口映射到节点端口，并允许外部客户端通过访问节点 IP 地址和节点端口来访问服务，以实现简单的流量负载。

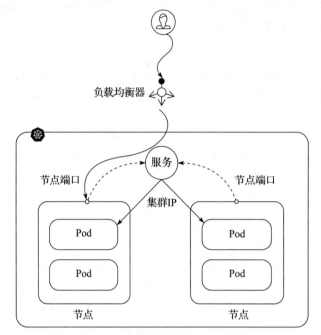

图 2-4　基于未引入 Ingress 的容器云模式的流量路由架构参考示意图

（3）引入 Ingress

与传统模式相对应的云原生 Kubernetes Ingress 模式也采用了类似的方式，即将路由规则维护为本地 Kubernetes Ingress 对象，而不是通过配置映射来实现，具体可参考图 2-5。

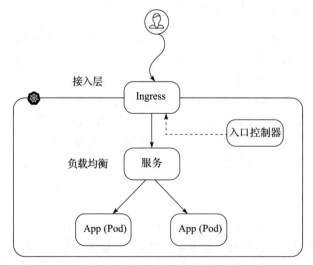

图 2-5　基于 Ingress 的容器云模式的流量路由架构参考示意图

基于上述参考示意图，在云原生生态体系中，作为一个 Kubernetes API 对象，Ingress 主要用于管理外部流量如何路由至 Kubernetes 集群中的服务。

从另一个角度来看，Ingress 充当一种路由协议（例如 HTTP、HTTPS），详细阐述了 Kubernetes 集群中的服务如何被集群外的用户访问。

本质上，Ingress 为 Kubernetes 中的服务提供了更高级别的流量控制和管理机制，特别是针对 HTTP 请求。通过 Ingress，我们可以定义一系列路由规则，从而避免为每个服务单独创建负载均衡器或将其暴露给外部。此外，Ingress 还可以用于为 Kubernetes 中的服务提供外部可访问的 URL、负载均衡流量、终止 SSL/TLS、配置基于主机名的虚拟主机以及实现基于 URL 路径的路由转发。

尽管 Kubernetes Ingress 向外公开了集群服务，但有助于管理员有效地管理应用程序并诊断与路由相关的问题。这样做可以增强集群的安全性，因为 Kubernetes Ingress 显著降低了潜在的攻击面。

在实际的业务场景中，Kubernetes Ingress 的典型用例如下。

❑ 提供外部可访问的 URL，以访问集群内的特定服务。

❑ 通过执行负载均衡任务来管理流量。

❑ 提供基于主机名、路径的虚拟托管，以实现不同的参数映射至不同的服务。

❑ 通过 SSL 或 TLS 终止解密、加密流量。

2. Ingress 体系解析

通常，Ingress 体系由两部分组成，包括入口资源和入口控制器。

（1）入口资源

Ingress 基于 7 层（L7）规则将主机名（和可选路径）定向到 Kubernetes 中的特定服务，以定义入站流量到达服务的规则。通过 Ingress，可以配置外部 URL、负载均衡传入流量、终止 TLS，以及基于路径或前缀路由流量等。

通常情况下，我们可以在 Kubernetes Ingress 资源中指定 DNS 路由规则，将外部 DNS 流量映射到内部 Kubernetes 服务端点。

以下是一个基础的入口资源示例：

```
apiVersion: networking.k8s.io/v1
kind: Ingress
metadata:
  name: devops-ingress
  namespace: devops
spec:
  rules:
  - host: devops.apps.example.com
    http:
      paths:
      - backend:
          serviceName: devops-service
          servicePort: 80
```

基于上述 Yaml 文件，所有对 devops.apps.example.com 调用的流量都应该被路由到 devops 命名空间中名为 devops-service 的服务。

需要注意的是，Ingress 只是路由规则。我们可以为基于路径的路由添加多个路由端点，还可以添加 TLS 配置等。

关于入口对象，我们需要了解的关键事项具体如下。

❑ 入口对象需要入口控制器进行路由。

❑ 外部流量不会直接命中入口 API，而是直接命中通过负载均衡器配置的入口控制器服务端点。

通常情况下，Kubernetes 中的入口主要分为如下 3 种类型。

1）单一服务入口。单一服务入口是指只有一个服务向用户暴露的入口。要启用单一服务入口，我们需要定义一个默认后端服务，当入口对象中的主机或路径与 HTTP 消息中提到的主机或路径不匹配时，所有流量都会被定向到该默认后端服务。因此，在处理单个服务入口时，需要指定一个没有规则的后端服务。

单一服务入口示例可参考如下代码：

```
apiVersion: extensions/v1beta1
kind: Ingress
metadata:
  name: devops-service
  namespace: default
spec:
  backend:
    serviceName: devops
    servicePort: 80
```

2）简单的扇出入口。简单的扇出入口通常允许使用单个 IP 地址来暴露多个服务，以便根据请求类型将流量路由到目标位置。这种配置可以轻松实现流量路由，同时减少集群中负载均衡器的数量。

简单的扇出入口示例可参考如下代码：

```
apiVersion: extensions/v1beta1
kind: Ingress
metadata:
  name: ingress-service
  namespace: default
spec:
  rules:
    - host: devops.example.com
      http:
        paths:
          - backend:
              serviceName: devops1
              servicePort: 80
            path: /devops1
          - backend:
```

```
                serviceName: devops2
                servicePort: 80
            path: /devops2
```

3）基于主机名的入口。基于名称的虚拟主机支持将 HTTP 流量从一个 IP 地址引导到在集群中运行的不同主机。在这种类型入口中，通常会先将流量引导到特定的主机，然后进行深入的路由。

基于主机名的入口示例可参考如下代码：

```
apiVersion: extensions/v1beta1
kind: Ingress
metadata:
  name: devops-services
  namespace: default
spec:
  rules:
    - host: devops1.example.com
      http:
        paths:
          - backend:
              serviceName: devops1
              servicePort: 80
            path: /
    - host: devops2.example.com
      http:
        paths:
          - backend:
              serviceName: devops2
              servicePort: 80
            path: /devops2
```

（2）入口控制器

入口控制器是为了无缝管理 Kubernetes 和其他容器化环境而设计的负载均衡器。入口控制器通常使用标准的 OSI 模型中的传输层和应用程序层来操作从外部到 Kubernetes 集群内的服务或 Pod 的流量。

传输层（OSI 模型中的第 4 层）揭示了模型中网络层之间的连接，而应用程序层（OSI 模型中的第 7 层）涉及 OSI 堆栈中的应用程序端。在入口控制器中，通常会先将流量引导到特定的主机，然后再进行深入的路由。

通常，入口控制器在 Kubernetes 集群中主要执行以下任务。

❑ 允许从 Kubernetes 环境外部导入流量，并将其分配（负载均衡）到运行在 Kubernetes 平台的 Pod 或容器上。

❑ 管理需要访问特定集群外的服务以及与之交互的出口流量。

❑ 在 Kubernetes 集群运行的服务中添加或删除 Pod 时实时更新负载均衡规则，以确保负载均衡器能够正确地将流量分配到每个 Pod。

从根本上来说，入口规则与处理流入网络或集群的 HTTP 流量的协议有关。对于缺乏规则的入口，所有入站流量都会被发送到默认的后端服务。

入口控制器是使用入口资源配置 HTTP 负载均衡器的应用程序，可以是软件负载均衡器，例如在集群中运行的负载均衡器，也可以是在集群外部运行的硬件或基于云的负载均衡器。市面上有各种类型入口控制器。选择合适的入口控制器对于 Kubernetes 集群的负载和流量管理至关重要。

在云原生架构设计中，入口控制器不是原生 Kubernetes 实现的，也就是说在集群中并不是默认存在的。因此，我们需要根据自身实际业务架构，设置入口控制器，以便入口规则能够正常运行。

入口控制器通常是集群中的反向 Web 代理服务器的实现，可作为 Kubernetes 中部署的反向代理服务器，暴露于服务类型负载均衡器。我们可以在集群中将多个入口控制器映射到多个负载均衡器。每个入口控制器都应该有一个名为入口类的唯一标识符并添加到注释中。

那么，入口控制器到底是如何工作的？

我们先来看一下基于 Ingress 控制器的实现原理参考示意图，具体如图 2-6 所示。

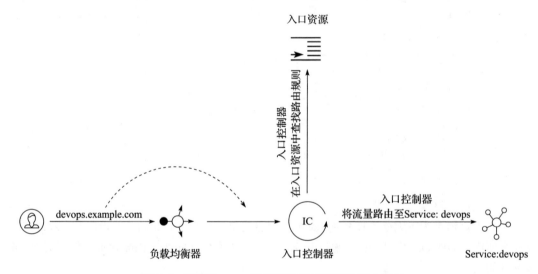

图 2-6　基于 Ingress 控制器的实现原理参考示意图

这里，我们以 Nginx 入口控制器实现为例，来探究一下具体的工作原理。基于图 2-7，可以得知：

❑ Nginx Pod 内的 nginx.conf 文件与 Kubernetes 入口 API 进行通信，并实时获取流量路由的最新值。

❑ Nginx 控制器与 Kubernetes 入口 API 交互，检查是否有为流量路由创建的规则。

❑ 如果发现入口规则，Nginx 控制器会在每个 Nginx Pod 内的 /etc/nginx/conf.d 位置生成路由配置。

❑ 对于依据业务场景所创建的每个入口资源，Nginx 都会在 /etc/nginx/conf.d 目录下生成对应的配置。

❑ 主目录下的 nginx.conf 文件包含来自 etc/nginx/conf.d 目录的所有配置。

❑ 如果使用新配置更新入口对象，Nginx 配置将再次更新，并优雅地重新加载配置。

如果使用 exec 连接到 Nginx Pod 并检查 /etc/nginx/nginx.conf 文件，我们会看到该文件中应用的入口对象指定的所有规则。

这里，我们来看一下 Kubernetes 集群中入口和入口控制器的架构示意图。该示意图主要展示了如何通过 Ingress 将流量从负载均衡器路由至应用程序端的入口规则，具体如图 2-7 所示。

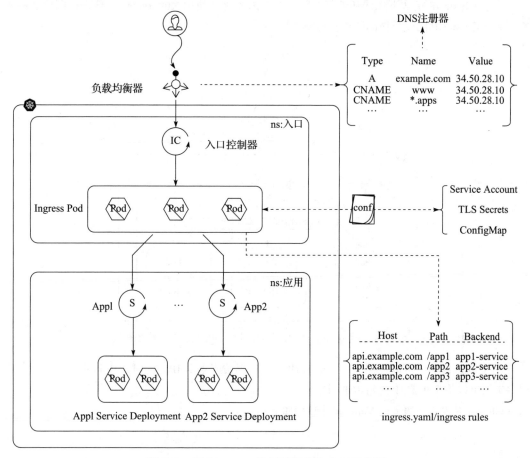

图 2-7　基于 Ingress 控制器的架构参考示意图

通常情况下，我们使用服务资源在 Pod 内部或外部暴露应用程序：通过定义入口点自动将流量路由到可用的 Pod 上。由于 Pod 经常启动和停止，因此在特定时刻运行的 Pod 集合可能与后续运行应用程序的 Pod 集合不同。服务资源利用标签选择器对 Pod 进行分类，以便在应用程序需要扩展或压缩时能够快速找到并使用相应的 Pod。

3. 服务暴露类型

除了 Ingress 之外，Kubernetes 集群中还有其他几种常用的服务暴露类型，包括 ClusterIP、

NodePort 和 LoadBalancer。它们提供了不同的服务暴露方式。需要注意的是，Ingress 本身并不是服务，只是作为代理而存在，用于管理和路由流量。而 ClusterIP、NodePort 和 LoadBalancer 是实际提供服务的对象。

（1）ClusterIP

ClusterIP 主要通过 Kubernetes 集群内部 IP 地址暴露服务。选择此种类型暴露服务可以实现服务只能在集群内部访问，这也是默认的服务暴露类型。

由于 ClusterIP 模式下无法从外部访问服务，因此可以使用 Kubernetes 代理来访问构建的服务。基于 ClusterIP 的流量访问架构参考图 2-8。

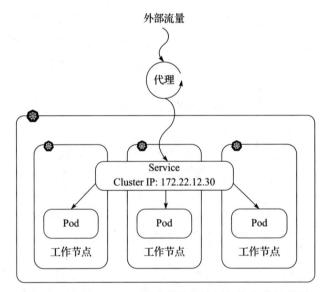

图 2-8　基于 ClusterIP 模式的流量访问架构参考示意图

出于调试目的，可以使用 Kubernetes 代理从外部访问集群 IP。同时，在 Pod 中运行的应用程序实例可以使用集群 IP 进行内部通信。

ClusterIP 模式下服务的 Yaml 文件参考如下：

```yaml
apiVersion: v1
kind: Service
metadata:
  name: devops-internal-service
spec:
  selector:
      app: devops-service
  type: ClusterIP
  ports:
  - name: http
    port: 80
    targetPort: 80
      protocol: TCP
```

（2）NodePort

NodePort 是一种服务暴露类型，主要用于在每个节点 IP 公开服务，并使用静态端口进行访问。在使用 NodePort 时，云平台会自动创建面向 NodePort 服务路由的 ClusterIP 服务。通过请求 <NodeIP>:<NodePort>，我们可以从集群外部访问 NodePort 服务。

作为最简单的服务暴露类型，NodePort 不需要进行复杂的配置，只需要将主机上随机端口上的流量路由到容器上的随机端口即可。NodePort 适用于大多数情况，但也存在一些缺点。

❑ 可能需要使用反向代理（如 Nginx）来确保正确路由 Web 请求。

❑ 每个端口只能公开一个服务。

❑ 每次启动 Pod 时，容器 IP 都会发生变化，从而无法进行 DNS 解析。

❑ 容器无法从 Pod 外部访问 Localhost，因为没有配置 IP。

基于 NodePort 模式的流量路由架构参考图 2-9。

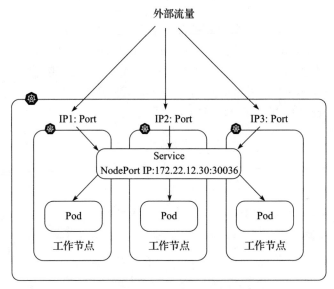

图 2-9　基于 NodePort 模式的流量路由架构

对于 NodePort 类型的服务，其可用的端口范围是 30000 ～ 32767，可以在 Yaml 文件中指定，也可以由 Kubernetes 自动分配。从图 2-10 中我们可以观察到，外部流量可以通过访问 3 个节点中任意一个节点的指定端口，从而到达 NodePort 服务并将被转发到特定的 Pod。

NodePort 模式下服务的 Yaml 文件参考如下：

```
apiVersion: v1
kind: Service
metadata:
  name: devops-nodeport-service
spec:
  selector:
      app: devops-service
```

```
type: NodePort
ports:
- name: http
  port: 80
  targetPort: 80
  nodePort: 30036
  protocol: TCP
```

在上述 Yaml 文件中，服务将 HTTP 端口 80 映射到容器端口 80（targetPort）。我们可以使用 IP:PORT 从外部访问该服务，其中 IP 是工作节点（VM）的 IP 之一，PORT 是节点端口。如果我们没有指定 nodePort 字段，Kubernetes 将为其分配一个默认值。

（3）LoadBalancer

对于在云平台上部署的 Kubernetes 服务，使用云供应商提供的负载均衡器是暴露服务的最佳方式。在使用此方式时，云供应商自动创建向外部负载均衡器暴露的 NodePort 和 ClusterIP 服务。

LoadBalancer 是 Kubernetes 中最常用的服务暴露类型之一，作为一个标准的负载均衡器，在每个 Pod 上运行并与外部网络建立连接。通常，LoadBalancer 可以连接到 Internet 或内部数据中心网络。我们可以根据目标端口号、协议和主机名路由流量，或使用应用程序标签将任何类型的流量发送到 LoadBalancer。使用此方法可以直接暴露我们构建的服务。

基于 LoadBalancer 模式的流量路由架构参考图 2-10。

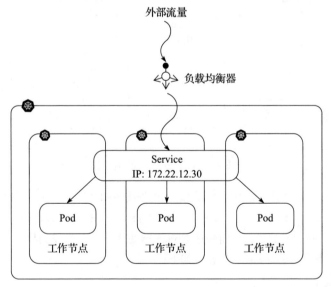

图 2-10　基于 LoadBalancer 模式的流量路由架构参考示意图

上述 3 种类型服务最根本的目的是提供 Layer-4 TCP/UDP 负载均衡，只是直接暴露应用端口。如果云供应商提供的服务支持自定义注解，那么 LoadBalancer 类型服务也可以实现 Layer-7 负载均衡。

基于 Ingress 的架构参考示意图如图 2-11 所示。

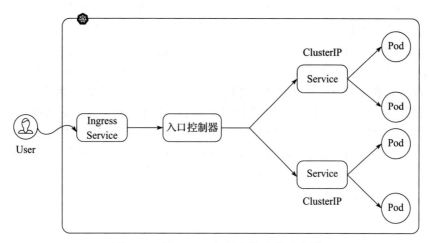

图 2-11　基于 Ingress 的架构参考示意图

针对 API 网关和 Ingress，本质上来说，在处理上游流量并将其路由至对应的服务器时，Ingress 与 API 网关的工作原理是一致的。然而，Ingress 在不同的网络堆栈级别中运行，即运行在 Kubernetes 环境中。

2.2.3　Gateway API

Gateway API 是一种基于 Kubernetes 的新兴开源项目，旨在通过定义一组资源来创建一个统一的网关控制器，适用于更复杂的路由和负载均衡场景；同时还提供了可扩展和面向角色的界面。由于其强大的功能和灵活性，Gateway API 被广泛应用，被视为 Ingress 的有力替代品。

1. Gateway API 开发背景

初期，Ingress 简单易上手且以开发者为中心。但随时间推移，Ingress 变得功能丰富，就像多功能工具。一个典型的例子是，当基础设施团队向开发者提供 Ingress 服务时，采用类似 Istio 的方式，将 API 分解为资源，实现创建和使用入口隔离与基于角色的控制，支持基于 L4 和 L7 实现更复杂的路由和负载均衡。这种面向服务的网关更适应未来的用例。

尽管 Ingress 是一个多元化项目，但目前看来它的发展似乎已经停滞不前。作为各种平台和解决方案的集中地，Kubernetes 项目的最大挑战是保持供应商中立。因此，Kubernetes 社区提出了 Gateway API，旨在通过定义一组资源（包括 GatewayClass、Gateway、HTTPRoute、TCPRoute、Service 等），在多供应商之间提供强大、可扩展和面向角色的接口，以推动 Kubernetes 服务网格发展并为开发者提供更多的选择。

2. Gateway API 与 Ingress 的差异性

Kubernetes 应用部署后，通常需要通过南北向流量的入口控制器暴露给用户。Ingress API 定义了外部流量到 Kubernetes 服务的路由和映射，提供负载均衡、SSL 终止及基于名称的虚拟托管。

目前，多种流行的入口控制器实现了 Ingress API，如 Nginx、HAProxy、Traefik 等，在集群中管理和路由流量。这些控制器通过专有扩展实现高级负载均衡等功能。

Gateway API 是 Ingress 的演进，通过扩展 API 提供原生高级功能。这些功能由单个供应商作为扩展实现，但不一致。现在，这些功能将由多个供应商按统一规范实现，以供用户选择。

Gateway API 的重要补充包括 HTTP 和 TCP 路由、流量拆分以及面向角色的方法。该方法允许集群管理员和开发人员专注于与其职责相关的设置。相比之下，Gateway API 在 Ingress API 之上添加了很多功能，例如基于 HTTP Header 的匹配、加权流量拆分、支持各种后端协议（如 HTTP、gRPC 等）以及其他后端（如 Bucket、Functions 等）。这些功能的引入使 Gateway API 在处理复杂流量路由时有更高的灵活性和可扩展性。

以下为基于 Gateway API 的 Yaml 文件参考示例，具体如下：

```yaml
kind: HTTPRoute
apiVersion: networking.x-k8s.io/v1alpha1
metadata:
  name: devops-route
  namespace: devops
  labels:
    gateway: external-https
spec:
  hostnames:
  - "devops.example.com"
  rules:
  - forwardTo:
    - serviceName: devops-v1
      port: 8080
      weight: 90
    - serviceName: devops-v2
      port: 8080
      weight: 10
  - matches:
    - headers:
        values:
          env: canary
    forwardTo:
    - serviceName: devops-v2
      port: 8080
```

相比 Ingress API，Gateway API 更好地实现了关注点分离。使用 Ingress 时，集群操作员和应用开发人员在不了解对方角色的情况下操作同一个对象，可能导致配置错误。

Gateway API 通过独立创建 Route 和 Gateway 对象进行配置，给予了集群操作员和应用开发人员更多权利，使他们可以更加专注于自己职责范围内的任务。

3. 基于 Gateway API 的流量管理架构

基于 Gateway API 的流量管理架构如图 2-12 所示。

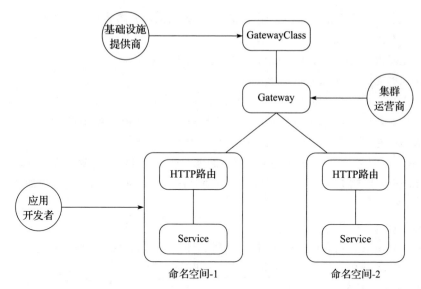

图 2-12　基于 Gateway API 的流量管理架构

SIG-Network 社区为 Gateway API 提出以下实现目标。

❑ 面向角色。API 资源用于管理 Kubernetes 服务网络，应支持以处理不同范围资源的组织
角色进行建模，以便各司其职。基于不同的资源，我们可以划分不同的组织，以实现更
好的管理。例如，集群运营商可以创建从 GatewayClass 派生的 Gateway 资源。该网关负
责部署或配置所代表的底层网络资源。通过 Gateway 和 Rout 之间的路由附加过程，集群
运营商和特定团队必须就可以附加到此网关并通过公开他们的应用程序达成一致。集群
运营商可以在网关上实施集中式策略，例如 TLS。

❑ 可扩展。网关 API 允许在 API 的各个层链接自定义资源。基于自定义资源进行扩展，从
而实现 API 结构的精细化定制。

❑ 强大的表现力。API 原生支持核心功能，例如基于标头的路由、流量加权，以及其他只
有通过 Ingress 的自定义注释才能实现的高级功能。

❑ 可移植。从本质上来讲，Gateway API 和 Ingress 一样，也应该是可移植的，并且遵循一
个通用的规范。

4. Gateway API 相关特性

Gateway API 的主要设计目标是使不同的解决方案提供的 Ingress 功能保持一致，并提高可
移植性。这意味着，当我们将工作负载转移到不同的提供商或编写多云解决方案时，将以相同的
方式工作，而无需对规范进行大量更改。

除上述所述之外，Gateway API 还包括其他一些值得关注的功能，具体如下。

❑ GatewayClass：定义负载均衡的实现类型，使用户能够更清晰地理解 Kubernetes 资源模
型的各种能力。

❑ 共享网关和跨命名空间支持：这些功能允许我们创建分离的网关和路由，支持根据团队的职责在团队之间进行网关共享。

❑ 类型化路由和类型化后端：Gatewey API 提供对 HTTPRoute、TCPRoute、TLS、UDPRoute 等协议的支持，以覆盖所有类型的流量路由。

在实际的业务场景中，高级路由是 Ingress 最为欠缺的地方，目前的解决方案是基于服务网格实现的，变得复杂且与网格实现紧密耦合。那么，Gateway API 具备哪些特性？

（1）基础网关

Gateway API 是一种类似于 Ingress 的流量调度模型，通过网关控制器管理负载均衡器，将所有到达的流量发送到服务。这样，服务所有者便拥有了更多的自主权，可以更加灵活地暴露和管理自己的服务。

（2）基于 HTTP/TCP 路由

通过 HTTPRoute，我们可以根据过滤器将流量路由至多个服务，以实现不同的业务目标。除此之外，Gateway API 还支持多种协议，包括 TCPRoute 等。

（3）HTTP 流量拆分

基于 Gateway API 模型，我们可以进行加权流量路由，将其与 A/B 测试或金丝雀部署等策略相结合，以简单的方式实现复杂部署。例如，HTTPRoute 将流量按照 95∶5 的比例进行拆分，并将其分别发送到服务 1 和服务 2 等。此外，我们还可以使用过滤器实现基于标头的路由，以实现更精细的流量控制。

基于 Gateway API 的 HTTP 流量拆分示意图可参考图 2-13。

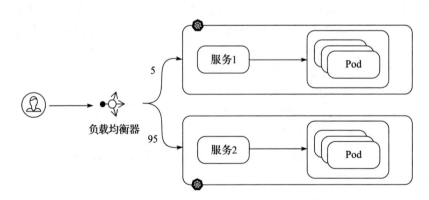

图 2-13　基于 Gateway API 的 HTTP 流量拆分示意图

（4）TLS

Gateway API 支持在客户端和服务之间的网络路径中配置不同点的 TLS，即实现独立的上游和下游 TLS 配置。根据监听器配置，我们可以使用各种 TLS 模式和路由类型，并实现对证书管理器的集成支持，以便管理和更新证书。这些特性可以帮助用户更好地保护服务安全和可靠，确保客户端和服务之间的通信得到充分保护。

基于 Gateway API 所支持的上下游 TLS 配置参考示意图如图 2-14 所示。

图 2-14　基于 Gateway API 的上下游 TLS 配置参考示意图

（5）与渐进式交付工具集成

Gateway API 的相关特性和高级路由使其可以与各种渐进式交付工具（如 Flagger）集成，从而为高级部署策略（如蓝绿和金丝雀部署）提供支持。

Gateway API 已经发展成为为基础设施提供商、集群运营商和应用程序开发人员等实施者提供富有表现力、可移植和可扩展的 API 规范。虽然，Gateway API 目前还不能完全替代 Ingress，但我们应该尽可能地使用，因为确实为开发人员提供了更多的选择，而无需引入大量注释或不可移植的更改。

此外，服务网格和 Ingress 控制器都实现了 Gateway API，并支持 Flagger 和 cert-manager 等工具。随着 Gateway API 在 CNCF 生态系统中变得越来越流行，我们应该期待更多的项目加入进来，从而为用户提供更多的选择和支持。

2.3　主流网关分析与比较

通常，网关是任何基础架构不可或缺的部分。基于网关组件，现代网络能够扩展到令人难以置信的规模。将请求流量智能地路由至后端资源池对 Web 应用程序的性能具有重大影响。

目前，市面上流行的网关较为丰富。结合自身的业务情况，选择最佳的网关，对于业务的稳定发展具有十分重要的建设意义。

2.3.1　Nginx

Nginx Ingress 是 Kubernetes 生态系统中最流行的入口控制器之一。如果仅需基本的反向代理功能，Nginx Ingress 是一个不错的选择，可以满足大多数情况下的需求。

如果需要更高的性能和可扩展性，我们可以考虑使用基于 Nginx Plus 构建的入口控制器。Nginx Plus 提供了比开源 Nginx 更丰富的功能，如对 WebSockets 和 UDP 协议的支持，更智能的负载均衡等。

1. Nginx 优势分析

在传统虚拟机环境下的微服务架构体系中，Nginx 基于 ngx_http_upstream_module 实现负载均衡，有成熟的、广泛支持的选项，提供开箱即用的高度可扩展功能，并且支持使用其他模块（如 Lua）进行扩展。Nginx 的优势主要体现在如下几方面。

1）在实际的系统架构中，可以用作反向代理、Web 服务器、内容缓存和负载均衡器等。

2）配置较为友好。与其他 Web 服务器相比，Nginx 的基本代码可读性更好，并且支持常用编程语言（例如 Python、Ruby、Joomla 等）。

3）占用较少的内存空间和资源。

4）Nginx Plus 通过添加企业级特性（例如高可用性、DNS 服务发现等）来扩展基本功能。

2. Nginx 的劣势分析

Nginx 的不足之处主要体现在如下几方面。

1）作为一款相对传统的反向代理组件，Nginx 在观测能力方面相对滞后，无法友好地展示所通过的请求信息。尽管 Nginx Plus 提供了更好的监控功能，但价格难以满足大部分组织的需求。

2）不是针对云原生生态的解决方案。

3）配置较为复杂，尤其是高级配置。

4）在更新配置时，基于 Nginx 固有特性无法实现自动服务发现功能，需要进行手动加载。

5）协议支持较为单一。

2.3.2　Istio

Istio 由 Google、IBM 和 Lyft 提供，主要用于连接、管理和保护微服务。Istio 的控制平面在底层集群管理平台（如 Kubernetes）上提供了一个抽象层。

相对于 Kubernetes Ingres，Istio 主要用于简单的 HTTP 流量场景，应对复杂路由的能力有限。使用 Istio Ingress 的最明显的优势是可以获得与 Istio 为东西向流量提供的相同级别的配置选项。我们可以通过自定义资源为各种匹配规则轻松配置重写、重定向、TLS 终止、监控、跟踪和其他一些功能。

传统上，Kubernetes 使用入口控制器来处理从外部到集群的流量。但基于 Istio，网关使用新的 Gateway 资源和 Virtual Services 资源来控制入口流量。这种方法使我们可以更好地控制和管理流量，而不仅仅是简单地将流量路由到 Kubernetes 集群中的服务。

1. Istio 的优势分析

作为一个集网关于一体的服务平台，Istio 主要具有如下优势。

1）弥补了 Kubernetes 在云原生应用流量管理、可观测性和安全方面的短板，使流量管理对应用透明，并使这部分功能从应用层转移到平台层，成为云原生基础设施。

2）具有强大的七层路由规则，例如按流量分配比例和不同版本的容器实例、故障注入、HTTP 重定向、HTTP 重写等所有网格内采用的路由规则。

3）具有丰富的流量管理功能。Istio 简单的配置和流量路由规则使我们能够管理服务之间的流量与 API 调用；同时，简化了服务属性（如熔断器、超时和重试）配置，并且快速执行重要的任务。

4）为大规模的服务间通信提供底层的安全通信通道，实现了认证、授权和加密等管理功能。通过使用 Istio，服务通信在默认情况下是受保护的，可以在不同协议和不同运行时情况下实施一致的策略，而所有这些都只需要很少甚至不需要修改应用程序。

2. Istio 的劣势分析

Istio 的不足之处主要体现在如下几点。

1）采用了与 Sidecar 相同的 Envoy 代理模式，增加了资源开销。

2）比较笨重，更适合用于业务场景比较复杂的东西向流量治理架构。

3）作为一个开源的框架，但是需要支付许可证费用。这对于小型企业和创业公司可能会是一个负担。

4）支持协议类型有限，针对非 HTTP 协议的服务或去中心化的服务。因此，开发者需要选择其他工具来构建这些类型的应用程序和服务。

2.3.3　Traefik

Traefik 是一款基于 Go 语言开发的云原生反向代理和负载均衡器，专为微服务提供强大的支持，可以与现有的云原生容器无缝协同工作，可以自动执行配置，让开发人员专注于应用程序的开发而不是网络基础设施的配置。Traefik 建立在开源 API 网关之上，提供了一个 GitOps-ready 解决方案，以最大限度提高效率、可重复性和可靠性，专为现代云原生堆栈而构建，并带有一整套用于跟踪使用情况的可观测性平台。

Traefik 有轻量级配置模型，秉持约定优于配置的原则，支持根据应用于 Kubernetes 服务的标签自动检测和配置路由，从而使配置与维护变得容易。除了固有的特性外，Traefik 还引入了动态中间件插件，以便实现负载均衡器和 API 网关层面的功能特性。

除此之外，Traefik 还具有轻量级服务网格功能，可以解决容器云平台中容器实例之间的流量治理问题。

1. Traefik 的优势分析

1）通过使用服务发现实现动态自适应性配置，并根据传入请求的路径、主机或其他条件启用不同服务的流量负载均衡功能，从而轻松配置复杂的路由规则。

2）通过动态配置，可以轻松访问有用的中间件，如断路器等，并保留全部访问日志。

3）提供了用于监控和配置路由器的 Web UI 和 API 的观测性平台，从而使管理和故障排除变得容易。

4）使用关注点分离概念确保私人信息安全，同时支持多样化的访问控制，例如 OIDC、LDAP、JWT、HMAC 及 OAuth2 等。

5）支持丰富的协议，例如 HTTP、HTTP/2、TCP、UDP、WebSocket 以及 gRPC 等。

6）生态较为丰富，涉及南北向流量管理的 Proxy、东西向流量管理的 Mesh 以及集中式云原生网络管理平台等。

2. Traefik 的劣势分析

作为一种新生代云原生产物，Traefik 仍然存在一些不足之处，主要体现在以下几方面。

1）缺少类似于 Nginx 所提供的细粒度控制，这意味着在某些复杂场景中，用户可能需要使用其他工具来满足需求。

2）Traefik 的 Kubernetes 入口控制器是作为第三方附加组件进行部署的，而且由于多样化的场景，部署操作相对复杂。

2.4 为什么选择 Traefik

作为广受欢迎的开源反向代理和负载均衡器，Traefik 提供了一套强大而灵活的工具集，可用于管理基于微服务的应用程序，从而提高应用可靠性、可扩展性和性能。此外，Traefik 具有易用性和动态配置功能，成为容器化环境中开发人员和 DevOps 团队的首选工具。

2.4.1 走进 Traefik

Traefik 是一种现代 HTTP 反向代理和负载均衡器，专为轻松部署微服务而设计，与当前流行的基础设施（如 Docker、Swarm、Kubernetes、Marathon、Consul、Etcd、Rancher、ECS 等）集成，能够动态的自适应配置。

Traefik 作为入口控制器的架构如图 2-15 所示。

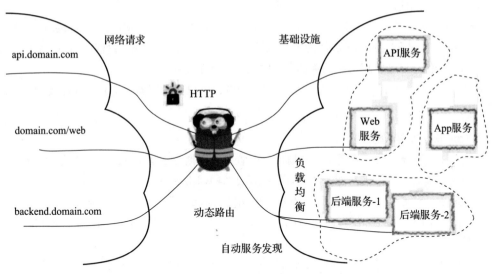

图 2-15　Traefik 作为入口控制器的架构

Traefik 作为一款云原生组件，不仅有丰富的基础功能，还采用独特的自动服务发现机制。Traefik 可以实时监测基础设施变化，自动识别新部署的服务及其属性，并为新服务动态生成最优路由规则。这种自动服务发现能力是 Traefik 的一大核心优势。

以 Kubernetes 集群为例，Traefik 可以作为入口控制器，实时监测集群中服务的变化，比如服务的添加、更新、删除等，并自动将这些变化转换为 Ingress 路由规则，无须人工干预。这种热加载机制极大地简化了服务治理。开发和运维人员无须维护额外的配置文件，可集中精力在应用的开发和优化上。

可以说，Traefik 的智能服务发现与路由功能使其成为管理大规模微服务集群的不二之选。基于高性能爬虫引擎，Traefik 可以自动发现各类服务，并将请求实时路由到合适的后端服务。与此同时，Traefik 还兼容多种基础架构，如 Kubernetes、Docker 等，提供了强大且灵活的微服务网关解决方案。

2.4.2　Traefik 核心特性

作为一款优秀的开源边缘路由网关，Traefik 为云原生应用程序提供了灵活、高效、可靠的路由和服务发现方案。Traefik 的核心特性主要包括以下几方面。

1. 反向代理和负载均衡

Traefik 可以作为反向代理和负载均衡器，自动识别和管理云原生应用程序的流量，并将其路由到正确的服务。同时，Traefik 支持多种协议，包括 HTTP、TCP、WebSocket、gRPC 和 GraphQL 等，可以满足应用程序中不同业务需求，提高应用程序的可用性和性能。

2. 服务发现和流量控制

Traefik 可以作为服务发现和流量控制器，自动识别和管理云原生应用程序中服务之间的通信，并提供流量控制和限流等功能。Traefik 可以集成多种服务网格，以满足应用程序中不同业务需求，从而提升应用程序的可用性和性能。

3. 自动化配置和部署

Traefik 可以自动识别和管理云原生应用程序的配置信息，并根据实际需求自动扩展和缩减服务。Traefik 能够集成多种配置管理工具，包括 Ansible、Chef、Puppet 和 Salt 等，以满足应用程序中不同业务需求，通过自动化配置和部署来提高开发和部署效率，降低人工干预的成本和风险。

4. 可编程的插件机制

Traefik 可以通过可编程的插件机制来实现灵活的扩展和定制，以及根据实际需求加载和卸载不同的插件，以实现不同的功能和特性。Traefik 能够无缝集成多种不同类型的插件，以满足应用程序中不同业务需求。基于 Traefik 强大的插件机制，应用程序的灵活性和可靠性得以提高，人工成本和风险得以降低。

2.4.3　Traefik 优势

Traefik 是一个成熟稳定的反向代理解决方案。自 2016 年首次稳定版发布以来，已经获得了广泛使用。Traefik 从 2015 年 9 月首次开源以来，在 GitHub 上的 Star 数量已达到 34.1k，是反向代理领域最受欢迎的框架之一，这显示出强大的社区支持度。

尽管已有较长的发展历史，Traefik 仍保持积极的开发态势，社区持续活跃，这为其长期获得维护提供了保障。在选择开源框架时，这是一个非常重要且不容忽视的考量因素。

从可用性角度而言，Traefik 所具备的核心优势如下。

1. 自定义扩展性

Traefik 支持丰富的中间件，以适应复杂的业务场景。此外，Traefik 还提供了许多开箱即用的内置中间件，支持通过简单配置即可使用。

完整的中间件列表可以在官方文档中查看，链接为 https://doc.traefik.io/traefik/middlewares/overview/。

这里主要介绍一些在 Kubernetes 集群中使用广泛的、值得重点关注的中间件。

1）BasicAuth 中间件：Traefik 提供一种简单实用的认证机制，在不暴露核心服务的前提下，为服务增加一个额外安全层。

2）ForwardAuth 中间件：为集群中不支持 OpenLDAP 身份验证的应用程序提供单点登录功能。

3）RateLimit 中间件：可为所有端点提供限速保护，实现基本的 DDoS 攻击防范。

根据官方文档，Traefik 的中间件功能使用简单，并且可以通过 Kubernetes 的自定义资源定义（CRD）方式进行声明式配置。下面是一个在 Kubernetes 中应用 BasicAuth 中间件的简单示例：

```
apiVersion: traefik.containo.us/v1alpha1
kind: Middleware
metadata:
  name: admin-auth
  namespace: traefik-system
spec:
  basicAuth:
    secret: traefik-admin-auth-secret
```

上述配置定义了一个名为 admin-auth 的中间件资源，位于 traefik-system 命名空间，用于为 Traefik 中的特定端点或一组端点启用基本身份验证。这种方式避免了在任何文件中硬编码密码，使创建、修改或删除这些密钥更加方便。采用这种密钥管理方式可以提高安全性，降低明文密码泄露的风险，并使 Traefik 的身份验证更加灵活和易于管理。

2. 全链路可观测性

Traefik 内置的仪表盘展示了应用和中间件运行状况。在 Traefik v2.x 中，可观测内容包括 4 个方面。

1）服务日志：记录 Traefik 自身产生的日志，用于分析 Traefik 运行状态。

2）访问日志：记录 Traefik 代理的应用访问日志，用于分析应用负载和异常。

3）指标：记录 Traefik 提供的细粒度指标数据，如请求数量、错误、连接数等。

4）链路追踪：记录 Traefik 的链路追踪接口数据，可用于绘制微服务和分布式系统的调用链路。

图 2-16 为 Traefik 仪表盘主页示意图。

在详细的页面视图中，我们可以看到各个入口规则、相关 Pod 名称、应用程序配置、TLS 配置、认证配置和使用的任何中间件。这为我们提供了对当前集群中所有入口路由配置的全面可视化，使我们能够结合实际的业务场景对流量的调度情况进行全方位追踪和观测，从而更好地了解应用程序的运行状况和性能表现。

图 2-16 Traefik 仪表盘主页示意图

3.TLS 证书自动化更新

使用 Traefik 后，我们很可能会忘记所配置的 TLS 证书，这说明 Traefik 在管理 TLS 证书方面非常成功。尽管这些证书需要每 90 天更新一次，但我们无需过多关注 TLS 证书续订过程，也无须担心证书到期问题。

Traefik 的自动续订功能与其他功能集成，使其成为一种非常灵活、强大的反向代理解决方案。这种集成使 Traefik 能够在保证安全性和可用性的同时，提供最佳的用户体验。我们可以放心地使用 Traefik，因为它可以管理 TLS 证书，并自动续订证书，使我们可以将更多的注意力放在业务的其他方面。

使用 Let's Encrypt 配置 Traefik 获取 TLS 证书非常简单，只需在静态配置文件中指定以下内容即可：

```
certificatesResolvers:
  devopsresolver:
    acme:
      email: devopsemail@example.com
      storage: acme.json
      tlsChallenge: {}
```

在上述静态配置文件中，我们通过 certificatesResolvers 字段定义证书解析器，并为其自定义名称，例如 devopsresolver。acme 部分指定了使用 ACME 协议获取证书的方法。email 部分允许指定证书机构与我们联系的电子邮件地址。storage 部分指定了存储证书的文件路径。

tlsChallenge 表示使用 TLS-ALPN-01 challenge 进行验证。

4. 丰富的示例

Traefik 为每一个特性都详细提供了对应配置提供商的示例，让用户可以轻松理解和掌握各种特性和功能。以 BasicAuth 为例，我们可以使用 BasicAuth 中间件来限制已知用户对服务的访问。通过这些示例，管理员可以深入理解和掌握 Traefik 的各种特性和功能，从而更好地满足不同应用程序的需求。这也体现了 Traefik 对于用户体验和文档支持的高度重视。Traefik Basic Auth 中间件工作流如图 2-17 所示。

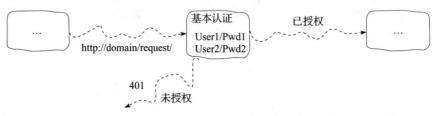

图 2-17　Traefik BasicAuth 中间件工作流参考示意图

以 Kubernetes 平台为例，对应的文件配置示例如下所示：

```
# 声明用户列表
apiVersion: traefik.containo.us/v1alpha1
kind: Middleware
metadata:
name: devops-auth
spec:
basicAuth:
secret: secretName
```

对于 Yaml 文件而言，对应的文件配置示例如下所示：

```
# 声明用户列表
http:
  middlewares:
    devops-auth:
      basicAuth:
        users:
          - "test:$apr1$H6uskkkW$IgXLP6ewTrSuBkTrqE8wj/"
          - "test2:$apr1$d9hr9HBB$4HxwgUir3HP4EsggP/QNo0"
```

对于 Toml 文件而言，对应的文件配置示例如下所示：

```
# 声明用户列表
[http.middlewares]
  [http.middlewares.devops-auth.basicAuth]
  users = [
    "test:$apr1$H6uskkkW$IgXLP6ewTrSuBkTrqE8wj/",
    "test2:$apr1$d9hr9HBB$4HxwgUir3HP4EsggP/QNo0",
  ]
```

除了上述核心优势之外，在实际的业务场景中，Traefik 还具备许多其他优势。借助云原生特性，Traefik 完全支持指标监控，并与 Prometheus 和 Kubernetes 无缝集成，提供丰富的高级功能，例如多版本的灰度发布、流量复制、自动生成 HTTPS 免费证书等。

2.5　Traefik 生态

基于 Go 语言构建，为了解决现代应用程序的流量问题，Traefik 生态系统集成了 Traefik 代理、网关、网格和云原生网络管理平台（中心）等技术，被定义为最简单、最全面的云原生生态系统，能够帮助企业在任何环境下管理应用程序连接和 API。Traefik 生态可参考图 2-18。

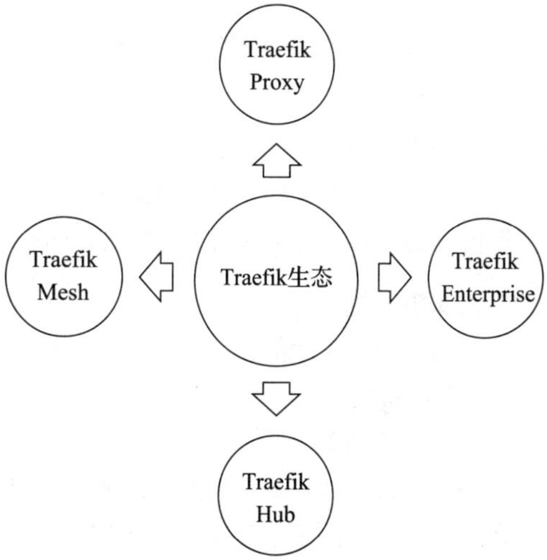

2.5.1　Traefik Proxy

Traefik Proxy 主要包含 Ingress（入口）和 Middleware（中间件）两部分核心内容。

1. 基本概念

图 2-18　Traefik 生态参考示意图

Traefik Proxy 是一种动态的反向代理和负载均衡解决方案，专门为微服务和容器架构设计，通常被用于使用 Docker 容器和 Kubernetes 集群构建的云原生应用程序。

Traefik Proxy 作为应用程序服务和外界之间的网关，可以将应用程序暴露在互联网，并根据传入请求将流量路由到相应的服务。Traefik Proxy 支持多种协议，包括 HTTP、TCP 和 UDP，可以自动发现新部署的服务，从而轻松实现应用程序的横向扩展或缩减。

2. 关键特性

基于云原生理念，Traefik Proxy 提供了诸多功能，是管理传入 Kubernetes 集群的流量的最佳选择之一。Traefik Proxy 的一些关键特性如下。

- ❑ 自动服务发现：Traefik Proxy 可以自动发现 Kubernetes 服务及其关联的端点，让配置路由规则和负载均衡变得容易。
- ❑ 动态配置：Traefik Proxy 能够依据 Kubernetes 标签和注解动态配置路由规则，从而使针对复杂路由规则的管理以及根据业务规则定义更新变得容易。
- ❑ SSL/TLS 终止：Traefik Proxy 可以终止 SSL/TLS 连接，为用户提供 HTTPS 服务，还可以使用 Let's Encrypt 自动生成和管理 SSL/TLS 证书。
- ❑ 负载均衡：Traefik Proxy 可以在一个服务的多个实例之间均衡流量，确保流量能够依据所设定的规则均匀、高效的分布。
- ❑ 高级路由：Traefik Proxy 支持高级路由特性，例如基于路径的路由、基于标头的路由等。

□ 安全性高：Traefik Proxy 采用了许多安全措施，例如速率限制、IP 白名单和 OAuth2 身份验证以及丰富的自定义安全插件，以保护 Kubernetes 服务免受未经授权用户的访问，并确保流量均匀、高效的分配。

2.5.2　Traefik Enterprise

Traefik 除了具备上述入口功能外，还具备网关功能特性，能够简化 API 和微服务的发现、部署等。

1. 基本概念

作为一个云原生网关，Traefik Enterprise 能够路由、保护和管理应用程序和微服务中的流量。它不仅是流行的开源 API 网关，还提供了分布式和可扩展特性，以满足现代云环境的需求。

2. 关键特性

作为一个云原生信任的网关组件，在实际的业务场景中，Traefik Enterprise 能够基于业务提供以下关键特性。

（1）流量网关

作为 API 网关，Traefik Enterprise 可以将我们所构建的内部微服务作为托管 API 公开给外部客户端，从而进行身份验证、速率限制、请求转换等相关业务逻辑的处理。除此之外，Traefik 支持多种协议，如 HTTP、TCP、UDP 和 gRPC，并与各种编排器和提供商集成。

（2）业务网关

基于所具有的微服务网关属性，Traefik Enterprise 还能以一种简单且自动化的方式来动态发现和配置服务，以及执行流量管理任务，例如负载平衡、速率限制、健康检查、蓝绿部署等。除此之外，Traefik Enterprise 与业务系统架构相融合，从而实现负载均衡、熔断、指标监控等。

（3）安全网关

作为安全网关，Traefik Enterprise 为应用程序和微服务提供高级别的安全性和可靠性，具有访问控制能力。Traefik Enterprise 能够进行证书自动集成，从而实现针对 Let's Encrypt 提供的 SSL 证书进行管理、更新。除此之外，Traefik Enterprise 基于内置的角色访问控制功能，控制对 API 网关和仪表盘的访问。

（4）全方位可观测性

Traefik Enterprise 能够与主流的 Prometheus、Datadog、StatsD 等组件无缝集成，提供指标、日志和跟踪于一体的可视化全链路追踪，使得我们所构建的业务系统具有完全可观测性。使用 Traefik Enterprise，我们可以简化架构并在任何云或混合环境中更快、更轻松地部署应用程序。

（5）高可用性

Traefik Enterprise 的 Active-Active 部署模式意味着所有实例都处于活动状态并负载均衡流量，提供冗余。如果一个实例失败，其他实例将继续处理请求。此外，健康检查、粘性会话和服务弹性等功能使构建的服务也能够在不确定的环境中保持健康。

（6）Kubernetes 原生特性

由于 Kubernetes 和 Traefik Enterprise 都是使用 Go 编程语言开发的，因此 Traefik Enterprise 具有 Kubernetes 原生能力，例如，与 Kubernetes Ingress、API 和自定义资源定义（CRD）无缝集成以及可以在本地与 Kubernetes 一起工作。

Traefik Enterprise 还可以充当 Kubernetes 服务负载均衡器，自动对添加到端点的新 Pod 进行负载均衡。Traefik Enterprise 其他功能包括与 HashiCorp Vault 的集成、插件和中间件支持以及服务网格可选。

2.5.3 Traefik Hub

除了上述核心组件外，Traefik 还拥有一套针对 API 管理的框架——Traefik Hub。作为一个 Kubernetes 原生 API 管理解决方案，Traefik Hub 主要用于发布、保护和管理 API，支持多个第三方入口控制器。

1. 基本概念

Traefik Hub 又称"Traefik 枢纽 / 中心"，是一个 SaaS 网络控制平面，与 Traefik 和其他入口控制器（如 Nginx）集成，为 Kubernetes 和 Docker 环境提供 API 管理、服务发布、安全保护和协作功能。Traefik Hub 由两个主要组件组成，包括 Traefik Hub 代理和 Traefik Hub 门户。

Traefik Hub 代理是一个开源软件，可以在 Kubernetes 或 Docker 集群中运行，并基于 WebSocket 隧道与 Traefik Hub 建立连接。Traefik Hub 代理可以自动发现服务，支持使用自定义或默认的域名、HTTPS 证书和访问控制策略来发布服务；同时，还有管理功能，如 OpenAPI 规范、API 门户和分析功能。

Traefik Hub 门户是一个基于 Web 的界面，支持管理应用程序中的服务、访问控制策略、工作区和用户。除此之外，Traefik Hub 门户还为开发人员提供了一个自助式 API，用于发现、测试和记录相关 API 等。同时，Traefik Hub 门户支持 GitOps 和基于角色的访问控制，以提高运营效率和合规性。

2. 关键特性

通常来讲，作为一个强大且易于使用的云原生网络平台，Traefik Hub 旨在简化流量管理，让开发人员专注于核心业务逻辑的实现。Traefik Hub 具有如下一些关键特性。

- □ 高可扩展性。Traefik Hub 旨在实现高可扩展性，支持随着需求增长轻松扩展网络基础设施。该平台可以处理大量流量，并且可以在应用程序的多个实例之间自动分配流量，以确保应用程序高可用性和可靠性。
- □ 强大的服务发现功能。Traefik Hub 提供强大的服务发现功能，使用户能够快速连接到需要的服务；同时，支持广泛的服务发现机制，包括 Kubernetes、Consul 和 ZooKeeper 等。
- □ 高负载均衡能力。Traefik Hub 提供了高负载均衡能力，支持在应用程序的多个实例之间分配流量，以确保应用程序高可用性和可靠性。该平台支持广泛的负载均衡算法，包括循环法、最少连接数和 IP 散列等。

❑ 高级流量路由。Traefik Hub 提供高级流量路由功能，支持根据各种标准（包括 URL 路径、HTTP 标头和 IP 地址等）路由流量。

❑ 安全性高。Traefik Hub 提供了高级安全功能，包括 SSL 终止、双向 TLS 身份验证和速率限制等。这使组织能够保护网络基础设施及应用程序免受恶意用户的侵害。

2.5.4 Traefik Mesh

1. 基本概念

与其他云原生网关不同的是，Traefik 提供了服务治理相关功能，以实现流量的东西向管理。Traefik Mesh 是一种轻量级的服务网格。基于 Go 语言特性以及 Traefik 插件化风格，Traefik Mesh 易配置、易使用。

除此之外，Traefik Mesh 建立在 Traefik 之上，更适合作为 Kubernetes 集群中的实际服务网格，从而形成完整的服务治理生态。同时，Traefik Mesh 支持最新的服务网格接口规范（SMI）。

2. 关键特性

与传统较为成熟的服务网格组件相比，Traefik Mesh 作为服务网格领域的新秀，秉持简单易用的设计理念，在 Kubernetes 集群中提供服务间通信解决方案。Traefik Mesh 关键特性体现在以下几方面。

❑ 在流量管理方面，Traefik Mesh 内置了熔断和限速等功能。

❑ 在可观测性方面，Traefik Mesh 支持 OpenTracing，提供了开箱即用指标监控模块，极大地节省了设置时间。

❑ 在安全性方面，除了 TLS 认证，Traefik Mesh 还遵循 SMI 规范，允许通过访问控制微调流量权限。

与其他服务网格组件不同的是，部署 Traefik Mesh 时，需要确认集群是否安装 CoreDNS，毕竟，每一个容器编排平台都规划有各自的技术堆栈。

从另一角度讲，Traefik Mesh 在常用服务网格中还是比较特别的，因为不使用 Sidecar 注入，而是作为 DaemonSet 部署在所有节点上，充当服务之间的代理，成为非侵入式服务网格。总体而言，Traefik Mesh 是一款易于安装和使用的轻量级服务网格产品。

2.6 本章小结

本章主要对云原生网关的相关内容进行深入解析，具体如下。

❑ 讲解网关演进，涉及传统 API 网关、Ingress 代理以及 Gateway API。

❑ 分析对比主流网关，涉及 Nginx、Istio 以及 Traefik。

❑ 探讨 Traefik 生态中的相关组件，涉及 Traefik Proxy、Traefik Enterprise、Traefik Hub 以及 Traefik Mesh。

第 3 章 | *Chapter 3*

Traefik 的安装与配置

安装和配置 Traefik 是进入 Traefik 世界的前提。Traefik 能够帮助开发人员和 DevOps 团队轻松地管理和路由流量到应用程序的各个组件。通过对其强大功能特性的探索，我们能够熟练地使用 Traefik。

3.1　概述

Traefik 是一款基于 Go 语言开发的组件，具有丰富的部署模式，可适用于 Linux、macOS以及 Windows 等主流操作系统。安装 Traefik 的最简单方法是使用包管理器，如 Linux 上的 apt、yum、macOS 上的 Homebrew、Windows 上的 Chocolatey。此外，我们也可以从官方网站下载二进制版本进行安装。

Traefik 的配置主要分为 3 个部分，包括全局、入口点和提供商。全局部分包含全局配置，如日志记录、访问控制和指标的配置。入口点部分包含入口点的配置，即传入流量访问点的配置。提供商部分包含提供商的配置，这些提供商是动态配置的来源。

在本章中，我们将介绍 Traefik 软件包获取方式，并详细讲解如何基于 Helm、CRD、官方Docker 镜像、二进制文件以及源码编译安装和部署 Traefik，还介绍了 Traefik 的配置和调试，帮助读者快速学习 Traefik。

3.2　获取 Traefik 软件包

在部署 Traefik 之前，我们需要根据业务需求选择适配所构建的 Kubernetes 集群的 Traefik版本包。根据部署方式的不同，一般有 3 种获取 Traefik 软件包的渠道：二进制文件、镜像和

Helm Chart。

3.2.1 通过二进制文件获取

对于通过二进制文件获取，我们可以在 Traefik 官网获取下载链接，这是最简单、最便捷的方式。当然，我们也可以直接在 Traefik 的 GitHub 代码仓库（https://github.com/traefik/traefik/releases）中获取所需 Traefik 版本的二进制文件。在链接页面中，我们可以选择对应的 Traefik 版本进行安装和部署，并查看每个发行版的更新内容、Bug 修复情况等信息。

每个 Traefik 版本都提供了适用于 Linux、macOS 和 Windows 等主流系统的二进制文件，以便我们根据自身业务架构选择合适的安装包。

例如，在 Linux 平台上获取指定 Traefik 版本的二进制文件，操作命令行如下所示：

```
[lugalee@lugaLab ~ ]% wget
   https://github.com/traefik/traefik/releases/download/v2.x.x/
traefik_v2.x.x_linux_amd64.tar.gz
```

3.2.2 通过镜像获取

除了使用传统方式基于二进制文件获取 Traefik，我们还可以使用容器镜像的方式获取 Traefik。在 Docker Hub（https://hub.docker.com/_/traefik）中，官方提供了 Traefik 容器镜像供下载和使用。

在 Docker Hub 首页，我们可以根据自己的需求选择所用系统支持的 Traefik 镜像。这里主要介绍获取镜像的两种方法：一种是直接获取已编译好的 Docker 镜像，另一种是基于 Dockerfile 文件构建镜像。

1. 直接获取

在 Docker Hub 标签页面，对于已编译好的 Docker 镜像，我们只需要使用 docker pull 命令即可从 Docker Hub 中下载所需 Traefik 版本的镜像。例如，要获取 Traefik 最新版本的镜像，可以使用以下命令：

```
[lugalee@lugaLab ~ ]% docker pull traefik:latest
```

当然，还有一种更便捷的方式，即直接在运行环境中执行 docker search 命令，具体如下：

```
[lugalee@lugaLab ~ ]% docker search Traefik
NAME                              DESCRIPTION                              STARS   OFFICIAL   AUTOMATED
traefik                           Traefik, The Cloud Native E<e Router     2836    [OK]
thomseddon/traefik-forward-auth   Minimal forward authentication that provides…   39              [OK]
containous/traefik                Traefik unofficial image (please use officia…   37              [OK]
traefik/whoami                    Tiny Go webserver that prints OS information…    27
tiredofit/traefik-cloudflare-     Automatically Create CNAME records for conta…   20
companion
arm64v8/traefik                   Traefik, The Cloud Native E<e Router     16
```

```
ldez/traefik-certs-dumper          Dump ACME data from Traefik to certificates    13
humenius/traefik-certs-dumper      Dumps Let's Encrypt certificates of a specif…   5
mesosphere/traefik-forward-auth    See https://github.com/mesosphere/traefik-fo…   5
traefik/traefik                    Traefik unofficial image (please use officia…   4
funkypenguin/traefik-forward-auth  Provides forward auth for Traefik from any O…   4
traefik/jobs                                                                       3
traefik/whoamiudp                  Tiny Go UDP server that prints OS informatio…   1
traefik/whoamitcp                  Tiny Go TCP server that prints OS informatio…   1
silintl/traefik-https-proxy        Traefik as an HTTPS proxy to one or two othe…   0
traefik/mesh                       Simpler Service Mesh                            0
layer5/meshery-maesh               Meshery adapter for Traefik Mesh               0
silintl/traefik-ecs-staging1       Testing Traefik                                0
traefik/traefikee-webapp-demo                                                      0
photoprism/traefik                                                                 0
okteto/traefik                                                                     0
corpusops/traefik                  https:// github.com/corpusops/docker-images     0
noenv/traefik                      Traefik Docker Image                            0
rapidfort/traefik                  RapidFort optimized, hardened image for TRAE…   0
traefik/traefikee                                                                  0
```

上述 docker search 命令会从 Docker Hub 镜像库中查找所有包含 Traefik 关键字的镜像名并将其打印出来。查询结果参数释义如下所示。

❑ NAME：镜像仓库源的名称。

❑ DESCRIPTION：镜像的描述。

❑ STARS：类似 GitHub 中的 Star，表示点赞、喜欢的意思。

❑ OFFICIAL：是否为 Docker 官方发布。

❑ AUTOMATED：自动构建。

若想要自定义条件查找指定的镜像，我们可以通过关键字进行过滤，例如，查找点赞数不小于 10 的 Traefik 镜像，可用如下命令行进行操作：

```
[lugalee@lugaLab ~ ]% docker search -f stars=10 Traefik
NAME                             DESCRIPTION                                 STARS  OFFICIAL  AUTOMATED
traefik                          Traefik, The Cloud Native E<e Router        2839   [OK]
thomseddon/traefik-forward-auth  Minimal forward authentication that provides…  39            [OK]
containous/traefik               Traefik unofficial image (please use officia…  37            [OK]
traefik/whoami                   Tiny Go webserver that prints OS information…  27
tiredofit/traefik-cloudflare-    Automatically Create CNAME records for conta…  20
companion
arm64v8/traefik                  Traefik, The Cloud Native E<e Router        16
ldez/traefik-certs-dumper        Dump ACME data from Traefik to certificates  13
```

2. 基于 Dockerfile 文件构建

在实际的项目活动中，基于不同的业务场景，我们需要构建自定义镜像以满足业务所需。此时，我们可以尝试基于 Dockerfile 文件进行镜像的构建。通常来讲，Dockerfile 是一个带有一组命令或说明的简单文本文件。这些命令被连续执行，以在基础镜像上创建新的镜像。

基于 Dockerfile 文件自定义 Traefik 镜像的制作及交付基本流程可参考图 3-1。

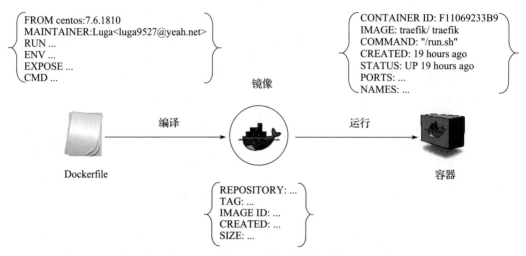

图 3-1　基于 Dockerfile 文件自定义 Traefik 镜像的制作和交付流程参考示意图

对于基于 Dockerfile 文件进行镜像构建的方式，我们需要先编写 Dockerfile 文件，然后使用 docker build 命令构建镜像。在编写 Dockerfile 文件时，需要指定 Traefik 的版本、基础镜像、运行命令等内容。以下是一个 Dockerfile 文件示例：

```
[lugalee@lugaLab ~ ]% vi Dockerfile
# syntax=docker/dockerfile:1.4
FROM alpine:3.15
RUN apk --no-cache add ca-certificates tzdata
RUN set -ex; \
  apkArch="$(apk --print-arch)"; \
  case "$apkArch" in \
    armhf) arch='armv6' ;; \
    aarch64) arch='arm64' ;; \
    x86_64) arch='amd64' ;; \
    s390x) arch='s390x' ;; \
    *) echo >&2 "error: unsupported architecture: $apkArch"; exit 1 ;; \
  esac; \
  wget --quiet -O /tmp/traefik.tar.gz "https://github.com/traefik/traefik/
releases/download/v2.9.6/traefik_v2.9.6_linux_$arch.tar.gz"; \
  tar xzvf /tmp/traefik.tar.gz -C /usr/local/bin traefik; \
  rm -f /tmp/traefik.tar.gz; \
  chmod +x /usr/local/bin/traefik
COPY entrypoint.sh /
EXPOSE 80
ENTRYPOINT ["/entrypoint.sh"]
CMD ["traefik"]

# Metadata
LABEL org.opencontainers.image.vendor="Traefik Labs" \
  org.opencontainers.image.url="https://traefik.io" \
  org.opencontainers.image.source="https://github.com/traefik/traefik" \
  org.opencontainers.image.title="Traefik" \
```

```
org.opencontainers.image.description="A modern reverse-proxy" \
org.opencontainers.image.version="v2.9.6" \
org.opencontainers.image.documentation="https://docs.traefik.io"
```

待 Dockerfile 文件编写完成后，我们开始对其进行构建、编译，具体如下所示：

```
[lugalee@lugaLab ~ ]% docker buildx build -t traefik.2.9.6 .
```

编译完成后，利用如下命令来查看所创建的 Traefik v2.9.6 容器镜像包，具体如下：

```
[lugalee@lugaLab ~ ]% docker images | grep traefik
```

3.2.3　通过 Helm Chart 获取

Helm Chart 是一种快速、简单、可重用的部署 Traefik 到 Kubernetes 集群的方法，支持自动安装和配置 Traefik，使其与 Kubernetes API 进行交互，并配置为反向代理或负载均衡器。同时，Helm Chart 还支持轻松配置各种 Traefik 功能，如重定向和路由规则。

与通过二进制文件和镜像不同，Helm Chart 专注于 Traefik 部署和配置，并将所有与 Traefik 组件相关的依赖都集成在一起，以便尽可能地避免集成任何第三方解决方案或特定的用例场景。基于 Helm Chart，我们可以轻松地部署和管理 Traefik，并快速配置所需的功能。

Helm Chart 相关信息可直接打开 https://github.com/traefik/traefik-helm-chart 链接获取。

获取 Traefik 的命令为 helm repo add traefik url。

需要注意的是，由于 CRD 版本支持的变化，Helm Chart 的版本变化与支持的 Kubernetes 版本对应关系如表 3-1 所示。

表 3-1　Helm Chart 版本与 Kubernetes 版本对应关系

Helm Chart 版本	Kubernetes v1.15 及以下	Kubernetes v1.16～v1.21	Kubernetes v1.22 及以上
Helm Chart v9.20.2 及以下	[√]	[√]	
Helm Chart v10.0.0 及以上		[√]	[√]

3.3　Traefik 的安装和部署

通常来讲，Traefik 组件的安装和部署方式灵活多变。在实际操作中，常见的安装和部署方式包括：基于 Helm、基于 CRD、基于官方 Docker 镜像、基于二进制文件以及基于源码编译。这五种方式各有优缺点，我们可以根据实际环境和需求进行适配和选择。

3.3.1　基于 Helm 安装和部署

Helm 被广泛用于在 Kubernetes 集群中安装 Traefik，特别是在测试和生产环境。作为 Kubernetes 的包管理工具，Chart 类似于 yum 或 apt 管理软件包，部署 Chart 即可将应用打包部署。Chart 包含所有版本化和预配置的应用资源，可以作为单元部署，实现不同的功能。

基于云原生生态体系，Helm 实现了关注点分离。从业务角度来看，开发人员可以全身心投入到业务实现上；从资源角度来看，运维人员可以基于业务实现资源配置文件的模板建立和编排。

在基于 Helm 安装和部署 Traefik 时，我们可以使用 Helm Chart 来定义所需的 Traefik 版本和配置，然后使用 Helm 包管理器进行安装和部署。这样可以轻松、快速地安装和部署 Traefik，并且可以使用版本控制和回滚功能来管理 Traefik 的版本和配置。

1. Helm 介绍

Helm 使用 Go 模板来处理资源文件，并在 Go 语言提供的内置函数基础上进行了扩展。Helm 可以安装本地或远程的 Chart。Chart 一旦安装到 Kubernetes 集群中，就会创建一个 Release 版本。每当 Chart 配置更新并执行 helm upgrade 命令时，Release 版本号会递增。同一个 Chart 可以部署多次，每次部署都会生成一个独立的 Release 版本。

Helm 架构可以参考图 3-2。图 3-2 展示了 Helm 的各个组件及其交互方式。

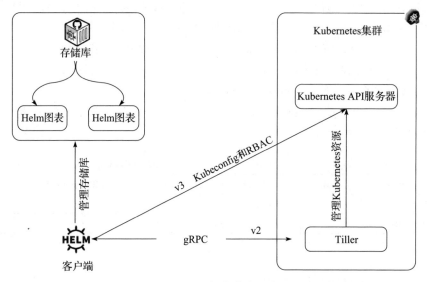

图 3-2　Helm 架构参考示意图

Helm 采用了典型的客户端 – 服务器架构，主要包含 Helm 客户端和 Tiller 服务器（在 Helm v3 中已移除）。Tiller 服务器部署在 Kubernetes 集群内。如图 3-2 所示，Helm 客户端使用 gRPC 框架将资源推送到 Kubernetes。Helm 的核心组件如下。

❑ Helm 客户端：供用户与 Helm 交互的命令行接口，将 Chart 打包并与 Tiller 服务器通信，支持执行各种操作，例如安装、升级、回滚图表、发布。

❑ Tiller 服务器：Tiller 服务器部署在 Kubernetes 集群内，负责接收 Helm 客户端的请求，与 Kubernetes API 服务器交互，完成 Chart 的安装、升级等。Tiller 服务器在 Helm v3 中已移除，取而代之的是 Kubernetes API 服务器。

❑ Helm 图表：封装 Kubernetes 资源清单和配置。一个 Chart 通常包含模板（Template）和值（Value）两个部分。

❑ 存储库：Chart 存储仓库，用于发布和共享 Chart，可以是本地目录或远程服务。

❑ 版本管理：Chart 部署到 Kubernetes 后创建的版本记录。

下面展示了 Traefik v2.9.6 Helm Chart 的基础结构，包含一些管理 Kubernetes 集群中 CNF 所需的文件夹和文件。

代码清单 3-1 Traefik v2.9.6 Helm Chart 的基础结构

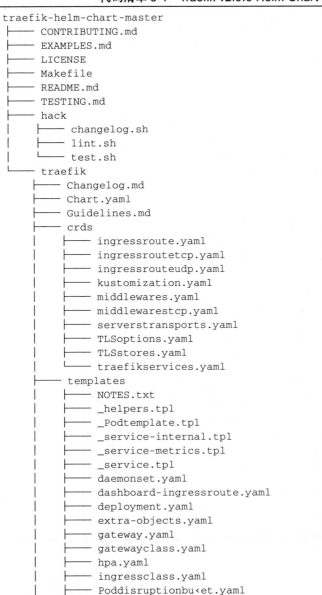

```
traefik-helm-chart-master
├── CONTRIBUTING.md
├── EXAMPLES.md
├── LICENSE
├── Makefile
├── README.md
├── TESTING.md
├── hack
│   ├── changelog.sh
│   ├── lint.sh
│   └── test.sh
└── traefik
    ├── Changelog.md
    ├── Chart.yaml
    ├── Guidelines.md
    ├── crds
    │   ├── ingressroute.yaml
    │   ├── ingressroutetcp.yaml
    │   ├── ingressrouteudp.yaml
    │   ├── kustomization.yaml
    │   ├── middlewares.yaml
    │   ├── middlewarestcp.yaml
    │   ├── serverstransports.yaml
    │   ├── TLSoptions.yaml
    │   ├── TLSstores.yaml
    │   └── traefikservices.yaml
    ├── templates
    │   ├── NOTES.txt
    │   ├── _helpers.tpl
    │   ├── _Podtemplate.tpl
    │   ├── _service-internal.tpl
    │   ├── _service-metrics.tpl
    │   ├── _service.tpl
    │   ├── daemonset.yaml
    │   ├── dashboard-ingressroute.yaml
    │   ├── deployment.yaml
    │   ├── extra-objects.yaml
    │   ├── gateway.yaml
    │   ├── gatewayclass.yaml
    │   ├── hpa.yaml
    │   ├── ingressclass.yaml
    │   ├── Poddisruptionbu<et.yaml
```

```
|       ├── prometheusrules.yaml
|       ├── pvc.yaml
|       ├── rbac
|       |    ├── clusterrole.yaml
|       |    ├── clusterrolebinding.yaml
|       |    ├── Podsecuritypolicy.yaml
|       |    ├── role.yaml
|       |    ├── rolebinding.yaml
|       |    └── serviceaccount.yaml
|       ├── service-hub.yaml
|       ├── service-internal.yaml
|       ├── service-metrics.yaml
|       ├── service.yaml
|       ├── servicemonitor.yaml
|       ├── TLSoption.yaml
|       └── TLSstore.yaml
├── tests
|       ├── container-config_test.yaml
|       ├── daemonset-config_test.yaml
|       ├── dashboard-ingressroute_test.yaml
|       ├── default-install_test.yaml
|       ├── deployment-config_test.yaml
|       ├── extra-config_test.yaml
|       ├── gateway-config_test.yaml
|       ├── gatewayclass-config_test.yaml
|       ├── hpa-config_test.yaml
|       ├── hub-integration-config_test.yaml
|       ├── ingressclass-config_test.yaml
|       ├── metrics-config_test.yaml
|       ├── notes_test.yaml
|       ├── Pod-config_test.yaml
|       ├── Poddisruptionbu<et-config_test.yaml
|       ├── Podsecuritypolicy-config_test.yaml
|       ├── ports-config_test.yaml
|       ├── prometheusrules-config_test.yaml
|       ├── pvc-config_test.yaml
|       ├── rbac-config_test.yaml
|       ├── service-config-multiple_test.yaml
|       ├── service-config_test.yaml
|       ├── service-internal-config_test.yaml
|       ├── service-metrics-config_test.yaml
|       ├── servicemonitor-config_test.yaml
|       ├── TLSstore_test.yaml
|       ├── traefik-config_test.yaml
|       └── values
|            ├── antiaffinity.yaml
|            ├── extra.yaml
|            ├── hpa.yaml
|            ├── prometheusrules.yaml
|            └── servicemonitor.yaml
└── values.yaml
7 directories, 85 files] %
```

Helm Dashboard 基于 UI 的方式来管理已部署的 Helm 图表，并为所构建的 Kubernetes 资源提供了直观的监测仪表盘。这使团队能够轻松协作，更快地交付应用程序，及时维护并实时查看修订历史和 Kubernetes 资源。此外，基于 Helm Dashboard，我们还可以执行简单的操作，例如回滚到修订版或升级到新版本等。

总体来说，Helm Dashboard 降低了管理 Kubernetes 资源的复杂度，通过可视化的方式，使不同背景的用户都可以轻松地访问 Kubernetes 资源。这对于不习惯命令行操作的用户尤其友好，提高了用户体验。

2. 安装和部署

接下来，我们基于 Helm 来安装和部署 Traefik。在正式安装和部署之前，需要确认当前环境满足以下要求：安装 Kubernetes 1.20+、安装 Helm v3.6.x。

做好上述准备工作后，我们就可以利用 Helm 的功能，通过命令将 Traefik 部署到 Kubernetes 集群中。首先，检查当前环境中的 Helm 版本是否支持 Traefik v.2.x 的安装，具体如下所示：

```
[lugalee@lugaLab ~ ]% helm version
version.BuildInfo{Version:"v3.6.1", GitCommit:"61d8e8c4a6f95540c15c6a65f36a6dd
0a45e7a2f", GitTreeState:"dirty", GoVersion:"go1.16.5"}
```

将 Traefik Labs 图表存储库添加到 Helm，具体命令行如下：

```
# 添加 repo
[lugalee@lugaLab ~ ]% helm repo add traefik https://traefik.github.io/charts
```

然后更新 Helm Chart 存储库源，具体命令行如下：

```
[lugalee@lugaLab ~ ]% helm repo update
```

更新完成后，查看 repo 仓库中的 Traefik 相关信息：

```
[lugalee@lugaLab ~ ]% helm search repo traefik
NAME                    CHART VERSION   APP VERSION   DESCRIPTION
aliyun/traefik          1.24.1          1.5.3         A Traefik based Kubernetes ingress controller w...
stable/traefik          1.87.7          1.7.26        DEPRECATED - A Traefik based Kubernetes ingress...
traefik-hub/traefik     21.1.0          v2.9.7        A Traefik based Kubernetes ingress controller
traefik-hub/traefik-mesh 4.1.1          v1.4.8        Traefik Mesh - Simpler Service Mesh
traefik-hub/traefikee   1.7.0           v2.9.1        Traefik Enterprise is a unified cloud-native ne...
traefik/traefik         21.1.0          v2.9.7        A Traefik based Kubernetes ingress controller
traefik/traefik-mesh    4.1.1           v1.4.8        Traefik Mesh - Simpler Service Mesh
traefik/traefikee       1.7.0           v2.9.1        Traefik Enterprise is a unified cloud-native ne...
traefik-hub/hub-agent   1.2.2           v1.1.0        Traefik Hub is an all-in-one global networking ...
traefik-hub/maesh       2.1.2           v1.3.2        Maesh - Simpler Service Mesh
traefik/hub-agent       1.2.2           v1.1.0        Traefik Hub is an all-in-one global networking ...
traefik/maesh           2.1.2           v1.3.2        Maesh - Simpler Service Mesh
```

此时，进入正式的安装步骤，具体如下：

```
[lugalee@lugaLab ~ ]% helm install traefik traefik/traefik
```

通常情况下，我们需要根据实际的 Kubernetes 集群情况来安装 Traefik，并且在默认的

values.yaml 文件中配置所有的参数。同时，还可以使用 additionalArguments 等参数来设置 Traefik 命令行标志，或者将日志记录设置为 Debug 模式等。例如，在不同的命名空间中安装 Traefik，并管理 Traefik 的日志等级，具体如下所示：

```
[lugalee@lugaLab ~ ]% kubectl create ns traefik-v2
# deployment.replicas=3                        设置 Traefik 部署副本数
# pilot.dashboard=false                        禁用 Dashboard 中 Pilot 连接
# ingressRoute.dashboard.enabled=false         禁用默认 Dashboard 入口规则
# ingressClass.enabled=true                     创建 IngressClass
# ingressClass.isDefaultClass=true              设置为默认 IngressClass
# service.spec.externalTrafficPolicy=Local 启用保留客户端 IP 地址，具体可参考：
# https://metallb.universe.tf/usage/#traffic-policies
# https://kubernetes.io/docs/tasks/access-application-cluster/create-external-
load-balancer/#preserving-the-client-source-ip
[lugalee@lugaLab ~ ]% helm install --namespace=traefik-v2 \
  --set="additionalArguments={--log.level=INFO}" \
  --set deployment.replicas=3 \
  --set pilot.dashboard=false \
  --set ingressRoute.dashboard.enabled=false \
  --set ingressClass.enabled=true \
  --set ingressClass.isDefaultClass=true \
  --set service.spec.externalTrafficPolicy=Local \
  traefik traefik/traefik
```

上述命令行将 Traefik 安装在 traefik-v2 命名空间，以便维护与管理，同时，设置 Traefik 日志级别，以便调试与排障。

针对 Traefik 自定义安装场景，除了使用上述命令行外，我们还可以在文件中定义相关的参数进行安装和部署，具体如下所示：

```
# cat custom-values.yml
## Install with "helm install --values=./custom-values.yml traefik traefik/
traefik
additionalArguments:
  - "--log.level=INFO"
```

部署完成后，我们可以通过如下命令查看是否安装成功：

```
[lugalee@lugaLab ~ ]% helm list -n traefik
[lugalee@lugaLab ~ ]% kubectl get n traefik-v2
```

针对部署后的组件服务，若需要进行配置参数的更新，则可以借助命令 helm show values traefik/traefik > traefik_values.yml 将 values 导出，更新后使用命令 helm upgrade -f traefik_values.yml traefik traefik/traefik 使新配置生效。

接下来，针对所部署的 Traefik 组件进行服务验证，具体如下所示：

```
[lugalee@lugaLab ~ ]% kubectl get Pod -n traefik-v2 -o wide
NAME     READY    STATUS    RESTARTS   AGE    IP    NODE   NOMINATED    NODE      READINESS  GATES
traefik-cfbc67f8c-58t9g  1/1      Running   0    22h   172.17.0.4  minikube  <none>     <none>
[lugalee@lugaLab ~ ]%  curl -i http://localhost:9000/dashboard/
HTTP/1.1 200 OK
```

```
Accept-Ranges: bytes
Content-Length: 2708
Content-Type: text/html; charset=utf-8
Last-Modified: Tue, 28 Jul 2020 15:46:00 GMT
Date: Thu, 24 Jun 2021 06:44:39 GMT

<!DOCTYPE html><html><head><title>Traefik</title><meta charset=utf-8><meta name=description
content="Traefik UI"><meta name=format-detection content="telephone=no"><meta name=msapplication-
tap-highlight content=no><meta name=viewport content="user-scalable=no,initial-scale=1,maximum-
scale=1,minimum-scale=1,width=device-width"><link rel=icon type=image/png
...
src=js/vendor.569cebaa.js></script></body></html>%
```

至此，Traefik 安装和部署完成，若想要通过图形界面观测 Traefik，需要部署 Dashboard。出于安全考虑，我们通过端口转发方式访问 Traefik 仪表盘，具体如下：

```
[lugalee@lugaLab ~ ]% kubectl port-forward -n traefik deployment/traefik --
address 0.0.0.0 9000:9000
```

3.3.2　基于 CRD 安装和部署

Traefik 2.0 版本之后引入了一种面向生产环境的新模型。该模型使用 CRD 来完成路由、服务发现等的配置。所以，在安装和部署 Traefik 时，我们需要提前创建 CRD，以便可以利用 CRD 来维护配置。

 提示　从 Kubernetes v1.16 开始废弃 apiextensions.k8s.io/v1beta1，在 Kubernetes v1.22 完全删除。Kubernetes 1.16 以上版本使用 apiextensions.k8s.io/v1。

尽管 Helm 实现了 Traefik 的一键化安装和部署，提高了交付效率，但也带来了维护方面的问题。Helm Chart 中的 values.yaml 配置较为烦琐，在调整配置或进行自定义时不够灵活。

因此，如果仅仅使用 Traefik 的基础功能，例如流量接入功能，那么基于 Helm 方式就能满足。但是，如果要根据业务需求进行定制，实现鉴权、限流等网关功能，或想深入调研 Traefik 的特性，则推荐采用自定义方式部署。

自定义方式可以避免 Helm 配置的局限，更灵活地调整 Traefik，满足定制化需求。自定义部署方式虽然需要更多手动操作，但具有更高的灵活性，可以更好地针对业务设计部署方案。同时，通过版本控制、文档编写等方式可以使定制方案的维护更加规范和可控。

1. 创建 CRD

创建 CRD 代码如下：

```
[lugalee@lugaLab ~ ]% wget https://raw.githubusercontent.com/traefik/
traefik/v2.9.6/docs/content/reference/dynamic-configuration/kubernetes-crd-
definition-v1.yml
[lugalee@lugaLab ~ ]% kubectl apply -f kubernetes-crd-definition-v1.yml
[lugalee@lugaLab ~ ]% kubectl get crd
```

```
NAME                                        CREATED AT
ingressroutes.traefik.containo.us           2022-12-24T11:08:07Z
ingressroutetcps.traefik.containo.us        2022-12-24T11:08:07Z
ingressrouteudps.traefik.containo.us        2022-12-24T11:08:07Z
ipaddresspools.metallb.io                   2022-09-23T01:14:18Z
l2advertisements.metallb.io                 2022-09-23T01:14:18Z
middlewares.traefik.containo.us             2022-12-24T11:08:07Z
middlewaretcps.traefik.containo.us          2022-12-24T11:08:07Z
serverstransports.traefik.containo.us       2022-12-24T11:08:07Z
TLSoptions.traefik.containo.us              2022-12-24T11:08:08Z
TLSstores.traefik.containo.us               2022-12-24T11:08:08Z
traefikservices.traefik.containo.us         2022-12-24T11:08:08Z
```

2. 创建 RBAC

创建 RBAC 代码如下：

```
[lugalee@lugaLab ~ ]% https://raw.githubusercontent.com/traefik/
traefik/v2.9.6/docs/content/reference/dynamic-configuration/kubernetes-crd-rbac.yml
[lugalee@lugaLab ~ ]% kubectl apply -f kubernetes-crd-rbac.yml
[lugalee@lugaLab ~ ]% kubectl get clusterrole | grep traefik
traefik-ingress-controller      2022-12-24T14:10:06Z
[lugalee@lugaLab ~ ]% kubectl get clusterrolebinding | grep traefik
traefik-ingress-controller      ClusterRole/traefik-ingress-controller
```

3. 创建 Traefik 配置文件

1）创建 traefik-config.yaml 文件，具体如下所示：

```
kind: ConfigMap
apiVersion: v1
metadata:
  name: traefik-config
data:
  traefik.yaml: |-
    global:
      checkNewVersion: false        # 周期性地检查是否有新版本发布
      sendAnonymousUsage: false     # 周期性地匿名发送使用统计信息
    serversTransport:
      insecureSkipVerify: true      # Traefik 忽略验证代理服务的 TLS 证书
    api:
      insecure: true                # 允许 HTTP 方式访问 API
      dashboard: true               # 启用 Dashboard
      debug: false                  # 启用 Debug 调试模式
    metrics:
      prometheus:                   # 配置 Prometheus 监控指标数据，并使用默认配置
        addRoutersLabels: true      # 添加路由器指标
        entryPoint: "metrics"       # 指定指标监听地址
    entryPoints:
      web:
        address: ":80"              # 配置 80 端口，并设置入口名称为 web
        forwardedHeaders:
          insecure: true            # 信任所有的 forward headers
      websecure:
        address: ":443"             # 配置 443 端口，并设置入口名称为 websecure
```

```
      forwardedHeaders:
        insecure: true
    traefik:
      address: ":9000"
    metrics:
      address: ":9100"              # 配置 9100 端口，作为指标收集入口
    tcpep:
      address: ":9200"              # 配置 9200 端口，作为 TCP 入口
    udpep:
      address: ":9300/udp"          # 配置 9300 端口，作为 UDP 入口
  providers:
    kubernetesCRD:                  # 通过 Kubernetes CRD 方式来配置路由规则
      ingressClass: ""
      allowCrossNamespace: true     # 允许跨 Namespace
      allowEmptyServices: true      # 允许空 Endpoints Service
  log:
    filePath: "/etc/traefik/logs/traefik.log"  # 设置调试日志文件存储路径，如果为空
                                               则输出到控制台
    level: "INFO"                   # 设置调试日志级别
    format: "common"                # 设置调试日志格式
  accessLog:
    filePath: "/etc/traefik/logs/access.log"   # 设置访问日志文件存储路径，如果为空
                                               则输出到控制台
    format: "common"                # 设置访问调试日志格式
    bufferingSize: 0                # 设置访问日志缓存行数
    filters:
      statusCodes: ["200"]          # 设置只保留指定状态码范围内的访问日志
      retryAttempts: true           # 设置代理访问重试失败时，保留访问日志
      minDuration: 20               # 设置保留请求时间超过指定持续时间的访问日志
    fields:                         # 设置访问日志中的字段是否保留（keep 表示保留、drop
                                      表示不保留）
      defaultMode: keep             # 设置默认保留访问日志字段
      names:                        # 针对访问日志特别字段特别配置保留模式
        ClientUsername: drop
        StartUTC: drop              # 禁用日志 Timestamp 使用 UTC
      headers:                      # 设置 Header 中字段是否保留
        defaultMode: keep           # 设置默认保留 Header 中字段
        names:                      # 针对 Header 中特别字段特别配置保留模式
          #User-Agent: redact       # 对特定 User-Agent 进行配置
          Authorization: drop
          Content-Type: keep
[lugalee@lugaLab ~ ]% kubectl apply -f traefik-config.yaml
```

提示　Traefik 静态配置有 3 种方式：基于配置文件、基于命令行参数以及通过环境变量进行传递。由于 Traefik 配置项较多，一般情况下选择将配置项注入配置文件，然后存入 ConfigMap，将其挂载在 Traefik，具体可参考 Traefik 官方文档（https://doc.traefik.io/traefik/getting-started/configuration-overview/）。

　　在生产环境中，为了更好地管理 Traefik，通常需要添加标签（Label）来标识和选择 Traefik 的相关资源对象。通过为各种资源对象添加可识别的标签，我们可以方便地查询和管理生产环境

中 Traefik 的运行情况和配置资源，并利用标签进行访问和网络安全控制，具体如下：

```
[lugalee@lugaLab ~ ]% kubectl label nodes k8s-master IngressProxy=true
```

针对 Traefik 组件，基于 DeamonSet 或者 Deployment 均可部署，此处使用 Deployment 部署 Traefik，副本数设置为 3。

2）创建 Traefik 部署文件 traefik-deployment.yaml，具体如下所示：

```
apiVersion: v1
kind: ServiceAccount
metadata:
  namespace: default
  name: traefik-ingress-controller
---
apiVersion: apps/v1
kind: Deployment
metadata:
  name: traefik-ingress-controller
  namespace: default
  labels:
    app: traefik
spec:
  replicas: 3
  selector:
    matchLabels:
      app: traefik
  template:
    metadata:
      name: traefik
      labels:
        app: traefik
    spec:
      serviceAccountName: traefik-ingress-controller
      terminationGracePeriodSeconds: 1
      containers:
      - name: traefik
        image: traefik:v2.9.6
        env:
        - name: KUBERNETES_SERVICE_HOST        # 手动指定 Kubernetes API, 避免网络组
                                               #   件不稳定
          value: "192.168.1.1"
        - name: KUBERNETES_SERVICE_PORT_HTTPS  # API server 端口
          value: "6443"
        - name: KUBERNETES_SERVICE_PORT
          value: "6443"
        - name: TZ                             # 指定时区
          value: "Asia/Shanghai"
        ports:
          - name: web
            containerPort: 80
            hostPort: 80                       # 将容器端口绑定所在服务器的 80 端口
          - name: websecure
            containerPort: 443
```

```
          hostPort: 443                          # 将容器端口绑定所在服务器的 443 端口
        - name: admin
          containerPort: 9000                    # Traefik Dashboard 端口
        - name: metrics
          containerPort: 9100                    # 指标端口
        - name: tcpep
          containerPort: 9200                    # TCP 端口
        - name: udpep
          containerPort: 9300                    # UDP 端口
        securityContext:                         # 只开放网络权限
          capabilities:
            drop:
              - ALL
            add:
              - NET_BIND_SERVICE
        args:
          - --configfile=/etc/traefik/config/traefik.yaml
        volumeMounts:
        - mountPath: /etc/traefik/config
          name: config
        - mountPath: /etc/traefik/logs
          name: logdir
        - mountPath: /etc/localtime
          name: timezone
          readOnly: true
      volumes:
        - name: config
          configMap:
            name: traefik-config
        - name: logdir
          hostPath:
            path: /data/traefik/logs
            type: "DirectoryOrCreate"
        - name: timezone
          hostPath:
            path: /etc/localtime
            type: File
      tolerations:                               # 设置容忍所有污点，防止节点被设置污点
        - operator: "Exists"
      hostNetwork: true                          # 开启 Host 网络，提高网络入口的性能
      nodeSelector:                              # 设置节点筛选器，在特定标签的节点上启动
        IngressProxy: "true"                     # 调度至 IngressProxy: "true" 的节点
```

[lugalee@lugaLab ~]% kubectl apply -f traefik-deployment.yaml

4. 创建 Service 资源
创建 Service 资源代码如下：

```
apiVersion: v1
kind: Service
metadata:
  name: traefik
spec:
  type: NodePort        # 官网示例为 ClusterIP，为方便演示，此处改为 NodePort
```

```
    selector:
      app: traefik
    ports:
      - name: web
        protocol: TCP
        port: 80
        targetPort: 80
      - name: websecure
        protocol: TCP
        port: 443
        targetPort: 443
      - name: admin
        protocol: TCP
        port: 9000
        targetPort: 9000
      - name: metrics
        protocol: TCP
        port: 9100
        targetPort: 9100
      - name: tcpep
        protocol: TCP
        port: 9200
        targetPort: 9200
      - name: udpep
        protocol: UDP
        port: 9300
        targetPort: 9300
[lugalee@lugaLab ~ ]% kubectl apply -f traefik-svc.yaml
leonli@Leon ~ % kubectl get svc
```

NAME	TYPE	CLUSTER-IP	EXTERNAL-IP	PORT(S)	12h
traefik	NodePort	10.102.60.244	\<none\>	80:31843/TCP,443:30318/TCP,9000:32689/TCP,9100: 31527/TCP,9200:32432/TCP,9300:30608/UDP	2m10s

5. Traefik Dashboard 部署

Traefik 部署完成后,我们需要部署 Dashboard。以域名方式访问 Traefik Dashboard 的具体操作步骤如下。

(1)创建 IngressRoute

首先,为 Traefik 的 API 和 Dashboard 创建一个 IngressRoute,以配置访问规则。

在本示例中,我们使用 traefik.local.luga.io 域名来访问 Dashboard。在实际的场景中,我们可以根据需求自定义命名。

```
[lugalee@lugaLab ~ ]% cat <<EOF | kubectl apply -f -
apiVersion: traefik.containo.us/v1alpha1
kind: IngressRoute
metadata:
  name: traefik-dashboard
  namespace: traefik-v2
spec:
  entryPoints:
    - web
  routes:
```

```
    - match: Host(\'traefik.local.luga.io\') && (PathPrefix(\'/dashboard\')
|| PathPrefix(\'/api\'))
      kind: Rule
      services:
        - name: api@internal
          kind: TraefikService
EOF
```

（2）启用 BasicAuth 认证

为了加强访问控制，我们需要开启 Traefik Dashboard 的基本认证功能。本示例创建了一个用于保存用户名和密码的 Secret，其中 users 字段内容可以使用 htpassword 工具生成。在本示例中，为了方便起见，我们将认证信息的用户名和密码都设置为 admin，具体操作如下：

```
[lugalee@lugaLab ~ ]% cat <<EOF | kubectl apply -f -
apiVersion: v1
kind: Secret
metadata:
  name: traefik-basicauth-secret
  namespace: traefik-v2
data:
  users: |2 # htpasswd -nb admin admin | openssl base64
YWRtaW46e1NIQX0wRFBpS3VOSXJyVm1EOElVQ3V3MWhReE5xMM9Cg==
EOF
```

然后，创建一个 Traefik 中间件，主要用于对外来请求信息进行 BasicAuth 认证，以过滤非法访问，具体如下所示：

```
[lugalee@lugaLab ~ ]% cat <<EOF | kubectl apply -f -
apiVersion: traefik.containo.us/v1alpha1
kind: Middleware
metadata:
  name: traefik-basicauth
  namespace: traefik-v2
spec:
  basicAuth:
    realm: traefik.local.choral.io
    secret: traefik-basicauth-secret
EOF
```

完成上面的操作后，再次更新 Dashboard 的 IngressRoute，启用 BasicAuth 中间件认证功能，具体如下所示：

```
[lugalee@lugaLab ~ ]% cat <<EOF | kubectl apply -f -
apiVersion: traefik.containo.us/v1alpha1
kind: IngressRoute
metadata:
  name: traefik-dashboard
  namespace: traefik-v2
spec:
  entryPoints:
    - web
  routes:
```

```
    - match: Host(\'traefik.local.luga.io\') && (PathPrefix(\'/dashboard\')
|| PathPrefix(\'/api\'))
      kind: Rule
      services:
        - name: api@internal
          kind: TraefikService
      middlewares:
        - name: traefik-basicauth
EOF
```

3.3.3 基于官方 Docker 镜像安装和部署

使用官方指定的 Docker 镜像进行 Traefik 安装和部署是一种相对简单、快速且高效的方式。我们可以选择一个 Docker 镜像，并将根据业务自定义的配置文件（通常为 YAML 或 TOML 格式）挂载到容器中，以部署并运行 Traefik。这种部署方式方便、快捷，适合用于实验环境。下面将详细介绍 Traefik v1 和 Traefik v2 基于官方 Docker 镜像的安装部署过程。

 提示 Docker Official Images 是一组精选的开源 Docker 镜像存储库。这些镜像存储库经过实践验证并被广泛应用。除此之外，这些镜像专门为特定的场景设计，附带有清晰的文档指导。

下面以 Traefik v2.9.6 为例，介绍基于官方 Docker 镜像部署 Traefik v2 的具体步骤。

1）创建 traefik.yml. 文件：

```
# Docker 配置后端
providers:
docker:
defaultRule: "Host('{{ trimPrefix '/' .Name }}.docker.localhost')"

api:
insecure: true
```

在上述文件中，启用了 Docker 提供商和 Traefik Dashboard，以便对部署的 Traefik 运行进行观测。

2）启动 Traefik 服务组件：

```
[lugalee@lugaLab ~ ]% docker run -d -p 8080:8080 -p 80:80 \
-v $PWD/traefik.yml:/etc/traefik/traefik.yml \
-v /var/run/docker.sock:/var/run/docker.sock \
traefik:v2.9.6
```

3）启动一个名为 devops-demo 的后端服务：

```
[lugalee@lugaLab ~ ]% docker run -d --name devops-demo traefik/whoami
```

4）验证所部署的服务：

```
[lugalee@lugaLab ~ ]% curl --header 'Host:devops-demo.docker.localhost'
'http://localhost:80/'
```

```
Hostname: e38e2583239c
IP: 127.0.0.1
IP: 172.17.0.3
RemoteAddr: 172.17.0.2:36176
GET / HTTP/1.1
Host: devops-demo.docker.localhost
User-Agent: curl/7.85.0
Accept: */*
Accept-Encoding: gzip
X-Forwarded-For: 172.17.0.1
X-Forwarded-Host: devops-demo.docker.localhost
X-Forwarded-Port: 80
X-Forwarded-Proto: http
X-Forwarded-Server: 2fdee9cfa1e8
X-Real-Ip: 172.17.0.1
```

5）部署完成后，访问 http://localhost:8080 打开 Traefik v2 的 Dashboard，查看 Traefik 的运行状态和概要信息，具体可参考图 3-3。

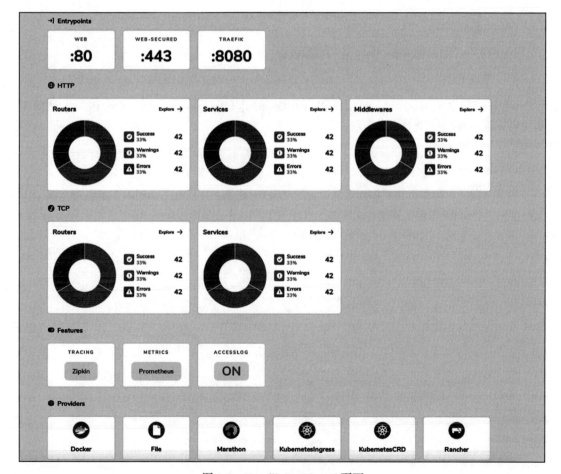

图 3-3 Traefik Dashboard 页面

由于是基于 Docker 镜像进行部署，因此，页面中的 Providers 处于可用状态，显示为 Docker。接下来，以 Traefik v1.7 为例，介绍基于官方 Docker 镜像部署 Traefik v1 的具体步骤。

1）创建 traefik.toml. 文件：

```
[lugalee@lugaLab ~ ]% vi traefik.toml

[api]

[docker]
domain = "docker.localhost"
```

与部署 Traefik v2 一样，将原有的文件重命名为 traefik.toml。同时，启用 Docker 提供商和 Traefik Dashboard。

2）启动 Traefik 服务组件：

```
[lugalee@lugaLab ~ ]% docker run -d -p 8080:8080 -p 80:80 \
-v $PWD/traefik.toml:/etc/traefik/traefik.toml \
-v /var/run/docker.sock:/var/run/docker.sock \
traefik:v1.7
```

3）启动一个名为 devops-demo 的后端服务：

```
[lugalee@lugaLab ~ ]% docker run -d --name devops-demo traefik/whoami
```

4）基于域名 {containerName}.{configuredDomain}（devops-demo.docker.localhost）访问所构建的 whoami 服务，具体如下所示：

```
[lugalee@lugaLab ~ ]% curl --header 'Host:devops-demo.docker.localhost' 'http://localhost:80/'
```

通常情况下，如果不知道如何选择适合的 Traefik 镜像，可以使用 docker search 命令来查看当前可用的 Traefik 镜像，并结合实际场景进行选择。以下是具体的操作步骤。

```
[lugalee@lugaLab ~ ]% docker search Traefik
```

NAME	DESCRIPTION	STARS	OFFICIAL	AUTOMATED
traefik	Traefik, The Cloud Native E<e Router	2836		[OK]
thomseddon/traefik-forward-auth	Minimal forward authentication that provides…	39		[OK]
containous/traefik	Traefik unofficial image (please use officia…	37		[OK]
traefik/whoami	Tiny Go webserver that prints OS information…	27		
tiredofit/traefik-cloudflare-companion	Automatically Create CNAME records for conta…	20		
arm64v8/traefik	Traefik, The Cloud Native E<e Router	16		
ldez/traefik-certs-dumper	Dump ACME data from Traefik to certificates	13		
humenius/traefik-certs-dumper	Dumps Let's Encrypt certificates of a specif…	5		
mesosphere/traefik-forward-auth	See https:// github.com/mesosphere/traefik-fo…	5		
traefik/traefik	Traefik unofficial image (please use officia…	4		
funkypenguin/traefik-forward-auth	Provides forward auth for Traefik from any O…	4		
traefik/jobs		3		
traefik/whoamiudp	Tiny Go UDP server that prints OS informatio…	1		
traefik/whoamitcp	Tiny Go TCP server that prints OS informatio…	1		

```
silintl/traefik-https-proxy        Traefik as an HTTPS proxy to one or two othe⋯  0
traefik/mesh                       Simpler Service Mesh                         0
layer5/meshery-maesh               Meshery adapter for Traefik Mesh             0
silintl/traefik-ecs-staging1       Testing Traefik                              0
traefik/traefikee-webapp-demo                                                   0
photoprism/traefik                                                              0
okteto/traefik                                                                  0
corpusops/traefik                  https:// github.com/corpusops/docker-images  0
noenv/traefik                      Traefik Docker Image                         0
rapidfort/traefik                  RapidFort optimized, hardened image for TRAE⋯ 0
traefik/traefikee                                                               0
```

为了方便起见，推荐使用 Docker-compose 进行自动化容器编排部署。以下为一个简单的示例。

1）创建 docker-compose-traefik.yml 文件，定义 reverse-proxy 使用官方 Traefik 镜像服务，具体如下：

```
[lugalee@lugaLab ~ ]% vi docker-compose-traefik.yml

version: '3'

services:
reverse-proxy:
# 定义官方的 Traefik 镜像
image: traefik:v2.9
command: --api.insecure=true --providers.docker
ports:
# 定义 HTTP 端口为 80
- "80:80"
# Web UI（由 --api.insecure=true 启用）
- "8080:8080"
volumes:
- /var/run/docker.sock:/var/run/docker.sock
```

2）启动 Traefik 服务组件：

```
[lugalee@lugaLab ~ ]% docker-compose -f docker-compose-traefik.yml up -d
```

此时，访问 http://localhost:8080/api/rawdata 查看 Traefik 的 API 原始数据，或直接在后台通过 curl 命令查看，具体如下：

```
[lugalee@lugaLab ~ ]% curl http://localhost:8080/api/rawdata
{"routers":{"api@internal":{"entryPoints":["traefik"],"service":"api@internal","rule":
"PathPrefix('/api')","priority":2147483646,"status":"enabled","using":["traefik"]},
"dashboard@internal":{"entryPoints":["traefik"],"middlewares":["dashboard_redirect@
internal","dashboard_stripprefix@internal"],"service":"dashboard@internal","rule":
"PathPrefix('/')","priority":2147483645,"status":"enabled","using":["traefik"]},"k8s-
cluster@docker":{"entryPoints":["http"],"service":"k8s-cluster","rule":"Host('k8s-
cluster')","status":"enabled","using":["http"]},"reverse-proxy-luga@docker":{"entry
Points":["http"],"service":"reverse-proxy-luga","rule":"Host('reverse-proxy-luga')",
"status":"enabled","using":["http"]}},"middlewares":{"dashboard_redirect@internal":
```

{"redirectRegex":{"regex":"^(http:\\/\\/(\\[[\\w:.]+\\]|[\\w\\._-]+)(:\\d+)?)\\/$",
"replacement":"${1}/dashboard/","permanent":true},"status":"enabled","usedBy":
["dashboard@internal"]},"dashboard_stripprefix@internal":{"stripPrefix":{"prefixes":
["/dashboard/","/dashboard"]},"status":"enabled","usedBy":["dashboard@internal"]}},
"services":{"api@internal":{"status":"enabled","usedBy":["api@internal"]},"dashboard
@internal":{"status":"enabled","usedBy":["dashboard@internal"]},"k8s-cluster@docker":
{"loadBalancer":{"servers":[{"url":"http://192.168.49.2:22"}],"passHostHeader":true},
"status":"enabled","usedBy":["k8s-cluster@docker"],"serverStatus":{"http://192.168.
49.2:22":"UP"}},"noop@internal":{"status":"enabled"},"reverse-proxy-luga@docker":
{"loadBalancer":{"servers":[{"url":"http://172.18.0.2:80"}],"passHostHeader":true},
"status":"enabled","usedBy":["reverse-proxy-luga@docker"],"serverStatus":{"http://
172.18.0.2:80":"UP"}}}}

到此，我们详细介绍了基于官方 Docker 镜像快速部署 Traefik 的整个流程。这种部署方式简单高效，适合初步实验和试用场景。大家可以根据具体场景，定制配置并调整运行参数。

 当使用 Docker 作为供应商时，Traefik 使用容器标签来检索路由配置。默认情况下，Traefik 在独立的 Docker 引擎上监视容器标签。而使用 Docker-compose 时，标签由服务对象的 labels 指令指定。

3.3.4　基于二进制文件安装和部署

基于二进制文件部署 Traefik 的方式更加传统、简单，主要步骤如下。

1）获取二进制文件下载源（此处主要针对 Linux 系统）：

```
[lugalee@lugaLab ~ ]% wget  https://github.com/traefik/traefik/
releases/download/v2.9.6/traefik_v2.9.6_linux_amd64.tar.gz
```

2）检查文件的完整性。

检查文件的完整性对于确保文件内容准确无误非常重要，也便于及时发现文件受损情况。针对 Linux 系统，检查命令如下所示：

```
[lugalee@lugaLab ~ ]% sha256sum ./traefik_${traefik_version}_linux_$-
{arch}.tar.gz
```

针对 macOS 系统，检查命令如下所示：

```
[lugalee@lugaLab ~ ]% shasum -a256 ./traefik_${traefik_version}_darwin
-_amd64.tar.gz
```

针对 Windows PowerShell 平台，检查命令如下所示：

```
[lugalee@lugaLab ~ ]% Get-FileHash ./traefik_${traefik_version}_windows-
_${arch}.zip -Algorithm SHA256
```

完成文件检查后，接下来进入正式的安装和部署环节。基于不同的操作系统，操作方式还是存在差异的，具体可参考如下步骤。

3）解压缩。

针对 Linux 系统，使用 tar 命令对 Traefik 软件包进行解压缩。解压缩后会生成 traefik 文件夹，里面包含二进制可执行文件 traefik 以及相关配置文件。

```
[lugalee@lugaLab ~ ]% tar -zxvf traefik_${traefik_version}_linux_${arch}.tar.gz
```

针对 macOS 系统，Traefik 软件包解压缩命令如下所示：

```
[lugalee@lugaLab ~ ]% tar -zxvf ./traefik_${traefik_version}_darwin_amd64.tar.gz
```

针对 Windows PowerShell 平台，Traefik 软件包解压缩命令如下所示：

```
[lugalee@lugaLab ~ ]% Expand-Archive traefik_${traefik_version}_windows_${arch}.zip
```

4）启动运行：

```
[lugalee@lugaLab ~ ]% ./traefik --help
```

这种部署方式相对简单，不需要额外的镜像构建和管理，但需要准备并维护二进制文件。相比于基于 Docker 镜像部署，基于二进制文件部署的管理开销更低，但缺少容器的隔离机制保障。

3.3.5　基于源码编译安装和部署

在上述几种 Traefik 安装和部署方式中，我们都是按照官方默认的行为进行操作，没有对 Traefik 组件本身的源码架构进行更改。然而，在实际的业务场景中，我们可能需要根据自己的业务特性进行适配性优化、改造，以提升技术的兼容性以及 Traefik 组件自身的性能。此时，我们可以基于源码编译的方式实现预期目标。

除了传统的 Makefile 编译方式外，由于 Traefik 是基于 Go 语言开发的，因此我们可以基于 Go 语言的逻辑特性进行源码编译。这种方式不仅可以灵活地控制 Traefik 组件的编译过程，还可以根据实际需求对源码进行修改，以满足不同的业务场景需求。同时，通过源码编译，我们还可以更好地理解 Traefik 组件的内部架构和实现原理，从而更好地实现二次开发和定制化。

1. 基于 Makefile 编译

Makefile 是编译工程的自动化构建工具，定义了项目的编译规则和依赖关系，其中定义了哪些文件需要编译，哪些文件不需要编译，哪些文件需要先编译，哪些文件需要后编译，以及哪些文件需要重新构建等信息。通过 Makefile，我们可以实现自动化整个编译工程，不需要每次都手动输入一堆源文件和参数。

作为编译构建工具，Makefile 编译工作流程可参考图 3-4。

提示 此处的 go.mk 通常为 Go.mk。Go.mk 是一个通用的 Makefile 模板或规则集，用于简化和标准化 Go 语言项目的构建和管理。它提供了一些常用的规则和变量，以便在 Makefile 中使用。

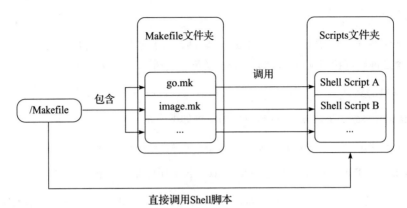

图 3-4　Makefile 编译工作流程

　　Makefile 组织方式采用顶层 Makefile 聚合整个项目的管理功能，这些管理功能通过 Makefile 中的伪目标实现。同时，对伪目标进行分组，将相同类别的伪目标放在同一个 Makefile 中，以便维护 Makefile。复杂命令编写为独立 Shell 脚本，在 Makefile 中调用这些 Shell 脚本。

　　通常，基于 Makefile 编译执行的顺序为：源文件（.*）→目标文件（.o）→可执行文件（.out）。接下来，我们将基于 Makefile 对 Traefik 源码进行编译，具体操作步骤如下。

　　首先，获取最新版本的 Traefik 源码。当然，根据实际需求，我们也可以选择指定的 Traefik 版本进行编译，因为基于源码编译的主要目的在于封装所实现的需求。

　　接下来，通过 Makefile 中定义的伪目标来调用编译命令，以编译出我们所需要的 Traefik 可执行文件。在编译过程中，Makefile 会自动识别和管理依赖关系，并根据需要执行相应的编译和链接操作，从而完成整个编译过程。通过这种方式，我们可以更加灵活地控制编译过程，并且可以快速满足不同的业务场景需求。

```
[lugalee@lugaLab ~ ]% git clone git@github.com:containous/traefik.git
[lugalee@lugaLab ~ ]% cd traefik
[lugalee@lugaLab ~ ]% make binary
/Library/Developer/CommandLineTools/usr/bin/make build-webui-image
docker build -t traefik-webui -f webui/Dockerfile webui
[+] Building 146.1s (13/13) FINISHED
=> [internal] load build definition from Dockerfile                          0.0s
=> => transferring dockerfile: 335B                                          0.0s
=> [internal] load .dockerignore                                             0.0s
=> => transferring context: 94B                                              0.0s
=> [internal] load metadata for docker.io/library/node:14.16                 3.2s
=> [internal] load build context                                             0.1s
=> => transferring context: 2.67MB                                           0.1s
=> [1/8] FROM docker.io/library/node:14.16@sha256:e77e35d3b873500c10ce8969fe2ce5e0901516f77c8365d029
c4b42b22ee4bac                                                               20.5s
=> => resolve docker.io/library/node:14.16@sha256:e77e35d3b873500c10ce8969fe2ce5e0901516f77c8365d029
c4b42b22ee4bac                                                               0.0s
=> => sha256:41f38ce3010a5142300d74e5e19db4dea7694f4771471c330fff27c633f8ba3243.18MB/43.18MB  2.9s
=> => sha256:14932690d21c8e27266b5582d85999facd8ed8304ff8f65f18e544ea7741d1907.83kB/7.83kB  0.0s
```

```
...

---> Making bundle: binary (in .)
```

　　构建 Linux 系统的二进制文件时，为了在持续集成环境中提高效率，可以设置 DOCKER_
NON_INTERACTIVE=true，使 Docker 以非交互模式运行，从而避免构建过程中的不必要交互，
优化自动化构建流程。

2. 基于 Go 语言的逻辑特性编译

　　Go 语言官方提供了 go 命令，以自动下载、构建、安装和测试 Go 程序包和命令行工具，优
于传统的 Makefile 方式。Go 语言官方更倾向于利用源码本身的目录信息进行构建和编译，尽量
避免编写 Makefile 文件。

　　基于 Go 语言进行源码编译需要满足以下前置条件：

　　❑ Go 1.16 及以上版本。

　　❑ 配置环境变量 GO111MODULE=on。

　　同上面的 Makefile 编译一样，先将源码克隆到指定的目标环境，具体如下所示：

```
[lugalee@lugaLab ~ ]% git clone git@github.com:containous/traefik.git
```

> 💡 提示　建议将 Traefik 克隆到 ~/go/src/github.com/traefik/traefik 目录中，因为这一目录结构为官
> 方的 Go 工作区层次结构，可以正确解析依赖关系。

　　此时，我们需要配置 GOPATH 和 PATH 等环境变量，并使其生效。当然，为了后期维护便
利，我们直接在 bashrc 或 bash_profile 文件中配置，完成后进行验证。所构建的操作系统和环境
变量生效后，我们应该会看到类似于以下内容的输出，具体如下所示：

```
[lugalee@lugaLab ~ ]% go env
GOARCH="amd64"
GOBIN=""
GOEXE=""
GOHOSTARCH="amd64"
GOHOSTOS="linux"
GOOS="linux"
GOPATH="/home/lugalee/go"
GORACE=""
```

　　接下来，进入 Traefik 组件构建环节，具体如下所示：

```
# 生成 UI 静态文件
[lugalee@lugaLab ~ ]% make clean-webui generate-webui
# 将非代码组件合并到最终的二进制文件中
$go generate
```

　　执行完上述命令后，进入标准构建环节，具体如下所示：

```
# 标准构建
[lugalee@lugaLab ~ ]% go build -v -o traefik ./cmd/traefik
```

执行完 build 命令后，我们将在对应的目录下看到新构建的 Traefik 可执行文件。那么，如何验证我们所构建的可执行文件可用呢？这里，我们可以借助 go test 命令进行单元测试，具体如下所示：

```
[lugalee@lugaLab ~ ]% go test ./...
ok      _/home/user/go/src/github/traefik/traefik      0.006s
```

基于上述命令行操作，若返回 ok，表明 Traefik 构建成功，然后我们基于新编译的二进制文件进行部署，以支撑所需的业务场景，具体如下所示：

```
[lugalee@lugaLab ~ ]% ./traefik --configfile=traefik.toml
```

此时，Traefik 基于源码编译部署成功。我们可以打开 Traefik Dashboard 查看相关路由信息。

随着技术的演进和业务规模的不断扩大，如果我们的业务系统基于 Go 语言开发，通常并不需要完全摒弃使用 Makefile。相反，我们可以借助 Makefile 中的伪目标来降低 Go 命令的复杂性，标准化团队对 Go 命令的使用，并提高个人或团队的生产力。

通过使用 Makefile，我们可以将一些常用的 Go 命令封装成伪目标，从而减少重复工作，降低错误风险，并更好地管理和维护代码。此外，Makefile 还可以提供更加高级的构建和部署功能，帮助我们更好地管理整个项目的开发生命周期。

3.4　Traefik 的配置与调试

Traefik 具有高度可配置性，这是其成为一款真正强大的反向代理的核心因素之一。然而，正是因为其高度可配置性，Traefik 通常需要遵循多个指南来完成设置。

3.4.1　配置原理

Traefik 采用动态和静态配置相结合的模式，意味着可以在运行时从后端数据源获取数据并动态调整配置，成为现代云原生环境中高效实用的解决方案。

基于"通过配置满足架构需求"的设计理念，Traefik 支持多种配置方式，如文件、参数、环境变量等。对于未指定的配置，Traefik 会使用合理的默认值，以确保在不同环境下都能达到最佳性能和高可用性。

接下来，我们来学习 Traefik 配置架构，具体如图 3-5 所示。

可以看到，Traefik 组件的整个架构体系基本上是围绕配置进行运转的，包括静态配置和动态配置两部分。从外部 HTTP 请求开始，经过一系列逻辑操作，例如请求信息配置暴露、请求规则匹配、业务逻辑处理以及最终路由至微服务侧，具体实现细节可以参考后文。图 3-6 展示了 Traefik 配置明细参考。

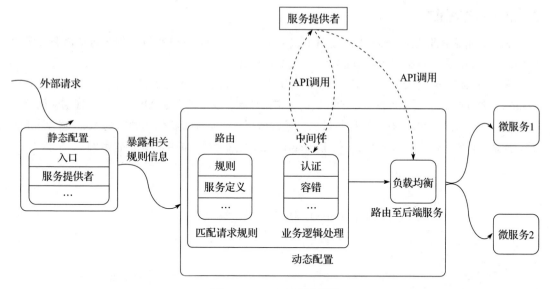

图 3-5　Traefik 配置架构

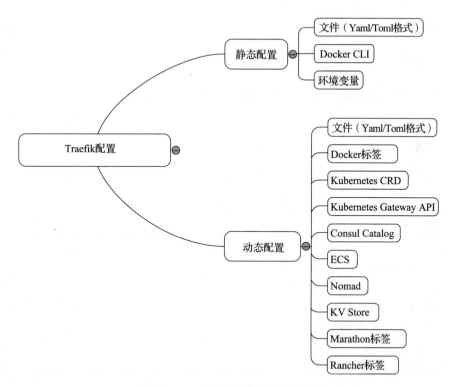

图 3-6　Traefik 配置明细参考示意图

3.4.2 静态配置

通常，静态配置是指 Traefik 启动时加载的配置，可以从 Toml 配置文件或启动命令行参数中加载。例如，入口点必须在启动前定义，属于静态配置。

根据 Traefik 架构图可知，静态配置本质上是 Traefik 启动所需的基础配置，用于定义 Traefik 监听的端口、后端代理服务的提供商、基础设施、安全等，如 API、日志、证书解析等。

在定义静态配置时，有几个推荐做法。通常情况下，将配置存储为独立的 Toml 或 Yaml 格式文件是一种常见的做法。下面是一个以 traefik.yml 文件为例的简单静态配置示例：

```yaml
...
log:
  level: INFO
  filepath: "/etc/traefik/log/traefik.log"
accessLog:
  filePath: devops
  format: devops
  filters:
    statusCodes:
      - devops
      - devops
    retryAttempts: true
    minDuration: 42s
  fields:
    defaultMode: devops
    names:
      name0: devops
      name1: devops
    headers:
      defaultMode: devops
      names:
        name0: devops
        name1: devops
  bufferingSize: 42
serversTransport:
  insecureSkipVerify: true
  rootCAs:
    - devops
    - devops
  maxIdleConnsPerHost: 42
  forwardingTimeouts:
    dialTimeout: 42s
    responseHeaderTimeout: 42s
    idleConnTimeout: 42s
tracing:
  serviceName: devops
  spanNameLimit: 42
  jaeger:
    samplingServerURL: devops
    samplingType: devops
    samplingParam: 42
```

```
      localAgentHostPort: devops
      gen128Bit: true
      propagation: devops
      traceContextHeaderName: devops
      disableAttemptReconnecting: true
      collector:
        endpoint: devops
        user: devops
        password: devops
hub:
  TLS:
    insecure: true
    ca: devops
    cert: devops
    key: devops
api:
  dashboard: true
  insecure: false
  info: true
entryPoints:
  web:
    address: ":80"
  websecure:
    address: ":443"
providers:
  docker:
    exposedByDefault: false
    endpoint: "tcp://dockerproxy:2375"
    network: "traefik"
    defaultRule: "Host('{{ trimPrefix '/' .Name }}.example.com')"
  file:
    filename: "/etc/traefik/dynamic_config.yml"
    watch: true
certificatesResolvers:
  devopsdemo:
    acme:
      email: devops@devops.com
      storage: "/etc/traefik/acme/acme.json"
      dnsChallenge:
        provider: devopsdemo
        delayBeforeCheck: 120
        resolvers:
          - "1.1.1.1:53"
          - "8.8.8.8:53"
...
```

 提示　上述示例是基于 Yaml 文件进行定义的，若大家更熟悉 Toml 文件，Traefik 官方也提供了对应的配置描述，以便以多种形式对同一示例进行定义。

在实际的业务场景中，如果我们想要在 Docker Compose 文件中定义静态配置，可以通过使用 Docker CLI 参数或 Docker 环境变量来避免使用独立文件。以 traefik.yml 文件为例，我们可以使用 Docker CLI 参数来定义静态配置，具体如下所示：

```
services:
  traefik:
    container_name: traefik
    image: traefik:2.9
    restart: always
    ports:
      - ...
    networks:
      - ...
    volumes:
      - ...
    command:
      - "--log.level=INFO"
      - "--log.filepath=/etc/traefik/log/traefik.log"
      - "--api.insecure=false"
      - "--api.dashboard=true"
      - "--api.debug=true"
      - "--entryPoints.web.address=:80"
      - "--entryPoints.websecure.address=:443"
      - "--providers.docker"
      - "--providers.docker.exposedByDefault=false"
      - ...
    environment:
      - TZ=${TZ}
```

在实际的使用场景中，Docker CLI 参数种类较为丰富，包括访问日志、应用程序接口、证书解析、入口点、度量指标、服务提供商、链路追踪以及其他参数等。其中，核心参数对于启动和配置 Traefik 代理至关重要。

接下来，我们将列举一些核心参数。

1）访问日志参数：

```
# 访问日志设置，默认为 false
--accesslog:
# 以缓冲方式处理的访问日志行数，默认值为 0
--accesslog.bufferingsize:
# 访问日志文件路径，当省略或为空时，使用 Stdout
--accesslog.filepath:
# 当请求时间超过指定持续时间时，保留访问日志，默认值为 0
--accesslog.filters.minduration:
# 当至少重试一次时，请保留访问日志，默认为 false
--accesslog.filters.retryattempts:
# 将状态代码的访问日志保存在指定范围内
--accesslog.filters.statuscodes:
# 访问日志格式：json || 通用，默认为 common 类型
--accesslog.format:
```

2）应用程序接口参数：

--api: 启用 API/ 仪表盘，默认为 false
--api.dashboard: 激活仪表盘，默认为 true
--api.debug: 启用用于调试和分析的其他端点，默认为 false
--api.insecure: 直接在名为 Traefik 的入口点上激活 API，默认为 false

3）证书解析参数：

```
# 证书解析器配置（默认：false）
--certificatesresolvers.<name>:
# 要使用的 CA 服务器（默认：https://acme-v02.api.letsencrypt.org/directory）
--certificatesresolvers.<name>.acme.caserver:
# 证书的持续时间（以小时为段，默认为 2160）
--certificatesresolvers.<name>.acme.certificatesduration:
# 使用以下 DNS 服务器解决 FQDN 权限
--certificatesresolvers.<name>.acme.dnschallenge.resolvers:
# 来自外部 CA 的 Base 64 编码 HMAC 密钥
--certificatesresolvers.<name>.acme.eab.hmacencoded:
# 来自外部 CA 的密钥标识符
--certificatesresolvers.<name>.acme.eab.kid:
# 用于生成证书私钥的密钥类型。允许值 EC256、EC384、RSA2048、RSA4096、RSA8192，默认为 RSA4096
--certificatesresolvers.<name>.acme.keytype:
```

4）入口点参数：

```
# 切入点定义（默认：false）
--entrypoints.<name>:
# 入口地址定义
--entrypoints.<name>.address:
# 信任所有转发的标头（默认：false）
--entrypoints.<name>.forwardedheaders.insecure:
# 仅信任来自选定 IP 的转发标头
--entrypoints.<name>.forwardedheaders.trustedips:
# HTTP 配置
--entrypoints.<name>.http:
# 链接到入口点的路由器的默认中间件
--entrypoints.<name>.http.middlewares:
# 应用永久重定向（默认：true）
--entrypoints.<name>.http.redirections.entrypoint.permanent:
# 生成路由器的优先级（默认 2147483646）
--entrypoints.<name>.http.redirections.entrypoint.priority:
# 用于重定向的方案（默认：https）
--entrypoints.<name>.http.redirections.entrypoint.scheme:
# 链接到入口点的路由器的默认 TLS 配置（默认：false）
--entrypoints.<name>.http.TLS:
# 链接到入口点的路由器的默认证书解析器
--entrypoints.<name>.http.TLS.certresolver:
# 链接到入口点的路由器的默认 TLS 域
--entrypoints.<name>.http.TLS.domains:
# 定义默认主题名称
--entrypoints.<name>.http.TLS.domains[n].main:
# 链接到入口点的路由器的默认 TLS 选项
--entrypoints.<name>.http.TLS.options:
# 指定允许每个客户端启动的每个连接的并发流数量（默认：250）
--entrypoints.<name>.http2.maxconcurrentstreams:
```

```
# HTTP/3 配置（默认：false）
--entrypoints.<name>.http3:
# 要通告的 UDP 端口，HTTP/3 可用（默认：0）
--entrypoints.<name>.http3.advertisedport:
# 代理协议配置（默认：false）
--entrypoints.<name>.proxyprotocol:
```

5）度量指标参数：

```
# Prometheus 指标导出类型（默认：false）
--metrics.prometheus:
# 在入口点启用指标（默认：true）
--metrics.prometheus.addentrypointslabels:
# 在路由器上启用指标（默认：false）
--metrics.prometheus.addrouterslabels:
# 在服务上启用指标（默认：true）
--metrics.prometheus.addserviceslabels:
# 定义延迟指标的 buckets（默认：0.100000, 0.300000, 1.200000, 5.000000）
--metrics.prometheus.buckets:
# 定义入口点（默认：Traefik）
--metrics.prometheus.entrypoint:
# 是否定义为手动路由（默认：false）
--metrics.prometheus.manualrouting:
# StatsD 指标导出器类型（默认：false）
--metrics.statsd:
# 在入口点启用指标（默认：true）
--metrics.statsd.addentrypointslabels:
# StatsD 地址（默认：localhost:8125）
--metrics.statsd.address:
# 在路由器上启用指标（默认：false）
--metrics.statsd.addrouterslabels:
# 在服务上启用指标（默认：true）
--metrics.statsd.addserviceslabels:
# 用于指标收集的前缀（默认：traefik）
--metrics.statsd.prefix:
# StatsD 推送间隔（默认：10）
--metrics.statsd.pushinterval:
```

由于 Traefik 所支持的监控度量组件较为丰富，例如 Datadog、InfluxDB、InfluxDB2、StatsD 以及 Prometheus 等。这里主要以 Prometheus 和 StatsD 监控组件为例，大家可以参考官网查询其他组件的监控度量指标参数。

6）服务提供商参数：

```
# 使用默认设置启用 Kubernetes 网关 API 提供商（默认：false）
--providers.kubernetesgateway:
# Kubernetes 证书颁发机构文件路径（集群内客户端不需要）
--providers.kubernetesgateway.certauthfilepath:
# Kubernetes 服务器端点（外部集群客户端需要）
--providers.kubernetesgateway.endpoint:
# Kubernetes 标签选择器来选择特定的 GatewayClasses
--providers.kubernetesgateway.labelselector:
# 定义 Kubernetes 命名空间
--providers.kubernetesgateway.namespaces:
```

```
# Kubernetes API 服务器请求更新的节流时间间隔（默认：0）
--providers.kubernetesgateway.throttleduration:
# Kubernetes 承载令牌（集群内客户端不需要）
--providers.kubernetesgateway.token:
# 使用默认设置启用 Kubernetes 后端（默认：false）
--providers.kubernetesingress:
# 允许创建没有端点的服务（默认：false）
--providers.kubernetesingress.allowemptyservices:
# 允许 Traefik 处理 ExternalName 服务（默认：false）
--providers.kubernetesingress.allowexternalnameservices:
# Kubernetes 证书颁发机构文件路径（集群内客户端不需要）
--providers.kubernetesingress.certauthfilepath:
# Kubernetes 服务器端点（外部集群客户端需要）
--providers.kubernetesingress.endpoint:
# 定义 kubernetes.io、ingress.class 注释或 IngressClass 名称
--providers.kubernetesingress.ingressclass:
# 定义 Kubernetes Ingress 端点的主机名
--providers.kubernetesingress.ingressendpoint.hostname:
# 定义 Kubernetes 入口端点的 IP
--providers.kubernetesingress.ingressendpoint.ip:
# 定义发布的 Kubernetes 服务要复制状态
--providers.kubernetesingress.ingressendpoint.publishedservice:
# 定义要使用的 Kubernetes 入口标签选择器
--providers.kubernetesingress.labelselector:
...
```

7）链路追踪参数：

```
# 定义 Jaeger 的设置（默认：false）
--tracing.jaeger:
# 指示 Jaeger 在此 URL 上向 jaeger-collector 发送跨度
--tracing.jaeger.collector.endpoint:
# 向 jaeger-collector 发送跨度时基本 HTTP 身份验证的密码
--tracing.jaeger.collector.password:
# 将跨度发送到 jaeger-collector 时进行基本 HTTP 身份验证的用户
--tracing.jaeger.collector.user:
# 设置 Jaeger Agent 主机端口（默认：127.0.0.1:6831）
--tracing.jaeger.localagenthostport:
# 设置传播格式（jaeger/b3）(默认：jaeger)
--tracing.jaeger.propagation:
# 设置采样参数（默认：1.000000）
--tracing.jaeger.samplingparam:
# 设置采样服务器 URL（默认：http://localhost:5778/sampling）
--tracing.jaeger.samplingserverurl:
# 设置采样类型（默认：const）
--tracing.jaeger.samplingtype:
# 设置用于存储追踪 ID 的标头名称（默认：uber-trace-id）
--tracing.jaeger.tracecontextheadername:
# 设置链路追踪服务的名称（默认：traefik）
--tracing.servicename:
# 设置跨度名称的最大字符限制（默认 0= 无限制)(默认：0）
--tracing.spannamelimit:
```

同理，基于 Docker 环境变量参数的定义具体如下所示：

```
services:
  traefik:
    container_name: traefik
    image: traefik:2.9
    restart: always
    ports:
      - ...
    networks:
      - ...
    volumes:
      - ...
    environment:
      - TZ=${TZ}
      - TRAEFIK_LOG_LEVEL="INFO"
      - TRAEFIK_LOG_FILEPATH="/etc/traefik/log/traefik.log"
      - TRAEFIK_API_INSECURE="false"
      - TRAEFIK_API_DASHBOARD="true"
      - TRAEFIK_API_DEBUG="true"
      - TRAEFIK_ENTRYPOINTS_WEB_ADDRESS=":80"
      - TRAEFIK_ENTRYPOINTS_WEBSECURE_ADDRESS=":443"
      - TRAEFIK_PROVIDERS_DOCKER="true"
      - TRAEFIK_PROVIDERS_DOCKER_EXPOSEDBYDEFAULT="false"
      - ...
```

针对 Docker 环境变量参数，与上述的 Docker CLI 参数基本一一对应，只不过语法表达式存在差异。

从使用角度来看，上述静态配置方法是等效的。这意味着，选择使用哪一种更多取决于个人偏好。需要注意的是，这几种方法是互斥的，所以，为了避免配置混淆和错误，最好选择一种配置方式并始终如一地使用。

 Traefik 通常能够从 Docker 中解析服务或服务器 IP，因此标签中不需要定义服务器规范。

3.4.3 动态配置

Traefik 动态配置用于告知 Traefik 如何处理请求。其中，路由被定义为获取入站请求（通过入口点），并将请求转发到合适的后端服务。路由通常与后端服务、服务器配对使用，实现流量控制和负载均衡。

Traefik 动态配置主要涉及以下几种类型。

❑ 路由：定义请求的匹配规则和路由规则，以确定请求应该转发到哪个后端服务。

❑ 服务：定义后端服务的细节信息，例如服务的地址、端口和协议等。

❑ 中间件：定义请求和响应的处理逻辑，包括 SSL 重定向、重写、标头修改、IP 白名单和黑名单、基本 HTTP 身份验证等。

❑ TLS 证书：定义 HTTPS 协议所需的证书和密钥。

　　这些动态配置类型可以通过多种方式进行定义和管理，例如基于文件、Docker 标签、Kubernetes 自定义资源、Kubernetes 网关提供商等。通过动态配置，Traefik 能够动态地调整请求路由和负载均衡，以满足不同的环境和应用需求。

1. 基于文件动态配置

基于文件的动态配置主要以 Yaml 或 Toml 格式进行定义。

1）基于 Yaml 文件动态配置参考：

```yaml
http:
  routers:
    Router:
      entryPoints:
        - devops
        - devops
      middlewares:
        - devops
        - devops
      service: devops
      rule: devops
      priority: 42
      TLS:
        options: devops
        certResolver: devops
        domains:
          - main: devops
            sans:
              - devops
              - devops
          - main: devops
            sans:
              - devops
              - devops
    ...
  services:
    Service:
      loadBalancer:
        sticky:
          cookie:
            name: devops
            secure: true
            httpOnly: true
            sameSite: devops
        servers:
          - url: devops
          - url: devops
        healthCheck:
          scheme: devops
          path: devops
          method: devops
          port: 42
          interval: devops
```

```
          timeout: devops
          hostname: devops
          followRedirects: true
          headers:
            name0: devops
            name1: devops
        passHostHeader: true
        responseForwarding:
          flushInterval: devops
        serversTransport: devops
    ...
  middlewares:
    Middleware:
      basicAuth:
        users:
          - devops
          - devops
        usersFile: devops
        realm: devops
        removeHeader: true
        headerField: devops
    ...
  serversTransports:
    ServersTransport:
      serverName: devops
      insecureSkipVerify: true
      rootCAs:
        - devops
        - devops
      certificates:
        - certFile: devops
          keyFile: devops
        - certFile: devops
          keyFile: devops
      maxIdleConnsPerHost: 42
      forwardingTimeouts:
        dialTimeout: 42s
        responseHeaderTimeout: 42s
        idleConnTimeout: 42s
        readIdleTimeout: 42s
        pingTimeout: 42s
      disableHTTP2: true
      peerCertURI: devops
    ...
```

2）基于 Toml 文件动态配置参考：

```
...
[http]
  [http.routers]
    [http.routers.Router]
      entryPoints = ["devops", "devops"]
      middlewares = ["devops", "devops"]
```

```
      service = "devops"
      rule = "devops"
      priority = 42
      [http.routers.Router.TLS]
        options = "devops"
        certResolver = "devops"
        [[http.routers.Router.TLS.domains]]
          main = "devops"
          sans = ["devops", "devops"]
  ...
  [http.services]
    [http.services.Service ]
      [http.services.Service .loadBalancer]
        passHostHeader = true
        serversTransport = "devops"
        [http.services.Service .loadBalancer.sticky]
          [http.services.Service .loadBalancer.sticky.cookie]
            name = "devops"
            secure = true
            httpOnly = true
            sameSite = "devops"
        [http.services.Service .loadBalancer.healthCheck]
          scheme = "devops"
          path = "devops"
          method = "devops"
          port = 42
          interval = "devops"
          timeout = "devops"
          hostname = "devops"
          followRedirects = true
          [http.services.Service .loadBalancer.healthCheck.headers]
            name0 = "devops"
            name1 = "devops"
        [http.services.Service .loadBalancer.responseForwarding]
          flushInterval = "devops"
  ...
  [http.middlewares]
    [http.middlewares.Middleware ]
      [http.middlewares.Middleware .basicAuth]
        users = ["devops", "devops"]
        usersFile = "devops"
        realm = "devops"
        removeHeader = true
        headerField = "devops"
...
```

2. 基于 Docker 标签

基于 Docker 标签动态配置具体示例如下：

```
labels:
  - "traefik.enable=true"
  - "traefik.docker.network=devops"
```

```
  - "traefik.docker.lbswarm=true"
  - "traefik.http.middlewares.middleware.addprefix.prefix=devops"
  - "traefik.http.middlewares.middleware.basicauth.headerfield=devops"
  ...
  - "traefik.http.services.service01.loadbalancer.healthcheck.followredirects=true"
  ...
  - "traefik.tcp.middlewares.tcpmiddleware.ipwhitelist.sourcerange=devops, devops"
  - "traefik.tcp.routers.tcprouter.entrypoints=devops, devops"
  - "traefik.tcp.routers.tcprouter.middlewares=devops, devops"
  ...
```

3. 基于 Kubernetes 自定义资源

基于 Kubernetes 自定义资源动态配置具体示例如下：

```
---
apiVersion: apiextensions.k8s.io/v1
kind: CustomResourceDefinition
metadata:
  annotations:
    controller-gen.kubebuilder.io/version: v0.6.2
  creationTimestamp: null
  name: ingressroutes.traefik.containo.us
spec:
  group: traefik.containo.us
  names:
    kind: IngressRoute
    listKind: IngressRouteList
    plural: ingressroutes
    singular: ingressroute
  scope: Namespaced
  versions:
  - name: v1alpha1
    schema:
      openAPIV3Schema:
        description: IngressRoute 是 Traefik HTTP 路由器的 CRD 实现
        properties:
          apiVersion:
            description: apiVersion 定义此对象表示的版本化架构。服务器应将已识别的架
构转换为最新的内部值，并可能拒绝未识别的值 . 更多信息可参考 : https://git.k8s.io/community/
contributors/devel/sig-architecture/api-conventions.md#resources
            type: string
          kind:
            description: kind 表示此对象表示的 REST 资源的字符串值。服务器可能从客户
端向其提交请求的端点进行推断。在 CamelCase 中无法更新 . 更多信息可参考 : https://git.k8s.io/
community/contributors/devel/sig-architecture/api-conventions.md#types-kinds
            type: string
          metadata:
            type: object
          spec:
            description: IngressRouteSpec 定义 IngressRoute 的所需状态 .
            properties:
              entryPoints:
```

```
                       description: entryPoints 定义入口点绑定的名称列表, 必须在静态配置中配置 .
更多信息可参考 : https://doc.traefik.io/traefik/v2.9/routing/entrypoints/Default: all
                       items:
                         type: string
                       type: array
                       ...
```

 提示 apiextensions.k8s.io/v1beta1 CustomResourceDefinition 已在 Kubernetes 1.16 以上版本中弃用，并已在 Kubernetes1.22 以上版本中删除。

对于 Kubernetes 1.16 以上版本，请改用 Traefik apiextensions.k8s.io/v1 CRD。

4. 基于 Kubernetes 网关提供商

基于 Kubernetes 网关提供商动态配置具体示例如下：

```
---
apiVersion: apiextensions.k8s.io/v1
kind: CustomResourceDefinition
metadata:
  annotations:
    api-approved.kubernetes.io: https://github.com/kubernetes-sigs/gateway-api/pull/891
  creationTimestamp: null
  name: gatewayclasses.gateway.networking.k8s.io
spec:
  group: gateway.networking.k8s.io
  names:
    categories:
    - gateway-api
    kind: GatewayClass
    listKind: GatewayClassList
    plural: gatewayclasses
    shortNames:
    - gc
    singular: gatewayclass
  scope: Cluster
  versions:
  - additionalPrinterColumns:
    - jsonPath: .spec.controller
      name: Controller
      type: string
      ...
```

Traefik 动态配置所涉及的类型比较多，上述仅针对使用率较高的配置进行阐述。

接下来举一个简单的场景，假设 Router 1 捕获对 devopsprod1.example.com 的请求并将其路由到 Server 1，Router 2 捕获对 devopsprod2.example.com 的请求并将其路由到 Server 2，我们可以定义中间件来修改请求。中间件位于路由器和服务器之间，可以执行重定向、标头修改、身份验证等操作。

当 Docker 作为服务供应商时，Traefik 的动态配置会根据每个容器启动时关联标签进行定义。例如，要在 Docker Compose 中的 ServiceDemo 容器上启用 Traefik，关联的标签定义如下：

```
services:
  servicedemo:
    container_name: servicedemo
    image: servicedemo
    restart: always
    volumes:
      - ...
    ports:
      - ...
    networks:
      - ...
    environment:
      - ...
    labels:
# 容器上启用 Traefik
      - traefik.enable=true
      - traefik.http.routers.servicedemo-http.entrypoints=web
      - traefik.http.routers.servicedemo-http.rule=Host('servicedemo.
${DOMAINNAME}')
      - traefik.http.routers.servicedemo-https.entrypoints=websecure
      - traefik.http.routers.servicedemo-https.rule=Host('servicedemo.
${DOMAINNAME}')
# servicedemo-https 在路由上启用 TLS
      - traefik.http.routers.servicedemo-https.TLS=true
# servicedemo-https 为路由器分配证书
      - traefik.http.routers.servicedemo-https.TLS.certresolver=default
      - traefik.http.routers.servicedemo-http.middlewares=servicedemo-
https@docker
      - traefik.http.middlewares.servicedemo-https.redirectscheme.scheme=https
      - traefik.http.middlewares.servicedemo-https.redirectScheme.
permanent=true
      - ...
```

上述动态配置的核心参数解析具体如下：

❑ servicedemo-http 以及 servicedemo-https 定义了两个单独命名的路由器，分别使用不同的入口点：

traefik.http.routers.servicedemo-http.middlewares=servicedemo-https@docker、- traefik.http.middlewares.servicedemo-https.redirectscheme.scheme=https。

在实际的项目活动中，基于不同的业务场景，动态配置往往存在差异。如果我们不使用 Docker（或其他编排器或服务注册表），需要使用独立文件进行动态配置定义。从本质上来讲，与静态配置一样，我们可以使用 Toml 或 Yaml 编写动态配置文件，并且第一件事是告诉 Traefik 在哪里可以找到动态配置。这是通过在静态配置的提供商部分定义文件名和路径（到动态配置）来实现的。

动态配置定义参考如下：

```
...
providers:
  file:
    filename: "/etc/traefik/dynamic_config.yml"
    watch: true
```

定义好路径和文件名后，可以输入动态配置。定义基本结构包含定义任何路由器、服务和中间件，具体可参考如下示例（dynamic_config.yml）：

```
http:
  routers:
    router1-http:
      rule: "Host('example.com')"
      entryPoints:
        - web
      middlewares:
        - https-redirect
    router2-https:
      rule: "Host('example.com')"
      entryPoints:
        - websecure
      service: devops_luga_example.com
      TLS:
        certResolver: default
  services:
    devops_luga_example.com:
      loadBalancer:
        servers:
          - url: "http://172.2.2.100:90"
  middlewares:
    https-redirect:
      redirectScheme:
        scheme: https
    ...
```

3.5　本章小结

本章主要基于 Traefik 安装和配置的相关内容进行深入解析，具体如下。

❑ 获取 Traefik 组件的 3 种方式，涉及二进制文件、镜像以及 Helm Chart 等。

❑ Traefik 组件的 5 种安装和部署方式，分别为基于 Helm、CRD、官方 Docker 镜像、二进制文件以及源码编译等。

❑ Traefik 的两种核心配置解析，包括静态配置与动态配置。

Chapter 4 第 4 章

Traefik 的架构与原理

掌握 Traefik 的架构和原理，对于更好地使用 Traefik 非常重要，可以帮助开发人员和 DevOps 团队更好地理解 Traefik，优化 Traefik 性能和可靠性，从而更好地管理和路由流量到应用程序的各个组件。

4.1 概述

基于云原生设计理念，Traefik 是一个专为云原生架构设计的高性能网络组件，有简单、动态、灵活的配置和管理系统。

Traefik 根据规则、策略、算法来连接不同网络，过滤、路由和分发流量。作为应用和服务的边缘路由器，Traefik 可以按需作为反向代理或正向代理运行，以一种可扩展、高效的方式来处理 HTTP、TCP、UDP 和 gRPC 等外部流量。

Traefik 非常适合容器化、服务网格和边缘计算等现代架构，凭借动态、智能的流量处理机制，成为云原生环境中的理想选择。

在云原生系统中，我们可以部署两个负载均衡器，其中一个可以运行在传输层（第 4 层），另一个可以运行在应用层（第 7 层）。Traefik 正是具备上述特性的反向代理组件之一，它支持的不同协议层架构参考示意图具体如图 4-1 所示。

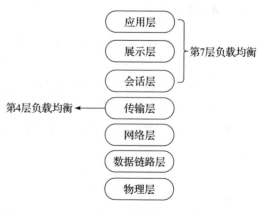

图 4-1　Traefik 支持的不同协议层架构参考示意图

Traefik 不仅是广泛用于云原生环境的反向代理和负载均衡器，还支持多种容器编排平台，如 Kubernetes、Docker Swarm、OpenShift 等。

Traefik 采用模块化架构设计，支持用户方便地扩展和自定义功能，包括负载均衡、SSL/TLS 终止、路由、熔断、限速、身份验证、授权、缓存以及观测等。

4.2　Traefik 设计理念

Traefik 架构采用组件化设计，通过多个组件协同工作，为分布式应用程序提供高性能、可扩展的边缘路由功能。Traefik 架构的详细组件划分可参考图 4-2。不同组件协同工作实现了 Traefik 的扩展性、灵活性与高性能。

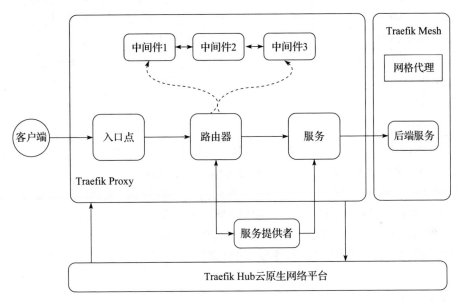

图 4-2　Traefik 体系架构参考示意图

作为基于 Go 语言编写的现代 HTTP 反向代理和负载均衡器，Traefik 旨在应对云原生环境的复杂性和多样性。应用程序由多个服务组成，这些服务通过各种协议进行通信并在不同平台上运行。为了实现微服务架构设计理念，Traefik 架构遵循以下 4 个原则：可观测性、可伸缩性、弹性和可扩展性。

1. 可观测性

Traefik 实现了对流经其所有流量的实时监控和行为追踪。通过公开的 Web 仪表盘，用户可以查看路由器、服务、中间件等组件的状态和配置信息，快速了解 Traefik 的运行状况。此外，Traefik 还内置了多种监控和可视化工具，例如 Prometheus、Grafana、Jaeger 和 Zipkin 等。通过这些工具，用户可以从多个维度监控和分析 Traefik 的性能、调用链路、日志等，全面了解服务运行情况以及找出性能瓶颈。

2.可伸缩性

Traefik 能够处理大量请求并动态适应基础设施的变化，支持多种服务发现机制，可以在添加或删除新服务时进行自动检测和注册。这使 Traefik 可以轻松地适应不断变化的应用程序和服务，以保证其高可用性和可靠性。

Traefik 还支持丰富的负载均衡算法，例如轮询、最少连接和加权轮询等，以在每个服务的可用实例之间平均分配流量。这些算法可以根据实际需求进行自定义配置，以满足不同场景下的负载均衡需求。

3.弹性

作为一个专注于容错和自我修复的反向代理工具，Traefik 能够在处理网络故障、配置错误和恶意攻击等问题时，确保应用程序的可用性和性能不受影响。此外，Traefik 还提供了多种安全功能，例如支持 HTTPS 加密、实现 HTTP 到 HTTPS 的自动重定向、SSL/TLS 终止和直通，以及使用 Let's Encrypt 和 ACME 进行证书管理。Traefik 还支持多种身份验证和授权机制，包括基本身份验证、OAuth2 和 JWT，并提供速率限制、IP 过滤和 CORS 标头等功能，以进一步加强应用程序的安全性。

4.可扩展性

Traefik 在构建时考虑了模块化和可扩展性，支持用户使用插件和中间件来自定义或扩展功能，以满足不同的业务场景需求。插件是外部模块，可以用任何语言编写，并通过 gRPC 与 Traefik 进行通信。插件可以在请求处理管道的任何阶段添加新功能或修改现有功能。相对于插件，中间件是内置或自定义组件，可以在请求或响应到达路由器或服务之前或之后对其进行操作。中间件的功能包括压缩、缓存、重写、重定向和剥离标头等相关事件操作。这些功能可以帮助用户更好地管理和控制流量，提高应用程序的性能和可靠性。

4.3 入口点

Traefik 入口点用于定义 Traefik 监听传入连接和数据包的端口、主机名以及协议。Traefik 支持 TCP 和 UDP 协议，并可以同时支持 HTTP/2 和 HTTP/3 等。通过配置入口点，可以指定 Traefik 的监听端口、地址等，从而对外开放服务。

1.入口点概念

Traefik 入口点可以通过配置文件或命令行参数进行静态配置，作为 Traefik 静态配置的一部分。入口点可以被标记为默认，这意味着可以被没有指定入口点的路由器使用。入口点可以有各种配置项，例如用于 HTTP/2 的 maxConcurrentStreams 选项、用于 HTTP/3 的广告端口、用于信任 X-Forwarded-* 标头的 forwardedHeaders、用于设置超时的传输、用于控制关闭行为的生命周期以及用于启用代理协议。

对于 HTTP 入站请求，Traefik 支持配置在默认的 80 端口接收，也支持设置重定向规则，依据实际业务场景自动将 HTTP 请求重定向到 HTTPS 入口点。

对于 HTTPS 入站请求，我们需要配置有效证书，可以在 Traefik 配置中指定使用 Let's Encrypt 生成证书，并为根域和所有子域创建通配符证书，以满足业务需求。

通过对入口点的灵活配置，Traefik 能够支持 HTTP 和 HTTPS 双协议，并生成适合业务场景的证书，从而满足安全性和灵活性需求。

2. 入口点架构

通常，我们可以为所有的 HTTPS 请求设置一些默认的中间件，以满足业务需求。入口点架构示意图可参考图 4-3。

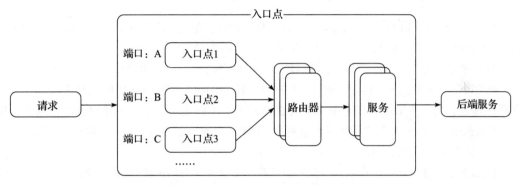

图 4-3　Traefik 入口点架构参考示意图

入口点是 Traefik 的核心流量管理功能，支持多种协议和端口，提供 TLS 终止、重定向、中间件、负载均衡等功能，使 Traefik 成为云原生环境中强大且易用的边缘路由器。入口点配置灵活，支持根据不同的用户需求进行定制，以满足复杂场景的各种路由需求。

3. 配置参考

入口点支持 Traefik 的静态配置，可以通过文件、命令行参数以及 CLI 交互 3 种方式进行配置，具体可参考如下示例：

```
# 静态配置
entryPoints:
  http:
    address: :80
    forwardedHeaders:
      trustedIPs: &trustedIps
        - 143.225.48.0/20
        - 108.20.244.0/22
    http:
      redirections:
        entryPoint:
          to: https
          scheme: https
```

```
# 定义 HTTPS 端点，带有域通配符
  https:
    address: :443
    forwardedHeaders:
      trustedIPs: *trustedIps
    http:
      TLS:
# 生成通配符域证书
    certResolver: letsencrypt
    domains:
      - main: devopsmain.com
        sans:
          - '*.devopsmain.com'
    middlewares:
      - securityHeaders@file
```

在配置 Traefik 入口点时，通常需要定义反向代理的监听端口和规则。对于 HTTP 和 HTTPS 请求，我们需要配置监听端口，通常分别配置 80 和 443 端口。

在上述配置文件中，我们定义了 HTTP 和 HTTPS 两个入口点，并分别针对这些入口点定义了监听端口。对于 HTTP 入口点请求，我们配置 forwardHeaders 和 trustedIPs 参数来指定受信任的源 IP 地址，从而让 Traefik 能够转发带有真实客户端 IP 的请求。对于 HTTPS 入口点请求，我们配置 securityHeaders 参数来添加安全相关的 HTTP 头信息。如果需要默认加载其他中间件，我们可以直接在文件中进行添加。

Traefik 支持多种协议，在入口点配置中，我们主要关注 HTTP 和 UDP 配置。如果需要支持其他协议（如 TCP、gRPC 等），我们也可以根据实际需求进行配置。

4.3.1　HTTP 入口点

在 Traefik 的入口点规则体系中，HTTP 入口点配置主要用于在 Traefik 中路由基于 HTTP 的场景请求，通常会涉及重定向、TLS 终止等场景请求。具体的 HTTP 入口点配置可以参考以下内容：

```
entryPoints:
  web:
    address:  :80
    http:
      redirections:
        entryPoint:
          to: web-secure
          scheme: https
          permanent: true

  web-secure:
    address:  :443
    http:
      middlewares:
        - auth@file
        - strip@file
```

```
http:
  TLS:
    certResolver: le
```

上述文件配置中，entryPoints.web.http.redirections 参数用于启用（或永久）将入口点（例如：端口 80）上的所有传入请求重定向到另一个入口点（例如：端口 443）或显式端口。

默认情况下，middlewares 参数预先添加到与指定入口点关联的每个路由器的中间件列表，以便实现对应的业务功能。

证书解析器主要用于为指定入口点关联的所有路由器提供默认 TLS 配置。如果 TLS 部分是由用户定义的，默认配置将不会被应用。通常，Traefik 支持手动定义的密钥和 Let's Encrypt 中开箱即用的 TLS。基于 Let's Encrypt，Traefik 会在需要时自动更新证书，并在添加新服务时自动提供证书。Traefik 不是以传统的方式以 crt 和 key 格式存储证书，而是以自定义 JSON 格式存储。

通常情况下，Traefik 要求在静态配置中定义证书解析器，以便从 ACME 服务器中检索证书。Traefik 能够自动跟踪其生成的 ACME 服务器证书的到期日期，如果距离证书过期还剩不到 30 天，则尝试自动续订。

相对而言，配置 TLS 简单。首先，告诉 Traefik 如何生成证书，参考如下：

```
certificatesResolvers:
  le:
    acme:
      email: devops@example.com
      storage: /etc/traefik/acme.json
      httpChallenge:
        entryPoint: web
```

这里创建了一个名为 le 的解析器，使用 Web 入口点为 HTTP 入口点提供 Let's Encrypt 证书。然后，通过上述文件中定义的参数告诉对应的服务从哪里获取证书。

通常来讲，针对重定向的实现，我们还可以采用一种不同的方法，而不是将所有流量从端口 80 重定向到端口 443 的全局重定向。我们可以使用中间件来定义每个服务的自定义跳转。Traefik 提供了一个开箱即用的中间件，只需要用户将其连接到配置中即可，具体参考如下：

```
backend:
  labels:
    # www -> non-www 重定向中间件声明
    traefik.http.middlewares.www-redirect.redirectregex.regex: "^https://www.(.*)"
    traefik.http.middlewares.www-redirect.redirectregex.replacement: "https://$${1}"
    traefik.http.middlewares.www-redirect.redirectregex.permanent: true

    # HTTP -> HTTPS 重定向中间件声明
    traefik.http.middlewares.http-redirect.redirectscheme.scheme: https
    traefik.http.middlewares.http-redirect.redirectscheme.permanent: true
```

接下来，我们来看一个简单的示例：将 Whoami 服务暴露给外网，同时返回该服务所部署机器的相关信息。

为了方便起见，这里以 Docker Compose 文件进行部署、编排。首先，创建一个 docker-compose.yml 文件来定义 Traefik 和 whoami 服务，具体如下所示：

```
version: "3"
services:
  reverse-proxy:
    # 定义 Traefik 镜像版本为 2.9.6
    image: traefik:v2.9.6
    ports:
      - "80:80"
      # 定义 Web UI（由 api.insecure=true 启用）
      - "8080:8080"
    volumes:
      - /var/run/docker.sock:/var/run/docker.sock
      # Traefik 参数配置
      - "./config.toml:/etc/traefik/traefik.toml"
  whoami:
    image: containous/whoami
```

然后，创建 config.toml 文件。此文件主要定义 Traefik 入口点、路由器、服务以及全局日志等参数，具体如下所示：

```
[global]
  checkNewVersion = false
  sendAnonymousUsage = false
[log]
  level = "DEBUG"
[entryPoints]        # 使用默认协议 TCP 创建监听端口 80 的入口点
  [entryPoints.server]
    address = ":80"

[http.routers]       # 创建一个路由器，将匹配 Host == whoami.docker.localhost 的所有请求
                     路由到 whoami-service
  [http.routers.my-router]
    rule = "Host('whoami.docker.localhost')"
    service = "whoami-service"

[http.services]      # 定义一个名为 whoami-service 的服务及其附带的 URL
  [http.services.whoami-service.loadBalancer]
    [[http.services.whoami-service.loadBalancer.servers]]
      url = "http://whoami:80"

[api]
  insecure = true # 启用网络用户界面
[providers]          # 定义服务提供商
  [providers.file]
    filename = "/etc/traefik/traefik.toml"
```

使用如下命令启动容器：

```
[lugalee@lugaLab ~ ]% docker-compose up
[+] Running 9/9
 ✓ reverse-proxy 4 layers [▮▮▮▮▮]    0B/0B      Pulled     8.2s
```

```
  ✓ 404f35918b79 Pull complete    2.5s
...
✓ whoami 3 layers [████]           0B/0B        Pulled        9.9s
  ✓ 29015087d73b Pull complete                                4.2s
...
[+] Running 4/3
...
```

然后，新开一个窗口，基于如下命令启用 whoami 服务：

```
[lugalee@lugaLab ~ ]% curl -H Host:whoami.docker.localhost http://127.0.0.1
Hostname: 603626dea31c
IP: 127.0.0.1
IP: 172.18.0.2
RemoteAddr: 172.18.0.3:53612
GET / HTTP/1.1
Host: whoami.docker.localhost
User-Agent: curl/7.87.0
Accept: */*
Accept-Encoding: gzip
X-Forwarded-For: 172.18.0.1
X-Forwarded-Host: whoami.docker.localhost
X-Forwarded-Port: 80
X-Forwarded-Proto: http
X-Forwarded-Server: 4b3d34180a2d
X-Real-Ip: 172.18.0.1
```

基于上述案例，我们在端口 80 定义一个 TCP 入口点，同时创建了一个 HTTP 路由器，以检查来自端口 80 的传入请求（特别是 Host 标头），将任何带有 Host 标头的请求都路由至 whoami-service 服务。

Traefik 的 HTTP 入口点请求参考示意图如图 4-4 所示。

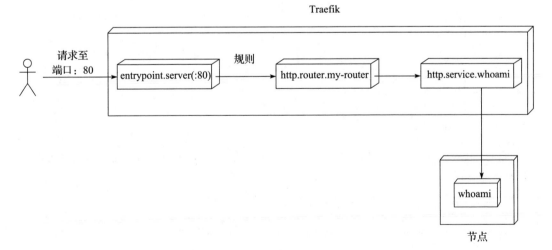

图 4-4 Traefik 的 HTTP 入口点请求参考示意图

4.3.2 UDP 入口点

Traefik 支持多种协议类型的入口点，除了常见的 HTTP 入口点外，还支持 UDP 入口点。UDP 入口点主要用于基于 UDP 协议的路由配置。和 HTTP 入口点类似，UDP 入口点配置示例如下：

```
entryPoints:
  devops:
    address: ':8000/udp'
    udp:
      timeout: 5s
```

在上述配置中，我们定义了 timeout 参数，以指定释放相关资源前等待空闲会话的时间。默认情况下，超时值大于 0，我们可以根据实际业务场景进行优化设定。

对于 UDP 入口点请求路由场景，与 HTTP 入口点大致相同，我们只需基于上述配置进行以下必要调整：

```
devops:
  image: containous/whoamiudp
  labels:
    - "traefik.enable=true"
    - "traefik.udp.routers.track.entrypoints=server-udp"
```

同时，我们还需要创建一个监听 UDP 请求的入口点，具体参考如下：

```
[entryPoints]
  ...
  [entryPoints.server-udp]
  address = ":81/udp"
```

然后，在 Traefik 的容器上定义并暴露端口 81，具体可参考如下配置：

```
reverse-proxy:
  image: traefik:v2.9.6
  ports:
    # 定义 HTTP 端口
    - "80:80"
    # 定义 UDP 端口
    - "81:81"
    # 定义 Web UI（由 api.insecure=true 启用）
    - "8080:8080"
```

完成上述配置后，我们重启容器，然后通过如下命令验证 devops 服务是否连接至 UDP 协议，具体如下：

```
[lugalee@lugaLab ~ ]% nc 127.0.0.1 81 -v -u
Connection to 127.0.0.1 port 81 [udp/hosts2-ns] succeeded!
Received: XReceived: XReceived: XReceived: XReceived: XHostname: 603626dea31c6
IP: 127.0.0.1
IP: 172.18.0.2
```

Traefik 的 UDP 入口点请求处理参考示意图如图 4-5 所示。

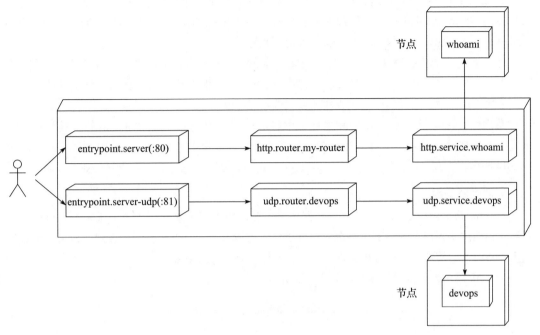

图 4-5　Traefik 的 UDP 入口点请求处理参考示意图

4.4　路由器

1. 路由器概念

路由器是 Traefik 的关键模块，是一个为微服务提供动态路由、负载均衡与服务发现的云原生网络平台。Traefik 路由器根据一组规则和配置选项将传入请求转发至能够处理这些请求的服务。

Traefik 路由器工作涉及入口点、规则和服务。入口点定义了 Traefik 监听传入请求的网络接口和端口。规则根据请求的主机、路径、方法、标头、查询参数或客户端 IP 来确定请求是否符合路由器的路由条件。服务定义了请求的目的地（可以是单个服务器、负载均衡器或另一个路由器）。通过这三部分，Traefik 路由器能够实现高效的请求路由和负载均衡，为应用程序提供高性能和可靠性。

2. 路由器特性

Traefik 路由器可以使用不同的提供商进行配置。每个提供商都有自己的路由器定义语法和选项，但也有一些共同特性。例如，路由器可以使用中间件在将请求转发给服务之前修改或过滤请求。中间件执行身份验证、重定向、压缩、速率限制等任务，路由器使用 TLS 配置选项启用

HTTPS 加密和证书管理。

Traefik 路由器是动态和自适应的，可以对环境的变化做出反应并相应地更新配置。例如，在 Docker Swarm 或 Kubernetes 集群中添加或删除新服务时，Traefik 将检测到并创建或删除相应的路由器，从而允许零停机部署和无缝扩展应用程序。

除了上述两个核心特性之外，Traefik 路由器还具有弹性和容错能力，能够优雅地处理故障和错误。例如，如果服务无法访问或返回错误代码，Traefik 将使用另一台服务器重试请求或返回自定义错误页面。这提高了应用程序的可用性和可靠性。

总之，Traefik 路由器是在云原生环境中将请求路由到服务的强大而灵活的工具，具有许多优点，例如动态配置、负载平衡、服务发现、中间件集成、TLS 加密和错误处理。通过使用 Traefik 路由器，开发人员和运营商可以简化和优化网络基础设施，并专注于核心业务逻辑。

3. 路由器架构

Traefik 路由器主要用于将传入请求路由到服务。路由器需要连接到一个或多个入口点，以便接收到达这些入口点的请求。路由器会分析传入的请求，并检查是否满足规则。如果请求满足规则，路由器会使用中间件对请求进行转换，然后将其转发给服务。

Traefik 路由器架构参考示意图如图 4-6 所示。

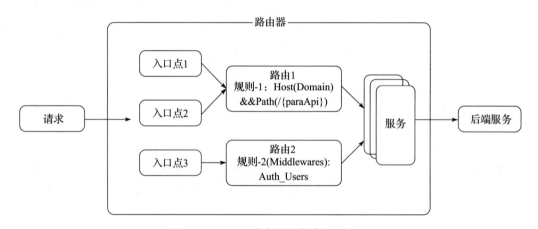

图 4-6　Traefik 路由器架构参考示意图

4.4.1　HTTP 路由器

在 Traefik 中，路由器配置包含规则、服务、可选中间件和入口点。HTTP 路由器负责将传入请求转发到合适的服务，在此过程中，路由器可以利用中间件来修改请求或在将请求转发到相应服务之前执行附加逻辑。

通常情况下，路由器会根据传入请求是否匹配规则来决定转发的目标服务。此外，路由器也可以利用中间件在转发请求前修改请求，例如添加请求头、重定向、限流等。

我们先从一个简单的示例开始。下面是使用 Traefik 配置 HTTP 路由器的代码参考示例，具体如下：

```
[http.routers]
  [http.routers.devops-router]
    rule = "Host('devops.com') || (Host('devops.org') && Path('/traefik'))"
    entryPoints = ["web"]
    middlewares = ["devops-middleware"]
    service = "devopsservice"
    [http.routers.devops-router.TLS]
      certResolver = "devops-cert-resolver"
```

基于以上配置，我们定义了将来自主机 example.com（或主机 example.org）和路径 /traefik 的所有请求转发到服务 devops-service。同时，路由器监听 Web 入口点并使用名为 devops-middleware 的中间件。此外，我们还启用了 TLS，并使用 devops-cert-resolver 进行证书解析。

针对 HTTP 路由器配置所涉及的核心参数，例如入口点、规则、优先级、TLS 等，前文也有提到。

1. 入口点

对于入口点参数而言，如果没有显式定义，HTTP 路由器将接收来自所有定义的入口点的请求。如果我们想将路由器的作用范围限制在某一组入口点上，通常需要设置 entryPoints 选项。下面是一个具体的示例，定义了一个名为 websecure 的特定入口点，仅监听此入口点的请求：

```
[http.routers]
  [http.routers.devops-router]
    rule = "Host('devops.com') || (Host('devops.org') && Path('/traefik'))"
    entryPoints = ["websecure"]
    ...
```

与入口点类似，中间件和服务在 Traefik 路由体系中扮演着不可或缺的角色，相互关联，相辅相成。在每次路由逻辑处理后，请求最终都会传递给服务进行处理。因此，在定义每条路由时，我们必须指定目标服务，即请求的最终处理位置。

2. 规则

在 HTTP 路由器中，规则是一个核心概念，由一组匹配器组成，用于确定请求是否符合特定的处理标准。如果规则验证通过，路由器将处于活动状态，并调用中间件，将请求转发给服务，以进行一系列逻辑处理。下面是一个具体的例子，定义了一个规则，用于匹配主机是 devops.com 或 devops.org，路径是 /traefik 的请求：

```
[http.routers]
  [http.routers.devops-router]
    rule = "Host('devops.com') || (Host('devops.org') && Path('/traefik'))"
    ...
```

基于 Traefik 本身架构特性，Traefik 路由规则较为丰富，以满足不同的业务场景需要，具体可参考表 4-1。

表 4-1　Traefik 所支持的 HTTP 路由规则

编号	规则	描述
1	Headers('key', 'value')	检查 Header 头中是否有定义的键，键值为 value
2	HeadersRegexp('key', 'regexp')	检查 Header 头中是否有键定义，键值与正则表达式匹配
3	Host('example.com', ...)	检查请求域（主机头值）是否是给定 domains 之一
4	HostHeader('example.com', ...)	与 Host 相同，仅出于历史原因而存在
5	HostRegexp('example.com', '{subdomain:[a-z]+}.example.com', ...)	匹配请求域
6	Method('GET', ...)	检查请求方法是否是给定 methods（GET、POST、PUT、DELETE、PATCH、HEAD）之一
7	Path('/path', '/articles/{cat:[a-z]+}/{id:[0-9]+}', ...)	匹配确切的请求路径
8	PathPrefix('/products/', '/articles/{cat:[a-z]+}/{id:[0-9]+}')	匹配请求前缀路径
9	Query('foo=bar', 'bar=baz')	匹配查询字符串参数，接收一系列键值对
10	ClientIP('10.0.0.0/16', '::1')	如果请求的客户端 IP 地址匹配给定的 IP 或 CIDR，则视为匹配。接收 IPv4、IPv6 和 CIDR 格式

需要注意的是，上述列表中定义的规则需要满足一定的语法规则，具体可参考如下。

（1）Regexp 语法

在 HTTP 路由器中，HostRegexp、PathPrefix 和 Path 等选项接收包含零个或多个由花括号包围的组的表达式。这些组被称为命名的正则表达式。命名的正则表达式形式为 {name:regexp}，是唯一用于正则表达式匹配的表达式。其中，名称 regexp 表示一个任意值，仅出于历史原因而存在。

我们可以使用 Go 的 regexp 包支持的任何正则表达式进行匹配。这里举一个不区分大小写的路径匹配语法示例：Path(/{path:(?i:Products)})。

（2）路径及前缀

如果我们所定义的服务仅监听特定的绝对路径，那么可以使用 Path 参数。例如，Path(/products) 将匹配 /products 路径，但不匹配 /products/shoes 路径。

如果我们所定义的服务需要在基础路径上提供服务的同时，支持在子路径处理请求，建议使用 Prefix 匹配器。例如，PathPrefix(/products) 将匹配 /products、/products/shoes、/productsforsale 和 /productsforsale/shoes 等路径。由于这些路径都将直接转发到定义的 /products 路径，因此服务应该监听 /products 这个基础路径。

（3）非 ASCII 字符

通常情况下，Host 和 HostRegexp 表达式不支持非 ASCII 字符。如果坚持使用非 ASCII 字符，与之关联的路由器将无法正常工作。对于 Host 表达式，如果要匹配包含非 ASCII 字符的域名，必须使用小码编码值（RFC 3492）。此外，在使用 HostRegexp 表达式时，为了匹配包含非 ASCII 字符的域名，正则表达式应该匹配 Punycode 编码的域名。

（4）ClientIP 匹配器

与传统反向代理不同，Traefik 文件中的 ClientIP 匹配器仅匹配请求的客户端 IP，不使用 X-Forwarded-For 标头进行匹配。

3. 优先级

接下来，我们来看一下 HTTP 路由器中另一核心概念：优先级。

在 Traefik 中，HTTP 路由器的优先级决定了路由器在处理请求时被评估的顺序。如果两个或多个路由器匹配一个请求，选择有最高优先级的路由器来处理该请求。

对于 HTTP 路由规则，Traefik 会根据规则字符串的长度自动设置优先级，长度越长优先级越高。此外，我们还可以通过 priority 选项明确指定路由规则的优先级。priority 值越小，规则优先级越高。值得注意的是，如果 priority 设置为 0，该规则将采用默认的设置（按长度排序）。也就是说，priority=0 相当于未设置优先级，仍按照字符串长度从长到短的顺序匹配。

以下示例展示了如何使用 Traefik 设置多个 HTTP 路由器的优先级：

```
[http.routers]
  [http.routers.router1]
    rule = "Host('devops.com') && Path('/foo')"
    service = "service1"
    priority = 20

  [http.routers.router2]
    rule = "Host('devops.com')"
    service = "service2"
    priority = 11
```

上述配置定义了两个 HTTP 路由器 router1 和 router2。router1 的优先级高于 router2，因为它的优先级值设置为 20，而 router2 的优先级值设置为 11。这意味着如果请求匹配两个路由器，router1 将被选择，因为有更高的优先级。

4. TLS

在 Traefik 中，我们可以通过在路由器定义中添加 TLS 配置，使 HTTP 路由器也能处理 HTTPS 流量。指定 TLS 部分是指示 Traefik 当前路由器专用于处理 HTTPS 请求，并且路由器应忽略 HTTP（非 TLS）请求。Traefik 将终止 SSL 连接，即解密数据并将其发送至服务。

以下示例展示了如何使用 Traefik 配置带有 TLS 和自定义 TLS 选项的 HTTP 路由器：

```
[TLS.options]
  [TLS.options.devops-TLS-options]
    minVersion = "VersionTLS12"
    cipherSuites = [
      "TLS_ECDHE_RSA_WITH_AES_128_GCM_SHA256",
      "TLS_ECDHE_RSA_WITH_AES_256_GCM_SHA384"
    ]

[http.routers]
  [http.routers.devops-router]
```

```
rule = "Host('devops.com')"
service = "devops-service"
[http.routers.devops-router.TLS]
  certResolver = "devops-cert-resolver"
  options = "devops-TLS-options"
  [[http.routers.devops-router.TLS.domains]]
     main = "devops.com"
     sans = ["www.devops.com"]
```

如上配置定义了一个名为 devops-router 的 HTTP 路由器，基于 devops-cert-resolver 证书解析器处理 devops.com 域名的 HTTPS 流量。同时，使用 devops-TLS-options 选项指定了自定义 TLS 参数，包括将最小 TLS 版本设置为 VersionTLS12，指定允许的密码套件，并获得 devops.com 及其子域 www.devops.com 的证书。

以下为在 HTTP 路由器的 TLS 部分配置的一些参数。

❑ certResolver：指定路由器的证书解析器。证书解析器负责为路由器获取 TLS 证书。

❑ options：指定路由器的 TLS 选项的名称。TLS 选项允许配置 TLS 连接的各种参数，例如最小和最大 TLS 版本、密码套件等。

❑ domains：指定获取证书的域名列表。这在使用 ACME 证书解析器时很有用。

4.4.2　TCP 路由器

Traefik 提供了 TCP 路由器，可以基于主机名或 SNI（服务器名称指示）路由 TCP 请求。TCP 路由器可以处理非 HTTP 流量请求。我们可以使用 Docker 容器上的标签或文件提供商来配置 Traefik TCP 路由器。此外，Traefik TCP 路由器还可以使用 TLS 选项来启用客户端和服务器之间的加密和相互身份验证功能。

通常情况下，如果 HTTP 路由器和 TCP 路由器监听同一个入口点，TCP 路由器处理请求的优先级会高于 HTTP 路由器。如果 TCP 路由器没有找到匹配的路由信息，HTTP 路由器将会接管请求。

要创建一个 Traefik TCP 路由器，需要定义一个匹配传入请求的规则，以及一个将请求转发到服务器的服务；同时，还可以为路由器指定入口点、中间件和 TLS 选项。

以下是一个示例代码，用于配置 Traefik TCP 路由器：

```
[tcp.routers]
  [tcp.routers.devops-router]
    rule = "HostSNI('*')"
    entryPoints = ["websecure"]
    service = "devops-service"
    [tcp.routers.devops-router.TLS]
      passthrough = true
      [tcp.routers.devops-router.TLS.options]
        minVersion = "VersionTLS12"
```

上述配置将所有传入的 TCP 请求转发到 devops-service 服务。路由器会监听名为 websecure 的入口，同时启用 TLS，并将 TLS 终结卸载到后端服务，还定义了最低 TLS 版本为 1.2。

TCP 路由器配置的核心参数与 HTTP 路由器的核心参数基本一致，例如入口点、规则、优先级、TLS 等，这里我们仅以常用的参数进行解析。

1. 入口点

对于 TCP 路由器，我们可以使用 entryPoints 选项指定路由器监听传入连接的入口点。如果未指定，路由器将接收来自所有已定义入口点的连接。我们可以参考上述 TCP 路由器配置代码示例。

2. 规则

相对来说，TCP 路由器规则没有 HTTP 路由器规则那么丰富。表 4-2 定义了常见的 Traefik TCP 路由器规则。我们可以根据实际业务场景选择 TCP 路由器规则。

表 4-2　Traefik 所支持的 TCP 路由规则

编号	规则	描述
1	HostSNI('domain-1', ...)	检查服务器名称指示是否与给定的 domains 对应
2	HostSNIRegexp('example.com', '{subdomain:[a-z]+}.example.com', ...)	检查服务器名称指示是否与给定的正则表达式匹配。请参阅下面的"Regexp 语法"
3	ClientIP('10.0.0.0/16', '::1')	检查连接客户端 IP 是否是给定的 IP/CIDR 之一，接受 IPv4、IPv6 和 CIDR 格式
4	ALPN('mqtt', 'h2c')	检查任何连接 ALPN 协议是否是给定协议之一

需要注意的是，表 4-2 中定义的规则需要满足一定的语法规则，具体参考如下。

（1）Regexp 语法

HostSNIRegexp 可接收由花括号括起来的零个或多个命名正则表达式组。这种命名正则表达式形式为 {name:regexp}，name 和 regexp 都用于匹配。其中，name 是正则表达式的唯一标识符，regexp 是实际进行匹配的正则表达式。需要注意的是，name 部分可以是任意值，仅出于兼容历史版本的目的而存在。

我们可以使用 Go 的 regexp 包支持的任何正则表达式进行匹配，这使 HostSNIRegexp 更加灵活。使用正则表达式可以更精细地定义主机名匹配规则，以满足更复杂的需求。

（2）非 ASCII 字符

需要注意的是，HostSNI 和 HostSNIRegexp 表达式不支持非 ASCII 字符，因此如果使用非 ASCII 字符，与之关联的 TCP 路由器将无法正常工作。如果需要匹配包含非 ASCII 字符的域名，应该使用 Punycode 编码值（rfc 3492）进行匹配。

（3）HostSNI 和 TLS

需要注意的是，服务器名称指示（SNI）是 TLS 协议的扩展。因此，只有使用 TLS 协议的路由器才能使用 HostSNI 和 HostSNIRegexp 表达式来指定主机名。这是因为只有在 TLS 握手过程中，客户端才会发送 SNI 信息来指定要连接的主机名。

然而，带有非 TLS 路由器的 HostSNI 有一个特殊用例：当需要匹配所有非 TLS 请求的非 TLS 路由器时，可以使用特定的 HostSNI(*) 语法。这允许 Traefik 匹配所有的非 TLS 请求，并在一些特殊情况下使用 HostSNI 表达式。

（4）ALPN ACME-TLS/1

需要注意的是，允许用户自定义路由器拦截 Traefik 发起的 ACME TLSchallenge 响应存在安全风险。为了确保安全性，ALPN 匹配器不允许匹配 ACME-TLS/1 协议。如果试图这样配置，Traefik 将返回错误。

3.TLS

我们可以通过在 TCP 路由器定义中加入 TLS 配置来处理 TLS 流量，类似于 HTTP 路由器定义。在 TCP 路由器定义中加入 TLS 配置，指示 Traefik 当前路由器仅用于处理 TLS 请求，并忽略非 TLS 请求。

唯一不同的是，TCP 路由器比 HTTP 路由器多了一个 passthrough 参数。在 Traefik TCP 路由器中，passthrough 参数设置为 true，表示 Traefik 将 TLS 流量转发到服务而不终止 SSL 连接，意味着该服务将接收加密数据并负责对其进行解密。如果将 passthrough 参数设置为 false，Traefik 将会终止 SSL 连接并对 TLS 流量进行解密，然后将明文数据转发给服务。

Traefik 带有 TLS 直通的 TCP 路由器的参考配置示例如下：

```
[tcp.routers]
  [tcp.routers.devops-router]
    rule = "HostSNI('*')"
    service = "devops-service"
    [tcp.routers.devops-router.tls]
      passthrough = true
```

上述配置定义了一个 TCP 路由器 devops-router 来处理 TLS 流量，并将流量转发到服务 devops-service 而不是终止 SSL 连接。

4.4.3　UDP 路由器

Traefik UDP 路由器允许根据源端口和目标端口路由 UDP 数据包，并支持静态配置、动态配置。此外，UDP 路由器还支持各种配置，例如入口点、服务、中间件和 TLS。Traefik UDP 路由器对于依赖 UDP 协议的应用程序非常有用，例如 DNS、VoIP 或流媒体等。

以下是使用 Traefik 配置 UDP 服务的示例，该服务在两个后端服务器之间负载均衡 UDP 请求，具体的代码配置如下所示：

```
[udp.services]
  [udp.services.devops-service]
    [udp.servicesdevops-service.loadBalancer]
      [[udp.services.devops-service.loadBalancer.servers]]
        address = "backend1:7007"
      [[udp.services.devops-service.loadBalancer.servers]]
        address = "backend2:7007"
```

上述配置定义了一个 UDP 服务 devops-service，将在端口 7007 上对 UDP 请求进行负载均衡，并将请求分发到两个后端服务器 backend1 和 backend2 之间。

与 HTTP 和 TCP 路由器相比，UDP 路由器的使用场景较为单一。与 TCP 类似，UDP 作用于传输层，没有请求概念，所以没有 URL 路径前缀可用于匹配传入的 UDP 数据包。此外，目前对于多个主机来说，UDP 没有很好的 TLS 支持，所以也没有主机 SNI 可用于匹配。总之，由于没有可用于匹配传入数据包并路由的相关规则，UDP 路由器几乎只是一种负载均衡器。

在这里，我们对 UDP 路由器中的会话和超时机制进行简单解析。尽管 UDP 协议是无连接的，但 Traefik UDP 路由器实现依赖会话，这意味着一些状态是关于客户端和后端之间正在进行的通信的，特别是代理知道从后端转发响应数据包的位置。

通过会话和超时机制，Traefik UDP 路由器可以维护客户端和后端之间的通信状态，并确保会话的一致性和可靠性。这种机制允许 Traefik 实现 UDP 流量的基本负载均衡、重试逻辑等，在 UDP 路由器中提供可靠的服务。

Traefik UDP 路由器中的会话和超时机制工作原理如下。

1. 会话

Traefik UDP 路由器引入会话来处理 UDP 协议中的状态问题。会话是由五元组定义的，包括源 IP、源端口、目标 IP、目标端口和协议。共享相同五元组的所有 UDP 数据包属于同一会话。会话机制允许 Traefik 保持无连接状态，通过启用粘性会话、重试逻辑等功能以满足实际的场景需求。

2. 超时机制

UDP 协议基于无连接特性，因此没有固有的超时概念。在实际的业务场景中，为了避免状态累积，Traefik UDP 路由器引入超时机制来解决此问题。

通常，UDP 路由器有两种超时设置，具体如下。

1）IdleTimeout：指定在删除会话之前的最长不活动持续时间（以 s 为单位），类似于 TCP 的 Keepalive 机制。

2）ResponseTimeout：指定在考虑请求失败之前等待响应的最长持续时间（以 s 为单位），类似于 TCP 的超时机制。

通常情况下，超时是针对每个会话设置的，如果会话处于空闲状态超过给定持续时间，会话将会被清除。

通过这些机制，Traefik UDP 路由器可以有效地处理 UDP 协议中的状态和超时问题，确保服务的稳定性和可靠性。

我们可以使用入口点下的 entryPoints.name.udp.timeout 选项配置超时，具体可参考如下示例：

```
routers:
  devops-udp:
    entryPoints:
      - udp
    service: devops-svc
    timeout:
      idleTimeout: 30        # 闲置 30s 后关闭会话
      responseTimeout: 10    # 定义请求在 10s 后失败
```

根据上述配置示例，我们可以看到 Traefik 为每个唯一的五元组创建一个新的 UDP 会话。

如果一个会话在 30s 内没有收到数据包，该会话就会被删除。如果发送了一个请求，但是在 10s 内没有收到响应，该请求会被认为连接失败。同一个会话中可能会发生多个请求和响应。这种机制允许 Traefik 实现 UDP 流量的基本负载均衡、重试逻辑和粘性会话等功能。

通过这些机制，Traefik UDP 路由器可以提供可靠的 UDP 服务，并确保会话的一致性和可靠性。无论在高负载还是低负载情况下，Traefik 都可以有效地处理 UDP 流量，满足不同场景的需求。

4.4.4　gRPC 路由器

作为一款云原生边缘路由器，Traefik 除了支持常用的 HTTP、TCP 和 UDP 协议，还支持当前流行的 gRPC 协议。

1. gRPC 概念

gRPC 是一个现代开源框架，主要用于构建分布式系统，通过远程过程调用（RPC）进行通信。gRPC 使用 HTTP/2 作为底层传输协议，使用 Protocol Buffers 作为默认的数据序列化格式。通过使用简单的接口定义语言（IDL），开发人员可以定义服务及其方法，并为不同语言和平台生成客户端和服务器代码。同时，gRPC 支持双向流、身份验证、负载均衡等，使其适用于高性能和可扩展的应用程序。

2. Traefik gRPC 路由配置指南

gRPC 作为一种高性能远程过程调用框架，允许客户端与服务器高效通信。Traefik gRPC 路由器允许根据各种标准（例如 gRPC 方法名称或 gRPC 服务名称）将 gRPC 流量路由到适合的后端服务。

通常，在实际的业务场景中，若要基于 Traefik 路由 gRPC 流量，我们需要执行以下步骤。

（1）启用 gRPC 路由器

首先，在 Traefik 配置文件中添加 gRPC 路由器，具体如下所示：

```
pilot:
  token: "devopstoken"
experimental:
  grpc:
    enabled: true
```

（2）在 gRPC 服务中定义方法和服务

完成上述配置后，定义处理 gRPC 流量的服务，可以使用 Kubernetes 资源清单或 Docker Compose 文件来完成。下面是一个 Kubernetes 资源清单示例：

```
apiVersion: v1
kind: Service
metadata:
  name: devops-grpc-service
spec:
  selector:
    app: devops-grpc-app
  ports:
```

```
  - name: grpc
    port: 50051
    protocol: TCP
    targetPort: 50051
```

上述清单定义了一个 Kubernetes 服务。该服务会将流量路由至标记为 devops-grpc-app 的应用程序的 50051 端口上。

（3）配置 Traefik 将 gRPC 流量路由到后端服务

最后，使用 Traefik 中间件配置 gRPC 路由器，将流量路由到步骤 2 定义的服务：

```
http:
  routers:
    devops-grpc-router:
      rule: "Host('example.com') && PathPrefix('/v1.DevopsService/')"
      service: devops-grpc-service
      middlewares:
        - grpc
  middlewares:
    grpc:
      experimental:
        grpc: {}
```

上述配置定义了一个 Traefik gRPC 路由器，可将主机为 example.com 且路径前缀为 /v1.DevopsService/ 时，将流量路由到 devops-grpc-service Kubernetes 服务，同时启用 grpc 中间件，实现 gRPC 协议的路由。

通常，基于上述所定义的相关配置项，Traefik 能够将 gRPC 流量路由到适合的后端服务。

3. 配置示例介绍

在实际的业务场景中，使用 Traefik 路由 gRPC 流量的配置示例如下。

（1）将 gRPC 流量路由到单个后端服务

在实际的业务场景中，假设定义一个名为 DevopsService 的 gRPC 服务，服务方法名为 DevopsMethod，并在端口 50051 进行监听。我们希望将所有传入的 gRPC 流量路由到此服务。

为了实现这个需求，我们需要进行以下配置：

```
entryPoints:
  grpc:
    address: :50051
api:
  dashboard: true
providers:
  file:
    directory: /etc/traefik
http:
  routers:
    devops-grpc-router:
      rule: Host('example.com') && PathPrefix('/devopsservice.DevopsService/
DevopsMethod')
      service: devops-grpc-service
```

```
services:
  devops-grpc-service:
    loadBalancer:
      servers:
        - url: http://localhost:50051
```

上述配置定义了一个名为 grpc 的入口点，用于监听端口 50051。同时，定义了一个名为 devops-grpc-router 的 gRPC 路由器，用于匹配具有主机 example.com 和路径前缀 /devopsservice. DevopsService/DevopsMethod 的请求。

在路由器配置中，service 字段指定要路由到的 gRPC 服务的名称，这里为 devops-grpc-service。然后，定义了一个名为 devops-grpc-service 的 gRPC 服务，将流量负载均衡到位于 http:// localhost:50051 的单个后端服务。

（2）将 gRPC 流量路由到多个后端服务

假设有两个名为 DevopsService1 和 DevopsService2 的 gRPC 服务，每个服务都有一个方法，分别监听端口 50051 和 50052，希望根据 gRPC 方法名称将传入的 gRPC 流量路由到适当的服务。

为了实现这个需求，我们需要进行以下配置：

```
entryPoints:
  grpc1:
    address: :50051
  grpc2:
    address: :50052
api:
  dashboard: true
providers:
  file:
    directory: /etc/traefik
http:
  routers:
    devops-grpc-router:
      rule: Host('example.com')
      service: devops-grpc-service
  services:
    devops-grpc-service:
      loadBalancer:
        servers:
          - url: http://localhost:50051
          - url: http://localhost:50052
  middlewares:
    devops-grpc-middleware:
      grpc:
        serviceName: devops-grpc-service
        defaultPath: /DevopsService1/DevopsMethod
        services:
          devops-service-1:
            path: /DevopsService1/DevopsMethod
          devops-service-2:
            path: /DevopsService2/DevopsMethod
```

上述配置定义了两个名为 grpc1 和 grpc2 的入口点，分别监听端口 50051 和 50052。同时，定义了一个名为 devops-grpc-router 的 HTTP 路由器，将请求与主机 example.com 相匹配。service 字段指定要路由到的 gRPC 服务的名称，这里为 devops-grpc-service。然后，定义一个名为 devops-grpc-service 的 HTTP 服务，将流量负载均衡到位于 http://localhost:50051 和 http://localhost:50052 的两个后端服务。

为了根据 gRPC 方法名称将流量路由到适合的服务，我们定义了一个名为 devops-grpc-middleware 的 HTTP 中间件，类型为 grpc。serviceName 字段指定要路由到的 gRPC 服务的名称，这里为 devops-grpc-service。如果找不到匹配路径，defaultPath 字段指定要路由到的默认 gRPC 服务的方法名称。然后，定义了两个名为 devops-service-1 和 devops-service-2 的 gRPC 服务，每个服务都有一个路径字段，以指定要路由到的 gRPC 服务的方法名称。路径字段的格式应为 /ServiceName/MethodName，其中 ServiceName 是 gRPC 服务的名称，MethodName 是 gRPC 服务方法的名称。

使用此配置，路径为 /DevopsService1/DevopsMethod 的传入 gRPC 流量将被路由到位于 http://localhost:50051 的后端服务器，路径为 /DevopsService2/DevopsMethod 的传入 gRPC 流量将被路由到位于 http://localhost:50052 的后端服务器。

（3）Traefik 作为 gRPC 应用程序反向代理

以下为 Traefik 作为有自签名证书的 gRPC 应用程序的反向代理的操作步骤。

1）生成自签名证书。

首先，为所构建的 gRPC 服务器生成自签名证书，具体参考如下：

```
[lugalee@lugaLab ~ ]% openssl req -x509 -sha256 -nodes -days 365 -newkey
rsa:4096 -keyout grpc.key -out grpc.crt
```

基于上述命令，生成 grpc.key 和 grpc.crt 相关证书。

2）配置证书。

接下来，将这些证书添加至 Traefik 配置，具体参考如下：

```
entryPoints:
  grpc:
    address: :50051
    tls: {}
certificatesResolvers:
  devopsresolver:
    acme:
      email: lugalee9527@google.com
  devopsresolverSelfSigned:
    tls:
      certFile: grpc.crt
      keyFile: grpc.key
serversTransport:
  grpc:
    certResolver: devopsresolverSelfSigned
```

3）配置 gRPC 路由规则。

接下来，在 Traefik 中配置一条 gRPC 路由规则，具体参考如下：

```
grpc:
  routers:
    devops-grpc-router:
      entryPoints:
        - grpc
      rule: Host('devopsgrpc.example.com')
      service: devops-grpc-service
  services:
    devops-grpc-service:
      loadBalancer:
        passHostHeader: true
      servers:
        server1:
          url: http://localhost:50051
```

4）运行应用。

最后运行 Traefik 和 gRPC 服务。此时，我们所构建的 gRPC 服务应该在端口 localhost:50051 进行监听。

现在我们可以基于自签名证书使用 Traefik 反向代理在 devopsgrpc.example.com:50051 访问所构建的 gRPC 服务。

4.5　提供商

在前文中，我们介绍了 Traefik 作为一个云原生动态反向代理，可以提供服务自动发现和路由功能。Traefik 之所以能够实现上述核心特性，最主要的原因在于丰富的提供商。这些提供商是公开路由信息的基础设施组件，例如编排器、容器引擎、云提供商或键值存储等。

1. 什么是提供商？

提供商是 Traefik 中的一个重要概念。在实际的业务场景中，Traefik 提供商基于 API 检索有关路由的相关信息，例如主机名、路径、端口、协议、证书、中间件等。Traefik 根据提供商提供的信息动态更新路由，从而允许自适应基础架构的变化，而无须手动干预或重新加载配置。

通过众多提供商，Traefik 可以自动发现和管理运行中的服务，并根据需要为服务生成适合的路由规则。这使 Traefik 在面对快速变化和高度动态的云原生环境时变得特别有用。同时，Traefik 还提供了丰富的插件，可以轻松地扩展功能，以满足不同场景的需求。

2. 工作原理

通常情况下，在实际的业务场景中，Traefik Provider 与特定的服务发现或编排平台进行集成交互，从而自动发现和管理在该平台的流量路由和负载均衡。

Traefik 能够实现配置的动态更新，主要依赖 Watcher、Listener、Provider 以及 Switcher 等相关组件。在协作活动中，各组件扮演着不同的角色，以实现不同的功能，具体如下。

1）Watcher 作为动态配置的主逻辑，关联了 Listener 和 Provider。

2）Listener 实现了具体配置在 Traefik 中的更新。

3）Provider 实现了配置发现以及监听是否发生变更。

4）Switcher 抽象了 http.Handler、tcp.Handler 等逻辑，使每次读取或变更时都需要加锁，以保证线程安全。

配置动态更新的具体实现原理可参考图 4-7。

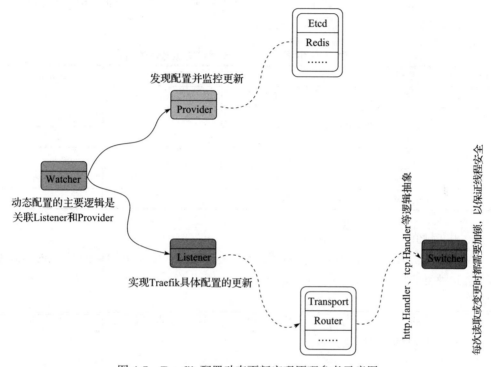

图 4-7   Traefik 配置动态更新实现原理参考示意图

Traefik Provider 主要围绕如下活动展开工作。

（1）配置发现

Provider 连接到特定平台（例如 Kubernetes、Docker、Consul 等），以发现正在运行的服务及其配置；同时，观测配置的变化并自动更新。

（2）动态配置

Provider 根据发现的服务及其配置为 Traefik 生成动态配置。该动态配置包括路由规则、负载均衡、TLS 证书及其他。

（3）自动更新

Traefik 监控 Provider 的配置变化，并相应地更新其内部路由和负载均衡设置，无须人工干预即可无缝部署和扩展服务。

3. 提供商类型

Traefik 提供了丰富的提供商，我们可以根据配置类型将其分为 4 类。

（1）基于标签

对于基于标签的 Traefik Provider，部署的每个容器都会附加一组定义其路由特性的标签。这种类型的 Provider 包括 Docker、Consul Catalog、Rancher 以及 Marathon 等，它们依赖标签检索服务配置。

与其他 Provider 相比，基于标签的 Provider 配置更加简单、易于维护，但需要依赖特定的管理平台。基于标签的提供商详情可参考表 4-3。

表 4-3　Traefik 所支持的基于标签的服务提供商

编号	提供商	类型	配置类型	提供商名称
1	Docker	编排平台	基于标签	docker
2	Consul Catalog	编排平台		consulcatalog
3	Nomad	编排平台		nomad
4	ECS	编排平台		ecs
5	Marathon	编排平台		marathon
6	Rancher	编排平台		rancher

（2）基于键值

对于基于键值的 Traefik Provider，部署的每个容器需要将其路由信息写入对应的键值并进行存储。这种类型的 Provider 包括 Consul、Etcd、Redis 以及 ZooKeeper 等，以分布式键值存储作为配置来源。

与基于标签的 Provider 相比，基于键值的 Provider 需要容器主动写入配置，但灵活性更高。基于键值的提供商详情可参考表 4-4。

表 4-4　Traefik 所支持的基于键值（key-value）的服务提供商

编号	提供商	类型	配置类型	提供商名称
1	Consul	KV	基于键值	Consul
2	Etcd	KV		Etcd
3	ZooKeeper	KV		Zookeeper
4	Redis	KV		Redis

（3）基于注解

对于基于注解的 Traefik Provider，服务会作为带注解的独立对象存在。这些注解定义服务的路由信息。这种类型的 Provider 包括 Kubernetes Ingress 和 Kubernetes Gateway API，以 Kubernetes API 对象的注解作为配置来源。

与基于标签、键值的 Traefik Provider 相比，基于注解的 Provider 使用 Kubernetes 原生 API 定义服务的路由信息，不需要部署容器时主动写入配置，以更好地与 Kubernetes 整合。基于注解的提供商详情可参考表 4-5。

表 4-5　Traefik 所支持的基于注解的服务提供商

编号	提供商	类型	配置类型	提供商名称
1	Kubernetes Ingress	编排平台	入口	kubernetes
2	Kubernetes IngressRoute	编排平台	自定义资源	kubernetescrd
3	Kubernetes Gateway API	编排平台	网关 API 资源	kubernetesgateway

（4）基于文件

对于基于文件（File-based）的 Traefik Provider，它们主要通过 Toml 或 Yaml 格式的配置文件来定义服务路由信息，包括 File 和 HTTP 等类型，以对应的文件作为配置来源。

与其他 Provider 相比，基于文件的 Traefik Provider 的配置定制性最强且最易理解、维护，唯一不足的是，缺乏服务自动发现能力。基于文件的提供商详情可参考表 4-6。

表 4-6　Traefik 所支持的基于文件的服务提供商

编号	提供商	类型	配置类型	提供商名称
1	File	手工	Yaml/Toml 格式	file
2	HTTP	手工	Json 格式	http

在实际的业务构建过程中，如果我们需要使用多个提供商，并希望在一个提供商中引用另一个提供商声明的对象（例如：跨提供商的中间件等），Traefik 的动态配置会为每个提供商分配单独的命名空间。这意味着在一个提供商中声明的对象（如中间件、服务、TLS 选项或服务器）可以通过引用语法 <resource-name>@<provider-name> 被其他提供商使用。

例如，假设我们在基于文件的提供商中声明了一个中间件，可以通过在容器标签中附加该中间件（如 traefik.http.routers.my-container.middlewares=add-foo-prefix@file），然后在 Docker 中引用它。这种方法便于在不同提供商之间共享对象，同时极大地简化了 Traefik 的配置管理。

提示　由于 Kubernetes 也有自己的命名空间概念，因此在跨提供商使用的上下文中，不应将提供商的命名空间与 Kubernetes 的命名空间混淆。

由于 Traefik 动态配置对象的定义不在 Kubernetes 中，因此在引用资源时指定 Kubernetes 命令空间没有任何意义。

另外，如果我们要将中间件声明为 Kubernetes 中的自定义资源并使用非 CRD Ingress 对象，必须将中间件的 Kubernetes 命名空间添加到注释中，如 <middleware-namespace>-<middleware-name>@kubernetescrd。

4.5.1　基于标签的提供商

Traefik 支持基于标签的提供商，这里以 Docker 为例进行解析。

Docker 是一个用于构建、运行和管理容器的平台。Traefik 可以使用 Docker API 或 Docker

Swarm 模式与 Docker 集成。在 Traefik 中，提供商是一个模块，用于监视和检索来自特定平台（例如 Docker）的配置。Traefik 可以自动检测新容器，并将 docker-compose 文件或 Docker 服务定义中定义的标签应用为路由规则。当将 Docker 作为提供商时，Traefik 使用容器标签来检索其路由配置，并监视 Docker 容器以对任何更改（例如启动、停止或更新容器）做出反应，从而自动更新配置。

下面是一个使用标签将 Traefik 与 Docker 结合使用的示例。

1）在启用 Docker 提供商的环境中运行 Traefik：

```
[lugalee@lugaLab ~ ]% docker run -d \
  --name traefik \
  --publish 80:80 \
  --publish 8080:8080 \
  --volume /var/run/docker.sock:/var/run/docker.sock \
  --label "traefik.enable=true" \
  --label "traefik.http.routers.api.rule=Host('traefik.devops.com')" \
  --label "traefik.http.routers.api.service=api@internal" \
  --label "traefik.http.routers.api.entrypoints=web" \
  --label "traefik.http.services.api.loadbalancer.server.port=8080" \
  traefik:v2.9.6 \
  --providers.docker \
  --entrypoints.web.address=:80 \
  --api.insecure
```

上述命令可实现运行 Docker 容器，启用 Docker 提供商并在端口 8080 公开 API，还为 Traefik 配置以端口 80 作为传入 HTTP 请求的默认入口点。

2）使用 Traefik 标签运行一个简单的 Web 应用程序：

```
[lugalee@lugaLab ~ ]% docker run -d \
  --name web-app \
  --label "traefik.enable=true" \
  --label "traefik.http.routers.webapp.rule=Host('webapp.devops.com')" \
  --label "traefik.http.routers.webapp.entrypoints=web" \
  --label "traefik.http.services.webapp.loadbalancer.server.port=80" \
  nginx:alpine
```

上述命令可实现运行一个带有必要 Traefik 标签的 Nginx Web 服务器，并通过 Traefik 将其公开。这些标签定义了一个名为 webapp 的路由器，同时，使用入口点 web，将请求与主机 webapp.example.com 匹配，并将入口点 web 转发到监听端口为 80 的 webapp 服务。

接下来，我们对配置中的核心参数进行简单解析，具体如下。

❑ --providers.docker：在 Traefik 中启用 Docker 提供商。

❑ --entrypoints.web.address=:80：为 Traefik 配置以端口 80 作为传入 HTTP 请求的默认入口点。

❑ --api.insecure：启用不安全的 Traefik API（无需身份验证）。不推荐用于生产环境。

❑ Traefik 标签如下。

- traefik.enable：指定容器是否应通过 Traefik 公开。
- traefik.http.routers.<router-name>.rule：定义将用于匹配传入请求的规则。
- traefik.http.routers.<router-name>.entrypoints：指定路由器的入口点。
- traefik.http.services.<service-name>.loadbalancer.server.port：配置服务的目标端口。

在此配置示例中，Traefik 监视 Docker 容器以查找带有 traefik.enable=true 标签的容器；然后，读取其他指定的标签来为容器服务配置路由和负载均衡。需要注意的是，我们需要将 devops.com 替换为自己指定的域名，并确保该域名指向运行 Docker 容器的主机。

4.5.2　基于注解的提供商

1. Kubernetes IngressRoute

在 Kubernetes 中，Traefik 支 持 使 用 IngressRoute 资 源 配 置 路 由 规 则。IngressRoute 是 Kubernetes 自定义资源，基于注解为 Traefik 提供配置信息。Traefik 监听 Kubernetes API，检查 IngressRoute 资源及其注解，并生成对应的路由配置。基于注解的方式使 Traefik 路由配置可以与 Kubernetes 资源紧密结合，同时避免了独立配置文件的管理和维护。

以下是一个简单的 IngressRoute 资源示例：

```
apiVersion: traefik.containo.us/v1alpha1
kind: IngressRoute
metadata:
  name: devops-ingressroute
  annotations:
    # 配置前端名称
    traefik.ingress.kubernetes.io/router.entrypoints: web
    # 配置域名与后端服务之间的映射规则
    traefik.ingress.kubernetes.io/rule: "Host('example.com') && Path('/')"
spec:
  # 定义后端服务
  routes:
  - match: Host('example.com') && PathPrefix('/')
    kind: Rule
    services:
    - name: app1
      port: 80
```

在上述 IngressRoute 配置示例中，我们使用 traefik.ingress.kubernetes.io/rule 注解定义了一条基于 Host 和 Path 的路由规则。该规则将 example.com 域名下的请求路径映射到名为 app1 的服务。Traefik 通过监听 Kubernetes API，发现该 IngressRoute 资源及其注解后，生成对应的路由配置，从而实现将 example.com 域名的请求路由到 app1 服务。

因此，Traefik 的 IngressRoute 提供商基于注解进行配置。相比独立的配置文件，这种方式可以动态地根据 Kubernetes 资源生成路由配置。

2. Kubernetes Gateway API

除了上述的 Kubernetes IngressRoute 提供商外，Traefik 还支持其他提供商，例如 Kubernetes Gateway API 等。

Kubernetes Gateway API 是 Kubernetes 官方推出的网关资源规范，定义了一系列 CRD 来实现网关的配置。Traefik 支持 Kubernetes Gateway API 中的 Gateway、HTTPRoute 和 TLSRoute 资源。Traefik 通过监听这些资源以及资源上的标签和注解来生成路由配置。

可以说，Traefik 的 Gateway API 提供商是基于 Kubernetes 标签、注解以及 CRD 资源进行配置。以下是一个 Kubernetes Gateway API 提供商的配置示例。

1）Gateway 配置：

```
apiVersion: networking.x-k8s.io/v1alpha1
kind: Gateway
metadata:
  name: traefik-gateway
spec:
  selector:
    app: traefik-gateway
  servers:
  - port: 80
    protocol: HTTP
    hostname: devops.com
```

2）HTTPRoute 配置：

```
apiVersion: networking.x-k8s.io/v1alpha1
kind: HTTPRoute
metadata:
  name: app1-route
spec:
  gateways:
    selector:
      app: traefik-gateway
  hostnames:
  - "devops.com"
  rules:
  - matches:
    - path:
        type: Prefix
        value: /
    forwardTo:
    - serviceName: app1
      port: 80
```

上述配置定义了一个名为 traefik-gateway 的网关，监听 devops.com 域名的 80 端口流量。HTTPRoute 资源基于该网关配置了一条路径为 / 的路由规则，将流量转发到后端的 app1 服务。Traefik 监听这两个资源，根据资源的定义生成路由配置，从而实现请求的转发。

总体来说，Traefik 的 Kubernetes Gateway API 提供商是基于 Kubernetes 资源本身进行声明式配置，同时结合了标签和注解的配置风格。这种配置方式能够让 Traefik 的路由配置和 Kubernetes 资源相结合，实现动态配置。

4.5.3 基于键值的提供商

由于基于键值类型的提供商种类较多，这里我们主要对服务发现组件 Consul 进行重点解析。

Consul 是一种分布式服务网格，可以为现代应用程序提供服务发现、配置和分段功能。Consul 可以在动态、分布式环境中工作，例如在 Kubernetes 或其他容器编排平台上运行云原生应用程序。

　　Traefik Consul 提供商使 Traefik 可以根据 Consul 中的服务注册信息动态配置和路由服务。例如，一个应用可能包含多个注册在 Consul 中的服务。Traefik Consul 提供商自动监测这些服务，并动态地为 Traefik 配置路由到相应服务的流量。这意味着服务新增或变更时，无须手工调整 Traefik 路由配置，便可自动响应。

　　使用 Traefik Consul Provider 时，我们需要配置 Traefik 将 Consul 作为数据源，这要求指定 Consul 的端点和凭据（如果需要）。一旦配置使用 Consul，Traefik 将会根据 Consul 注册信息进行服务自动发现和配置。

　　以下是以 Consul 作为提供商的 Traefik 配置示例：

```
providers:
  consulCatalog:
    endpoint: "consul.service.consul:8500"
    prefix: "traefik"
    exposedByDefault: true
    watch: true

entryPoints:
  web:
    address: ":80"

http:
  routers:
    users:
      rule: "Host('users.devops.com')"
      service: "users-service"
      entryPoints:
        - "web"

  services:
    users-service:
      loadBalancer:
        type: "roundrobin"
      provider:
        name: "consulCatalog"
        serviceName: "users-service"
        servicePort: "http"
```

　　在上述配置中，Traefik 使用 Consul 提供商来发现和配置服务。endpoint 参数指定要使用的 Consul 端点。prefix 参数指定在查找服务时要使用的前缀。watch 参数指定 Traefik 监视 Consul 目录中的更改并自动更新配置。

　　entryPoints 部分指定了 Web 入口点，监听 80 端口；http 部分定义 Traefik 将用于路由流量的路由器和服务。在此示例中，用户路由器将流量路由到 users-service 服务。该服务配置为使用 Consul 提供商。loadBalancer 部分指定要使用的负载均衡算法。provider 部分指定用于发现和配置服务的提供商。

　　总体来说，Traefik Consul 提供商是一个强大的工具，使 Traefik 能够根据 Consul 注册信息动态地发现和配置服务，从而简化管理和扩展应用程序，以及更新和维护 Traefik 配置的过程。

4.5.4　基于文件的提供商

除了上述提到的相关配置类型外，Traefik 还支持从文件中读取配置。文件标签用于在文件中为路由器、服务和中间件指定配置选项。例如，我们可以使用文件标签定义路由器根据主机名和路径前缀将请求路由到服务。

这种方式适用于路由定义不经常更改或者不使用受支持的提供商的情况。通过使用配置文件进行定义，我们可以避免频繁地修改 Traefik 配置。

以下是使用文件进行 Traefik 配置的示例：

```
# traefik.yaml
entryPoints:
  http:
    address: ":80"

providers:
  docker: {}

http:
  routers:
    backend1:
      rule: "Host('backend1.example.com')"
      service: backend1
    backend2:
      rule: "Host('backend2.example.com')"
      service: backend2
  services:
    backend1:
      loadBalancer:
        servers:
          - url: "http://backend1:80"
    backend2:
      loadBalancer:
        servers:
          - url: "http://backend2:80"
```

运行 Traefik，具体如下：

```
[lugalee@lugaLab ~ ]% docker run -d \
  -v /path/to/traefik.yaml:/traefik.yaml \
  -p 80:80 \
  traefik:latest \
  --configFile=/traefik.yaml
```

以上命令可以实现将 traefik.yaml 文件作为卷挂载，并指定其为 Traefik 的配置文件。

上述配置示例文件中的参数定义如下。

❑ 在 80 端口定义一个 HTTP 入口点。

❑ 启用 Docker 提供商。

❑ 定义两个路由器：backend1 和 backend2。

❑ backend1 匹配 Host（backend1.example.com）并路由到 backend1 服务。

❑ backend2 匹配 Host（backend2.example.com）并路由到 backend2 服务。

❑ backend1 和 backend2 服务分别转发到 http://backend1:80 和 http://backend2:80。

此配置设置与前面示例相同的路由，但使用外部 Yaml 配置文件而不是 Docker 标签。与单独使用标签相比，文件提供商允许进行更复杂的配置。但是，对于服务的基本路由，这些方法都适用。

4.6　服务

Traefik 服务是一种配置元素，用于定义如何路由传入请求到达一个或多个程序实例。在实际的业务场景中，我们可以使用不同的提供商，例如 Docker、Kubernetes 或文件来配置 Traefik 服务。Traefik 服务支持各种协议，例如 HTTP、TCP 和 UDP，并且可以通过一组中间件提供附加功能，例如身份验证、速率限制、熔断等。Traefik 服务内置健康检查机制，可以将不健康的服务器从负载均衡轮换中移除。

在 Traefik 中间件体系中，服务主要负责配置如何到达最终将处理传入请求的程序实例，通常定义 Kubernetes 集群中运行的容器实例。有时，我们不需要显式定义服务。每个服务都有一个负载均衡器，即使只有一台服务器也可以将流量转发到服务。

如果我们使用 Docker 提供商，并且利用标签定义了路由器，但没有定义服务，服务会自动创建并分配给路由器。这就是服务在 Traefik 中的作用。

下面示例使用 Traefik 实现一个带有两个服务器和健康检查的 HTTP 服务：

```
http:
  services:
    devops-service:
      loadBalancer:
        servers:
          - url: "http://backend1.com"
          - url: "http://backend2.com"
        healthCheck:
          path: "/health"
          interval: "10s"
          timeout: "5s"
```

上述配置文件定义了一个名为 devops-service 的 HTTP 服务，使用 Traefik 在端口 80 对两个后端服务器 backend1 和 backend2 进行负载均衡。此外，该配置还规定每 10s 对 /health 端点进行一次健康检查，超时时间为 3s。

4.6.1　负载均衡

负载均衡是一种在一组后端服务器或服务器池之间分配传入网络流量的方法。因此，在实际的网络拓扑结构中，安装和部署负载均衡器具有显著优势，包括缩短停机时间、提高可扩展性和灵活性。

1. 负载均衡算法

Traefik 是一种现代的 HTTP 反向代理和负载均衡器，可以实现轻松部署微服务，支持多种负载均衡算法。

1）Round Robin（RR，循环）算法：请求在后端服务器之间平均分配，这是默认策略。

2）Weighted Round Robin（WRR，加权循环）算法：请求根据权重在后端服务器之间分配。权重越高的服务器接收到的请求越多。

3）Least Conn 算法：请求发送到连接最少的后端服务器。

4）随机算法：请求在后端服务器之间随机分布。

2. 加权循环

Traefik Proxy 引入了一个名为 Traefik Service 的抽象，可以让我们轻松使用 WRR 算法进行流量分配。

（1）流量分配

WRR 和 RR 算法的主要区别在于权重配置方式的不同。RR 算法将请求均匀分配到所有后端服务器，每个服务器获得大致相等的请求。WRR 算法则允许为每个后端服务器配置一个权重，服务器处理请求的数量按照权重成正比分配。

那么，什么时候应该为服务器手动配置权重，什么时候应该依赖 RR 算法及其决策过程？通常，在某些特定的用例场景中，例如资源较少的服务器与安装了强大 CPU 的服务器相比，我们可能需要为资源较少的服务器配置较低的权重，以确保不会过载。根据权重，我们可以决定有多少流量将到达特定服务器。

当然，WRR 算法不仅仅用于流量权重的分配，在 Traefik 设计架构中，还可以作为一种交付方式存在，以满足特定的需求。

（2）渐进式交付

渐进式交付是在实际的云原生服务发布及交付场景中，通过逐步改变 WRR 算法中的权重来部署应用程序的新方法。渐进式交付允许部署应用程序的另一个版本 v2，并在 v2 保持稳定且新版本没有回归的情况下逐渐将用户从 v1 迁移到 v2，而不影响业务的正常运行。

这种渐进式交付方式允许技术团队快速发布服务功能，并降低因部署的应用程序版本不稳定而出现故障的风险。此交付策略还允许测试团队在实时环境中测试应用程序。作为一种负载均衡策略模型，WRR 算法还可用于根据启用的功能标志或添加到请求的特定标头来测试功能。我们可以添加负载均衡器来读取特定标头，以将用户重定向到最新版本。通过仅为某些用户（在本例中为测试团队）附加特定标头，我们可以在不影响用户的情况下在生产环境中测试应用程序。

下面是一个使用 WRR 算法的 Traefik 配置示例：

```
entryPoints:
  web:
    address: ":80"
```

```
services:
  devopsservice:
    loadBalancer:
      weightedRoundRobin:
        sticky: true
      servers:
      - url: "http://devopsserver1"
        weight: 10
      - url: "http://devopsserver2"
        weight: 20
      - url: "http://devopsserver3"
        weight: 5
```

可以看出，Traefik 按如下方式分发请求。

根据计算，对于当前配置，请求将按比例分配给不同的 devopsserver。具体而言，devopsserver 1 将处理约三分之一的请求，devopsserver 2 将处理约三分之二的请求，而 devopsserver 3 将处理约六分之一的请求。这样的分配方式可以根据每个服务器的负载情况和性能来平衡请求的分发，以提供更好的服务质量和性能。

sticky 选项配置为 ture，即提供会话亲和性，这意味着来自同一客户端的请求将被发送到同一后端服务器。

Traefik 可以轻松部署在 Docker、Kubernetes 等容器化平台，并提供广泛的指标和仪表盘，以监控负载均衡器和代理服务器的性能。

总而言之，Traefik 通过加权轮询和会话亲和力等方式在多个后端服务器之间进行负载均衡，具有良好的可观测性，可以在各种环境中运行。

4.6.2　健康检查

1. 通用健康检查

服务健康检查是 Traefik 的核心功能之一，可以确保只有健康的服务实例被用于请求路由，从而提高系统的可靠性和响应能力。

Traefik 根据健康检查的配置，定期对每个注册的服务实例进行检查，评估其健康状况。一旦检测到服务实例不健康，Traefik 会自动将处理的请求动态路由到其他健康的实例，避免服务中断。

下面介绍 Traefik 服务健康检查的配置示例和组件分析：

```
http:
  services:
    devops-service:
      loadBalancer:
        servers:
          - url: "http://backend1.example.com"
          - url: "http://backend2.example.com"
        healthCheck:
          path: "/health"
```

```
interval: "30s"
timeout: "5s"
followRedirects: true
port: 80
```

在上述示例中，Traefik 被配置为将请求路由到两个后端服务器，分别是 backend1.example.com 和 backend2.example.com。健康检查的配置被定义在 healthCheck 键下，主要由以下几个组成部分。

❑ path：指定后端服务器上的 /health 路径，Traefik 将使用此参数来执行健康检查。如果服务健康，返回 2xx/3xx HTTP 状态码；否则，返回 4xx/5xx 状态码。

❑ interval：表示 Traefik 每隔 30s 执行一次健康检查，这使 Traefik 能够快速检测到不健康的服务实例并将流量路由到健康的服务实例。

❑ timeout：指定 Traefik 等待后端服务响应健康检查的最长时间为 5s，如果服务在 5s 内没有响应，Traefik 将认为服务不健康。

❑ followRedirects：选项设置为 true，这意味着 Traefik 将遵循在健康检查期间遇到的任何 HTTP 重定向。后端服务针对特定用例（例如身份验证或负载均衡）使用重定向非常有用。

❑ port：端口选项设置为 80，这是默认的 HTTP 端口，即告诉 Traefik 在后端服务器上执行健康检查时使用哪个端口。

通过上述健康检查的配置，Traefik 可以实现后端服务实例的定期健康检查，当特定服务实例不健康时，Traefik 会立即停止向其发送请求，直到再次变为健康状态为止，从而避免流量被路由到有问题的后端。

需要注意的是，健康检查配置需要根据实际业务场景进行定制化。在实际业务场景中，我们要根据服务的特点合理配置检查的参数，例如检查频率、超时时间、检查协议等，使健康检查既能发现问题，又不会成为系统瓶颈。此外，我们还需要考虑冗余设计，避免健康检查本身的失败。

2. 嵌套健康检查

嵌套健康检查是 Traefik Proxy 的一项高级功能，适用于更复杂的用例。嵌套健康检查的一个典型用例是我们可以在 Kubernetes 上构建应用的新版本，同时保留旧版本在虚拟机上运行。通过合理的路由规则，我们可以将请求分发到两者之间，还可以针对每个后端添加健康检查配置，只有健康检查通过才会转发请求。

另一个典型用例是在两个（或更多）数据中心之间分配流量。每个数据中心都公开一个端点。每个端点都会公开一个健康检查。该检查由 Traefik Proxy 不断验证，以确保目标健康并准备好接收传入的请求。如果其中一个数据中心发生故障，健康检查失败，并且 Traefik Proxy 不会将请求发送到不健康的目标（或不健康的端点）。

该功能仅在 Traefik 文件提供商中可用。这意味着我们需要在文件中定义完整的配置，并将其作为 Kubernetes 配置映射到 Traefik。通过嵌套的健康检查，Traefik 可以实现复杂路由策略和流量控制，适用于复杂的混合云环境。

Traefik 支持嵌套的多层次健康检查，可以在服务级别和实例级别定义健康检查。

1）在服务级别：检查服务的所有实例的健康状况。

2）在实例级别：检查服务的特定实例的健康状况。

这使 Traefik 可以进行更细粒度的健康检查。服务级别的 HTTP 健康检查，用于检查整个服务在指定端点的响应情况。实例级别的 HTTP 健康检查，用于检查每个实例是否健康。

Traefik 会汇报以下健康状态：

1）如果所有实例健康检查都通过，服务状态为健康。

2）如果部分实例不健康，但服务检查通过，服务状态为降级。

3）如果服务健康检查失败，服务状态为不健康。

需要注意的是，使用嵌套健康检查时，我们需要仔细设计检查配置，根据具体场景调整参数，以保证系统稳定、可靠。下面是一个包含嵌套健康检查的 Traefik 配置示例：

```
services:
  devopsservice:
    ...
    healthCheck:
      path: /health                # 服务级别健康检查
    instances:
    - address: instance1:80
      healthCheck:
        path: /instance1/health    # 实例 1 健康检查
    - address: instance2:80
      healthCheck:
        path: /instance2/health    # 实例 2 健康检查
    - address: instance3:80
```

基于上述配置示例，我们可以看到：

□ 针对 healthCheck 所定义的路径 /health，默认定义为服务级别的健康检查。

□ 针对 instances 中分别定义的地址 /instance1/health、/instance2/health，定义为实例级别的健康检查。

□ 由于没有为 instance3 定义任何类型的健康检查，默认继承服务级别的健康检查。

此配置允许我们对服务健康状况以及细粒度实例健康检查状况提供高级视图。在实际的业务场景中，健康检查通常可以分为 3 种类型。

□ 系统状态检查：检查为所构建的实例提供支持的系统平台。例如，如果依赖的 AWS 系统出现问题，健康检查会将实例报告为不健康。

□ 实例状态检查：检查实例上的软件和网络配置，例如，检查 AWS 代理和网络的状态等。

□ 自定义健康检查：根据实际情况自定义实例健康状况检查。我们可以定义将向实例发出的请求，以及响应的健康、不健康阈值。

需要注意的是，健康检查的类型和方式应该根据具体的业务需求和环境进行选择和设计。通过合理的健康检查设置，我们可以更好地监控和管理应用程序的健康状况，确保系统的稳定性和可靠性。

3. 通用健康检查与嵌套健康检查区别

Traefik 支持为每个后端服务设置健康检查端点，定期检查服务健康状态，如果服务未返回成功状态码，则标记其为不健康并停止路由流量。

此外，Traefik 还提供了嵌套健康检查功能，可以为服务的每个实例单独定义健康检查。当服务存在多个实例时，Traefik 可以监控每个实例的健康状况，只向健康实例路由流量。

Traefik 通用健康检查和嵌套健康检查的主要区别在于，前者监控整个后端服务的健康状况，后者监控服务的单个实例的健康状况。当有多个服务实例并希望确保只有健康的实例接收流量时，嵌套健康检查非常有用。

需要注意的是，Traefik 的通用健康检查和嵌套健康检查功能并不相互排斥。我们可以根据实际需求，同时使用这两个功能，以确保后端服务的整体健康状况和单个实例的健康状况得到监控和维护。通过合理的健康检查设置，我们可以更好地管理和维护应用程序的健康状态，提高系统的可靠性和稳定性。

4.6.3　黏性会话

黏性会话也被称为会话持久性，是负载均衡器用来识别来自同一客户端的请求并始终将这些请求发送到同一服务器的一种方法，通常应用于所有用户信息都存储在服务器端的有状态服务。

黏性会话使我们始终可以访问资源池中的一台特定后端服务器，这可以基于给定标准（例如源 IP 地址或 Cookie）在客户端和后端服务器之间创建关联来实现。

Traefik Proxy 使用标头 Set-Cookie 来处理黏性会话，因此每个客户端后续发出请求时都需要发送具有给定值的 Cookie 以保持会话存活。否则，现有的黏性会话将不起作用如果创建黏性会话的后端服务器发生故障，客户端请求将被转发到具有相同参数的另一台服务器，并在新服务器上跟踪 Cookie。

假设我们有一个由一些 Spring Boot 服务组成的环境，负载均衡器在这些 Spring Boot 服务上游运行。用户发送初始请求以与部署在 Spring Boot 服务上的应用程序建立连接，我们称该服务为 Spring Boot-1。如果没有在应用程序服务器上设置会话复制机制，负载均衡器将不知道会话已经建立并会将任何后续请求发送到另一台服务器（例如，Spring Boot-2），这会导致 Spring Boot-2 强制建立一个新会话，而不是依赖在 Spring Boot-1 上建立的会话。

在这种情况下，具有黏性会话功能的负载均衡器应根据 Set-Cookie 标头将请求转发到同一 Spring Boot 实例（Spring Boot-1）。Traefik Proxy 通过 Set-Cookie 标头来处理请求。

启用黏性会话功能后，Traefik 使用考虑客户端 IP 地址的负载均衡算法。Traefik 可以使用不同的算法（例如源 IP 哈希或一致性哈希）来确定将请求路由到哪个后端服务器。在实际场景中，我们可以根据具体的需求和环境来选择和配置负载均衡算法，以提高系统的性能和可靠性。

下面是关于如何在 Traefik 中启用黏性会话的示例，使用 Kubernetes Ingress 资源来实现：

```
apiVersion: networking.k8s.io/v1
kind: Ingress
metadata:
  name: devops-ingress
  annotations:
    traefik.ingress.kubernetes.io/session-affinity: "true"
    # Optional: specify the algorithm to use
    traefik.ingress.kubernetes.io/session-affinity.algorithm: "source"
spec:
  rules:
    - host: devops.com
      http:
        paths:
          - path: /app
            pathType: Prefix
            backend:
              service:
                name: app-service
                port:
                  name: http
```

在此配置示例中，Traefik Ingress 控制器为 devops.com 域下 /app 路径的请求启用黏性会话。traefik.ingress.kubernetes.io/session-affinity 注解设置为 true，以启用黏性会话。traefik.ingress.kubernetes.io/session-affinity.algorithm 注解设置为 source，以使用源 IP 地址散列作为负载均衡算法。

黏性会话对应用程序的可伸缩性和性能有着重要影响。通过确保来自同一客户端 IP 地址的请求始终路由到同一后端服务器，黏性会话有助于减少跨多个服务器维护会话状态的开销。但是，黏性会话也可能导致后端服务器之间的流量分配不均，这可能导致某些服务器过载而其他服务器未得到充分利用。

为了解决这个问题，Traefik 提供了动态负载均衡算法，支持考虑各种因素（例如服务器健康状况、响应时间和可用容量），以在后端服务器之间更均匀地分配流量。我们可以使用 traefik.ingress.kubernetes.io/balance 注释配置这些算法。

总体来说，对于需要维持会话的 Web 应用而言，黏性会话是一个有用功能，但在设计时需审视此功能对扩容性和性能的影响。Traefik 提供了一个可配置且灵活的负载均衡解决方案，有助于流量有效地分配到后端服务器。

4.7　本章小结

本章主要基于 Traefik 架构与工作原理的相关内容进行解析，并简单描述了在实际的项目开发过程中所涉及的相关技术实践，具体如下。

❑ 解析 Traefik 架构设计体系，涉及代理、网格以及云原生网络管理平台，并从可观测性、可伸缩性、弹性和可扩展性 4 种设计原则进行剖析。

❑ 解析 Traefik 架构 4 种核心组件，涉及入口点、路由器、提供商以及服务。

❑ 结合理论与配置示例深入分析 Traefik 组件。

Traefik 的基本特性

Traefik 是一个高效且可扩展的反向代理，凭借可观测的 GUI 平台、健康检查功能、支持 SSL/TLS 终止以及不同 API 管理的能力，它已经成为开发人员部署和管理应用程序的首选。

5.1　概述

作为一款云原生网关，Traefik 具有丰富的功能及接口，在日常维护中具有十分重要的意义。

Traefik 的一个重要特性是动态更新配置，而无需任何手动干预或重启。这意味着每当添加、删除或修改服务时，Traefik 将自动检测更改并相应地调整路由规则。这降低了管理服务的复杂性和开销，并确保用户始终获得最佳性能和可用性。

除此之外，作为一个反向代理和负载均衡器，Traefik 还有一个关键的基本特性是安全。Traefik 所具备的身份验证、授权、TLS、白名单等机制，可以让我们以最少的努力和最低的成本保护所构建的应用程序。通过将 Traefik 用作 Kubernetes 容器的反向代理和负载均衡器，我们可以享受快速、可靠和安全的 Web 体验。

5.2　常用基础操作

在实际的业务维护场景中，常用的基础操作对于管理和监控 Traefik 至关重要。ping 命令可以帮助诊断 Traefik 部署问题，客户端命令行和仪表板是配置 Traefik 及与其交互的强大工具。通过有效地使用这些命令和工具，开发人员和 DevOps 团队可以确保 Traefik 部署顺利，并可以快速解决出现的问题。

5.2.1　命令行

Traefik CLI 是一款命令行界面工具，能够方便地与云原生边缘路由器 Traefik 进行交互。使用 Traefik CLI，可以在命令行终端启动、停止、配置和监控 Traefik 实例，还可以执行各种任务，例如生成证书、创建中间件和管理提供商等。

在实际的维护场景中，Traefik CLI 允许我们通过命令行界面与 Traefik 进行交互，而无须使用 Web 界面或配置文件，这对于自动化任务或在脚本环境中管理 Traefik 非常有用。

要使用 Traefik CLI，需要先在系统上安装 Traefik 组件。通常情况下，可以使用多种方法安装 Traefik CLI，例如下载二进制文件、使用包管理器或使用编排平台等。Traefik CLI 适用于各种平台，包括 Windows、macOS 和 Linux。具体安装方法可参考第 3 章中的相关说明。

1. 通用型命令行

一般情况下，Traefik CLI 使用通用型语法，具体语法格式如下：

```
[lugalee@lugaLab ~ ]% traefik [command] [flags] [arguments]
```

当然，也可以通过 --help 命令来查看参数使用规范，具体参考如下：

```
/ $ traefik --help
traefik      Traefik 是一个现代的 HTTP 反向代理和负载均衡器，可以轻松部署微服务。
完整文档可在 https://traefik.io 获得

Usage: traefik [command] [flags] [arguments]

Use "traefik [command] --help" for help on any command.

Commands:
  healthcheck 调用 Traefik /ping 端点（默认禁用）来检查 Traefik 的健康状况
  version 打印当前所部署的 Traefik 版本

Flag's usage: traefik [--flag=flag_argument] [-f [flag_argument]]
# 将 flag_argument 设置为标志
  or: traefik [--flag[=true|false| ]] [-f [true|false| ]]
# 将 true/false 设置为布尔标志
  Flags:
    --accesslog   （默认为："false"）
访问日志设置
    --accesslog.bufferingsize   （默认为："0"）
以缓冲方式处理的访问日志行数
    ...
```

一般而言，Traefik 的所有配置标志都记录在（静态配置）CLI 参考文档中。可以根据实际情况进行配置使用。

2. 示例解析

在基于 Kubernetes 编排平台部署的 Traefik 服务组件中，可以查看版本信息并验证健康状态。

1）进入 Traefik 容器：

```
[lugalee@lugaLab ~ ]% kubectl get po -A -o wide | grep traefik
default   traefik-mesh-controller-  1/1  Running  2 (3h40m ago)  33d  172.17.0.4   k8s-cluster   <none> <none>
          6f4cb58cb5-csgdc
default   traefik-mesh-proxy-p7fgt  1/1  Running  2 (3h40m ago)  33d  172.17.0.2   k8s-cluster   <none> <none>
whoami    traefik-79b5756b87-twd5b  1/1  Running  1 (3h40m ago)  21d  172.17.0.12  k8s-cluster   <none> <none>
```

2）执行 traefik version 命令查看 Traefik 版本：

```
[lugalee@lugaLab ~ ]% kubectl exec -it traefik-79b5756b87-twd5b -n whoami -- /bin/sh
/ $ traefik version
Version:       2.9.10
Codename:      banon
Go version:    go1.20.3
Built:         2023-04-06T16:15:08Z
OS/Arch:       linux/arm64
```

3）执行 traefik healthcheck 命令进行服务健康检查：

```
[lugalee@lugaLab ~ ]% kubectl exec -it traefik-79b5756b87-twd5b -n whoami -- /bin/sh
/ $ traefik healthcheck --ping=true
INFO[0000] Configuration loaded from flags.
OK: http://:8080/ping
```

在使用 Traefik 进行服务健康检查时，通常需要调用 Traefik 的 /ping 接口来检查 Traefik 的健康状态。如果 Traefik 健康，则该命令的退出状态码为 0，否则为 1。

5.2.2 ping 命令

ping 命令可用于检查 Traefik 实例的健康状态和可用性。该命令允许我们向特定的入口点发送 HTTP GET 请求，并接收指示 Traefik 实例是否正在运行的简单响应。

以下是在 Traefik 实例上启用 /ping 命令执行健康检查 URL 的示例，具体操作可参考：

```
[entryPoints]
  [entryPoints.ping]
    address = ":8082"

[ping]
  entryPoint = "ping"
```

上述配置在名为 ping 的专用入口点定义了 /ping 健康检查 URL，并将该入口点绑定到端口 8082 进行监听。要访问该健康检查 URL，只需访问 http://hostname:8082/ping 即可。

在 Traefik 正常关闭期间，Ping 处理程序默认会返回状态码 503。如果 Traefik 落后于负载均衡器（例如 Kubernetes LivenessProbe）进行健康检查，则可能需要另一个状态码作为正常终止的信号。在这种情况下，可以使用 terminatingStatusCode 来设置 Ping 处理程序在终止期间返回的状态码。

在实际的维护场景中，我们主要将 ping 命令应用于如下场景。

1. Traefik 容器健康检查

基于 ping 命令的简单、高效特性，我们在实际的项目排障过程中可以方便地对 Traefik 容器进行健康检测。

以下是 Traefik 容器健康检查示例：

```
healthcheck:
    test: ["CMD", "curl", "-f", "http://localhost:8081/ping"]
    interval: 30s
    timeout: 10s
    retries: 3
```

2. Traefik 的基本连接测试

ping 命令可用于检查 Traefik 是否已启动并正在运行。可以通过访问 Traefik API 的 /ping 接口进行 Traefik 健康检查。

例如，可以向 http://localhost:8081/ping 发送请求（如果 Traefik 管理端口为 8081），以获取相关响应，具体操作如下：

```
[lugalee@lugaLab ~ ]% curl http://localhost:8081/ping
{result_code}
```

基于上述命令，如果 Traefik 实例正在运行，已启用 /ping 健康检查 URL 且配置为监听 8081 端口，则执行命令后应该返回一个内容为 OK、状态码为 200 的响应。

3. 身份验证测试（在 Ping 端点启用身份验证时）

除了上述场景之外，如果在 Traefik 中启用了 API 身份验证，还可以启用 Ping 进行身份验证。如果启用基本身份验证，可以参考：

```
[api]
dashboard = true
entryPoint = "traefik"

# 启用 ping
[ping]
entryPoint = "traefik"

# 在 API 和 Ping 上启用基本身份验证
[entryPoints.traefik.auth.basic]
    users = ["devopsuser:$apr1$H6uskkkW$IgXLP6ewTrSuBkTrqE8wj/"]
```

基于上述配置，执行 ping 请求时需要提供基本的身份验证凭据，具体如下：

```
[lugalee@lugaLab ~ ]%  curl -u "devopsuser:devopspassword" http://localhost:8081/ping
{result_code}
```

5.2.3　仪表盘

作为 Traefik 服务对外展示的 GUI 管理工具，仪表盘是可视化展现 Traefik 当前活动的核心组件。在请求流转和组件活动状态展示方面，仪表盘具有重要意义。

1. 仪表盘介绍

Traefik Dashboard 用于监控和管理所构建的 Traefik 实例，展示 Traefik 配置的路由器、服务、中间件和提供商等信息，以及服务的健康状况和指标。通常情况下，仪表盘与 API 位于相同的位置，默认查询路径为 api/dashboard/。

仪表盘上有两个重要部分：概览视图和详细视图。

（1）概览视图

概览视图展示了所构建的 Traefik 实例的摘要信息，例如路由器、服务、中间件和提供商数量，以及总请求数和平均响应时间。还可以按提供商或状态进行过滤查看。

（2）详细视图

详细视图展示了每个路由器、服务、中间件和提供商的详细信息。可以单击概览视图中的任何项目以访问其详细视图。此外，还可以使用搜索栏按名称或类型查找特定项目。详细视图展示了每个项目的各种属性和设置，包括路由规则、入口点、后端、标头和证书等。

2. 配置和访问仪表盘的模式

在实际应用中，可以采用两种方式配置和访问 Traefik Dashboard，即安全模式和不安全模式。

（1）安全模式

安全模式是推荐的模式，具有更高的安全性。安全模式下的配置和访问方式参考如下。

1）启用仪表盘，具体配置如下所示：

```
api:
  # 仪表盘
  # 可选项
  # 默认 : true
  dashboard: true
```

2）定义路由配置。

通常，可以在动态配置 api@internal 中定义路由器，并将其附加到服务上，以允许进行以下配置。

❑ 通过中间件实现一项或多项安全功能，例如身份验证（basicAuth、digestAuth、forwardAuth）或白名单。

❑ 定义 Traefik 本身（有时被称为 Traefik-ception）访问仪表盘的规则。

对于为仪表盘定义访问规则，我们可以使用 Kubernetes CRD 作为提供商进行定义，具体配置如下所示：

```
apiVersion: traefik.io/v1alpha1
kind: IngressRoute
metadata:
  name: traefik-dashboard
spec:
```

```
    routes:
    - match: Host('traefik.example.com') && (PathPrefix('/api') || PathPrefix('/dashboard'))
      kind: Rule
      services:
      - name: api@internal
        kind: TraefikService
      middlewares:
        - name: auth
---
apiVersion: traefik.io/v1alpha1
kind: Middleware
metadata:
  name: auth
spec:
  basicAuth:
    secret: secretName # Kubernetes secret named "secretName"
```

3）其他可选项定义。

针对其他可选项，例如添加中间件、限速等，我们可以依据自身的业务架构进行决策。

（2）不安全模式

在实际的业务场景中，不建议使用不安全模式，因为此模式不允许使用安全功能。如果需要启用不安全模式，只需要在 TraefikAPI 中启用以下选项即可：

```
api:
  dashboard: true
  insecure: true
```

完成相关操作后，我们可以通过在浏览器中输入 http://<Traefik IP>:8080/dashboard/ 来直接访问 Traefik 实例端口对应的仪表盘。

5.3　Traefik API 配置管理

Traefik 支持用户通过编程方式与所构建的服务实例进行交互和管理。Traefik 作为专门为容器化和云原生环境的动态特性而设计的云原生网关，为管理服务的动态配置和可观测性提供了强大支持。

通常情况下，用户可以借助 Traefik API 来配置和管理构建的实例，涉及定义路由、服务和中间件等。Traefik API 提供了自动执行这些任务的方法，从而简化了应用程序的管理和扩展过程。此外，Traefik API 还支持访问指标和日志，有助于监测服务的健康状态并及时发现问题。

Traefik API 便于与其他工具和平台集成，使用户能够构建自定义集成并自动化工作流程。此外，Traefik API 支持多种身份验证方法，包括基本身份验证、OAuth 和 JWT，还可以通过 TLS 加密进行保护。

根据 Traefik 的架构特点，我们可以将其 API 端点模型分为 4 个核心部分，即仪表盘、配置、运行时和应用，如图 5-1 所示。

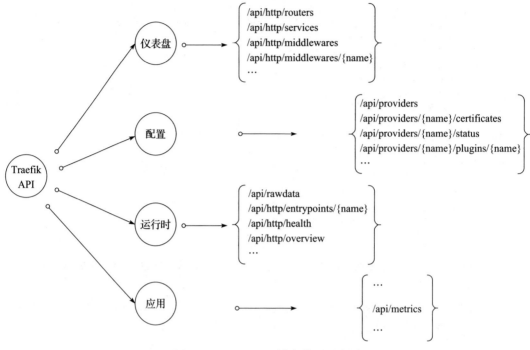

图 5-1　Traefik API 端点模型示意图

5.3.1　API 配置解析

在实际的业务场景中，Traefik 通过 API 处理程序暴露特定的信息，例如所有路由器、服务、中间件等的配置。

与启用 Traefik 的其他功能一样，我们可以使用静态配置启用 API。

1. 启用 API

在生产环境中，出于安全考虑，通常不建议启用 API。启用 API 将导致所有配置信息暴露，其中可能包括敏感数据和涉密内容，容易被非法利用。因此，在生产环境中，我们需要通过身份验证和授权来保护 API。

如果需要启用 API，可以创建一个新的特殊服务名称 api@internal，并在路由器中引用。为了保障安全，在静态配置文件中使用特定的参数选项来启用 API 处理程序，具体操作方法参考如下。

1）基于 YAML 文件：

```
# 静态配置
  api: {}
```

2）基于 TOML 文件：

```
# 静态配置
  [api]
```

3）基于命令行：

```
# 静态配置
--api=true
```

2. 路由配置定义

通常情况下，在完成上述的在静态配置中启用 API 后，需要进行动态路由配置。文件和 Kubernetes 提供商是 Traefik 支持的两种常见动态配置方式。文件提供商允许用户使用动态文件来定义路由配置，而 Kubernetes 提供商允许用户使用 Kubernetes 的 API 自动获取和管理路由配置。这些提供商为用户提供了便捷的方式来管理路由配置，使 Traefik 可以动态地更新路由规则，以适应不断变化的容器环境。

1）基于 YAML 文件：

```
# 动态配置定义
http:
  routers:
    api:
      rule: Host('traefik.example.com')
      service: api@internal
      middlewares:
        - auth
  middlewares:
    auth:
      basicAuth:
        users:
          - "test:$apr1$H6uskkkW$IgXLP6ewTrSuBkTrqE8wj/"
          - "test2:$apr1$d9hr9HBB$4HxwgUir3HP4EsggP/QNo0"
```

2）基于 Kubernetes：

```
# 动态配置定义
apiVersion: traefik.containo.us/v1alpha1
kind: IngressRoute
metadata:
  name: ingressroute
spec:
  entryPoints:
    - internal
  routes:
    - match: Host('traefik.domain.org')
      kind: Rule
      services:
        - name: api@internal
      middlewares:
        - name: auth
---
apiVersion: traefik.containo.us/v1alpha1
kind: Middleware
metadata:
```

```
    name: auth
spec:
    basicAuth:
        secret: authsecret

---
apiVersion: v1
kind: Secret
metadata:
    name: authsecret
    namespace: default

data:
    users: |2
        dGVzdDokYXByMSRINnVza2trVyRJZ1hMUDZld1RyU3VCa1RycUU4d2ov
```

要使用 Traefik API，需要向入口点发送 HTTP 请求，并使用适当的方法、路径和参数。例如：要获取 Traefik 的当前配置，可以向 /api/rawdata 发送 GET 请求；要获取路由器、服务、中间件和提供商的列表，可以根据协议向 /api/http 或 /api/tcp 发送 GET 请求；要获取 Traefik 的健康状态，可以向 /health 发送 GET 请求；要获取 Traefik 的指标，可以向 /metrics 发送 GET 请求，并使用可选的查询参数格式来指定输出格式。

3. Traefik v1 API 与 Traefik v2 API 对比

作为一种流行的开源反向代理和负载均衡器，Traefik 的两个主要版本 v1 和 v2 均广泛应用于生产环境。然而，两者在功能、性能和配置方面存在明显差异。以下是 Traefik v1 API 和 Traefik v2 API 之间的一些主要差异。

（1）配置格式

Traefik v1 主要使用全局参数配置，而 Traefik v2 使用 YAML 文件进行静态配置，针对 API 端点进行动态配置。

（2）路由优先级

在 Traefik v1 中，路由优先级使用优先级编号定义（编号越大，优先级越高）。而在 Traefik v2 中，路由优先级是使用中间件顺序定义的（链中的第一个中间件有最高优先级）。

（3）中间件

Traefik v2 引入了中间件概念，允许定义可以跨路由器重用的通用逻辑（例如身份验证等）。而 Traefik v1 中不存在中间件这一概念。

（4）TCP 路由

除了 HTTP 路由之外，Traefik v2 还允许 TCP 及 UDP 路由。而 Traefik v1 仅支持 HTTP 路由。

（5）提供商

Traefik v2 有一个提供商生态，允许从多个来源（如 Kubernetes、Docker、REST API）动态更新配置。相对于 Traefik v2，Traefik v1 的提供商有限。

（6）入口点

入口点在 Traefik v2 中为静态配置的一部分，而在 Traefik v1 中是动态配置。入口点定义 Traefik 如何监听请求。

（7）仪表盘

Traefik v2 中删除了 Traefik v1 中的仪表盘。

（8）TLS/SSL

与 Traefik v1 相比，Traefik v2 中的 TLS 配置已得到简化，添加了证书解析器和 TLS 最低版本等选项。

总之，Traefik v2 相对于 Traefik v1 有更多功能和优势，包括更灵活的配置方式、支持 TCP 和 UDP 路由、丰富的中间件支持、提供商生态完善等。但是，Traefik v2 的配置方式和路由优先级等方面的变化，需要用户重新学习和适应。

5.3.2　入口点 API

入口点 API 是 Traefik API 的一个组件，用于管理 Traefik 监听所传入流量的入口点。入口点本质上是 Traefik 用来接收外部流量的网络端口，例如 TCP 或 HTTP 端口。使用入口点 API，我们可以创建、修改和删除入口点，并为每个入口点配置各种设置。

入口点是通过 API 公开的 URL，支持使用命令行标志 --api.insecure 或者配置文件中的相应选项进行配置。如果需要的话，还可以使用 TLS 和基本身份验证来保护入口点。

以下是一些演示如何使用 Traefik 入口点 API 进行相关操作的常用示例，供大家在日常项目维护中参考。

1. 功能特性

Traefik 入口点 API 提供了多个功能，用于管理和配置 Traefik 用于接收外部流量的入口点。Traefik 入口点 API 的一些关键特性如下。

（1）创建和删除入口点

可以使用入口点 API 创建新的入口点供 Traefik 监听，并根据需要删除现有的入口点。

（2）配置入口点设置

入口点 API 允许为每个入口点配置各种设置，例如要监听的网络地址、TLS 配置以及任何其他传输设置。

（3）添加和删除中间件

可以使用入口点 API 向入口点添加或删除中间件，实现在流量传递到后端服务之前修改其行为。

（4）更新入口点设置

入口点 API 允许更新现有入口点的设置，例如更改网络地址或更新 TLS 配置。

（5）检索入口点信息

可以使用入口点 API 检索有关入口点当前状态的信息，包括入口点当前配置、任何附加的中间件以及任何关联的后端服务。

2. 常用操作示例解析

1）列出入口点：

```
[lugalee@lugaLab ~ ]%  curl http://localhost:8080/api/entrypoints
{
    "devops-http-entrypoint": {
        "address": ":80",
        "transport": {
            "lifeCycle": {
                "requestAcceptGraceTimeout": "0s",
                "graceTimeOut": "0s"
            }
        }
    },
    "devops-https-entrypoint": {
        "address": ":443",
        "transport": {
            "lifeCycle": {
                "requestAcceptGraceTimeout": "0s",
                "graceTimeOut": "0s"
            }
        },
        "tls": {
            "certResolver": "devops-http-certresolver"
        }
    }
}
```

curl http://localhost:8080/api/entrypoints 是一个向 Traefik API 端点发送 HTTP GET 请求的命令，用于检索当前在 Traefik 中定义的所有入口点列表。假设 Traefik 和 Curl 命令在同一台计算机上运行，并且 Traefik 正在监听 8080 端口，此命令将返回一个 JSON 对象，其中包含 Traefik 当前配置的所有入口点的信息。

执行该命令后，输出结果会显示两个入口点 devops-http-entrypoint 和 devops-https-entrypoint，以及它们各自的配置。其中，address 字段指定 Traefik 为每个入口点监听的网络地址，transport 字段包含入口点的其他设置。在 devops-https-entrypoint 入口点，tls 字段指定用于入口点的 TLS 配置的证书解析器。

使用这个命令，可以方便地检查 Traefik 实例中所有入口点的配置，以便更好地管理和调整应用程序。

2）创建一个新的入口点：

```
[lugalee@lugaLab ~ ]%  curl -X POST \
  http://localhost:8080/api/entrypoints \
  -H 'Content-Type: application/json' \
  -d '{
    "entryPoints": {
```

```
"devops-entrypoint": {
  "address": ":8081",
  "transport": {
    "lifeCycle": {
      "requestAcceptGraceTimeout": "10s",
      "graceTimeOut": "10s"
    }
  }
 }
 }
}'
```

上述命令将创建一个名为 devops-entrypoint 的新入口点，并将其配置为监听 8081 端口。其中，transport 字段为入口点指定了一些额外的设置，例如请求接受的宽限超时和传输超时的宽限时间。

3）更新入口点：

```
[lugalee@lugaLab ~ ]%  curl -X PUT \
 http://localhost:8080/api/entrypoints \
 -H 'Content-Type: application/json' \
 -d '{
   "entryPoints": {
     "devops-entrypoint": {
       "address": ":9091",
       "transport": {
         "lifeCycle": {
           "requestAcceptGraceTimeout": "10s",
           "graceTimeOut": "10s"
         }
       }
     }
   }
 }'
```

上述命令将会更新 devops-entrypoint 入口点以监听 9091 端口而非 8081 端口。

4）删除入口点：

```
[lugalee@lugaLab ~ ]%  curl -X DELETE http://localhost:8080/api/entrypoints/
devops-entrypoint
```

上述命令将会从 Traefik 的配置中删除名为 devops-entrypoint 的入口点。

这些仅是我们可以使用 Traefik 入口点 API 执行的操作类型的几个示例。在实际的业务场景中，通过使用入口点 API，我们可以轻松地以编程方式管理 Traefik 的配置，并自动化执行基础设施管理任务。这为我们提供了更高效、可靠的方式来管理和调整应用程序。

5.3.3　仪表盘 API

Traefik 仪表盘 API 提供了一种简单的方法来监控与管理 Traefik 代理和负载均衡器实例的配置。仪表盘 API 建立在 Traefik API 之上。Traefik API 是一个强大的 RESTful API，可以为我们提供访问 Traefik 配置和操作等多方面的功能。

基于 Traefik 仪表盘 API，我们可以通过 Web 界面方便地查看 Traefik 的当前状态和配置信息，同时可以进行配置更改和调整。

1. 功能特性

Traefik 仪表盘 API 提供了多个功能，具体如下。

1）实时监控。仪表盘 API 支持对所构建的 Traefik 实例的实时监控，包括对当前前端、后端、服务器和其他组件的监控。

2）配置管理。仪表盘 API 允许创建、修改和删除路由规则、后端服务和 Traefik 实例的其他配置组件。

3）健康检查。仪表盘 API 支持健康检查，可以监控后端服务的健康状况，并在任何服务不可用时接收警报。

4）TLS 证书管理。仪表盘 API 允许管理 Traefik 实例使用的 TLS 证书，包括创建、撤销和更新证书。

5）身份验证和授权。仪表盘 API 提供对身份验证和授权的支持，允许控制哪些用户可以访问仪表盘并在所构建的 Traefik 实例上执行操作。

在实际的业务场景中，我们可以使用网络浏览器或 Curl、Postman 等工具通过 HTTP 请求访问 Traefik 仪表盘 API。该 API 易于使用，高度可定制，已成为现代云原生环境中管理 Traefik 实例的优先选择。

仪表盘显示了 Traefik 的配置、运行状况和指标等相关信息。可以使用命令行标志 --api. dashboard 或配置文件中的相应选项启用仪表盘。如果需要，我们还可以使用 TLS 和基本身份验证来保护仪表盘。

仪表盘 API 公开了几个端点，用于获取有关 Traefik 处理的 HTTP 和 TCP 路由器、服务和中间件的信息。例如，可以使用 /api/http/routers 列出所有 HTTP 路由器信息，或使用 /api/http/services/{name} 获取特定 HTTP 服务信息。

2. 常用操作示例解析

下面解析一些与 Traefik 仪表盘 API 交互的操作示例，供大家在实际的维护场景中参考。

（1）获取 API 版本

通常，可以向 '/api/version' 端点发送 GET 请求来检索 Traefik API 的版本，具体如下所示：

```
[lugalee@lugaLab ~ ]%  curl http://localhost:8080/api/version
{
  "Version": "2.4.8",
  "Built": "2022-04-11T12:00:00Z",
  "Path": "/api/version",
  "APICompatibility": 1
}
```

上述命令可实现向本地 Traefik 实例的 /api/version 端点发出 GET 请求（假设在端口 8080 上

运行），并返回一个包含有关 Traefik API 版本信息的 JSON 对象。

上述命令执行结果显示 Traefik 实例的版本号（Version）、构建实例的日期和时间（Built）、API 端点路径（Path）和 API 兼容性级别（APICompatibility）。

通过检索 Traefik API 的版本，可以确保所构建的 API 客户端与 Traefik 实例使用的 API 版本兼容，并且可以利用 API 后续版本中引入的新功能或错误修复。

（2）列出所有路由器

通常情况下，可以通过向 /api/http/routers 端点发出 GET 请求来列出所构建的 Traefik 实例中配置的所有路由器，具体可参考如下命令：

```
[lugalee@lugaLab ~ ]%  curl http://localhost:8080/api/http/routers
[
  {
    "entryPoints": [
      "web"
    ],
    "middlewares": [
      "devops-middleware"
    ],
    "service": "devops-service",
    "rule": "Host('example.com') && PathPrefix('/devops')",
    "tls": {
      "certResolver": "devops-resolver"
    },
    "priority": 0,
    "status": "enabled",
    "using": [
      {}
    ]
  },
  {
    "entryPoints": [
      "web-secure"
    ],
    "middlewares": null,
    "service": "devops-secure-service",
    "rule": "Host('secure.example.com')",
    "tls": {
      "certResolver": "devops-resolver"
    },
    "priority": 0,
    "status": "enabled",
    "using": [
      {}
    ]
  }
]
```

上述命令可实现向本地 Traefik 实例的 /api/http/routers 端点发出 GET 请求（假设在端口8080 上运行），并返回一个 JSON 对象，其中包含当前在 Traefik 中配置的所有 HTTP 路由器的信息。

通过命令行输出，我们可以查看在 Traefik 实例中配置的 devops-router 和 devops-secure-router 两个 HTTP 路由器，以及它们各自的配置。entryPoints 字段指定了每个路由器监听的入口点，middlewares 字段指定了与路由器关联的中间件链，service 字段指定了路由器应将请求路由到的后端服务，rule 字段指定了路由器的路由规则，tls 字段指定了路由器入口点的 TLS 配置。

通过列出在 Traefik 实例中配置的所有路由器，可以更好地了解流量如何通过基础设施进行路由，并且能够快速解决出现的路由问题。

（3）创建新的中间件

要创建中间件，可以将 POST 请求发送至 /api/http/middlewares 端点，并在请求正文中包含中间件相关配置，具体如下所示：

```
[lugalee@lugaLab ~ ]%  curl -X POST \
  http://localhost:8080/api/http/middlewares \
  -H 'Content-Type: application/json' \
  -d '{
    "name": "devops-middleware",
    "plugin": {
      "header": {
        "name": "X-My-Header",
        "value": "devops-value"
      },
      "stripPrefix": {
        "prefixes": [
          "WWW-Authenticate"
        ]
      }
    }
  }'
```

上述命令使用了两个插件来创建一个名为 devops-middleware 的中间件：一个是 header 插件，用于向传入请求添加 X-My-Header 标头；另一个是 stripPrefix 插件，用于从响应中删除任何带有 WWW- 前缀的标头。

一旦创建了新的中间件，我们就可以通过 Traefik API 将其添加到一个或多个 HTTP 路由器或其他中间件链上。这样，当传入的 HTTP 请求经过我们构建的基础设施时，我们可以修改请求的行为，从而更好地控制 Traefik 如何路由和处理流量。

（4）更新已有服务

通常，如果需要更新 Traefik 中的已有服务，可以发送 PUT 请求到 /api/http/services/{serviceName} 端点，其中 {serviceName} 是要更新的服务的名称。具体的更新操作参考如下：

```
[lugalee@lugaLab ~ ]%  curl -X PUT \
  http://localhost:8080/api/http/services/devops-service \
  -H 'Content-Type: application/json' \
  -d '{
    "loadBalancer": {
      "servers": [
```

```
      {
        "url": "http://new-server:8080"
      }
    ]
  }
}'
```

基于上述命令，我们可以通过指定 loadBalancer 对象来更新服务，并指定新的服务器以处理传入请求。

通过使用 Traefik API 进行服务更新，我们可以快速修改和优化已有服务，以满足不同场景的需求。

（5）删除中间件

在实际的业务场景中，如果需要删除 Traefik 中的某个中间件，可以发送 DELETE 请求到 /api/http/middlewares/{middlewareName} 端点，其中 {middlewareName} 是需要删除的中间件的名称。如果要删除的中间件比较复杂（含有多个插件），可以通过在 DELETE 请求中指定要删除的具体插件配置来实现。例如，可以通过以下方式删除一个包含 header 插件和 stripPrefix 插件的中间件：

```
[lugalee@lugaLab ~ ]%  curl -X DELETE \
 http://localhost:8080/api/http/middlewares/devops-middleware \
 -H 'Content-Type: application/json' \
 -d '{
   "plugin": {
     "header": {
       "name": "X-My-Header",
       "value": "devops-value"
     }
   }
 }'
```

上述命令可实现从 Traefik 实例中删除 devops-middleware 中间件，但前提是该中间件包含名称为 X-My-Header 且值为 devops-value 的 header 插件。该中间件包含的其他插件保持不变。

通过使用 Traefik API 删除复杂的中间件，我们可以根据需要轻松修改和更新所构建的中间件链，从而更好地控制基础设施如何处理传入的 HTTP 请求。

5.3.4　指标 API

Traefik 指标 API 支持用户监控 Traefik 实例的性能和健康状况，提供了多种性能指标，包括处理的请求数、建立的连接数、平均响应时间等。这些指标可用于实时监控应用程序的性能，并在潜在问题变得严重之前就识别它们。

指标 API 公开了多个端点，例如 Prometheus、Datadog、StatsD 和 InfluxDB，以便将 Traefik 的指标数据集成到监控系统中。通过使用这些端点，我们可以轻松地获取 Traefik 实例的性能和健康数据，并基于可视化界面进行分析，以便更好地了解网络架构，发现性能瓶颈并进行优化。

1. 功能特性

在实际的业务场景中，可以通过将 metrics 部分添加到 Traefik 配置文件中来启用 Traefik 指标 API 端点。根据端点类型，可以指定不同的选项，例如端口、地址、前缀等。Traefik 指标 API 提供了多个功能，具体如下。

1）收集并公开每个路由器、服务和入口点的指标，并提供全局指标，以便实时监控 Traefik 实例的性能和健康状况。

2）支持按标签过滤指标。标签是可以附加到路由器和服务的键值对。在配置文件的 metrics.filters 部分，可以指定要在指标中包含或排除哪些标签，以便更精细地监控指标。

3）支持向指标添加自定义标签。自定义标签是可以附加到指标的附加键值对。在配置文件的 metrics.addEntryPointsLabels、metrics.addServicesLabels 和 metrics.addRoutersLabels 部分，我们可以指定将哪些自定义标签分别添加到入口点指标、服务指标和路由器指标，以便更好地理解指标数据。

2. 配置示例

为了在 Traefik 中启用各种指标端点，我们需要在 Traefik 配置文件中配置适当的指标收集器和导出器。通过指标 API，我们可以执行多种操作来与 Traefik 交互。以下是一些示例，供大家在实际的维护场景中参考。

（1）Prometheus 端点启用

要在 Traefik 中启用 Prometheus 指标端点，需要修改 Traefik 的配置文件，将 Prometheus 作为一个指标后端。以下是启用 Traefik 中 Prometheus 指标 API 的配置示例：

```
metrics:
  prometheus:
    port: 8082
    address: :8082
    prefix: traefik_
```

根据上述配置，Traefik 将在端口 8082 上导出与 Prometheus 兼容的指标，并使用 traefik_ 作为指标前缀。可以使用 Prometheus 服务器来抓取这些指标，并使用 Grafana 等工具将所采集的数据可视化。

（2）仪表盘指标端点启用

Traefik 仪表盘基于收集的指标以可视化的方式呈现 Traefik 实例的性能和健康状况。要启用 Traefik 仪表盘，需要在 Traefik 配置文件中进行相应的配置。

以下是启用 Traefik 仪表盘的配置示例：

```
dashboard:
  metrics:
    entryPoint: metrics
```

在此配置示例中，仪表盘被配置为使用指标入口点，这意味着 Traefik 将在 /metrics 端点导出指标，并在仪表盘中使用这些指标进行可视化和监控。

3. 常用操作示例解析

（1）基于标签过滤指标

在实际的业务场景中，若要在 Traefik 中按标签过滤指标，通常需要在 Traefik 配置文件中添加以下参数配置：

```
metrics:
  prometheus:
    filters:
      include:
        - env=prod
        - app=devops-app
      exclude:
        - env=dev
        - app=other-app
```

（2）添加自定义标签

若要在 Traefik 中为指标添加自定义标签，通常需要在 Traefik 配置文件中添加以下参数配置：

```
metrics:
  prometheus:
    addEntryPointsLabels:
      custom_label_1: value_1
      custom_label_2: value_2
    addServicesLabels:
      custom_label_3: value_3
      custom_label_4: value_4
    addRoutersLabels:
      custom_label_5: value_5
      custom_label_6: value_6
```

5.3.5　常用端点

在计算机网络中，端点是指应用程序或服务用来相互通信的网络地址或连接点。端点的形式因所使用的协议和所涉及的通信类型而异。

HTTP 端点通常由 IP 地址和端口号组成，用于向 Web 服务器发出请求。在消息传递系统中，端点通常是队列或主题，用于在应用程序之间发送和接收消息。

无论采用何种形式，端点都是应用程序或服务之间通信的关键组件。理解和管理端点是构建可靠、高性能网络架构的重要一环。

1. Traefik 端点定义

在 Traefik 中，端点通常是指 Traefik 用来接收外部传入流量的网络地址或连接点。端点可以配置为监听特定端口、网络接口等，并且可以与一个或多个入口点相关联。这些入口点定义了传入流量的协议和传输设置。

例如：可以先在 Traefik 中配置一个端点，以监听传入的 HTTP 流量，并将其与名为 http 的入口点相关联；然后配置一个或多个 HTTP 路由器，以根据所设定的路由规则和其他配置将传入请求路由到此端点。

Traefik 允许使用 API 或配置文件来定义和配置端点，并根据需要更新或修改以适应基础设施的变化。通过将端点与入口点、路由器以及其他 Traefik 组件结合使用，可以创建一个强大而灵活的基础设施来管理传入的流量，并将请求路由到适合的后端服务。

Traefik 提供了许多功能（包括支持多种传输协议、负载均衡和服务自动发现等）和选项来配置与管理端点。掌握这些功能有助于更好地管理和优化网络架构，从而提高应用程序的可靠性和性能。

2. Traefik 端点种类

（1）HTTP 端点

HTTP 端点通常被定义为在端口 80 上监听传入的 HTTP 流量，并与名为 http 的入口点相关联。该入口点定义了 HTTP 协议和传输设置，以确保传入的 HTTP 请求被正确路由和处理。

下面是在 Traefik 中配置 HTTP 端点的示例：

```
http:
  address: ":80"

endpoints:
  devops-http-endpoint:
    address: ":80"
    entryPoints:
      - http
```

上述示例定义了一个名为 devops-http-endpoint 的 HTTP 端点，监听 80 端口并与 http 入口点相关联。通过这个 HTTP 端点，Traefik 可以接收来自外部的 HTTP 请求并将其路由到适合的后端服务。

HTTP 端点的介绍可参考表 5-1。

表 5-1　HTTP 端点

编号	路径	方法	描述
1	/api/http/routers	GET	列出所有的 HTTP 路由器信息
2	/api/http/routers/{name}	GET	返回指定的 HTTP 路由器名称信息
3	/api/http/services	GET	列出所有的 HTTP 服务信息
4	/api/http/services/{name}	GET	返回指定的 HTTP 服务名称信息
5	/api/http/middlewares	GET	列出所有的 HTTP 中间件信息
6	/api/http/middlewares/{name}	GET	返回指定的 HTTP 中间件名称信息

（2）HTTPS 端点

HTTPS 端点通常被定义为在端口 443 上监听传入的 HTTPS 流量，并与名为 https 的入口点相关联。该入口点定义了 HTTPS 协议和传输设置，以确保传入的 HTTPS 请求被正确路由和处理。

以下是在 Traefik 中配置 HTTPS 端点的示例：

```
https:
  address: ":443"

endpoints:
  devops-https-endpoint:
    address: ":443"
    entryPoints:
      - https
    tls:
      certResolver: "devops-resolver"
```

上述配置定义了一个名为 devops-https-endpoint 的 HTTPS 端点，监听 443 端口并与名为 https 的入口点相关联。通过这个 HTTPS 端点，Traefik 可以接收传入的 HTTPS 请求并将其路由到适合的后端服务。

在以上配置示例中，tls 部分指定了端点的 TLS 配置，包括用于处理传入 TLS 连接的证书解析器。

（3）TCP 端点

TCP 端点通常被定义为在特定端口上监听传入的 TCP 连接，并与定义连接传输设置的入口点相关联。其配置示例参考如下：

```
tcp:
  routers:
    devops-tcp-router:
      rule: "HostSNI('*.example.com')"
      service: "devops-tcp-service"

endpoints:
  devops-tcp-endpoint:
    address: ":8080"
    entryPoints:
      - tcp
```

上述配置定义了一个名为 devops-tcp-endpoint 的 TCP 端点，监听 8080 端口并与名为 tcp 的入口点相关联。通过这个 TCP 端点，Traefik 可以接收传入的 TCP 连接，并将其根据 TCP 路由器配置中定义的路由规则路由到适合的后端服务。

TCP 端点的介绍可参考表 5-2。

表 5-2　TCP 端点

编号	路径	方法	描述
1	/api/tcp/routers	GET	列出所有的 TCP 路由器信息
2	/api/tcp/routers/{name}	GET	返回指定的 TCP 路由器名称信息
3	/api/tcp/services	GET	列出所有的 TCP 服务信息
4	/api/tcp/services/{name}	GET	返回指定的 TCP 服务名称信息
5	/api/tcp/middlewares	GET	列出所有的 TCP 中间件信息
6	/api/tcp/middlewares/{name}	GET	返回指定的 TCP 中间件名称信息

（4）UDP 端点

在 Traefik 中，UDP 端点是指 Traefik 用来接收外部传入的 UDP 流量的网络地址或连接点。端点可以配置为监听特定端口、网络接口等，并且可以与定义用于接收传入流量的 UDP 协议和传输设置的一个或多个入口点相关联。

以 DNS 端点为例，通常情况下，DNS 端点被定义为在端口 53 上监听传入的 DNS 流量，并与定义 DNS 协议和传输设置的入口点相关联。

以下是在 Traefik 中配置 UDP 端点的示例：

```
udp:
  routers:
    devops-dns-router:
      rule: "HostSNI('*.example.com')"
      service: "devops-dns-service"

endpoints:
  devops-dns-endpoint:
    address: ":53"
    entryPoints:
      - dns
```

上述示例定义了一个名为 devops-dns-endpoint 的 UDP 端点，通过监听端口 53 并与名为 dns 的入口点相关联。通过这个 UDP 端点，Traefik 可以接收传入的 DNS 流量，并将其根据 DNS 路由器配置中定义的路由规则路由到适合的后端服务。

UDP 端点的介绍可参考表 5-3。

表 5-3　UDP 端点

编号	路径	方法	描述
1	/api/udp/routers	GET	列出所有的 UDP 路由器信息
2	/api/udp/routers/{name}	GET	返回指定的 UDP 路由器名称信息
3	/api/udp/services	GET	列出所有的 UDP 服务信息
4	/api/udp/services/{name}	GET	返回指定的 UDP 服务名称信息

除了上述端点之外，Traefik 中还有一些其他的常用端点，具体可参考表 5-4。

表 5-4　其他常用 Traefik 端点

编号	路径	方法	描述
1	/api/cluster/overview	GET	返回有关集群的信息
2	/api/cluster/nodes	GET	列出集群中所有节点的信息
3	/api/cluster/license	GET	返回有关集群许可证的信息
4	/api/cluster/errors	GET	列出与集群相关的所有错误信息
5	/api/cluster/notification	GET	返回有关许可证到期的信息
6	/api/mesh/services	GET	列出所有网格服务信息
7	/api/mesh/services/{id}	GET	返回有关指定的网格服务 ID 的信息

（续）

编号	路径	方法	描述
8	/api/mesh/errors	GET	列出所有网格错误信息
9	/api/mesh/overview	GET	返回有关网格服务的概要信息
10	/debug/vars	GET	Go 程序（包括 Traefik）公开的 URL 端点，用于以结构化格式公开程序的内部状态。该端点提供了一系列可用于监控和调试程序执行的变量
11	/debug/pprof/	GET	Go 程序（包括 Traefik）公开的 URL 端点，用于公开有关程序执行的各种分析和调试信息
12	/debug/pprof/cmdline	GET	Go 程序（包括 Traefik）公开的 URL 端点，用于检索用于启动程序的命令行参数
13	/debug/pprof/profile	GET	Go 程序（包括 Traefik）公开的 URL 端点，用于生成和下载程序执行的 CPU 配置文件
14	/debug/pprof/symbol	GET	Go 程序（包括 Traefik）公开的 URL 端点，用于检索正在运行的程序的符号信息
15	/debug/pprof/trace	GET	Go 程序（包括 Traefik）公开的 URL 端点，用于生成和下载程序执行的跟踪信息
16	/api/overview	GET	返回有关 HTTP、TCP 以及启用的功能和提供商的统计信息
17	/api/rawdata	GET	返回有关动态配置、错误、状态和依赖关系的信息

5.4　Traefik 安全机制

Traefik 以易用性、灵活性和可扩展性得到广泛应用，可以根据后端服务的健康状况智能路由流量，支持多种主流协议，目前已经成为原生架构的常用组件之一。

然而，任何处于网络边界的系统都会面临潜在的安全风险。为了保障 Traefik 中的数据和服务的安全性与完整性，我们需要重点关注以下几类安全威胁。

1. 身份验证和授权

Traefik 提供了多种身份验证和授权选项，包括基本身份验证、OAuth2 和 JWT 令牌等。如果这些选项配置不当，Traefik 容易受到暴力破解、会话劫持和令牌盗窃等攻击。因此，在配置身份验证和授权机制时，我们需要采取适当的安全措施，例如使用复杂的密码、启用多因素身份验证等。

此外，Traefik 的默认配置允许未经身份验证的用户访问其指标端点，这可能会泄露有关系统及其用户的敏感信息。因此，在生产环境中，我们需要禁用指标端点或配置适当的身份验证和授权机制，以确保敏感信息不被泄露。

2. 网络安全

作为整个云原生网络拓扑结构的流量入口，Traefik 很可能会受到一系列基于网络的攻击，包括数据包嗅探、中间人（MITM）攻击和拒绝服务（DoS）攻击等。Traefik 的默认配置使用 HTTP 作为通信协议，可以被攻击者拦截和修改，因此需要采取措施确保通信的机密性和完整性，例如使用 TLS 加密、配置防火墙和入侵检测系统等。

此外，攻击者还可以操纵 Traefik 的负载均衡和路由算法，将流量引导至恶意或受感染的服务，导致出现数据泄露或应用程序瘫痪等安全问题。

3. 容器安全

Traefik 通常部署在基于容器的云原生架构，这带来了额外的安全挑战，比如容易容器突破、容器逃逸、容器镜像篡改等攻击。如果在 Traefik 后端或下游运行服务的容器遭到破坏，攻击者可能会访问同一网络中的其他容器和服务，导致出现数据泄露或应用程序瘫痪等安全问题。

4. 配置安全

Traefik 配置文件中含有密码、证书、API 密钥等敏感信息，若未妥善保护，潜在的未授权用户可能访问并篡改这些文件，可能引发数据泄露或应用程序失效问题。

此外，Traefik 的动态配置功能允许即时添加和删除服务，这也为攻击者注入恶意代码或配置提供了机会，使系统遭受破坏。

5.4.1 身份验证

身份验证是保护 Traefik 中的应用程序和服务的重要环节，通过对用户或服务的身份验证以授予对资源的访问权限。在实际应用中，我们可以通过多种方式设置身份验证，例如基本身份验证、转发身份验证、OAuth 等。我们还可以使用 Keycloak、Auth0 和 Okta 等外部提供商来管理用户及其凭据。Traefik 支持各种可应用于路由器和服务的身份验证中间件。

1. 基本身份认证

基本身份验证是一种简单的安全机制，需要用户名和密码进行用户身份验证。虽然使用 Base64 编码来传输凭据并不安全，但可以与 HTTPS 结合使用以提高安全性。

要在 Traefik 中启用基本身份验证，我们可以使用 basicAuth 中间件实现。以下是将基本身份验证添加到 Kubernetes Ingress 对象的示例：

```
apiVersion: extensions/v1beta1
kind: Ingress
metadata:
  name: devops-ingress
  annotations:
    traefik.ingress.kubernetes.io/router.middlewares: devops-namespace-auth@kubernetescrd
spec:
  rules:
  - host: devopshost.com
    http:
      paths:
      - path: /
        backend:
          serviceName: devops-service
          servicePort: 80
---
apiVersion: traefik.containo.us/v1alpha1
```

```
kind: Middleware
metadata:
  name: devops-namespace-auth
spec:
  basicAuth:
    secret: devopssecret
```

上述配置通过指定 traefik.ingress.kubernetes.io/router.middlewares 注释并引用名为 devops-namespace-auth 的 Traefik 中间件对象，将基本身份验证添加到 devops-ingress Ingress 对象中。在这个示例中，中间件对象指定 BasicAuth 中间件并引用名为 devopssecret 的 Kubernetes Secret。

通常情况下，devopssecret Secret 需要单独创建，并且应该包含以下格式的已知用户列表，具体如下：

```
apiVersion: v1
kind: Secret
metadata:
  name: devopssecret
data:
  users: dGVzdDokYXByMSRINnVza2trVyRJZ1hMUDZld1RyU3VCa1RycUU4d2ovLHRlc3QyOiRhc
HIxJGQ5aHI5SEJCSR4d3dnVWlyM0hQNEVzZ2dQL1FObzAK # base64 encoded "devops1:$apr1$H6
uskkkW$IgXLP6ewTrSuBkTrqE8wj/,devops2:$apr1$d9hr9HBB$4HxwgUir3HP4EsggP/QNo0"
```

上述配置定义了两个用户（devops1 和 devops2），以及它们各自的密码哈希值。为了确保密码的安全性，建议使用哈希算法（例如 MD5、SHA1 或 BCrypt 等）对密码进行加密。

2. 转发身份认证

Traefik 的 forwardAuth 中间件允许将身份验证委托给外部服务。当用户尝试访问受 Traefik 保护的服务时，Traefik 会将请求转发给外部身份验证服务进行验证。如果外部身份验证服务返回 "2XX"，Traefik 将授予访问权限，并将原始请求转发给后端服务；否则，外部身份验证服务的响应将直接返给用户。

下面是一个使用 Kubernetes Ingress 注释在 Traefik 中配置 forwardAuth 的示例：

```
apiVersion: extensions/v1beta1
kind: Ingress
metadata:
  name: devops-ingress
  annotations:
    traefik.ingress.kubernetes.io/router.middlewares: devops-namespace-auth@kubernetescrd
spec:
  rules:
  - host: devops.host.com
    http:
      paths:
      - path: /
        backend:
          serviceName: devops-service
          servicePort: 80
---
apiVersion: traefik.containo.us/v1alpha1
```

```
kind: Middleware
metadata:
  name: devops-namespace-auth
spec:
  forwardAuth:
    address: https://devops-auth-service.com/auth
    trustForwardHeader: true
```

上述配置通过指定 traefik.ingress.kubernetes.io/router.middlewares 注释并引用名为 devops-namespace-auth 的 Traefik 中间件对象，将 forwardAuth 添加到 devops-ingress Ingress 对象。Middleware 对象指定 forwardAuth 中间件并将 address 选项设置为外部身份验证服务的 URL。

3. OAuth

针对 OAuth 认证模式，Traefik 没有直接对 OAuth 内置支持，但我们可以使用 Traefik 的 forwardAuth 中间件将身份验证委托给外部 OAuth 提供商来实现。

下面是一个使用 Kubernetes Ingress 注释配置 forwardAuth 与 Traefik 的示例：

```
apiVersion: extensions/v1beta1
kind: Ingress
metadata:
  name: devops-ingress
  annotations:
    traefik.ingress.kubernetes.io/router.middlewares: devops-namespace-auth@kubernetescrd
spec:
  rules:
  - host: devops.host.com
    http:
      paths:
      - path: /
        backend:
          serviceName: devops-service
          servicePort: 80
---
apiVersion: traefik.containo.us/v1alpha1
kind: Middleware
metadata:
  name: devops-namespace-auth
spec:
  forwardAuth:
    address: https://devops-oauth-provider.com/auth
    trustForwardHeader: true
```

上述配置通过指定 traefik.ingress.kubernetes.io/router.middlewares 注释并引用名为 devops-namespace-auth 的 Traefik 中间件对象，将 forwardAuth 添加到 devops-ingress Ingress 对象。Middleware 对象指定 forwardAuth 中间件并将 address 选项设置为外部 OAuth 提供商的 URL。

当用户尝试访问该服务时，Traefik 会将请求转发给外部 OAuth 提供商进行身份验证。如果 OAuth 提供商返回 "2XX" 响应，访问将被授予并且原始请求将被转发到该服务；否则，OAuth 提供商的响应将返给用户。

5.4.2　授权访问

除了强大的身份验证功能，Traefik 的一个重要安全功能是基于角色的访问控制（RBAC）。RBAC 允许为不同的用户和组定义不同级别的权限，从而保护服务并防止未经授权的访问。我们还可以利用外部解决方案（如 OPA、Casbin 等）来实施授权访问策略。

RBAC 是一种安全机制，根据用户的角色分配不同的对资源的访问权限。在 Kubernetes 中，RBAC 通常用于管理集群中的访问权限。在 Traefik 中，我们可以通过 Yaml 或 Toml 配置文件定义用户、角色和访问权限。用户由用户名和密码识别，可以存储在文件或数据库中。角色决定对特定资源或操作的访问权限。权限定义用户或角色可以对资源执行的操作。

要在 Traefik 中使用 RBAC，需要将路由器和中间件关联到角色。路由器匹配传入请求并将其定向到服务，中间件在路由之前或之后修改请求或响应。我们可以使用标签或注释指定哪些角色可以访问哪些路由器或中间件。

通常，我们可以使用 traefik.http.routers.<router-name>.rule 标签定义路由规则，使用 traefik.http.routers.<router-name>.middlewares 标签附加一个路由的中间件。另外，我们可以使用 'traefik.http.middlewares.<middleware-name>.basicauth.users' 标签定义可以访问路由器的用户列表或者使用 *.forwardauth.address' 标签指向可以验证用户凭据的外部身份验证服务。

在实际的业务场景中，尤其是在 Traefik 和 Kubernetes 环境中，我们通常需要为 Traefik 授予必要的 Kubernetes 访问权限，以便能够管理集群中的服务。因此，我们需要使用 RBAC 在 Kubernetes 中为 Traefik 定义适当的角色和权限限制，从而保护 Kubernetes 集群的安全，同时让 Traefik 能够有效地执行任务。

1. 服务账号

服务账号（ServiceAccount）是一个 Kubernetes 对象，赋予应用程序（如 Traefik）一组特定的权限，允许应用程序与 Kubernetes API 交互。

为 Traefik 创建 ServiceAccount，可以指定 Traefik 需要的最小权限，提高集群安全性。创建 ServiceAccount 的方法如下：

```
apiVersion: v1
kind: ServiceAccount
metadata:
  name: traefik
  namespace: default
```

2. 集群角色

集群角色（ClusterRole）定义了一组可以授予 Service Account 的集群范围权限。为了使 Traefik 正常运行，我们需要访问集群范围内的资源，例如 Ingress、Service 等。因此，我们需要创建一个 ClusterRole，以授予 Traefik 所需的必要权限，具体如下所示：

```
apiVersion: rbac.authorization.k8s.io/v1
kind: ClusterRole
metadata:
```

```
    name: traefik
rules:
- apiGroups:
  - ""
  resources:
  - services
  - endpoints
  - secrets
  verbs:
  - get
  - list
  - watch
- apiGroups:
  - extensions
  - networking.k8s.io
  resources:
  - ingresses
  verbs:
  - get
  - list
  - watch
```

3. 集群角色绑定

集群角色绑定（ClusterRoleBinding）主要用于将 ClusterRole 绑定到 ServiceAccount，并授予 ServiceAccount 集群范围内所需的权限。

为了使 Traefik 能够正常工作，我们需要创建一个 ClusterRoleBinding，并将为 Traefik 创建的 ClusterRole 绑定到 Traefik 所使用的 ServiceAccount 上，具体如下：

```
apiVersion: rbac.authorization.k8s.io/v1
kind: ClusterRoleBinding
metadata:
  name: traefik
roleRef:
  apiGroup: rbac.authorization.k8s.io
  kind: ClusterRole
  name: traefik
subjects:
- kind: ServiceAccount
  name: traefik
  namespace: default
```

4. 角色

在某些场景中，我们可能希望限制 Traefik 只能访问特定的 Kubernetes Namespace。为此，我们可以创建 NamespaceRole。NamespaceRole 是 Kubernetes 对象，定义了一组限定在指定 Namespace 内的访问权限。

为 Traefik 创建 NamespaceRole 并授予必要的访问权限示例如下：

```
apiVersion: rbac.authorization.k8s.io/v1
kind: Role
```

```
metadata:
  name: traefik
  namespace: custom-namespace
rules:
- apiGroups:
  - ""
  resources:
  - services
  - endpoints
  - secrets
  verbs:
  - get
  - list
  - watch
- apiGroups:
  - extensions
  - networking.k8s.io
  resources:
  - ingresses
  verbs:
  - get
  - list
  - watch
```

5. 角色绑定

角色绑定（RoleBinding）同样为一个 Kubernetes 对象，将 Role 绑定到 ServiceAccount，并将 Role 中定义的权限授予 ServiceAccount。如果我们将 Role 用于命名空间特定的权限，那么，需要创建 RoleBinding，具体如下：

```
apiVersion: rbac.authorization.k8s.io/v1
kind: RoleBinding
metadata:
  name: traefik
  namespace: custom-namespace
roleRef:
  apiGroup: rbac.authorization.k8s.io
  kind: Role
  name: traefik
subjects:
- kind: ServiceAccount
  name: traefik
  namespace: custom-namespace
```

RBAC 是管理 Traefik 授权的强大且灵活的方式，有效提高服务的安全性和可用性。通过合理使用 RBAC 中的用户、角色和权限，我们可以更好地控制 Traefik 中服务的授权，从而满足业务需求。

5.4.3　传输层安全

Traefik 支持使用 TLS 来保护客户端和服务端之间的数据通信安全——通过对数据进行加密

来防止监听和篡改，从而有效实现隐私保护、防篡改和防欺骗。

Traefik 支持不同版本的 TLS，比如 TLS 1.2 和 TLS 1.3，同时支持不同类型的证书，如自签名证书、公证处签发的证书和通配符证书。Traefik 提供丰富的 TLS 配置选项，支持为路由和服务配置 TLS。

1.TLS 配置解析

下面是配置在 Traefik 中将 TLS 与 Kubernetes Ingress 对象结合使用的示例：

```
apiVersion: extensions/v1beta1
kind: Ingress
metadata:
  name: devops-ingress
  annotations:
    traefik.ingress.kubernetes.io/router.tls: "true"
spec:
  tls:
  - hosts:
    - devops.host.com
    secretName: devopssecret
  rules:
  - host: devops.host.com
    http:
      paths:
      - path: /
        backend:
          serviceName: devops-service
          servicePort: 80
```

此示例通过在 Ingress 对象上指定 annotation: traefik.ingress.kubernetes.io/router.tls: "true" 将名为 devops-ingress 的 Ingress 对象配置为启用 TLS。

在 Ingress 对象中，tls 部分用来指定 Traefik 应该在哪些域名下启用 HTTPS 协议，以及获取 TLS 证书和私钥的位置，具体如下：

```
apiVersion: v1
kind: Secret
metadata:
  name: devopssecret
type: kubernetes.io/tls
data:
  tls.crt: <base64 encoded certificate>
  tls.key: <base64 encoded private key>
```

基于上述配置，当用户启用 HTTPS 协议访问服务时，Traefik 将自动使用提供的 TLS 证书来保护连接。

2.特性支持

在安全方面，Traefik 对 TLS 和 SSL 有强大的特性支持，以满足不同业务场景的需求。

（1）自动启用 HTTPS

通常而言，Traefik 可以自动获取 Let's Encrypt 证书，将 HTTP 访问重定向到 HTTPS，具体如下：

```
http:
  routers:
    my-router:
      rule: Host('example.com')
      tls:
        certResolver: letsencrypt
```

上述配置为 example.com 获取 Let's Encrypt 证书并将 HTTP 访问重定向到 HTTPS。

（2）自定义证书

在实际的业务场景中，基于不同的需求，我们可以自定义 TLS 证书和密钥，具体如下：

```
http:
  routers:
    devops-router:
      rule: Host('example.com')
      tls:
        certFile: path/to/cert.pem
        keyFile: path/to/key.pem
```

（3）客户端验证

在实际的业务场景中，我们可以指定客户端请求必须有有效的客户端证书，具体如下：

```
http:
  routers:
    devops-router:
      rule: Host('example.com')
      tls:
        certFile: path/to/cert.pem
        keyFile: path/to/key.pem
        clientAuth:
          caFiles:
            - path/to/ca.pem
          clientAuthType: RequireAndVerifyClientCert
```

（4）TLS 终止

TLS 终止指的是在将 TLS 加密流量转发给后端服务前，在网关解密 TLS 流量，从而实现后端服务接收未加密流量，简化配置并提高性能。

Traefik 可以配置为使用 TLS 证书和私钥来执行 TLS 终止。下面是一个配置 Traefik 使用 Kubernetes Ingress 对象执行 TLS 终止的示例：

```
apiVersion: extensions/v1beta1
kind: Ingress
metadata:
  name: devops-ingress
  annotations:
    traefik.ingress.kubernetes.io/router.tls: "true"
spec:
  tls:
  - hosts:
    - devops.host.com
```

```
    secretName: devopssecret
  rules:
  - host: devops.host.com
    http:
      paths:
      - path: /
        backend:
          serviceName: devops-service
          servicePort: 80
```

此配置通过指定 traefik.ingress.kubernetes.io/router.tls 注释并将其设置为 true，将名为 devops-ingress 的 Ingress 对象配置为使用 TLS。Ingress 对象的 tls 部分指定主机名和包含 TLS 证书和私钥的 Kubernetes Secret 的名称。

名为 devopssecret 的 Secret 的文件的创建参考如下：

```
apiVersion: v1
kind: Secret
metadata:
  name: devopssecret
type: kubernetes.io/tls
data:
  tls.crt: <base64 encoded certificate>
  tls.key: <base64 encoded private key>
```

基于上述配置定义，当用户使用 HTTPS 访问服务时，Traefik 将自动使用提供的 TLS 证书来保护连接。然后，Traefik 将未加密的流量转发到后端服务。

（5）SNI

SNI（Server Name Indication）是一个 TLS 协议的扩展，允许客户端在 TLS 握手阶段指定正在尝试连接的主机名。这使服务器可以在同一 IP 地址和端口上托管多个 TLS 证书，并根据请求的主机名提供正确的证书给客户端。

Traefik 支持 SNI，可以根据请求的主机名自动选择正确的 TLS 证书。下面是配置 Traefik 结合多个 Ingress 对象使用 SNI 的示例：

```
apiVersion: extensions/v1beta1
kind: Ingress
metadata:
  name: devops-ingress-1
  annotations:
    traefik.ingress.kubernetes.io/router.tls: "true"
spec:
  tls:
  - hosts:
    - devops.host.com
    secretName: devopssecret1
  rules:
  - host: devops.host.com
    http:
      paths:
      - path: /
```

```
      backend:
        serviceName: devops-service-1
        servicePort: 80
---
apiVersion: extensions/v1beta1
kind: Ingress
metadata:
  name: devops-ingress-2
  annotations:
    traefik.ingress.kubernetes.io/router.tls: "true"
spec:
  tls:
  - hosts:
    - other.host.com
    secretName: devopssecret2
  rules:
  - host: other.host.com
    http:
      paths:
      - path: /
        backend:
          serviceName: devops-service-2
          servicePort: 80
```

上述配置通过在两个 Ingress 对象上均指定 traefik.ingress.kubernetes.io/router.tls: "true" 来配置 devops-ingress-1 和 devops-ingress-2 均使用 TLS。每个 Ingress 对象的 tls 部分均指定主机名和包含 TLS 证书和私钥的 Kubernetes Secret 的名称。

当用户使用 HTTPS 访问其中一个服务时，Traefik 将根据请求的主机名自动选择正确的 TLS 证书和私钥，并返给客户端相应的 TLS 握手响应。

3. Traefik 所支持的 TLS 价值及意义

在实际的业务场景中，Traefik 所支持的 TLS 给我们的业务系统带来诸多好处，具体如下。

❑ 简单：通过入口点配置完成 TLS 设置，无需额外的服务端工作。

❑ 灵活性：根据业务场景需求，可选择 Let's Encrypt 自动签发证书、自定义证书、客户端证书等方式验证。

❑ 入口级别：在入口点启用 TLS 配置，可以让后端服务不再需要关心 TLS 相关的配置和处理，极大地简化了服务端的代码和部署。

❑ SNI 路由：在一个端口托管和路由多种域名的 HTTPS 服务，避免了端口资源的浪费。

❑ 与密钥管理相结合：能够自动轮换证书、启用证书热加载等功能，实现证书管理自动化。

❑ 强大的安全性：具有客户端验证、安全密码设置、最低 TLS 版本设置等选项。

5.4.4　Let's Encrypt

作为一个现代化的反向代理和负载均衡器，Traefik 不仅可以处理 HTTP 流量和 TCP 流量，还可以轻松地为服务的域名自动获取和更新 SSL 证书。

具体来说，Traefik 可以集成 Let's Encrypt，为域名签发经过验证的 SSL 证书。

1. Let's Encrypt 概念

Traefik 与 Let's Encrypt 集成是一个重要特性，可实现自动为服务申请和更新 Let's Encrypt 提供的免费 SSL 证书。

为了说明 Traefik 如何与 Let's Encrypt 协作以启用 HTTPS，我们列举一个使用 Docker 和 Traefik 的示例。

首先，创建 docker-compose.yml 文件来部署 Traefik 和一个 Web 服务：

```yaml
version: "3.7"

services:
  traefik:
    image: traefik:v2.9.6
    command:
      - "--providers.docker"
      - "--entrypoints.web.address=:80"
      - "--entrypoints.websecure.address=:443"
      - "--certificatesresolvers.myresolver.acme.httpchallenge=true"
      - "--certificatesresolvers.myresolver.acme.httpchallenge.entrypoint=web"
      - "--certificatesresolvers.myresolver.acme.email=devops-email@example.com"
      - "--certificatesresolvers.myresolver.acme.storage=/acme.json"
    ports:
      - "80:80"
      - "443:443"
    volumes:
      - "/var/run/docker.sock:/var/run/docker.sock:ro"
      - "./acme.json:/acme.json"
    networks:
      - traefik-net

  devops-service:
    image: devops-service-image
    labels:
      - "traefik.enable=true"
      - "traefik.http.routers.devops-service.rule=Host('devops-domain.com')"
      - "traefik.http.routers.devops-service.entrypoints=websecure"
      - "traefik.http.routers.devops-service.tls.certresolver=myresolver"
    networks:
      - traefik-net

networks:
  traefik-net:
```

在上述配置示例中，Traefik 被设置为使用 Docker 作为后端，监听 80 端口上的 HTTP web 服务和 443 端口上的 HTTPS websecure 服务。

Let's Encrypt 配置定义了名为 myresolver 的证书解析器。该解析器被配置为使用 HTTP Challenge 方法验证域名所有权并将获得的证书存储在 acme.json 文件中。devops-service 容器配置有标签，告知 Traefik 将对 devops-domain.com 的请求路由到对应服务，并使用 myresolver 证书解析器为该域名获取 SSL/TLS 证书。

通过此设置，Traefik 将自动为所构建的服务请求和管理 SSL/TLS 证书，从而实现安全的 HTTPS 连接。

2. 实现原理解析

Traefik 配置为使用 Let's Encrypt 时，将自动向 Let's Encrypt 请求为 Ingress 或 IngressRoute 对象中指定的每个主机名颁发 TLS 证书。Traefik 通过 ACME 协议向 Let's Encrypt 证明其控制的主机名。一旦证明被接受，Let's Encrypt 会为该主机名颁发 TLS 证书，并在证书过期前自动续订。

Traefik 使用 ACME 协议与 Let's Encrypt 进行通信。该协议是自动化证书管理的标准。ACME 协议允许 Traefik 证明其控制了请求证书的域名。Traefik 主要使用两种 ACME 协议类型：HTTP-01 和 DNS-01。HTTP-01 要求 Traefik 在端口 80 响应特定 URL，并使用 Let's Encrypt 提供的令牌进行验证，以证明 Traefik 可以为该域名的 HTTP 请求提供服务。DNS-01 要求 Traefik 在该域名的 DNS 区域创建指定的 TXT 记录，以证明其可以管理该域名的 DNS 记录。

要使用 Let's Encrypt，我们需要在 Traefik 的静态配置中定义一个证书解析器。该证书解析器负责从 ACME 云服务器请求和更新证书。同时，我们还需指定 ACME 质询类型、注册电子邮件地址以及证书的存储位置。

接下来，我们需要为每个要使用 Let's Encrypt 进行保护的路由器启用 TLS。路由器是一个动态配置元素，用于定义 Traefik 如何将传入请求路由到构建的服务。此外，我们还需要使用 tls. certresolver 选项将每个路由器与证书解析器相关联，以便通知 Traefik 使用哪个解析器为从路由器规则或 tls.domains 选项推断出的域名请求证书。

Traefik 会自动跟踪生成的证书的到期日期，并在到期前 30 天开始更新。默认情况下，Traefik 管理周期为 90 天的证书，但我们可以使用 certificatesDuration 选项来自定义证书有效期。此外，我们还可以定义没有 SNI 或没有匹配域名的连接使用默认证书，或者提供自己的默认证书，或使用 ACME 提供商生成证书。

3. Let's Encrypt 自动化域名验证流程

通常来讲，Let's Encrypt 最重要的价值在于自动化特性。该特性的核心是 ACME（自动化证书管理环境）协议。Let's Encrypt 定义了一种方法。通过该方法，计算服务和 CA（即 Let's Encrypt）可以在没有人工干预的情况下完成证书请求、签发和验证。

Traefik 和 Let's Encrypt 自动化域名验证流程参考图 5-2。

根据上述示意图，Traefik 与 Let's Encrypt 之间的自动化域名验证主要包含以下步骤。

1）选择一个 ACME 客户端，用于处理域名验证。通常有多种可用的 ACME 客户端，例如 Certbot、acme.sh 和 lego。根据实际的业务场景，我们选择最适合的一种，并按照安装说明新建授权密钥对以发送证书请求。

2）Traefik 与 Let's Encrypt API 通信，以请求指定域的证书。

3）Let's Encrypt 需要域名验证，以确保控制请求证书的域。Traefik 使用 HTTP 或 DNS 质询方法自动处理此过程。

4）验证域名后，Let's Encrypt 颁发证书，Traefik 将存储并配置服务以使用该证书。

5）Traefik 监控证书的到期日期并在到期前自动续订，如果续订失败，客户端会尝试重新颁发证书。

图 5-2　Let's Encrypt 自动化域名验证流程参考示意图

ACME 域名验证过程依靠公钥加密来建立信任。在整个流程中，ACME 客户端负责处理证书请求和续订，并与 Let's Encrypt 端的服务器进行通信。ACME 客户端会自动处理域名验证过程，无需人工干预。这样就可以实现完全自动化的证书管理，大大降低了 TLS 加密的管理成本和工作量。

5.5　本章小结

本章主要基于 Traefik 基本特性的相关内容进行深入解析，并简单描述了在实际的项目开发过程中所涉及的相关技术实践，具体如下。

- ❑ 解析 Traefik 常用基本操作，涉及 Cli 命令行、ping 命令以及仪表盘，并从基础功能介绍、示例场景两方面进行解析。
- ❑ 解析 Traefik 不同种类 API，涉及 API 配置、入口点 API、仪表盘 API、指标 API、常用端点。
- ❑ 解析 Traefik 安全机制，涉及身份验证、授权访问、传输层安全以及 Let's Encrypt 4 方面。

第 6 章 *Chapter 6*

Traefik 升级、迁移及高可用性

Traefik 的升级、迁移及高可用性对于开发人员和 DevOps 团队来说至关重要。这有助于应用程序保持最新状态、获取最新的安全补丁，提高性能、可靠性和安全性。

为了适应不同的部署环境和需求，Traefik 提供了多种升级和迁移方式。此外，Traefik 可以与多种存储后端（如 Consul、Etcd、zooKeeper 和 Kubernetes 等）集成，以实现高可用性。

总之，作为一款强大、灵活的工具，升级、迁移和高可用性是必不可少的。

6.1 概述

Traefik 作为一个流行的开源云原生边缘路由器，它的不同版本在功能和性能上存在较大差异。这导致用户需要不断升级 Traefik，以获得最新特性和性能提升。

Traefik 支持多种灵活的升级和迁移方案来适应不同的部署环境。用户可以根据自己的业务需求选择最佳升级策略，以获得 Traefik 的最新功能、安全补丁，从而更好地提高应用的可靠性、性能和安全性。

1. 为什么需要升级和迁移？

通常，在实际的业务场景中，升级和迁移 Traefik 的主要原因之一是利用提供的新功能和改进，具体如下。

❑ 利用更全面的配置系统，更加灵活和富有表现力，允许用户根据主机、路径、报头、查询参数等各种标准定义路由规则。

❑ 利用新的中间件系统，允许用户对请求和响应采用各种转换和操作，例如身份验证、速率限制、重定向、压缩等。

- 利用全新的 Provider 系统，支持更多的服务发现机制和平台，如 Kubernetes、Docker Swarm、Consul、Etcd 等。
- 利用新的插件系统，允许用户使用自定义逻辑和集成来扩展 Traefik 功能。
- 利用新的仪表盘和 API，提供对 Traefik 行为和性能的更多可见性和控制。

升级和迁移到 Traefik 2.x 的一个原因是避免使用过时和不受支持的版本带来的潜在隐患和限制。Traefik 1.x 已不再由开发团队维护更新，将不再获得任何新功能和错误修复，可能导致安全和稳定性风险。此外，Traefik 1.x 可能无法兼容所依赖的较新版本的底层技术和平台，例如 Go、Docker、Kubernetes 等，这可能导致兼容性问题、性能下降或意外错误。最后，Traefik 2.x 对云原生应用和微服务支持更加智能，可以实现更智能的流量路由、服务发现等，这是 Traefik 1.x 无法实现的。

2. 升级和迁移过程中面临的挑战

升级和迁移到 Traefik 2.x 虽然有诸多好处，但整个过程并不简单，需要慎重规划和准备。用户可能面临的主要挑战如下。

- 新配置系统的学习曲线陡。
- 可能需要重写或重构现有的路由规则和配置，以匹配新的语法和语义。
- 可能需要更新或替换现有的中间件或插件，以与新系统一起使用。
- 可能需要调整或修改现有的服务发现机制或平台，以与新的提供商集成。
- 可能需要对新的 Traefik 部署进行监控和故障排除，并确保其稳定性和可靠性。

总体来说，对于希望从 Traefik 2.x 中获益的用户，升级和迁移是必要的。但用户也要意识到在整个过程中可能遇到的困难，并做好足够的准备。

6.2 Traefik 升级

Traefik 升级通常指将 Traefik 软件更新到较新版本的过程，主要目的是获得新版本的功能特性、高性能以及缺陷修复。升级 Traefik 对于受益于新功能、性能改进和安全补丁的用户非常重要。在执行 Traefik 升级之前，建议查看版本发行说明，测试新版本的功能并在必要时更新配置文件。

基于不同的业务场景需求，Traefik 升级主要分为两种类型，具体参考如下。

1. 次要升级

这种类型的升级是指在同一主要版本中更新到更新的版本，例如从版本 2.2.x 升级到 2.3.x。次要升级通常包括错误修复、安全补丁更新和非破坏性增强等。通常情况下，此种类型的升级不需要进行重大的配置更改，并且相对容易执行。

2. 主要升级

与次要升级不同，主要升级通常涉及将软件更新到更新的主要版本，例如从版本 1.x 升级到 2.x。主要升级引入了重大更改、重要的新功能以及架构改进。因此，在主要升级之前，我们通常需要对配置进行大量调整并进行全面测试，以确保系统的稳定性和兼容性。

6.2.1 Traefik 版本对比分析

作为一种流行的开源反向代理和负载均衡器，Traefik 旨在处理现代容器化基础设施。目前，Traefik v1 和 Traefik v2 是该软件的两个主要版本，但两者在功能、架构和配置方面存在显著差异。

1.架构设计

Traefik v1 被设计为一个整体应用程序，这意味着 Traefik 的所有组件都打包在一个二进制文件中，使部署和管理相对容易，但也限制了可扩展性和灵活性。相比之下，Traefik v2 采用模块化架构设计，将组件分成更小、更易于管理的单元，提高了可扩展性和灵活性，但部署和配置也变得更加复杂。

2.全新配置系统引入

Traefik v1 使用了一个简单的 Toml 配置文件，很容易上手及维护，但是，缺少一些更复杂的部署所需的更高级配置选项。

与 Traefik v1 相对比，Traefik v2 引入了新的配置系统，基于路由器、服务和中间件的概念。路由器负责将传入请求与服务相匹配；服务是处理请求的实际后端；中间件是可选组件，可以在请求或响应到达服务之前或之后对其进行修改。基于此，新系统在定义路由规则和应用转换或安全策略方面具有更大的灵活性和更细的粒度。

3.TCP 路由及代理支持

Traefik v1 支持基于主机名和路径的基本路由，但缺乏对更高级路由场景的支持。Traefik v2 引入对 TCP 路由和代理的支持以及自定义中间件的支持，这在 Traefik v1 中不可用。这意味着 Traefik v2 不仅可以处理 HTTP（HTTPS）流量，还可以处理任何 TCP 流量。这为将 Traefik 作为各种类型应用程序的网关提供了新的可能。

4.安全传输协议

Traefik v1 支持使用 Let's Encrypt 证书的 SSL 终止，但缺乏对高级 TLS 功能的支持，例如双向 TLS 身份验证和证书固定。Traefik v2 引入了对这些功能的支持，以及对更高级的 SSL 配置选项的支持，例如 TLS 1.3 和 OCSP 装订。

5.服务发现

Traefik v1 中的服务发现类型较为单一，仅支持静态配置文件或 Docker 标签机制，缺乏对其他流行的服务发现机制的支持，如 Kubernetes 和 Consul。Traefik v2 引入了对 Kubernetes、Consul 和许多其他服务发现机制。

6.性能和可扩展性

性能和可扩展性的提升是 Traefik v2 的一大亮点，得益于重新设计架构和内部通信协议网格化。Traefik 网格是一个轻量级网状网络，连接所有 Traefik 实例并交换服务状态和路由规则信息。

此外，Traefik 网格为服务提供健康检查、负载均衡和故障转移机制，在处理大流量时更加弹性、高效。

6.2.2 Traefik 主要升级

在从 Traefik v1 过渡到 Traefik v2 期间，Traefik 的一些内部组件经过了重新设计和重构。旧版本的核心概念——前端和后端已被路由器、服务和中间件所取代。

在 Traefik v2 中，Traefik 的核心概念发生了变化。路由器取代了前端，负责控制和转发流入请求。服务则承担后端的角色，负责实际处理请求并返回响应。中间件作为一个新的组件出现，用于在请求到达服务之前对其进行修改。每个路由器可以选择使用零个或多个中间件实例，以实时调整流入请求。这种新设计使 Traefik 的架构更加模块化和灵活。

Traefik v1 与 Traefik v2 内部组件对比可参考图 6-1。

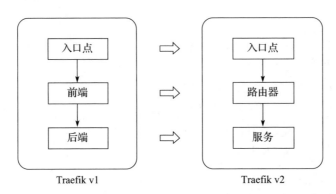

图 6-1 Traefik v1 与 Traefik v2 内部组件对比示意图

1. 路由器配置

在 Traefik v1 中，TLS 参数可以在静态配置的 entryPoint 字段中指定。然而，在 Traefik v2 中，TLS 配置已经移动到根目录处新的动态 TLS 部分。这个新的 TLS 部分包含了所有所需的 TLS 配置，包括证书、私钥和 CA 证书等。然后，路由器的 TLS 字段可以引用根目录定义的其中一个 TLS 配置文件，从而定义该路由器的 TLS 配置。

（1）基于 Traefik v1 的静态配置模式

这里，我们以 Toml 文件进行描述，具体参考如下：

```
# 静态配置
[entryPoints]
  [entryPoints.websecure]
    address = ":443"

    [entryPoints.websecure.tls]
      minVersion = "VersionTLS12"
      cipherSuites = [
        "TLS_ECDHE_RSA_WITH_AES_128_GCM_SHA256",
```

```
        "TLS_ECDHE_RSA_WITH_AES_256_GCM_SHA384",
        "TLS_ECDHE_ECDSA_WITH_CHACHA20_POLY1305_SHA256",
        "TLS_ECDHE_RSA_WITH_CHACHA20_POLY1305_SHA256",
        "TLS_ECDHE_ECDSA_WITH_AES_128_GCM_SHA256",
        "TLS_ECDHE_RSA_WITH_AES_128_GCM_SHA256",
      ]
    [[entryPoints.websecure.tls.certificates]]
        certFile = "path/to/my.cert"
        keyFile = "path/to/my.key"
```

（2）基于 Traefik v2 的动态配置模式

这里，我们基于 Kubernetes IngressRoute 自定义资源进行描述，具体参考如下：

```
apiVersion: traefik.io/v1alpha1
kind: TLSOption
metadata:
  name: mytlsoption
  namespace: default

spec:
  minVersion: VersionTLS12
  cipherSuites:
    - TLS_ECDHE_RSA_WITH_AES_256_GCM_SHA384
    - TLS_ECDHE_ECDSA_WITH_CHACHA20_POLY1305_SHA256
    - TLS_ECDHE_RSA_WITH_CHACHA20_POLY1305_SHA256
    - TLS_ECDHE_ECDSA_WITH_AES_128_GCM_SHA256
    - TLS_ECDHE_RSA_WITH_AES_128_GCM_SHA256

---
apiVersion: traefik.io/v1alpha1
kind: IngressRoute
metadata:
  name: ingressroutebar

spec:
  entryPoints:
    - web
  routes:
    - match: Host('example.com')
      kind: Rule
      services:
        - name: whoami
          port: 80
  tls:
    options:
      name: mytlsoption
      namespace: default
```

2. 重定向配置

在 Traefik v1 设计模型中，重定向主要应用于入口点或前端。在 Traefik v2 及后续版本中，重定向主要应用于入口点或路由器。

要应用重定向功能，我们需要进行如下调整。

❑ 在入口点上，需配置 HTTP 重定向。可以使用 Traefik v2 提供的 HTTP 重定向服务（如 RedirectScheme 和 RedirectRegex）来配置入口点的重定向规则。

❑ 在路由器上，需添加重定向中间件（如 RedirectRegex 或 RedirectScheme），并将其添加到路由器的中间件列表中。这样可以为每个路由器定义不同的重定向规则，以满足不同的需求。

（1）基于 Traefik v1 的 HTTP 到 HTTPS 重定向

针对全局 HTTP 到 HTTPS 重定向，在 Traefik v1 中的定义如下：

```
# 静态配置
defaultEntryPoints = ["web", "websecure"]

[entryPoints]
  [entryPoints.web]
    address = ":80"
    [entryPoints.web.redirect]
      entryPoint = "websecure"

  [entryPoints.websecure]
    address = ":443"
    [entryPoints.websecure.tls]
```

（2）基于 Traefik v2 的 HTTP 到 HTTPS 重定向

针对全局 HTTP 到 HTTPS 重定向，在 Traefik v2 中的定义如下：

```
# traefik.toml
# 静态配置
[entryPoints.web]
  address = ":80"
  [entryPoints.web.http.redirections.entryPoint]
    to = "websecure"
    scheme = "https"

[entryPoints.websecure]
  address = ":443"
```

3. 路由规则匹配模式

借助 Traefik v2 的新核心概念，我们可以通过配置中间件来转换传入请求的 URL 路径前缀，在应用路由器规则 PathPrefix 之后执行操作。

例如，对于以下用例场景，将传入请求 http://example.org/devops 转发到 Web 应用程序 devops，并将路径 /devops 剥离，例如到 http://<IP>:<port>/。在这种情况下，我们通常需要进行如下操作。

首先，配置一个名为 devops 的路由器，路由规则至少匹配带有 PathPrefix 关键字的路径前缀。

接下来，定义一个 stripprefix 类型的中间件，并将其与路由器 devops 关联。该中间件将删除与路由器 devops 关联的前缀 /devops，以确保 Web 应用程序能够正确处理请求。

1）基于 Traefik v1 文件定义路由规则：

```
apiVersion: networking.k8s.io/v1beta1
kind: Ingress
metadata:
  name: traefik
  annotations:
    kubernetes.io/ingress.class: traefik
    traefik.ingress.kubernetes.io/rule-type: PathPrefixStrip
spec:
  rules:
  - host: example.org
    http:
      paths:
      - path: /devops
        backend:
          serviceName: devops-svc
          servicePort: 8080
```

2）基于 Traefik v2 文件定义路由规则：

```
---
apiVersion: traefik.io/v1alpha1
kind: IngressRoute
metadata:
  name: http-redirect-ingressroute
  namespace: devops-web
spec:
  entryPoints:
    - web
  routes:
    - match: Host('example.org') && PathPrefix('/devops')
      kind: Rule
      services:
        - name: devops-svc
          port: 8080
      middlewares:
        - name: devops-stripprefix
---
apiVersion: traefik.io/v1alpha1
kind: Middleware
metadata:
  name: devops-stripprefix
spec:
  stripPrefix:
    prefixes:
      - /devops
```

4. 可观测性配置

（1）日志

Traefik 的日志体系包括通用日志和访问日志。在 Traefik v2 中，访问日志的配置方式与 Traefik v1 的一致。唯一的区别是，Traefik v2 默认过滤所有请求标头，因此在升级或迁移期间，我们需要考虑启用一些相关的字段。

至于 Traefik 通用日志，在 Traefik v2 中，所有日志配置都保留在静态部分，但统一在一个日志部分下，根级别不再有日志配置。这种改变使 Traefik v2 的日志配置更加简洁和易于管理。用户可以通过配置访问日志的字段和格式来满足不同的需求。同时，Traefik v2 还提供了更多的日志配置选项，如日志级别、日志输出格式等，以便用户可以更加灵活和精细地管理日志。

1）基于 Traefik v1 的通用日志配置：

```
# 静态配置
logLevel = "DEBUG"

[traefikLog]
  filePath = "/path/to/traefik.log"
  format   = "json"
```

2）基于 Traefik v2 的通用日志配置：

```
# 静态配置
[log]
  level = "DEBUG"
  filePath = "/path/to/log-file.log"
  format = "json"
```

（2）链路追踪

相对于 Traefik v1，Traefik v2 保留了对 OpenTracing 的支持。相比于 Traefik v1 中的后端根选项，Traefik v2 的跟踪配置更加简单和易于管理，只需设置跟踪配置即可。

以 Jaeger 跟踪配置为例，下面是在 Traefik 不同版本中的配置方式及注意事项。

1）基于 Traefik v1 的链路追踪配置：

```
# 静态配置
[tracing]
  backend = "jaeger"
  servicename = "tracing"
  [tracing.jaeger]
    samplingParam = 1.0
    samplingServerURL = "http://12.0.0.1:5778/sampling"
    samplingType = "const"
    localAgentHostPort = "10.0.0.1:6831"
```

2）基于 Traefik v2 的链路追踪配置：

```
# 静态配置
[tracing]
  servicename = "tracing"
  [tracing.jaeger]
    samplingParam = 1.0
    samplingServerURL = "http://12.0.0.1:5778/sampling"
    samplingType = "const"
    localAgentHostPort = "10.0.0.1:6831"
```

（3）指标

与 Traefik v1 相比，Traefik v2 保留了指标工具并允许为入口点和 / 或服务配置指标。对于基本配置，指标配置保持不变。

这里，我们以简单的 Prometheus 工具指标获取配置为例，解析指标采集工具在 Traefik 不同版本中的配置方式及注意事项。

1）基于 Traefik v1 的指标采集配置：

```
# 静态配置
[metrics.prometheus]
  buckets = [0.1,0.3,1.2,5.0]
  entryPoint = "traefik"
```

2）基于 Traefik v2 的指标采集配置：

```
# 静态配置
[metrics.prometheus]
  buckets = [0.1,0.3,1.2,5.0]
  entryPoint = "metrics"
```

6.2.3　Traefik 次要升级

次要升级指的是从 Traefik v2 的一个次要版本升级到同一主要版本下的另一个次要版本，例如，从 Traefik 2.2.x 版升级到 Traefik 2.3.x 版。

通常情况下，这类小版本间的升级不会引起 Traefik 工作方式的重大变化，但可能会引入新的功能或引起语法修改，需要相应地更新定义的 Traefik 配置。

1.Traefik v2.0 升级到 Traefik v2.1

在 Traefik v2.1 中，TraefikService 是一个新的 Kubernetes Custom Resource Definition（CRD）。在将 Traefik 升级到 Traefik v2.1 时，需要采取以下步骤，具体可参考：

```
apiVersion: apiextensions.k8s.io/v1beta1
kind: CustomResourceDefinition
metadata:
  name: traefikservices.traefik.containo.us

spec:
  group: traefik.containo.us
  version: v1alpha1
  names:
    kind: TraefikService
    plural: traefikservices
    singular: traefikservice
  scope: Namespaced
```

集群角色配置如下：

```
kind: ClusterRole
apiVersion: rbac.authorization.k8s.io/v1beta1
```

```
metadata:
  name: traefik-ingress-controller

rules:
  - apiGroups:
      - ""
    resources:
      - services
      - endpoints
      - secrets
    verbs:
      - get
      - list
      - watch
  - apiGroups:
      - extensions
      - networking.k8s.io
    resources:
      - ingresses
    verbs:
      - get
      - list
      - watch
  - apiGroups:
      - extensions
      - networking.k8s.io
    resources:
      - ingresses/status
    verbs:
      - update
  - apiGroups:
      - traefik.io
      - traefik.containo.us
    resources:
      - middlewares
      - middlewaretcps
      - ingressroutes
      - traefikservices
      - ingressroutetcps
      - ingressrouteudps
      - tlsoptions
      - tlsstores
      - serverstransports
    verbs:
      - get
      - list
      - watch
```

2. Traefik v2.4 升级到 Traefik v2.5

相较于 Traefik v2.4，Traefik v2.5 主要涉及以下几点功能调整。

（1）Kubernetes CRD 升级调整

Traefik v2.5 更新了 CRD，支持最新的 Kubernetes API 版本；同时引入 OpenAPI 验证模式。

当应用新的 CRD 后，只有在创建或更新资源时才会进行验证。迁移到 Traefik v1 时，不会删除未知字段。有关详细信息，大家可查看官方文档。

（2）Kubernetes 入口调整

Traefik v2.5 支持 Kubernetes v1.22，弃用了 extensions/v1beta1ingresses，使用 networking.k8s.io/v1beta1 或 networking.k8s.io/v1（从 Traefik v1.19 起）替换。同时，v1beta1 API 版本在 Kubernetes v1.22 后被弃用。

（3）SSL 重定向中间件选项调整

在 Traefik v2.5 中，sslRedirect、sslTemporaryRedirect、sslHost 和 sslForceHost 等标头的中间件选项被弃用。

对于简单的 HTTP 到 HTTPS 重定向，我们可以使用 EntryPoints 重定向功能实现。对于更高级的用例，我们可以使用 RedirectScheme 中间件或 RedirectRegex 中间件实现。

（4）accessControlAllowOrigin 标头的中间件移除

Traefik v2.5 及后续版本不再支持 accessControlAllowOrigin 标头的中间件。

（5）X.509 CommonName 弃用

由于环境变量 GODEBUG 中的一个值 x509ignoreCN=0 在 Go 1.17 中弃用，与 CommonName 相关的行为也弃用。

3. Traefik v2.5 升级到 Traefik v2.6

Traefik v2.5 升级到 Traefik v2.6 过程中主要涉及如下功能项调整及优化。

（1）HTTP3 引入

Traefik v2.6 引入了 AdvertisedPort 选项。该选项允许在 Alt-Svc 标头中暴露一个不同于 Traefik 实际监听的 UDP 端口（EntryPoint 的端口）。通过这种方式，Traefik 引入了一个新的配置结构 HTTP3，取代了 enableHTTP3 选项。

在实际的场景中，要在 EntryPoint 上启用 HTTP3，我们可以参考 Traefik 的 HTTP3 配置文档进行配置。

（2）Kubernetes 网关 API 提供商调整

在 Traefik v2.6 中，Kubernetes 网关 API 提供商只支持规范和路由命名空间选择器的 v1alpha2 版本。这意味着 Traefik 需要获取和监视集群命名空间。因此，为了确保 Traefik 的正常运行，我们必须更新 RBAC 和 CRD 定义。

4. Traefik v2.x 升级到 Traefik v2.10

Traefik v2.x 升级到 Traefik v2.10 过程中，主要涉及如下 3 项功能的重大调整及优化。

（1）Nomad 命名空间的优化

在 Traefik v2.10 中，Traefik 官方已不推荐使用 Nomad 提供商的命名空间选项，直接改用 namespaces 参数选项进行定义。

（2）Kubernetes CRD 的调整

自 Traefik v2.10 开始，Kubernetes CRD API Group "traefik.containo.us" 开始被弃用，并将在

Traefik v3 中停止支持。如果我们继续使用 "traefik.containo.us" API Group，请改用 "traefik.io" API Group 标识。

由于 Kubernetes CRD 同时支持 traefik.io/v1alpha1 和 traefik.containo.us/v1alpha1 两个 API 版本，对于相同的种类、命名空间和名称，只有 traefik.io/v1alpha1 资源将被保留。

需要注意的是，Traefik v3 本身不支持 Kubernetes CRD API 版本 traefik.io/v1alpha1。在实际的业务场景中，如果计划升级到 Traefik v3，需要在升级之前更新集群中的 CRD 和 RBAC，具体的更新方法可以参考如下：

```
[lugalee@lugaLab ~ ]% kubectl apply -f https:// raw.githubusercontent.com/
traefik/traefik/v2.10/docs/content/reference/dynamic-configuration/kubernetes-crd-
rbac.yml
[lugalee@lugaLab ~ ]% kubectl apply -f https:// raw.githubusercontent.com/
traefik/traefik/v2.10/docs/content/reference/dynamic-configuration/kubernetes-crd-
definition-v1.yml
```

（3）Traefik Hub 的移除

在 Traefik v2.10 中，Traefik Hub 配置已被正式移除，因为 Traefik Hub v2 不需要此项配置。

6.2.4　升级指南

升级 Traefik 是保持基础设施平稳安全运行的方法。但是，在实际的业务场景中，升级 Traefik 并非一件容易的事情。下面分析升级 Traefik 前需要考虑的事情，供大家依据自身的业务进行参考。

1. 兼容性评估

在升级 Traefik 之前，我们应该确保新版本与所构建的基础设施兼容，并检查当前版本使用的所有依赖项和插件是否与新版本兼容。另外，我们还需要确保所部署的底层资源池能够满足新版本的最低要求。

2. 配置更改

升级实施可能会涉及对原有配置的更新，具体取决于我们规划所要升级的版本以及要升级到哪个新版本。因此，建议在升级之前彻底审查发行说明和文档，以了解所需做的更改。

3. 停机时间

基于不同企业架构特性以及 Traefik 部署模型，升级 Traefik 可能需要短暂的停机，具体取决于业务所依赖的基础设施的复杂程度。因此，在没有 Traefik 集群部署模型的拓扑结构中，我们应尽可能计划好停机时间并将其传达给我们的团队和客户，以最大限度地减少影响。

4. 回滚策略

通常，为了尽可能减少在 Traefik 升级过程中出现的故障，制订一个回滚策略便显得至关重要。回滚策略是 Traefik 升级过程中一个有价值且重要的部分，因为为升级提供了安全网，有助于减少升级失败带来的影响。

5. 测试验证

在生产环境中升级 Traefik 之前，在暂存环境测试新版本，以确保 Traefik 可以正常工作并且不会引发任何问题。测试 Traefik 所有关键功能，包括负载均衡、SSL 终止、路由和安全机制。测试验证是 Traefik 升级过程中一个有价值且重要的环节，因为有助于识别和解决问题，确保升级后的版本满足组织的要求，并降低停机或服务中断的风险。

6. 安全性

升级 Traefik 可以获得安全补丁和 Bug 修复。管理员应在升级过程中遵循安全实践，例如确保通过安全连接进行升级、验证软件的真实性、实施访问控制以限制敏感数据泄露。此外，组织应在升级前后进行安全评估，以识别可能引入的任何漏洞或安全问题。

7. 性能对比

升级 Traefik 可以显著提升性能，包括更快的响应和更高的资源利用率。因此，在进行升级前，我们需要对新版本进行基准测试，并将其与旧版本进行比较，以确保升级可以达到预期的性能。

升级 Traefik 提供了实施新的性能增强策略或解决现有性能问题的机会。例如，新版 Traefik 可能改进了系统或修复了 Bug，因此升级到最新版 Traefik，可以确保组织的系统和服务以最佳状态运行。

8. 社区支持及反馈

Traefik 社区为升级 Traefik 提供了丰富的知识和资源，包括为升级 Traefik 的用户提供指导和支持的文档、论坛。利用这些资源，用户可以避免潜在的陷阱并在升级过程中做出明智的决策。

由于 Traefik 拥有庞大的用户群，因此错误和问题经常被社区发现和报告。基于这些参考数据，Traefik 开发团队可以快速识别和修复升级过程中可能出现的问题，从而确保升级更顺利地过渡。

此外，Traefik 社区还可以为最新版 Traefik 引入的新功能和性能改进提供有价值的反馈。这些反馈可以帮助用户了解升级的好处，并做出明智的决策。

6.3 Traefik 迁移

Traefik 迁移是指将 Traefik 从一个平台或基础设施移动到另一个平台或基础设施，通常伴随着版本升级。当组织变更托管商或从一个容器编排平台切换到另一个平台时，这个过程是必要的。

在迁移过程中，重要的考虑因素是如何处理环境差异，以及这些差异如何影响 Traefik 的配置和性能。

6.3.1 Traefik 自迁移

Traefik 迁移是指从一个主要版本过渡到另一个主要版本，或从不同的反向代理或负载均衡器迁移到 Traefik 的过程。相对于简单的升级，迁移通常需要更深入的分析和规划，以确保平稳过渡，同时将对现有基础设施的破坏降至最低。

在进行 Traefik 迁移之前，我们需要进行详细的规划和分析，以确保迁移过程中不会对现有系统造成过大的影响。这包括对现有基础设施的评估，以确定迁移对现有系统的影响程度，并制订迁移计划和回滚策略以应对可能出现的问题。

通常来说，Traefik 迁移所涉及的操作步骤如下。

1. 评估需求

首先，确认当前环境使用了哪些功能、协议及配置。然后，评估新的 Traefik 版本或实例是否支持已有设置。

2. 规划

制订迁移计划，概述从现有设置过渡到新 Traefik 实例所需的步骤。这可能包括架构更改、配置更新和测试。

3. 配置迁移

更新或重写配置文件以兼容新的 Traefik 版本或实例。这可能涉及调整路由规则、中间件定义和其他设置。

4. 测试验证

在暂存环境中对新的 Traefik 实例进行全面测试，以确保其正常运行并满足相关特性要求。

5. 部署实施

逐步部署新的 Traefik 实例，监控其性能和功能以确保平稳过渡。

6.3.2 将 Nginx 迁移至 Traefik v1

1. 为什么要从 Nginx 迁移至 Traefik？

诚然，Nginx 是一个被广泛使用的成熟反向代理解决方案，具有高性能、稳定性和安全性。然而，在云原生生态应用中，Nginx 也存在一些限制和缺点。相比之下，Traefik v1 可以更好地解决以下问题。

- ❑ 动态配置：Nginx 需要为后端服务的每次更改手动配置和重新加载，这既麻烦又容易出错。Traefik v1 可以根据标签或注释自动发现和配置后端服务，无须重启或重新加载。
- ❑ 服务发现和集成：Nginx 本身不支持 Consul 或 Etcd 等服务发现组件，需要额外的插件或脚本才能与其集成。Traefik v1 支持 Docker、Kubernetes、Rancher、Marathon 等各种服务发现和编排平台，开箱即用，能够动态适应集群状态的变化。
- ❑ 可观测性：Nginx 默认不公开指标，需要额外的模块或工具来收集和可视化指标。Traefik v1 以 Prometheus、Datadog、StatsD 等公开指标，并提供 Web 仪表盘和 RESTful API 来监控和管理指标。

2. Nginx 迁移步骤

在实际的业务场景中，要将 Nginx 配置迁移到 Traefik v1 Ingress，我们需要将 Nginx 配置转换为与 Traefik 兼容的格式。以下是将 Nginx 配置迁移到 Traefik v1 Ingress 的一般步骤。

（1）配置转换

将 Nginx 配置转换为 Traefik 配置，我们需要创建一个 Ingress 资源。该资源定义了应用程序的路由规则。但 Ingress 资源使用与 Nginx 不同的语法和配置选项，因此我们需要相应地调整现有配置。

这里，我们以简单的 Nginx 配置为例进行简单的解析，具体如下所示：

```
server {
  listen 80;
  server_name devops.com;
  location /app1 {
    proxy_pass http://app1-service:8080;
  }
  location /app2 {
    proxy_pass http://app2-service:8080;
  }
}
```

上述 Nginx 配置转换为 Traefik v1 配置可参考如下：

```
apiVersion: extensions/v1beta1
kind: Ingress
metadata:
  name: devops-ingress
  namespace: devops
  annotations:
    kubernetes.io/ingress.class: traefik
spec:
  rules:
  - host: devops.com
    http:
      paths:
      - path: /app1
        backend:
          serviceName: app1-service
          servicePort: 8080
      - path: /app2
        backend:
          serviceName: app2-service
          servicePort: 8080
```

在 Traefik v1 配置中，Ingress 资源用于定义应用程序的路由规则。rules 部分指定了不同应用程序的主机名和路径。backend 部分指定了应转发请求的 Kubernetes 服务和端口。

 提示　与 Nginx 配置不同，Traefik v1 配置不需要任何 HTTP 监听器的明确声明。这是因为默认情况下，Traefik 会自动监听端口 80。

（2）创建 Deployment 和 Service

一旦将 Nginx 配置转换为与 Traefik 兼容的格式，接下来需要在 Kubernetes 环境创建 Deployment 和 Service 以运行 Traefik。

（3）更新应用

当更新应用程序以使用 Traefik v1 作为 Ingress 控制器时，我们需要更新应用程序的 Kubernetes 服务对象，以将 Traefik 的服务用作目标。以下是更新 app1-service 对象的示例：

```
apiVersion: v1
kind: Service
metadata:
  name: app1-service
  namespace: devops
spec:
  selector:
    app: app1
  ports:
  - name: http
    port: 8080
    targetPort: 8080
  - name: https
    port: 8443
    targetPort: 8443
  type: ClusterIP
  annotations:
    traefik.frontend.rule.type: PathPrefix
    traefik.frontend.rule.value: /app1
```

在上述配置示例中，annotations 部分指定 app1-service 对象的 Traefik 路由规则。其中，traefik.frontend.rule.type 指定路由规则的类型，而 traefik.frontend.rule.value 指定路由规则的值。这类似于 Nginx 中的 location 指令。

通过以上步骤，我们能够将 Nginx 配置转换为 Traefik v1 配置，并更新应用程序以使用 Traefik 作为 Ingress 控制器。

6.3.3　将 Nginx 迁移至 Traefik v2

将 Nginx 迁移至 Traefik v2 大致的步骤与迁移至 Traefik v1 基本相似，主要的区别在于配置语法。

以下是上述 Nginx 配置转换为 Traefik v2 配置的示例：

```
server {
  listen 80;
  server_name example.com;
  location /app1 {
    proxy_pass http://app1-service:8080;
  }
  location /app2 {
    proxy_pass http://app2-service:8080;
  }
}
```

上述 Nginx 配置转换为 Traefik v2 后配置参考如下：

```
apiVersion: traefik.containo.us/v1alpha1
kind: IngressRoute
metadata:
  name: devops-ingress
  namespace: devops
spec:
  entryPoints:
    - web
  routes:
  - match: Host('devops.com') && PathPrefix('/app1')
    kind: Rule
    services:
    - name: app1-service
      port: 8080
  - match: Host('devops.com') && PathPrefix('/app2')
    kind: Rule
    services:
    - name: app2-service
      port: 8080
```

在 Traefik v2 配置中，我们使用 IngressRoute 自定义资源定义（CRD）来定义应用程序的路由规则。entryPoints 字段指定了入口点，这里使用了名为 web 的默认入口点。Routes 字段定义了路由规则，这个例子中包含两个路由规则，分别指定了 Host 和 PathPrefix。Services 字段指定了 Kubernetes 服务和端口。

需要注意的是，Traefik v2 配置需要显式声明 HTTP 监听器，因此我们需要在 Traefik 的配置文件中定义一个 HTTP 入口点，具体如下所示：

```
apiVersion: traefik.containo.us/v1alpha1
kind: EntryPoint
metadata:
  name: web
spec:
  address: ":80"
```

在为 HTTPS 配置 TLS 证书和私钥时，我们还需要进行一些额外的配置。具体的操作步骤可以参考 Traefik 官方文档。

另外，当将应用程序更新为使用 Traefik Ingress 时，我们需要更新 Kubernetes 服务对象，使用 Traefik 服务作为后端目标，完成流量重定向。

6.4　Traefik 迁移工具

在实际的业务场景中，我们使用 Traefik 作为反向代理和负载均衡器，随着技术不断更新迭代，可能更希望升级到最新版本以利用新增功能和享受优化带来的最佳体验。然而，升级 Traefik 可能是一个有挑战性的任务，特别是当我们的配置复杂且包含众多服务和路由器时。

为了帮助用户更顺畅地进行迁移，Traefik 官方提供了 traefik-migration-tool 命令行工具。该工具可以自动扫描现有配置，尝试将 v1 的注释转换为 v2 中的等效形式，从而降低迁移成本。

6.4.1 实现原理

通常，traefik-migration-tool 会分析现有的 Traefik v1 配置文件，生成一个兼容新版本的 Traefik v2 配置文件；同时，还会提供一份详细的迁移报告，标明进行了哪些改动以及发现了哪些需要注意的问题。这样我们就可以检查生成的新配置，在应用到 Traefik 实例之前，对其进行必要的调整或修正。

此种方式可以帮助我们平滑地从 Traefik v1 升级到 Traefik v2，避免直接迁移配置文件带来的潜在问题。我们可以充分利用工具生成的报告，审查每一处改动，对升级过程进行控制，降低不确定性。

1. 基本原理

traefik-migration-tool 工具的工作原理可参考图 6-2。

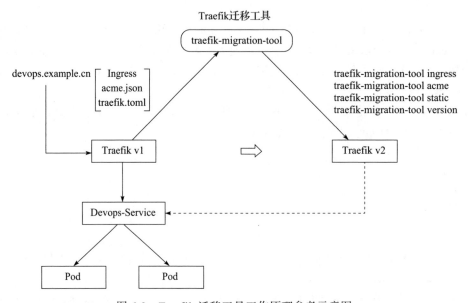

图 6-2　Traefik 迁移工具工作原理参考示意图

在实际迁移过程中，traefik-migration-tool 可以帮助我们实现如下操作。

❑ 将 Ingress 转换为 Traefik IngressRoute 资源。

❑ 将 acme.json 文件从 Traefik v1 转换为 Traefik v2 格式。

❑ 将文件 traefik.toml 中包含的静态配置迁移到 Traefik v2 配置文件。

为了确保迁移的安全可靠，在 traefik-migration-tool 执行转换前，务必对现有的 Traefik v1 配置文件进行备份，以便在需要时回滚到原始配置。

同时，在迁移过程中，最好在系统上同时安装 Traefik v1 和 Traefik v2。这可以帮助我们逐步对比新旧配置的区别，逐步进行迁移切换，降低风险。

以下是关于如何操作 traefik-migration-tool 工具的详细命令行，安装完成后，使用以下命令将 Traefik v1 配置文件转换为 Traefik v2 格式。

```
[lugalee@lugaLab ~ ]% traefik-migration-tool migrate --input /path/to/traefik/
v1/config/file --output /path/to/traefik/v2/config/file
```

该命令将在指定的输出路径生成一个新的 Traefik v2 配置文件，并在同一目录生成一个报告文件。通过查看报告文件，我们可以检查迁移摘要。报告文件还包含每个已迁移的服务、路由、中间件、提供商的详细信息，以及出现的警告或错误。

2. 配置映射

以下内容为基于 traefik-migration-tool 迁移工具对相关组件进行配置调整。

（1）入口点（Traefik v1.x）→入口点（Traefik v2.x）

此部分的语法和结构基本保持不变，除了命名和选项上的一些细微差别。

❑ 'address' 选项重命名为 'http'，同时支持 TCP 协议和 UDP 协议。

❑ 'redirect' 选项被移到一个名为 'redirectScheme' 的单独中间件，可应用于路由器。

❑ 'compress' 选项被移到名为 'compress' 的单独中间件，可应用于路由器或服务。

❑ 'proxyProtocol' 选项被移到名为 '[serversTransport]' 的单独部分，可应用于所有服务器。

（2）前端→ http.routers

此部分组件已被重命名和重组以定义 HTTP 路由器，负责匹配请求并将其转发给后端服务。

❑ 每个路由器都有一个唯一的名称，可以有多个规则，例如 'Host'、'Path'、'PathPrefix' 等。

❑ 每个路由器还可以附加一个或多个中间件，这些中间件在名为 [http.middlewares] 的单独部分定义。

❑ 每个路由器都必须通过其名称引用服务，该名称在名为 [http.services] 的单独部分定义。

（3）后端→ http.services

此部分已被重命名和重组以定义 HTTP 服务，这些服务负责向一个或多个服务器发送请求。

每个服务都有唯一的名称，并且可配置为以下 3 种类型之一：'loadBalancer'、'mirroring'、'weighted'，具体如下。

❑ 'loadBalancer' 类型是默认和最常见的类型，使用各种算法和选项在服务器之间分配请求。

❑ 'mirroring' 类型向多个服务发送请求并返回主服务的响应。

❑ 'weighted' 类型用于在服务的多个实例之间分配流量，并可以选择为每个实例分配不同的权重。

6.4.2 不支持的注解类型

traefik-migration-tool 工具支持大量注解的自动迁移，简化了很大一部分迁移工作。但是，考虑到 Traefik v1 和 Traefik v2 在某些功能设计上的差异，traefik-migration-tool 无法覆盖所有的注解自动转换，特别是 frontend、backend、docker 相关的注解。因此，当使用 traefik-migration-tool 进行迁移时，用户仍需检查工具转换后的配置，对其中不兼容的注解进行必要的手动修改，使之适配 Traefik v2 版本的新架构。另外，我们也需要审查工具未自动转换的注解，按照新的规范调整被 Traefik v2 支持的注解格式。

traefik-migration-tool 工具不支持的注解可参考表 6-1。

表 6-1　Traefik v2 不支持的注解

编号	注解名称	描述
1	ingress.kubernetes.io/preserve-host	在向后端服务转发流量时保留原始请求主机头
2	ingress.kubernetes.io/session-cookie-name	维护会话亲和性的 Cookie 名称
3	ingress.kubernetes.io/affinity	设置会话粘性的亲和力类型，可能的值包括 cookie、ip 和 none
4	ingress.kubernetes.io/buffering	在将请求正文转发到后端服务之前启用或禁用请求正文的缓冲
5	ingress.kubernetes.io/circuit-breaker-expression	为后端服务设置自定义断路器表达式
6	ingress.kubernetes.io/max-conn-amount	设置后端服务的最大并发连接数
7	ingress.kubernetes.io/max-conn-extractor-func	设置一个自定义函数，用于提取后端服务的最大并发连接数
8	ingress.kubernetes.io/responseforwarding-flushinterval	设置响应转发的刷新间隔
9	ingress.kubernetes.io/load-balancer-method	设置后端服务的负载均衡方式
10	ingress.kubernetes.io/auth-realm	设置后端服务的认证域
11	ingress.kubernetes.io/service-weights	设置负载均衡算法中各个后端服务的权重
12	ingress.kubernetes.io/error-pages	为后端服务配置自定义错误页面

基于历史原因，如果 Traefik v1 配置使用了 @Prefork、@IPAddress、@RawHeader、@Auth、@Stats 等注解，我们需要手动更新 Traefik v2 配置包含这些注解。

Traefik 文档提供了如何在 Traefik v2 中配置不支持注解的指南。

对于 ingress.kubernetes.io/preserve-host 注解，我们可以按照下述步骤手动添加到 Traefik v2 配置中：

```
http:
  middlewares:
    devops-preserve-host:
      headers:
        custom-request-headers:
          Host: {host}
  routers:
    devops-router:
      rule: Host('example.com')
      service: devops-service
      middlewares:
        - devops-preserve-host
```

```
services:
  devops-service:
    loadBalancer:
      servers:
        - url: "http://backend:80"
```

此配置定义了 devops-preserve-host 中间件以设置传入请求的 Host 标头。my-router 规则配置为将请求与主机 example.com 匹配，并将 devops-preserve-host 中间件添加到路由器以设置传入请求的 Host 标头。my-service 后端服务被定义为使用 devops-preserve-host 中间件。

总体来说，traefik-migration-tool 在从 Traefik v1 迁移到 Traefik v2 时可以处理大多数注解，针对有些不受支持的注解，可以尝试在 Traefik v2 配置文件中进行手动配置，从而实现业务所需。

6.4.3　安装和部署

通常，traefik-migration-tool 可以基于预编译的二进制文件以及 Docker 容器两种方式进行快速安装和部署。

1. 使用预编译的二进制文件

因为 traefik-migration-tool 使用 Go 语言开发，因此首先需要在系统上安装 Go 环境。可以从官网下载 Go 并对应按操作系统说明进行安装。

（1）二进制文件获取

安装 Go 后或确认 Go 环境有效后，可以运行以下命令来安装 traefik-migration-tool 工具：

```
[lugalee@lugaLab ~ ]% go get -u github.com/traefik/traefik-migration-tool
```

上述命令会下载并编译该工具，将其安装到 $GOPATH/bin 目录下。

对于特定平台，我们也可以直接从 GitHub Release 页面（https://github.com/traefik/traefik-migration-tool/releases）下载相应平台的预编译二进制文件。

（2）解压存档

若基于 GitHub Release 页面手动下载，我们需要将软件包进行解压及存档，具体如下所示：

```
[lugalee@lugaLab ~ ]% tar -zxvf traefik-migration-tool.tar.gz -C /user/local
```

（3）环境变量配置

解压 traefik-migration-tool 软件包后，我们可能需要根据操作系统平台进行相应的环境变量设置，使 Traefik Migration Tool 可执行。

（4）验证

我们通常需要有一个可用的 Traefik v1 配置文件，格式为 Toml 或者 Yaml，以便运行 traefik-migration-tool。我们可以使用 "-c" 选项指定配置文件的路径，或者使用默认路径 ./traefik.toml。

比如，要迁移 devopsconfig.toml 配置文件，我们可以运行以下命令：

```
[lugalee@lugaLab ~ ]% traefik-migration-tool -c devopsconfig.toml
```

迁移完成后，同一目录下会生成一个 devopsconfig.toml.migrated 新配置文件，这份新配置与 Traefik v2 兼容。同时，还会打印一个迁移期间的变更和警告摘要。我们也可以使用 -o 选项指定不同的输出文件名，或者使用 -s 标志将迁移后的配置输出到标准输出，而不是写到文件。

另外，通过 -r 选项可以生成包含迁移过程更多详细信息的报告文件。这个报告文件与输出文件同名，但有 .report 后缀。比如，要生成名为 devopsconfig.toml.migrated.report 的报告文件，可以运行：

```
[lugalee@lugaLab ~ ]% traefik-migration-tool -c myconfig.toml -r
```

基于上述命令输出的报告文件包含如下参考信息。

❑ 原始和迁移后的配置部分。

❑ 针对每个部分的更改列表。

❑ 针对每个部分检测到的警告列表。

❑ 不支持功能或选项被忽略、删除的列表。

当然，我们可以使用 -f 标志指定报告文件的格式：text 或 json。通常情况下，默认值为 text 格式。

2. 使用 Docker 容器部署

相比在系统中自行安装 Go 并编译 traefik-migration-tool，使用 Docker 容器部署此迁移工具可以获得更好的体验。我们可以通过如下命令在 Docker 容器中运行迁移工具。

（1）获取 traefik-migration-tool 镜像

从 Docker Hub 拉取最新版本的 Traefik 迁移工具 Docker 镜像，具体可参考如下命令：

```
[lugalee@lugaLab ~ ]% docker pull traefik/traefik-migration-tool
```

（2）创建配置文存储目录

在本地创建一个目录来存储所要迁移的 Traefik v1 配置文件和转换后的 Traefik v2 配置文件，具体可参考如下：

```
[lugalee@lugaLab ~ ]% mkdir /path/to/traefik
```

（3）调整文件路径

将 Traefik v1 配置文件复制到上述步骤所创建的新目录中，具体如下所示：

```
[lugalee@lugaLab ~ ]% cp /path/to/traefik.toml /path/to/traefik
```

（4）执行 traefik-migration-tool

基于 Docker 容器运行 traefik-migration-tool，此时将我们所构建的 Traefik v1 配置转换为 Traefik v2 配置格式，具体可参考如下：

```
[lugalee@lugaLab ~ ]% docker run --rm -v /path/to/traefik:/data traefik/traefik-
migration-tool migrate -c /data/traefik.toml -o /data/traefik2.yml
```

上述命令将会执行如下相关操作。

- ❏ 运行 Traefik 迁移工具的 Docker 镜像。
- ❏ 使用 -v 参数将本地目录挂载到容器内的 /data 目录。
- ❏ 将本地 Traefik v1 配置文件转换为 Traefik v2 格式。
- ❏ 将新生成的 Traefik v2 配置写入 /data/traefik.toml.migrated。

6.4.4　常用操作实践

基于 traefik-migration-tool 迁移工具，我们来学习在实际的项目活动中常用的命令操作，具体可参考如下。

1）将单个 Traefik v1 配置文件迁移至 Traefik v2。

为了将 Traefik v1 配置文件逐个迁移至 Traefik v2，我们只需要执行以下命令即可，具体可参考：

```
[lugalee@lugaLab ~ ]% traefik-migration-tool migrate /path/to/devops/traefik-v1.
toml -o /path/to/devops/traefik-v2.toml
```

上述命令将 /path/to/devops/traefik-v1.toml 中的 Traefik v1 配置文件从指定路径迁移至 Traefik v2，并将迁移后的配置文件保存至另一个指定路径。

2）将多个 Traefik v1 配置文件迁移至 Traefik v2。

在实际的项目迁移活动中，可能存在多个类似的 Traefik v1 配置文件，为了提高实施效率，我们可以借助工具进行批量迁移，具体命令如下所示：

```
[lugalee@lugaLab ~ ]% traefik-migration-tool migrate /path/to/devops/traefik-v1-1.
toml /path/to/devops/traefik-v1-2.toml ... -o /path/to/devops/v2/
```

上述命令会将 /path/to/devops/traefik-v1-1.toml 和 /path/to/devops/traefik-v1-2.toml 以及其他的类似特征文件中的 Traefik v1 配置文件转换为目录 /path/ 中的 Traefik v2 兼容配置文件。

3）验证 Traefik v2 配置文件。

```
[lugalee@lugaLab ~ ]% traefik-migration-tool validate /path/to/devops/traefik-v2.
toml
```

上述命令将验证位于 /path/to/devops/traefik-v2.toml 的 Traefik v2 配置文件，并在发现问题时提供有用的反馈。

4）观测迁移过程。

通常，在 Traefik v1 至 Traefik v2 升级或迁移过程中，我们可借助 migrate-preview 参数实现实时观测升级或迁移状况，具体如下：

```
[lugalee@lugaLab ~ ]% traefik-migration-tool migrate-preview /path/to/devops/
traefik-v1.toml
```

上述命令将实现观测位于 /path/to/devops/traefik-v1.toml 的配置文件从 Traefik v1 到 Traefik v2 迁移过程中的进展状况，并提供对配置进行更改的有用反馈。

6.5 高可用模型

作为一种流行的开源云原生边缘路由器和负载均衡器，Traefik 广泛应用于现代云原生架构。Traefik 的关键特性之一是能够为应用程序提高可用性。

1. 什么是高可用性？

高可用性意味着即使有 Traefik 实例所承载的软硬件发生故障，流量也能由其他 Traefik 实例路由，以确保应用程序可用。

高可用集群（也被称为失败转移集群）是一个协作的物理机组，使应用程序在可能的最短停机时间内持续运行。通过部署多个冗余计算资源，即使组件（或硬件）发生故障，集群也能提供不间断的服务。

在高可用集群中，所有主机都能访问相同的共享存储。如果一个主机上的虚拟机（VM）发生故障，另一个主机上的 VM 能接管其工作，确保应用程序正常运行。

2. 高可用模型工作原理

Traefik 提供了多种技术来实现高可用性，包括负载均衡、主动 - 备用故障转移、主动 - 主动故障转移和集群部署。为了确保 Traefik 提供高可用性，我们应该根据实际业务场景，遵循以下最佳实践，具体如下。

- ❑ 使用负载均衡器将流量分发到多个 Traefik 实例，以消除单点故障风险。
- ❑ 部署冗余的 Traefik 实例，以确保当个别实例不可用时，服务可以持续运行。
- ❑ 使用集群部署，将 Traefik 实例组合成一个逻辑集群，外部系统只需要访问集群入口，内部会自动进行负载均衡和故障转移。
- ❑ 设置主动 - 备用或主动 - 主动模式的故障转移机制，当主系统不可用时，自动或手动将流量切换到备用系统，保证业务连续可用。

通常而言，集群是将多个服务器组合在一起，对外提供单一接入点，并在部分系统故障时由其他系统接管工作。负载均衡是将流量分发到多个系统，防止过载。故障转移机制允许在主系统不可用时切换到备用系统，确保服务的连续性。

在实际的业务场景中，高可用系统设计主要基于 3 个关键原则：消除单点故障、可靠的故障切换和故障检测机制。

1）消除单点故障：在设计高可用系统时，消除单点故障是非常关键的一步。单点故障是指在整个系统中存在的任何一个组件出现故障，就有可能导致整个系统无法正常工作，造成中断和损失。因此，为了确保系统能够持续稳定地运行，我们必须通过识别架构中所有的潜在单点故障，采取相应的冗余机制来消除故障导致的中断。

2）可靠的故障切换：是指如果发生故障，从主实例或实例集无缝切换到备份实例。例如，在运行多个应用程序实例的情况下，如果实例 A 停机，需要自动切换到实例 B，而没有任何停机或错误消息返给用户。

3）故障检测机制：故障检测机制与可靠的故障切换相辅相成。事实上，正是故障检测驱动了故障切换。故障检测涉及为应用程序的所有副本设置健康检查，以尽早检测实例中的故障。例如，如果后端负载均衡池中有实例 A 和实例 B，如果实例 A 突然停止通过健康检查，快速检测此故障可以透明地将流量路由到实例 B，从而避免停机。

通常情况下，Traefik 高可用系统的基本架构可参考图 6-3。

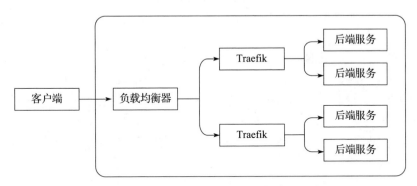

图 6-3　Traefik 高可用系统基本架构参考示意图

3. 高可用性指标

高可用性指标是一组测量值，用于评估系统或服务始终保持可操作和用户可访问的能力。这些指标对于确保关键系统和服务可用和正常运行至关重要，即使在发生故障或中断的情况下也是如此。

通常，在实际的业务场景中，我们可以根据以下几个关键指标有效地评估系统的可用性，具体如下。

1）平均无故障时间（MTBF）：该指标用于测量系统或服务连续可用时间的平均时长，是评估系统或服务可靠性的重要指标。例如，如果一个系统的 MTBF 为 10000h，这意味着平均每运行 10000h 就会出现一次故障。

2）平均修复时间（MTTR）：该指标用于测量发生故障后恢复系统或服务所需的平均时间，主要评估系统或服务的可维护性。例如，如果一个系统的 MTTR 为 2h，这意味着在发生故障后平均需要 2h 来修复系统。

3）恢复时间目标（RTO）：该指标用于测量系统或服务可接受的最大停机时间，超过该时间会影响业务运营，反映系统或服务的故障恢复能力，主要评估系统或服务的弹性。例如，如果系统的 RTO 为 4h，这意味着必须在发生故障后 4h 内恢复到完整功能。

4）恢复点目标（RPO）：该指标用于测量系统或服务发生故障时可接受的数据丢失量，主要评估系统或服务的数据保护能力。例如，如果系统的 RPO 为 1h，这意味着在发生故障时不会丢失超过 1h 的数据。

6.5.1　负载均衡模型

Traefik 采用负载均衡机制，将流量分配到多个实例上，避免单个实例过载。这种方式确保了 Traefik 的可扩展性, 通过添加更多实例可以实现线性扩容, 从而能够有效保证业务稳定运行。

1.概念解析

Traefik 的负载均衡机制建立在服务和路由器两个核心概念之上。服务定义了访问一组应用实例的方式, 抽象表示需负载均衡的应用实例集合。路由器则定义了如何根据传入请求的信息将请求映射到对应的服务上。比如路由器可以根据请求的 Host、Path、Header 等条件来匹配服务。

Traefik 支持从各种后端服务发现提供商处自动获取服务和路由器的定义, 例如通过 Docker 标签或 Kubernetes 注解实现; 也可以在配置文件中手动指定需要的服务和路由器。

对于服务的负载均衡算法, Traefik 支持多种选择, 如简单的循环轮询法、加权轮询法、最少连接法以及随机法等。其中, 循环轮询法是默认策略, 可以将请求平均分配到各实例。加权轮询法会根据实例的权重比例分配请求。最少连接法选择的则是连接数最少的实例。随机法则是完全随机地选择一个实例。

2.实现原理

Traefik 负载均衡的实现原理基于反向代理概念, 根据预定义的规则和算法, 将传入的客户端请求转发到合适的后端服务进行处理, 具体可参考图 6-4。

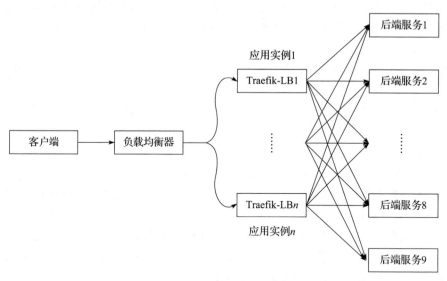

图 6-4 Traefik 负载均衡架构参考示意图

可以看到, Traefik 反向代理位于客户端和后端服务之间, 基于路由规则来确定哪个后端服务处理传入请求, 并使用负载均衡算法将传入流量分配到多个后端服务。

在这个架构模式下, 为了提高系统的可用性, 在集群中配置了至少 3 个 Traefik 节点。每个节点都具备负载均衡能力, 负责将流量平稳地引导到应用服务器。应用服务器位于 Traefik 节点之后, 提供实际的应用服务。为了进一步提升系统的可用性, 我们将 3 个 Traefik 节点的配置统一，使它们共享配置。这种方式意味着即使某个节点出现故障，其他节点依然可以无缝地处理传入的流量，服务不会中断。我们进一步增加了一个健康检查机制，实时监控每个节点的运行状态，并将出现故障的节点自动从集群中移除。

当客户端发起对应用程序的访问请求时，这个请求会被 Traefik 节点中的一个接收，并根据节点负载均衡策略被路由到一个可用的应用服务器。这种机制确保了传入的流量被均匀地分配在所有可用的服务器上，避免了任何单一服务器的过载问题。

除此之外，Traefik 还提供健康检查、黏性会话断路器等高级功能，以确保来自同一客户端的请求始终路由到同一后端服务。

Traefik 负载均衡的具体实现原理如下。

1）反向代理：Traefik 作为反向代理，意味着接收来自客户端的传入流量并将流量转发到适当的后端服务。此种特性允许 Traefik 充当传入流量的单一入口点，从而简化后端服务的管理。

2）路由：当接收到请求时，Traefik 会基于配置文件中所定义的规则来检查请求，以确定应由哪个后端服务处理该请求。例如，Traefik 可能会根据 URI 路径、HTTP 方法或客户端 IP 地址将请求路由到不同的后端服务。

3）负载均衡算法：一旦 Traefik 确定了哪个后端服务应该处理请求，便会使用负载均衡算法将请求分发到其中一个可用的服务。这些算法旨在确保没有服务过载的情况下分发传入请求。

4）高级功能：Traefik 还提供健康检查和断路器等高级功能。健康检查用于监控后端服务的可用性和响应能力，断路器用于防止流量被路由到出现问题或不可用的服务。

5）黏性会话：Traefik 也支持黏性会话，保证来自同一个客户端的请求总是路由到同一个后端服务。这对于需要跨多个请求维护会话状态的应用程序很有用。

3. 配置示例解析

在具体的业务场景中，Traefik 负载均衡可以根据应用程序和基础设施的特定需求以多种方式进行配置。下面的例子可以帮助理解如何配置 Traefik 的负载均衡。

（1）Round-robin

Round-robin 是 Traefik 默认使用的负载均衡算法之一。该算法以循环方式在所有可用的后端服务上平均分配传入请求。如果要在 Traefik 中使用该算法，我们需要使用 Traefik 配置文件中的 servers 选项定义后端服务器，具体方法如下：

```
servers:
  backend1:
    url: http://backend1:80
  backend2:
    url: http://backend2:80
```

在此配置示例中，Traefik 会将传入请求平均分配到后端服务器 backend1 和 backend2，每个请求都会被交替地转发到这两个服务器上。

（2）最少连接

最少连接算法会将传入流量分配给活动连接数最少的服务器。如果要在 Traefik 中使用该算法，我们需要在后端服务器定义中使用 strategy 选项进行配置，具体方法如下：

```
servers:
  backend1:
    url: http://backend1:80
    strategy: least_conn
  backend2:
    url: http://backend2:80
    strategy: least_conn
```

在此配置示例中，Traefik 将传入流量分配到活动连接数最少的后端服务器。这种方法可确保流量以平衡所有可用后端服务器负载的方式分布。

（3）IP 哈希

相对其他两种算法，IP 哈希算法根据入站请求 IP 分配流量，确保来自相同 IP 的请求始终路由到相同后端服务。要在 Traefik 配置 IP 哈希负载均衡算法，我们可在后端定义中使用 strategy 选项，具体如下所示：

```
servers:
  backend1:
    url: http://backend1:80
    strategy: ip_hash
  backend2:
    url: http://backend2:80
    strategy: ip_hash
```

在此配置示例中，Traefik 根据传入请求的 IP 地址分配传入流量。来自相同 IP 地址的请求将始终路由至同一后端服务器。

4. 优点和缺点分析

（1）优点

❑ 动态配置：Traefik 能够自动发现新服务并更新配置，减少人工干预，从而提高效率和可靠性。

❑ 性能提升：Traefik 通过负载均衡将流量分配到多个实例，提高吞吐量，缩短延迟。

❑ 可扩展性：负载均衡允许应用程序通过添加更多实例来水平扩展以处理增加的流量，从而增强可扩展性。

❑ 容错性：通过在实例之间分配流量，即使一个实例发生故障，Traefik 也可以继续提供服务，从而提高容错能力和可用性。

（2）缺点

❑ Traefik 需要路由每个传入请求，这会增加一定延迟。同时，负载均衡算法的运行也会带来 CPU 开销，从而影响应用程序的性能。

❑ 如果需要管理大量的服务实例和服务器，Traefik 的配置会变得异常复杂，特别是涉及动态配置和服务发现时。这种复杂性可能会导致配置错误和运行问题，从而影响应用程序的可用性和性能。

6.5.2　Active-passive 故障转移模型

1. 概念解析

在这一模型设计中，Traefik 的一个实例被指定为主实例，其他实例被指定为从实例。主实例负责处理所有传入流量，从实例处于备用模式。如果主实例发生故障不可用，其中一个从实例将接管并成为新主实例。

2. 实现原理

该模型架构如图 6-5 所示。

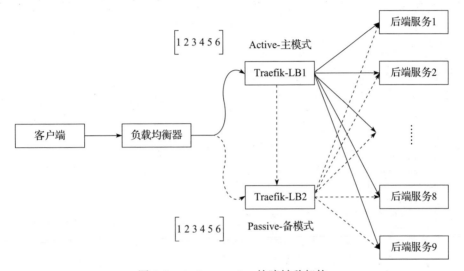

图 6-5　Active-passive 故障转移架构

Active-passive 故障转移架构模型主要涉及几个关键组件和机制，具体如下所示。

1）两个节点或服务器：主动节点负责处理所有请求或工作负载，被动节点处于待机状态并准备在主动节点出现故障时接管请求或工作负载。

2）共享资源：主动节点和被动节点必须共享公共资源，例如虚拟 IP 地址或存储设备。共享资源用于确保被动节点可以在主动节点出现故障时无缝接管工作负载。

3）监控机制：被动节点必须持续监控主动节点故障。一旦检测到故障，被动节点就会接管工作负载。

4）故障转移机制：被动节点检测到主动节点故障或不可用时，会接管工作负载成为新主动节点。为了实现 Active-passive 故障转移，Traefik 使用领导者选举机制选择实例作为活动实例。领导者选举通常采用分布式共识算法（如 ZooKeeper 采用的 Paxos 或 Etcd 采用的 Raft 算法等），允许多个实例商定哪个实例应成为领导者。

3. 配置示例解析

在实际的业务场景中，我们可以使用多种方法将 Traefik 配置为 Active-passive 故障转移，包括 DNS 故障转移、浮动 IP 地址和负载均衡器故障转移。

在 Active-passive 故障转移设置中，一个 Traefik 实例作为主动实例并处理传入流量，而其他实例是被动的并监控主动实例。如果主动实例失败，其中一个被动实例将接管工作负载。

要在 Kubernetes 中为 Traefik 设置 Active-passive 故障转移，我们需要部署多个 Traefik 实例，并使用具有 LoadBalancer 类型的 Kubernetes 服务将流量路由到其中一个 Traefik 实例。以下为在 Kubernetes 中为 Traefik 设置 Active-passive 故障转移的 Yaml 文件参考示例：

```yaml
apiVersion: apps/v1
kind: Deployment
metadata:
  name: traefik
spec:
  replicas: 2
  selector:
    matchLabels:
      app: traefik
  template:
    metadata:
      labels:
        app: traefik
    spec:
      serviceAccountName: traefik
      containers:
        - name: traefik
          image: traefik:v2.4.8
          args:
            - --providers.kubernetesingress
            - --providers.kubernetescrd
            - --providers.etcd
            - --entrypoints.web.address=:80
            - --entrypoints.websecure.address=:443
            - --log.level=INFO
            - --accesslog
            - --metrics.prometheus
            - --metrics.prometheus.entryPoint=metrics
          ports:
            - name: web
              containerPort: 80
            - name: websecure
              containerPort: 443
            - name: metrics
              containerPort: 8080
          volumeMounts:
            - name: traefik-config
              mountPath: /etc/traefik/traefik.yaml
              subPath: traefik.yaml
      volumes:
        - name: traefik-config
          configMap:
            name: traefik-config
```

```yaml
---
apiVersion: v1
kind: ConfigMap
metadata:
  name: traefik-config
data:
  traefik.yaml: |
    apiVersion: traefik.containo.us/v1alpha1
    kind: IngressRoute
    metadata:
      name: devops-ingressroute
    spec:
      entryPoints:
        - web
        - websecure
      routes:
        - match: Host('example.com')
          kind: Rule
          services:
            - name: devops-service
              port: 80
          middlewares:
            - name: devops-middleware
      tls:
        options:
          default:
            minVersion: VersionTLS12
            cipherSuites:
              - TLS_ECDHE_RSA_WITH_AES_128_GCM_SHA256
              - TLS_ECDHE_RSA_WITH_AES_256_GCM_SHA384
              - TLS_ECDHE_RSA_WITH_CHACHA20_POLY1305
        certResolver: devops-certresolver
      providers:
        kubernetesIngress: {}
        kubernetesCRD: {}
        etcd:
          endpoint: "http://etcd-host:2379"
          prefix: "/traefik"
          watch: true
---
apiVersion: v1
kind: Service
metadata:
  name: traefik
spec:
  type: LoadBalancer
  selector:
    app: traefik
  ports:
    - name: web
      port: 80
      targetPort: web
```

```
        - name: websecure
          port: 443
          targetPort: websecure
```

上述文件定义了一个 Traefik Deployment，其中包含两个副本，还定义了一个 Kubernetes 服务。该服务的类型为 LoadBalancer，用于将流量路由到 Traefik 实例。在 Traefik Deployment 中，traefik-config ConfigMap 作为一个卷被挂载，其中包含与之前示例相同的配置文件。

在该设置中，其中一个 Traefik 实例被指定为活动实例，另一个实例被指定为被动实例。Kubernetes 服务将流量路由到活动实例。如果活动实例发生故障，被动实例将接管工作负载并成为新活动实例。这种设计可以提高 Traefik 部署的可用性和容错性，确保服务始终可用。

4. 优点和缺点分析

（1）优点

❏ 良好的高可用性设计，如果主动实例出现故障，被动实例可以快速接管工作负载，保证服务不中断。

❏ 故障转移期间没有停机。

❏ 相较于主动实例，被动实例或空闲实例的资源消耗更少，因为通常处于待机状态，不主动处理请求，只有在必要时才会被激活。

（2）缺点

❏ 未充分利用资源：被动实例直到发生故障转移事件一直处于空闲状态，导致资源未被充分利用。

❏ 需要手动干预：根据设置，在故障转移事件期间可能需要手动干预以将请求从主动实例切换到被动实例。

❏ 潜在的数据丢失：在故障转移情况下，任何正在处理的请求或活动实例上的数据都可能丢失。

6.5.3　Active-active 故障转移模型

1. 概念解析

相对于 Active-passive 故障转移模型，Traefik Active-active 故障转移模型中 Traefik 的所有实例都处于活动状态并同时处理流量。这种模型可以保证如果一个实例出现故障，其他实例继续处理流量。与 Active-passive 故障转移模型不同，Active-active 故障转移模型需要仔细配置，以确保每个实例都知道其他实例，并能够以协调的方式处理流量。

2. 实现原理

Traefik Active-active 故障转移是一种使用负载均衡器构建高可用和容错系统的方法。在这种设计模型中，多个 Traefik 实例被部署和配置为协同工作，以提供高可用性和容错能力。通过使用 Traefik 的负载均衡和路由功能，我们可以将流量分配到不同的实例，从而实现负载均衡和容错。具体的实现方式可参考图 6-6。

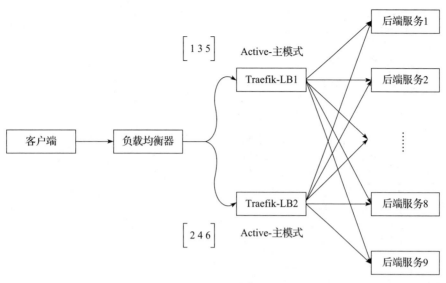

图 6-6　Traefik Active-active 故障转移架构参考示意图

基于上述架构，Traefik Active-active 故障转移实现原理如下。

1）多个 Traefik 实例：至少需要两个 Traefik 实例来实现双活故障转移。这些实例可以部署在不同的服务器或不同的数据中心，以提供冗余和可用性。

2）配置 Traefik 实例协同工作：Traefik 实例工作在集群模式下，共同作为一个负载均衡器。此时，Traefik 实例需要共享配置，并采用一致的负载均衡策略。

3）健康检查：每个 Traefik 实例都配置为对其负载均衡的后端服务执行健康检查。这确保 Traefik 实例只将流量路由到健康的后端服务。

4）Active-active 故障转移机制：Traefik 实例配置了 Active-active 故障转移机制，确保如果一个实例发生故障，另一个实例将无缝接管工作负载。这可以使用 DNS 故障转移或 IP 故障转移等机制来实现。

3.配置示例解析
下面是一个基于 Kubernetes 的 Traefik Active-active 故障转移配置文件示例，具体如下：

```
apiVersion: traefik.containo.us/v1alpha1
kind: IngressRoute
metadata:
  name: my-ingressroute
spec:
  entryPoints:
    - web
    - websecure
  routes:
    - match: Host('example.com')
      kind: Rule
      services:
```

```
        - name: devops-service
          port: 80
      middlewares:
        - name: devops-middleware
    tls:
      options:
        default:
          minVersion: VersionTLS12
          cipherSuites:
            - TLS_ECDHE_RSA_WITH_AES_128_GCM_SHA256
            - TLS_ECDHE_RSA_WITH_AES_256_GCM_SHA384
            - TLS_ECDHE_RSA_WITH_CHACHA20_POLY1305
      certResolver: devops-certresolver
    providers:
      kubernetesIngress:
        ingressClass: traefik
        publishedService:
          enabled: true
          ingress:
            class: nginx
      kubernetesCRD:
        namespaces:
          - default
        endpoint: "https://kubernetes.default.svc"
        tokenFile: "/var/run/secrets/kubernetes.io/serviceaccount/token"
        tls:
          insecureSkipVerify: true
        crds:
          - group: traefik.containo.us
            version: v1alpha1
# 负载均衡配置
loadBalancer:
  servers:
    - url: "http://traefik-1.default.svc.cluster.local:80"
    - url: "http://traefik-2.default.svc.cluster.local:80"
    - url: "http://traefik-3.default.svc.cluster.local:80"

# 服务配置
http:
  middlewares:
    devops-middleware:
      redirectScheme:
        scheme: https
  routers:
    devops-router:
      rule: Host('example.com')
      service: devops-service
      entryPoints:
        - web
        - websecure
      tls:
        certResolver: devops-certresolver
  services:
```

```
devops-service:
  loadBalancer:
    passHostHeader: true
    servers:
      - url: "http://backend-service.default.svc.cluster.local:80"
```

在上述配置示例中，Traefik 配置为使用 Kubernetes IngressRoute 来定义传入流量的路由规则。IngressRoute 规定，匹配 example.com 主机名的流量将被路由至 devops-service 服务。该服务由 Kubernetes 服务 backend-service 提供。

负载均衡器的配置为在 Active-active 故障切换模式下，使用 3 个 Traefik 实例（traefik-1、traefik-2 和 traefik-3）。每个实例都被配置为监听 80 端口，并将流量转发至后端服务。loadBalancer 部分指定了每个实例的 URL。tls 部分定义了传入流量的 TLS 选项，包括定义最低版本和支持的密码套件。certResolver 指定了获取传入流量 TLS 证书的证书解析器名称。http 部分定义了一个名为 devops-middleware 的中间件，用于将 HTTP 流量重定向至 HTTPS。同时，该部分还定义了一个基于 example.com 主机名将传入流量路由至 devops-service 服务的 devops-router 路由器。http 部分还描述了 devops-service 服务，其由 backend-service Kubernetes 服务提供支持。

4. 优点和缺点分析

（1）优点

❑ Traefik Active-active 故障转移通过在 Traefik 的多个活动实例之间分配流量，提供了一个高可用的解决方案，确保服务不间断。

❑ 相比于 Active-passive 配置，Traefik Active-active 故障转移通过允许每个活动实例处理部分流量来提高性能并缩短延迟。

❑ Traefik Active-active 故障转移模型易于设置和管理，所有实例都在主动处理请求，以便更好地利用资源。此外，所有实例都是活动的，不会出现某些实例处于空闲状态的情况，从而提高了资源利用率。

（2）缺点

❑ Traefik Active-active 故障转移可能会增加复杂性，因为我们需要配置负载均衡算法等，以确保流量在所有活动实例中均匀分布。

❑ Traefik Active-active 故障转移也可能带来额外的成本，因为我们需要维护多个实例，而每个实例都需要额外的资源才能运行。

❑ Traefik Active-active 故障转移也可能带来数据一致性问题。确保多个活动实例之间的数据一致性可能具有挑战性，尤其是对于有状态应用程序。

6.5.4　集群模型

1. 概念解析

与之前的高可用模型相比，集群模型涉及在集群环境中跨多个节点部署多个实例。该模型通过确保在一个节点发生故障时，其他节点可以继续处理流量来保证容错性和高可用性。

Traefik 集群由一组 Traefik 实例组成。这些实例协同工作以处理传入流量，并保证正在构建的应用程序的高可用性。Traefik 集群的目标是确保流量始终路由到健康的 Traefik 实例，即使一个或多个实例出现故障或变得不可用。这是通过在集群中负载均衡流量并将故障转移到健康实例来实现的。

Traefik 集群模型通过分配负载、隔离故障和启用自动故障转移，使 Traefik 具有高弹性和可靠性。

2. 实现原理

为了使用 Traefik 集群模型实现高可用性，每个 Traefik 实例都配置为与集群中的其他实例通信并共享有关集群状态的信息。这种通信通常使用分布式键值存储来完成。

当请求住入时，集群中的每个 Traefik 实例都会根据集群的当前状态确定哪个实例处理该请求。如果一个实例发生故障或变得不可用，其他实例可以检测到故障并相应地调整路由，确保流量仍然路由到健康的实例。

Traefik 集群架构可参考图 6-7。

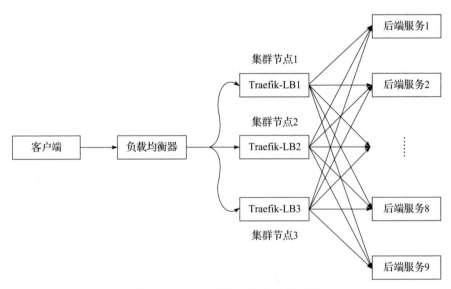

图 6-7　Traefik 集群架构参考示意图

Traefik 集群模型通过几个关键特性实现高可用性，具体如下。

1）分布式键值存储：为了保证集群中所有 Traefik 实例都能访问相同的配置和路由表，Traefik 实例可以使用分布式键值存储系统（例如 Consul、ZooKeeper、Etcd）来共享状态和协调。这样可以确保 Traefik 实例之间的通信和信息共享顺畅。

2）使用专用的 Traefik 服务账号：当在 Kubernetes 中运行 Traefik 时，建议配置专用的具有 RBAC 访问权限的服务账号，以访问 Kubernetes API。这有助于保证 Traefik 只能访问所需资源，降低特权扩大导致的攻击风险。

3）使用共享文件系统：如果为 Traefik 基于文件配置，建议使用共享文件系统，例如 NFS 或 GlusterFS，以确保所有 Traefik 实例都可以访问配置文件。

4）故障转移：为了保证高可用性，建议将 Traefik 部署为多副本的 Kubernetes Deployment。这允许 Kubernetes 自动管理集群中运行的 Traefik 实例的数量，并确保始终有足够的实例可用于处理传入流量。

假设有一个 Traefik 集群，其中有 3 个节点位于不同的数据中心。每个节点都配置了 Consul 用于键值存储，并与其他节点通信、共享集群状态。当请求到达时，每个节点基于规则和集群状态来决定如何处理请求。如果某个节点失效或不可用，其他节点会检测到故障并调整路由，以确保流量始终路由至健康的节点。

3. 配置示例解析

在此示例中，我们以 Etcd 作为分布式键值存储来实现 Traefik 集群部署，以确保集群中的所有实例都能够共享状态和协调资源。下面是一个 Traefik 集群配置文件示例，具体如下：

```
apiVersion: traefik.containo.us/v1alpha1
kind: IngressRoute
metadata:
  name: devops-ingressroute
spec:
  entryPoints:
    - web
    - websecure
  routes:
    - match: Host('example.com')
      kind: Rule
      services:
        - name: devops-service
          port: 80
      middlewares:
        - name: devops-middleware
  tls:
    options:
      default:
        minVersion: VersionTLS12
        cipherSuites:
          - TLS_ECDHE_RSA_WITH_AES_128_GCM_SHA256
          - TLS_ECDHE_RSA_WITH_AES_256_GCM_SHA384
          - TLS_ECDHE_RSA_WITH_CHACHA20_POLY1305
    certResolver: devops-certresolver
  providers:
    kubernetesIngress: {}
    kubernetesCRD: {}
    etcd:
      endpoint: "http://etcd-host:2379"
      prefix: "/traefik"
      watch: true
```

上述配置定义了路由规则和中间件设置的 IngressRoute 资源。providers 部分包含一个 Etcd 提供商，主要指定要使用的 Etcd 键值存储的端点，以及用于 Traefik 配置数据的键前缀。watch 选项使 Traefik 能够监控 Etcd 中配置数据的变化，并根据需要自动更新路由表。

要在 Kubernetes 中部署此配置，通常需要创建一个具有多个副本的 Traefik Deployment，并将配置文件作为 ConfigMap 挂载到 Deployment 中。在部署的 Yaml 文件中，可以指定要使用的 Traefik 镜像、副本数、端口号等参数，以及挂载配置文件的 ConfigMap 名称和挂载路径等信息。

4. 优点和缺点分析

（1）优点

❑ Traefik 集群允许在多个 Traefik 实例之间分配负载，从而提高可用性和可扩展性。

❑ Traefik 集群还提供自动故障转移功能，以确保在发生故障时将流量重定向到健康的实例。如果一个 Traefik 实例发生故障，集群中的其他实例可以继续提供服务，以确保服务不中断。

❑ 得益于 Traefik 对服务发现和配置的内置支持，Traefik 集群易于配置和管理。通过跨实例分散负载并启用自动故障转移，Traefik 集群能够提供高可用性及扩展性。

（2）缺点

❑ 增加资源使用成本：运行 Traefik 集群需要为多个 Traefik 实例提供额外的资源，如 CPU、内存和存储，这会增加运行应用程序的成本。集群通信和负载均衡也会消耗资源。

❑ 复杂的配置和管理：配置和管理 Traefik 集群，尤其是有大量节点的集群，可能会很复杂。确保所有实例都正确配置并监控集群的健康状况需要付出更多的精力。

6.6 本章小结

本章主要基于 Traefik 升级、迁移、高可用模型的相关内容进行深入解析，描述了在云原生 Kubernetes 生态中 Traefik 组件不同版本的功能差异、基于不同应用场景的业务迁移以及常见的高可用模型等，具体如下。

❑ 讲解 Traefik 升级的理论知识，涉及不同版本的基础功能特性、Traefik v1 升级至 Traefik v2 主要升级、次要升级以及常用升级指南等。

❑ 讲解 Traefik 迁移所涉及的实践操作，分别对 Traefik 不同版本或平台迁移、Nginx 迁移至 Traefik v1 和 Traefik v2 场景进行解析。

❑ 讲解 Traefik 迁移工具 Traefik-migration-tool，涉及常用的功能特性、实现原理、安装及操作实践等。

❑ 讲解 Traefik 常见的 4 种高可用模型的实现原理、优点和缺点分析，涉及负载均衡、Active-active 故障转移、Active-active 故障转移及集群等模型。

Traefik 进阶

　　作为一款在云原生生态广泛用于微服务架构的开源反向代理和负载均衡器，Traefik 已经展示了强大且灵活的基本功能。然而，Traefik 不仅能满足基础需求，能助力开发人员和 DevOps 团队提升应用程序的性能、可靠性、安全性。

　　在这种背景下，对于开发人员，尤其是那些致力于提升面向微服务的应用程序性能与安全性的 DevOps 团队来说，深入探索 Traefik 的高级功能显得尤为重要。通过利用这些高级功能，他们能够有效地管理和路由流量，提升应用程序的可靠性、安全性。

Traefik 高级特性——中间件

Traefik 支持丰富的中间件,以便在请求到达后端服务之前和之后,对请求和响应进行修改。中间件有多种用途,例如身份验证、授权、速率限制、重定向、压缩、缓存等。

7.1 概述

通常情况下,中间件是指在系统架构的不同组件之间充当代理的软件,在整个网络拓扑结构中主要用于解决应用程序之间的数据交换问题。中间件以大规模软件组件的形式,可用于从一个应用程序中收集数据,并将其传递给另一个应用程序。在异构系统中,中间件不仅能中继流量,还能影响消息内容。这是因为分布式系统的组件通常通过中间件通信,而非直接互联。分布式系统需要中间件实现组件之间的通信。

现代中间件提供数据转换功能,使接收应用能理解中转消息的内容。中间件还具有保护网络的功能,限制未授权用户访问。除此之外,中间件还可以在消息中添加或删除数据,以满足各种需求或简化网络。另外,中间件能够聚合不同应用产生的数据。这些功能反映了中间件在系统架构中不可或缺。

从技术架构视角来看,中间件是连接不同应用程序或系统的软件。基于不同的业务场景,中间件主要具备以下功能。

1)数据交换。支持不同应用间的协议转换、格式转换,实现异构系统的数据交换与集成。

2)接口封装。中间件可以提供通用的接口、服务,抽象出每个组件的差异,以实现异构应用程序或系统的兼容、互联。

3)内容转换。在消息传递时,中间件能够通过过滤器、规则、逻辑或算法的调整,转换数据或消息的内容或结构,以适应不同系统。

4）特性增强。中间件可以通过提供附加功能（例如缓存、日志记录、监控等）来提升应用程序或系统的性能。

7.2　再识中间件

作为现代反向代理和负载均衡器，Traefik 被设计为动态、可扩展的云原生组件。Traefik 的一个关键特性是能够使用中间件来修改请求和响应，以在请求到达后端服务之前实施策略。

7.2.1　实现原理

Traefik 中间件是一系列可以执行各种任务（例如身份验证、重定向、压缩、速率限制、错误处理等）的代码段。中间件主要应用于路由器，路由器根据规则和优先级将传入请求路由到适合的服务。

Traefik 中间件有两种：全局中间件和路由器中间件。全局中间件适用于匹配所有通过 Traefik 的请求，路由器中间件仅适用于匹配特定路由器的请求。要配置全局中间件，需要在 Traefik 配置文件或动态配置文件中定义。要配置路由器中间件，需要在服务标签或注解中定义，然后在路由器定义中引用。此外，我们还可以将多个中间件连接在一起，创建转换管道。

在 Traefik 环境中，中间件具体工作流程如图 7-1 所示。

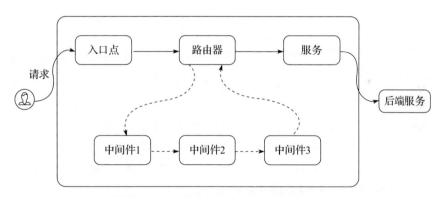

图 7-1　Traefik 中间件工作流程示意图

可以看到，请求先到达 Traefik 边缘路由器，然后流经全局中间件和路由器中间件。每个中间件可以执行特定任务，如身份验证、重定向等。修改后的请求被路由到适当的后端服务。后端服务处理请求并返回响应，该响应再次流经路由器中间件和全局中间件，最后返给客户端。

7.2.2　功能特性

通常而言，我们利用 Traefik 中间件来满足跨不同服务或场景的需求。Traefik 中间件的主要功能如下。

- 身份验证：支持基于 Header、参数、Cookie 多种验证方式，可以自定义复杂的验证逻辑，也可以对接外部 OAuth 等系统实现单点验证。
- 重定向：可以根据一定的条件将到达 Traefik 的请求重定向到不同的位置或方案，支持基于路径、主机名、协议等条件进行请求重定向，比如 HTTP 请求重定向到 HTTPS 或基于正则表达式重定向请求。
- 修改请求和响应：支持通过添加、更新、删除标头、前缀、路径来修改经过 Traefik 的请求和响应。例如，中间件支持在请求路径中添加前缀（例如 /foo）或从请求路径中去除前缀（例如 /api）。
- 压缩：支持压缩 Traefik 发送的响应，缩小体积以加快传输速度。
- 错误处理：支持处理在 Traefik 或后端服务处理请求或响应期间发生的错误。例如，中间件可以根据不同状态码（例如 404 或 500）定义自定义错误页面，或者自动对失败的请求重试。
- 可观测：对 Traefik 及业务进行日志和指标的收集，实现数据可观测，并与外部系统集成构建全链路监控体系。这对于运行在生产环境中的 Traefik 的监控与诊断非常关键。

Traefik 中间件的应用方式非常灵活，可以帮助我们构建复杂且功能强大的边缘处理流水线，例如全局应用到所有请求、选择性应用到特定路由或服务、链式应用以及基于条件判断应用。这些应用方式可以灵活组合，从而帮助我们在 Traefik 的边缘实现强大的业务逻辑。

7.2.3　常用类型

Traefik 支持 HTTP 中间件和 TCP 中间件，它们具有相关功能。

- HTTP 中间件可以操作请求的标头、主体以及响应的标头和主体。
- TCP 中间件只能对 TCP 连接进行操作，不支持查看或修改请求和响应。

1. HTTP 中间件

在 Kubernetes 文中，Traefik 充当入口控制器，将外部流量路由到运行于集群中的服务。基于 HTTP 中间件，我们能够在将 HTTP 请求转发到服务前对其进行修改。例如，我们可以使用中间件来添加或删除标头、重定向请求，甚至对用户进行身份验证。Traefik 支持 IngressRoute 类型的自定义资源对象，使用 CRD 定义路由规则。

下面是一个基于 Kubernetes IngressRoute 对象的 Traefik HTTP 中间件配置示例：

```
apiVersion: traefik.containo.us/v1alpha1
kind: IngressRoute
metadata:
  name: foo
  namespace: bar
spec:
  entryPoints:
    - foo
  routes:
    - kind: Rule
      match: Host('devops.example.com')
      priority: 10
```

```
middlewares:
  - name: middleware1
    namespace: default
services:
  - kind: Service
    name: foo
    namespace: default
    passHostHeader: true
    port: 80
    responseForwarding:
      flushInterval: 1ms
    scheme: https
    sticky:
      cookie:
        httpOnly: true
        name: cookie
        secure: true
        sameSite: none
    strategy: RoundRobin
    weight: 10
tls:
  secretName: supersecret
  options:
    name: opt
    namespace: default
  certResolver: foo
  domains:
    - main: example.net
      sans:
        - a.example.net
        - b.example.net
```

总体来说，IngressRoute 对象能定义 Traefik HTTP 路由器的路由规则、中间件和服务。在实际的业务场景中，Traefik 所支持的常用 HTTP 中间件具体可参考表 7-1。

表 7-1　Traefik 所支持的常用 HTTP 中间件

编号	中间件名称	功能描述	使用范围
1	AddPrefix	添加路径前缀	路径修饰符
2	BasicAuth	添加基本身份验证	安全、认证
3	Buffering	缓存请求和响应	请求生命周期
4	Chain	集成多个中间件	其他
5	CircuitBreaker	防止调用不健康的服务	请求生命周期
6	Compress	压缩响应	内容修饰符
7	ContentType	处理内容类型自动检测	其他
8	DigestAuth	添加摘要身份验证	安全、身份验证
9	Errors	自定义错误页面	请求生命周期
10	ForwardAuth	委托身份验证	安全、身份验证
11	Headers	添加、更新标题	安全
12	IPWhiteList	限制允许的客户端 IP	安全、请求生命周期

（续）

编号	中间件名称	功能描述	使用范围
13	InFlightReq	限制同时连接的数量	安全、请求生命周期
14	RateLimit	限制调用频率	安全、请求生命周期
15	RedirectScheme	基于方案的重定向	请求生命周期
16	RedirectRegex	基于正则表达式的重定向	请求生命周期
17	ReplacePath	更改请求的路径	路径修饰符
18	ReplacePathRegex	更改请求的路径	路径修饰符
19	Retry	出现错误时自动重试	请求生命周期
20	StripPrefix	更改请求的路径	路径修饰符
21	StripPrefixRegex	更改请求的路径	路径修饰符
22	PassTLSClientCert	在标头中添加客户端证书	安全

除了上述所罗列的 HTTP 中间件外，Traefik 中间件还涉及社区所贡献的一系列 HTTP 中间件，具体可参考第 13 章。

2.TCP 中间件

相比于 HTTP 中间件，Traefik TCP 中间件具有更少的使用场景，目前主要用途包括：限制允许的客户端数量以及限制允许的客户端 IP。下面是一个基于 Kubernetes IngressRoute 对象的 Traefik TCP 中间件配置示例：

```yaml
apiVersion: apiextensions.k8s.io/v1beta1
kind: CustomResourceDefinition
metadata:
  name: middlewaretcps.traefik.containo.us
spec:
  group: traefik.containo.us
  version: v1alpha1
  names:
    kind: MiddlewareTCP
    plural: middlewaretcps
    singular: middlewaretcp
  scope: Namespaced

---
apiVersion: traefik.containo.us/v1alpha1
kind: MiddlewareTCP
metadata:
  name: foo-ip-whitelist
spec:
  ipWhiteList:
    sourcerange:
      - 127.0.0.1/32
      - 192.168.0.7

---
apiVersion: traefik.containo.us/v1alpha1
kind: IngressRouteTCP
```

```
metadata:
  name: ingressroute
spec:
  routes:
    middlewares:
      - name: foo-ip-whitelist
```

以上配置示例首先创建了一个名为 MiddlewareTCP 的自定义资源定义。接着，创建了名为 foo-ip-whitelist 的 MiddlewareTCP 对象，其中包含一个名为 ipWhiteList 的中间件。该中间件允许来自 IP 范围为 127.0.0.1/32 至 192.168.0.7 的流量通过。最后，创建了一个 IngressRouteTCP 对象，并指定路由引用 foo-ip-whitelist 中间件。为了确保应用程序的安全性，我们使用了 IP 白名单来限制访问。

在实际的业务场景中，Traefik 所支持的常用 TCP 中间件具体可参考表 7-2。

表 7-2　Traefik 所支持的常用 TCP 中间件

编号	中间件名称	功能描述	使用范围
1	InFlightConn	限制同时连接的数量	安全、请求生命周期
2	IPWhiteList	限制允许的客户端 IP	安全、请求生命周期

7.3　通用中间件

Traefik 支持在路由中配置中间件。通过这些中间件，我们可以根据实际场景需要为特定路由自定义 Traefik 的行为。通常情况下，在项目开发中，Traefik 通用中间件可用于修改请求参数、HTTP 标头，执行重定向逻辑，或添加身份验证等。

7.3.1　前缀中间件

1. stripPrefix 中间件

Traefik stripPrefix 中间件用于在将流量路由到后端服务之前，从请求 URL 路径中删除一个或多个前缀，主要应用场景有两个。

❑ 后端服务期望的请求的 URL 结构与客户端请求的 URL 结构不同时，通过该中间件调整请求路径。

❑ 当后端服务提供的路径为 / 时，使用该中间件剥离路径前缀，从而正确地路由请求。

相比 Traefik v1 通过 frontend.rule.type 注解实现的请求路径处理，stripPrefix 中间件提供了更加灵活的请求路径处理方式。Traefik stripPrefix 中间件业务处理逻辑可参考图 7-2。

图 7-2　Traefik stripPrefix 中间件业务处理逻辑参考示意图

下面是一个 Traefik stripPrefix 中间件配置示例：

```
http:
  routers:
    devops-router:
      rule: "PathPrefix('/api') || PathPrefix('/static')"
      service: devops-service
      middlewares:
        - strip-prefix@file
  services:
    devops-service:
      loadBalancer:
        servers:
          - url: "http://localhost:8080"
  middlewares:
    strip-prefix:
      stripPrefix:
        prefixes:
          - "/api"
          - "/static"
```

上述配置定义了一个名为 devops-router 的路由器，匹配有 /api 或 /static 前缀的 URL 的请求。然后，使用 strip-prefix@file 语法加载 strip-prefix.toml 文件中 strip-prefix 中间件的配置，以告诉 Traefik 应用该配置。

stripPrefix 中间件本身在配置文件的中间件部分定义。我们使用 prefixes 选项指定要去除的两个前缀：/api 和 /static。这意味着任何以 /api 或 /static 开头的 URL 的请求都将在转发到后端服务之前删除该前缀。

需要注意的是，stripPrefix 中间件可以与 Traefik 中的其他中间件结合使用，以更复杂的方式修改请求和响应。例如，在某些特定的业务场景中，我们可以使用 replacePath 中间件将特定前缀替换为不同的字符串，然后在将请求转发到后端服务之前使用 stripPrefix 中间件删除剩余的前缀。

在实际的业务场景中，stripPrefix 中间件配置简单、高效，因为只涉及简单的字符串匹配。但是需要注意，stripPrefix 中间件只能剥离完全匹配的前缀，且区分大小写。

总体来说，stripPrefix 中间件可以有效修改请求 URL，是 Traefik 处理路由和 URL 相关问题的有力工具。

2. addPrefix 中间件

Traefik addPrefix 中间件可以向请求的 URL 路径中添加固定前缀，与 stripPrefix 互为补充。

当后端服务需要匹配特定前缀或路径，但传入请求不是来自该路径时，我们可以通过添加前缀将请求正确路由到后端服务，无须修改服务本身。

相比于通过配置后端服务来适配不同的请求路径，使用 addPrefix 中间件可以更方便地处理这类路由请求的需求。

Traefik addPrefix 中间件业务处理逻辑可参考图 7-3。

图 7-3　Traefik addPrefix 中间件业务处理逻辑参考示意图

当请求到达 Traefik 时，addPrefix 中间件会将指定的前缀添加到请求的 URL 路径中。添加前缀后，Traefik 将使用修改后的 URL 路径来匹配路由规则并将请求路由到相应的服务或处理程序。以下是 Traefik addPrefix 中间件配置示例：

```
http:
  routers:
    devops-router:
      rule: "Path('/devops-app')"
      service: "devops-service"
      middlewares:
        - add-prefix@file

  middlewares:
    add-prefix:
      addPrefix:
        prefix: "/devops-app"
```

此配置定义了一个名为 devops-router 的路由器，匹配路径为 /devops-app 的请求，并将请求转发到名为 devops-service 的服务。同时，还定义了一个名为 add-prefix 的中间件，将 /devops-app 前缀添加到传入的请求的 URL 路径中。

Traefik addPrefix 中间件是一种用于 HTTP 请求转发的中间件，可以将指定的前缀添加到请求的 URL 路径中，从而将请求路由到指定的路径或为请求添加额外的上下文信息。

需要注意的是，prefix 在使用时必须以正斜杠开头。此外，若使用 Traefik 作为反向代理，我们应该始终使用 addPrefix 中间件来处理请求路径，而不是硬编码路径。这是因为 Traefik 可能会修改请求路径（例如移除或添加前缀），以便将请求路由到适合的服务。

3. StripPrefixRegex 中间件

StripPrefixRegex 中间件是 Traefik 中用于请求转发的中间件，接收一个或多个正则表达式作为参数，并尝试将其与请求的 URL 路径的开头匹配，一旦找到匹配项，便从路径中删除匹配的部分，并将修正后的请求转发给后端服务。这在我们想要用另一个路径公开现有服务时很有用。

StripPrefixRegex 中间件可以在 Traefik 的动态配置文件（通常是 traefik.yml 或 traefik.toml）中定义。下面是 Traefik StripPrefixRegex 中间件配置示例：

```
http:
  middlewares:
    stripPrefixRegexExample:
      stripPrefixRegex:
        regex:
```

```
      - "/api/v[0-9]+"
      - "/internal"
```

上述配置定义了一个名为 stripPrefixRegexExample 的中间件，用于去除匹配路径前缀为 /api/v[0-9]+（例如 /api/v1、/api/v2 等）和 /internal 的请求的前缀。

定义完中间件后，我们需要将其应用于 Traefik 路由配置。我们可以在静态配置文件中执行此操作，也可以在使用 Docker 或 Kubernetes 等容器编排平台时在标签中执行此操作。下面是一个使用 Docker 标签的示例：

```
services:
  devops-service:
    image: devops-service-image
    labels:
      - "traefik.enable=true"
      - "traefik.http.routers.devops-service.rule=Host('example.com') &&
PathPrefix('/api/v1/something', '/internal/something')"
      - "traefik.http.routers.devops-service.middlewares=stripPrefixRegexExample"
```

此示例将 stripPrefixRegexExample 中间件应用于名为 devops-service 的路由器，以匹配主机为 example.com 且路径前缀为 /api/v1/something 或 /internal/something 的请求。

当请求到来时，StripPrefixRegex 中间件将会删除匹配的路径部分，具体如下。

❑ 请求路径为 /api/v1/something/endpoint→后端匹配路径为 /something/endpoint。

❑ 请求路径为 /internal/something/endpoint→后端匹配路径为 /something/endpoint。

这样，我们就可以在请求到达后端服务之前修改其路径。这对许多场景很有帮助，比如 API 版本控制和处理遗留路径。

相比于 StripPrefix 中间件，StripPrefixRegex 中间件更灵活且功能更强大，能够基于复杂的正则表达式实现忽略大小写的路径匹配。由于需要正则表达式匹配计算，StripPrefixRegex 在配置和性能上不如仅进行简单前缀匹配的 StripPrefix 中间件。

在实际的业务场景中，我们需要结合自身的情况进行分析。两者的对比主要体现在如下几个层面。

（1）复杂性层面

如果场景只需要简单匹配字符串，StripPrefix 中间件更易配置和理解。若场景涉及复杂模式，StripPrefixRegex 中间件灵活性更高。

（2）性能层面

StripPrefix 中间件效率更高，只需直接匹配字符串。若性能是关键指标且可通过简单字符串匹配解决请求性能和效率问题，那么，建议优先选用 StripPrefix。

（3）配置层面

默认情况下，StripPrefix 中间件匹配区分大小写，StripPrefixRegex 中间件使用正则表达式（?i）标记可以忽略大小写。如需进行大小写不敏感匹配，则优先考虑 StripPrefixRegex 中间件。

总体来说，StripPrefix 和 StripPrefixRegex 都是有用的中间件，用于修改路径再转发请求。在实际项目中，我们可根据用例场景、复杂性、性能要求和大小写敏感性，选择最合适的中间件。

7.3.2　认证中间件

Traefik basicAuth 中间件提供了基本身份验证功能，可以为传入流量提供基本身份验证。一般情况下，basicAuth 中间件用于限制对特定端点的访问，以确保只有经过身份验证的用户才能访问受保护的资源。基本身份验证是一个简单的安全机制，需要用户名和密码才能访问受保护资源。

在 Traefik 中，basicAuth 中间件通过 Kubernetes Secrets 指定凭据，从而限制对服务的访问。这相当于 Traefik v1 中的 traefik.ingress.kubernetes.io/auth-type: "basic"。

Traefik basicAuth 中间件业务处理逻辑如图 7-4 所示。

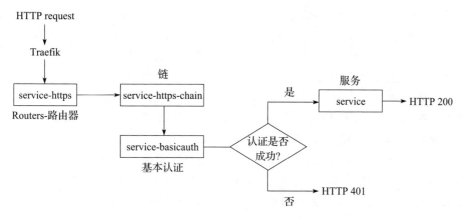

图 7-4　Traefik basicAuth 中间件业务处理逻辑参考示意图

针对在 Traefik 中如何配置 basicAuth 中间件，我们可参考如下示例。
定义 basicAuth 中间件：

```
http:
  middlewares:
    myBasicAuth:
      basicAuth:
        users:
          "user1": "password1"
          "user2": "password2"
```

上述配置定义了一个基本身份验证中间件，包含用户 user1（密码为 password1）和用户 user2（密码为 password2）。

然后，我们通过如下两种方式将此中间件应用于路由器，具体如下所示。

1）指定路由：

```
http:
  routers:
    devopsRouter:
      middlewares:
        - "myBasicAuth@file"
```

```
      routes:
        - "path:/protected"
```

基于此配置文件，我们仅将基本身份验证应用于 devopsRouter 路由器上的 /protected 路由。

2）全局路由：

```
http:
  routers:
    devopsRouter:
      middlewares:
        - "devopsBasicAuth@file"
      service: "devopsService"
```

基于此配置文件，我们会将基本身份验证中间件应用于 devopsRouter 路由器上的所有路由。

在实际的业务场景中，当请求匹配配置有 basicAuth 中间件的路由时，Traefik 将响应 401 Unauthorized 状态码及包含 WWW-Authenticate 标头的基本身份验证。然后，客户端可以使用包含基本身份验证凭据的授权标头重新请求。如果凭据有效，请求将被通过。

使用 basicAuth 中间件时的一些建议如下。

❑ 对于生产环境，请使用外部身份验证服务，而非静态配置。

❑ 即使使用 HTTPS，明文密码仍可能有安全风险。

❑ 我们可以将中间件应用到整个路由器或专门用于某些路由。

❑ 基本身份验证会提示客户端输入用户名和密码。

❑ 认证中间件还可以与其他中间件组合，实现更高级的身份验证。

7.3.3　重定向中间件

作为一个云原生动态反向代理和入口控制器，Traefik 重定向中间件允许将传入的 HTTP 请求重定向到不同的 URL。这对于各种业务场景都非常有用，例如将 HTTP 流量重定向到 HTTPS，从一个域重定向到另一个域或进行 URL 重写管理。

Traefik 中有两种重定向中间件可供使用，即 redirectScheme 和 redirectRegex。redirectScheme 中间件将 HTTP 请求重定向到 HTTPS，而 redirectRegex 中间件允许基于正则表达式的更复杂的重定向。

通常，我们可以使用以下参数配置 redirectScheme 中间件。

❑ scheme：重定向的目标方案，通常是 HTTPS。

❑ port：重定向的目标端口，可选。

❑ permanent：是否使用永久（301）或临时（302）重定向，可选。

针对在 Traefik 中如何配置重定向中间件，我们可参考如下示例。

1. HTTP 到 HTTPS 重定向

通常情况下，为了提高安全性，Traefik 可以自动将 HTTP 流量重定向到 HTTPS，以确保所有请求都使用加密连接。为了启用 HTTPS 重定向，我们需要在 traefik.yml 配置文件中添加以下内容：

```
entryPoints:
  web:
    address: ":80"
  websecure:
    address: ":443"

middlewares:
  redirect-to-https:
    redirectScheme:
      scheme: https
      permanent: true

http:
  routers:
    http:
      rule: "Host('devopsdomain.com')"
      entryPoints:
        - web
      middlewares:
        - redirect-to-https
      service: devops
    https:
      rule: "Host('devopsdomain.com')"
      entryPoints:
        - websecure
      tls: {}
      service: devops
```

上述配置定义了两个入口点：端口 80 作为 HTTP 的 web 入口点和端口 443 作为 HTTPS 的 websecure 入口点。同时，我们使用了名为 redirect-to-https 的中间件，将所有传入的 HTTP 流量重定向到 HTTPS。这样可以确保所有请求都使用加密连接，提高安全性。

2. 基于路径的重定向

Traefik 允许启用基于路径的重定向，能够将特定路径上的请求重定向到不同的应用程序或服务。为了实现路径重定向，我们需要在配置文件中进行定义，具体如下：

```
http:
  middlewares:
    path-redirect:
      redirectRegex:
        regex: "^(https?://)?devopsdomain\\.com/oldpath/(.*)"
        replacement: "https://devopsdomain.com/newpath/${2}"
        permanent: true

  routers:
    path-based:
      rule: "Host('devopsdomain.com') && PathPrefix('/oldpath')"
      middlewares:
        - path-redirect
      service: devops
```

上述配置创建了一个名为 path-redirect 的中间件，将所有来自 devopsdomain.com/oldpath 的请求重定向到 devopsdomain.com/newpath。

Traefik 重定向中间件可用于为 HTTP 和 TCP 流量定义重定向规则。在实际的业务场景中，我们可以使用 Traefik 重定向中间件来满足各种需求，包括强制执行 HTTPS，实现 URL 重写以及基于正则表达式自定义逻辑。

7.4 自定义中间件

在 Traefik 中间件生态中，除了通用中间件外，自定义中间件在实际的业务场景中也发挥着至关重要的作用。自定义中间件核心功能中限流机制、断路器、重试机制主要用于管理流向服务器或服务的流量并提高系统架构稳定性和性能。

7.4.1 速率限制中间件

作为一款流行的云原生开源反向代理和负载均衡器，Traefik 可将来自多源的流量路由到后端服务。Traefik 提供限流功能有助于防止拒绝服务攻击并限制发送到服务的流量。

1. 什么是限流？

简而言之，流量首先通过反向代理或入口控制器，然后下游组件通过速率限制中间件将流量路由到正确的服务。

我们的基础设施通常承受特定流量负载。而限流机制动态调整流量规模与基础设施容量的匹配状态，以支撑业务正常运行。

Traefik 速率限制中间件结构可参考图 7-5。

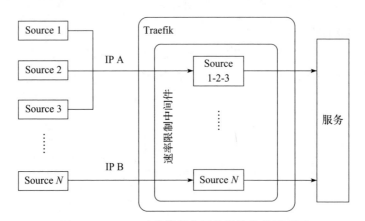

图 7-5　Traefik 速率限制中间件结构参考示意图

在实际的场景中，我们需要考虑两个关键参数：速率和突发量。速率是代理每单位时间接收到的请求数，突发量是中间件可以持有的请求绝对数。速率可以类比为水桶每秒流失的水量，突发量类比为水桶可以容纳水的容量。在具体的业务场景中，我们需要调整速率和突发量，以保持合理的流量。

　　Traefik 速率限制中间件允许在特定时间窗口内从特定客户端或 IP 地址接收固定数量的请求。如果客户端超过此限制，Traefik 将返回 HTTP 429 错误（提示请求过多），客户端必须等待下一个时间窗口才能发送更多请求。

　　通常来说，速率限制中间件用于控制允许通过网络或流向特定服务的流量，是任何分布式系统的关键组件，可以防止服务过载，避免性能下降甚至服务完全宕机。

　　（1）流量整形模型

　　实际上，从架构设计角度来看，我们可以发现，速率限制本质上是一种流量整形形式，允许自定义控制以及分布式控制从互联网流入的流量，这样基础设施就不会过载。如果没有流量整形，流量将排队进入入口代理，可能会造成拥堵。

　　除此之外，速率限制中间件还可以确保我们构建的代理不会偏向某些互联网流量来源。在速率限制中间件中，每个流量来源都有自己的速率限制器。我们可用配置文件定义速率限制器的突发量和每秒请求数。给定中间件实例中的所有速率限制器都与该配置文件匹配。如果想以不同的方式（使用不同的配置参数）对两个或多个流量来源进行速率限制，那么我们需要使用两个或多个速率限制中间件。

　　例如，我们可以配置速率限制中间件，对每个流量来源设置每秒发送 5 个请求，并允许突增 10 个请求。如果一个流量来源比其他流量来源先达到该容量限制，则必须等桶内请求数降低后才能发送更多请求。如果我们定义的桶已满或几乎已满，我们可以暂时提高速率限制，直到桶不再溢出。

　　Traefik 速率限制中间件通过设置在指定时间范围内可以发出的最大请求数来工作，达到速率限制后会阻止发送其他请求。这有助于防止流量过大并保护应用程序免受 DoS 攻击等。

　　（2）源标准定义

　　默认情况下，我们构建的代理会将每一个远程 IP 地址视为一个独立的来源。然而，IP 地址存在欺骗性，例如多用户通过 Cloudflare 发送数据包时，他们会共享同一个 IP 地址，这时，代理会将所有这些用户视为同一个来源。

　　由于每个速率限制中间件为每个来源保持独立的速率限制，那么正确定义来源就显得尤为重要。默认情况下，每个 IP 地址视为一个来源。Traefik Proxy 中的"来源标准"配置选项允许指定如何识别来源。源提取器作为速率限制中间件的一部分，用于确定哪些请求应视为同一个来源，从而在各个来源间公平地分配速率限制。

　　源功能允许我们优先考虑某些用户，从而区别对待流量分布。我们可以将特定来源合并为一个，同时将其他来源视为独立的，具体可参考图 7-6。

　　如前文所述，速率限制中间件可用于抵御各种威胁，如 DoS 攻击和抓取，除此，还可用于让所有客户端平等共享服务器的资源。

　　（3）API 速率限制

　　在特定的场景中，速率限制中间件有助于保证基础设施的稳定性并控制来自不同源端的流量。因此，我们可以根据需要对 API 的不同功能模块进行针对性的速率限制。

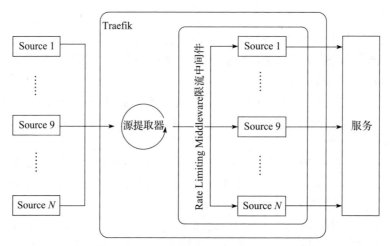

图 7-6 Traefik 之具有来源标准的速率限制中间件结构参考示意图

API 速率限制有许多优势。例如，API 可以为已登录账号并经过身份验证的用户提供更好的配额，并提供更多访问功能。同样，API 可以为客户提供不同级别的服务，每个服务都有自己的配额限制，这样付费客户可以享受更多访问权限。

在系统架构设计或维护过程中，由于不同的业务形态或历史遗留问题，我们可能需要为不同的场景服务提供代理。这也正是用户所需要和期望的核心功能。因此，并非所有的 API 都以相同的方式实现速率限制，因为 API 配置会有所不同。速率限制中间件可以依赖库提供的内容，在不同的编程语言中进行编码。Traefik Proxy 是用 Go 编写的，它的速率限制中间件依赖 Go 项目维护的库。而其他反向代理使用其他编程语言编写，例如 Nginx 是用 C 语言编写的。

（4）分布式速率限制

网络复杂的组织通常需要专业的分布式流控解决方案来确保网络稳定、可靠。Traefik 企业版提供分布式流控中间件，类似于 Traefik 的单点流控功能，但具备集群级别的实施能力。和单点流控不同，Traefik 企业版在整个集群实施全局流控。这种分布式流控方案有助于企业管理流量，保障服务可用性，提升网络性能和稳定性。

2. 实施普通限流

在实际的业务场景中，要在 Traefik 中使用限流中间件，我们需要定义限流器对象以及将限流器应用到某个端点或 IP 地址作为中间件。

假设我们希望每个用户每秒只允许发出 10 个请求，超过限制的请求将被丢弃，那么，可以这样配置 Traefik 限流：

```
apiVersion: traefik.containo.us/v1alpha1
kind: Middleware
metadata:
  name: devops-ratelimit
spec:
  rateLimit:
```

```
    average: 10
    period: 1s
```

当然，我们还可以通过另外一种方式实现，即 IngressRoute，具体配置如下所示：

```
apiVersion: traefik.containo.us/v1alpha1
kind: IngressRoute
metadata:
  name: devopsingressroute-ratelimit
  namespace: devops

spec:
  entryPoints:
    - web

  routes:
    - match: PathPrefix('/ratelimit')
      kind: Rule
      services:
        - name: whoami
          port: 80
      middlewares:
        - name: devops-ratelimit
          namespace: devops
```

上述配置每秒仅允许处理 10 个请求（RPS），每秒发送 20 个请求，其中 10 个请求将被成功转发，其余 10 个请求会收到 429 错误提示。

我们可以使用 Vegeta 等 HTTP 负载测试工具进行测试。当发送持续时间为 200s 的请求时，我们将得到如下结果：

```
[lugalee@lugaLab ~ ]% echo "GET http://localhost/ratelimit" \
  | vegeta attack -duration=200s \
  | vegeta report
Requests       [total, rate]             10000, 50.00
...
Success        [ratio]                   2.00%
Status Codes   [code:count]              200:2000  429:8000
Error Set:
429 Too Many Requests
```

可以看到，在 200s 的测试中，Vegeta 发送了 10000 个请求，2000 个请求有 200 状态码，其余请求有 429 状态码。最后，平均每秒接收 10 个请求。

3. 实施突发限流

在实际的场景中，RateLimit 中间件的另一个可用配置是为应对流量在某一时刻瞬间上升而定义的 burst 选项。突发通常被定义为某一瞬间向服务器发送请求速率飙升的现象。突发可能出于种种原因，例如，当网站进行促销活动，或者许多客户端试图同时访问服务器时。

为了应对突发问题，Traefik 的速率限制算法允许在指定时间内请求量高于正常速率限制的数量。例如，速率限制为每秒 10 个请求，突发限制为 50，这样，客户端可以在 1 秒内提出 60

个请求，只要在往后 1s 内不再提出请求，有助于缓解短暂流量高峰，避免服务器过载。

🎯 提示　需要注意的是，突发并不意味着允许客户端发出比正常速率限制更多的请求。如果客户端尝试一次发出太多请求，可能仍会收到 HTTP 429 错误代码。

要启用此功能项，我们需要在 RateLimit 中间件配置中定义如下内容，具体：

```
apiVersion: traefik.containo.us/v1alpha1
kind: Middleware
metadata:
  name: devops-ratelimit
spec:
  rateLimit:
    average: 10
    period: 1s
    burst: 50
```

在这里，我们无需重新创建或更新现有入口路由，因为 Traefik 会自动更新中间件的行为。接下来，我们再次进行测试，测试结果如下所示：

```
[lugalee@lugaLab ~ ]% echo "GET http://localhost/ratelimit" \
  | vegeta attack -duration=200s \
  | vegeta report
Requests      [total, rate]           10000, 50.00
...
Success       [ratio]                 2.00%
Status Codes  [code:count]            200:2050  429:7950
Error Set:
429 Too Many Requests
```

基于上述输出，我们可以看到，现在有 2050 个带有 200 状态码的请求，这意味着在中间件接收的 2000 个请求之外有 50 个请求被允许通过。

4.过滤源头请求

通过对请求进行速率限制并对源头进行分组，可以防止少数客户端用过多的请求压垮系统。这种分组方式可以将速率限制应用于每个单独的来源，而不是整个系统作为一个整体。例如，可以对来自不同 IP 地址的请求进行分组并限制速率，这有助于防止单个 IP 地址发出过多请求，导致系统过载和降级。

在实际的业务场景中，通过按来源对请求进行分组，我们可以更精细地控制请求速率。这样可以防止单个源独占资源，同时仍允许其他源以正常速率发出请求。简而言之，通过速率限制按来源对请求进行分组是确保系统保持稳定响应的一种方式。

RateLimit 中间件可以使用以下标准按来源对请求进行分组。

❑ IP：客户端的 IP 地址。

❑ Host：客户端的主机名。

❑ Header：HTTP 请求或响应的标头字段中提供的特定数值。

提示　对于 IP 标准，中间件使用 X-Forwarded-For 标头来确定客户端的 IP 地址。关于如何配置此标准，有两个选项：

1）使用 depth 选项指定要从 X-Forwarded-For 标头使用的第 n 个 IP 地址的深度。

2）使用 excludedIPs 选项指定要从 X-Forwarded-For 标头查找中排除的 IP 地址列表。

针对过滤源头请求，中间件配置如下：

```
apiVersion: traefik.containo.us/v1alpha1
kind: Middleware
metadata:
  name: devops-ratelimit-with-ip-strategy
spec:
  rateLimit:
    sourceCriterion:
      ipStrategy:
        depth: 3
```

7.4.2　断路器

1.Traefik 断路器概念

断路器是一个监控服务并根据条件自动打开或关闭连接的中间件。断路器打开，表示服务不可用，Traefik 将停止发送请求到该服务；断路器关闭，表示服务健康，Traefik 将恢复发送请求到该服务。

断路器结构可参考图 7-7。

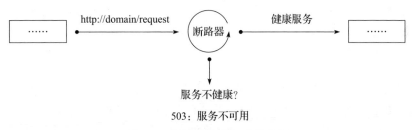

图 7-7　断路器结构参考示意图

断路器可以帮助防止反向代理陷入重试失败请求的循环，或者基础设施的一个部分的故障对系统的其他部分产生连锁反应，从而浪费资源并降低服务的整体性能。断路器通过暂停向后端服务发送请求，让服务器有时间恢复，以防故障影响进一步蔓延。

 提示　我们使用断路器时应该慎重考虑，并且需要根据自身业务特点进行充分的评估。断路器的跳闸频率过高或者由于错误而不得不触发断路器，可能会导致无法预测的后果出现。因此，在决定使用断路器之前，我们需要仔细考虑其对业务的影响，并确保其正确配置和使用，以最大限度地降低潜在的风险。

2. 断路器状态

通常情况下，断路器可以处于 3 种状态：关闭、断开和恢复。

❑ 关闭。当请求数量在可接受的范围内时，断路器保持关闭状态，Traefik 将请求路由到后
端服务。

❑ 断开。后端服务出现问题，Traefik 接收大量请求时，断路器打开以防服务过载和进一步
损坏系统。同时，断路器在指定时间循环检查后端状态。

❑ 恢复。在一定时间后，Traefik 开始向后端服务发送一些请求以测试其可用性。如果后端
服务响应正确，断路器会将其状态更改为关闭并开始允许接收正常的请求流。

 提示 对于断路器，跳闸、分闸和恢复的时间和条件是可配置的。

3. 实施断路器场景

要使用断路器，我们需要在 Traefik 配置文件或 Kubernetes 服务的注解中进行定义。我们可
以指定断路器类型、打开 / 关闭标准以及恢复等待时间（Traefik 在重新监测服务前等待的时间）。

Traefik 断路器的配置示例如下：

```
apiVersion: traefik.containo.us/v1alpha1
kind: Middleware
metadata:
  name: devops-circuit-breaker
spec:
  circuitBreaker:
    expression: LatencyAtQuantileMS(50.0) > 500 || ResponseCodeRatio(400, 600,
0, 600) > 0.5 || NetworkErrorRatio() > 0.50
    checkPeriod: 10s
    fallbackDuration: 30s
    recoveryDuration: 1m
```

基于上述配置，我们定义在如下场景打开断路器。

❑ 在 10s 内，发送至后端服务的 50% 或更多请求延迟超过 500ms。

❑ 在 10s 内，发送至后端服务的 50% 或更多请求收到 4××/5×× 响应。

❑ 在 10s 内，发送至后端服务的 50% 或更多请求失败。

一旦断路器打开，Traefik 将使用 30s 的回退机制，即 30s 后，Traefik 开始向后端服务发送
少许请求以测试可用性。如果后端响应正常，断路器状态变更为关闭，允许正常请求。

现在，让我们深入了解 Traefik 断路器的配置和工作原理。为了模拟其工作流程，我们编写
一个简单的后端应用程序，并在其中配置 Traefik 断路器。以下是相关代码：

```
package main

import (
  "fmt"
  "math/rand"
```

```
    "net/http"
    "time"
)

func main() {
  http.HandleFunc("/", func(w http.ResponseWriter, r *http.Request) {

    time.Sleep(time.Duration(rand.Intn(1000)) * time.Millisecond)

    if rand.Intn(100) < 10 {
      w.WriteHeader(http.StatusInternalServerError)
      fmt.Fprintln(w, "Internal Server Error")
      return
    }

    if rand.Intn(100) < 10 {
      w.WriteHeader(http.StatusNotFound)
      fmt.Fprintln(w, "Not Found")
      return
    }

    fmt.Fprintln(w, "Hello, Traefik!")
  })

  http.ListenAndServe(":8080", nil)
}
```

上述应用程序会模拟 0 到 1 秒之间的随机延迟，以及随机返回错误或返回 4×× 状态码。我们使用 Vegeta 工具对比带断路器和不带断路器的行为差异，具体如下。

1）未使用断路器：

```
[lugalee@lugaLab ~ ]% echo "GET http://localhost/backend" \
  | vegeta attack -duration=200s \
  | vegeta report
...
Success       [ratio]                 80.44%
Status Codes  [code:count]            200:8044  404:935  500:1021
Error Set:
500 Internal Server Error
404 Not Found
```

2）使用断路器：

```
[lugalee@lugaLab ~ ]% echo "GET http://localhost/circuit-breaker" \
  | vegeta attack -duration=200s \
  | vegeta report
...
Success       [ratio]                 28.75%
Status Codes  [code:count]            200:2875  404:325  500:362  503:6438
Error Set:
404 Not Found
500 Internal Server Error
503 Service Unavailable
```

对比结果表明，Traefik 断路器显著减少转发给后端服务的请求数量。使用断路器能够避免很多 404 和 500 错误。然而，在基本配置下，断路器也会阻止部分有效的 200 请求。

总体来说，断路器可以显著提高后端服务可用性。通过微调配置，我们可以更好地满足特定需求。

7.4.3　重试中间件

Traefik 重试中间件可以在后端服务器在指定时间限制内未能回复时重新向其发出请求，从而提高服务的可靠性和可用性，特别是在网络错误或临时故障的情况下。

在实际的业务场景中，重试中间件可以配置两个关键选项：attempts 和 initialInterval。attempts 选项指定在放弃之前应重试请求的次数；initialInterval 用于定义重试之间的初始等待时间，随着重试次数增加，等待时间呈指数级增长，最长等待时间是 initialInterval 值的两倍。

要使用重试中间件，需要将其附加到定义服务和匹配请求规则的路由器上。我们可以使用不同的提供商（例如 Docker、Kubernetes、File 等）定义和应用中间件，例如，可以创建一个名为 devops-retry 的重试中间件，有 4 次重试和 10ms 的 initialInterval，并将其应用到路由器上，该路由器将请求路由到名为 whoami 的服务，具体如下所示：

```
apiVersion: traefik.containo.us/v1alpha1
kind: Middleware
metadata:
  name: devops-retry
spec:
  retry:
    attempts: 4
    initialInterval: 10ms
```

入口点配置如下：

```
apiVersion: traefik.containo.us/v1alpha1
kind: IngressRoute
metadata:
  name: devopsingressroute-retry
  namespace: default

spec:
  entryPoints:
    - web

  routes:
    - match: PathPrefix('/retry')
      kind: Rule
      services:
        - name: whoami
          port: 81
      middlewares:
        - name: devops-retry
          namespace: default
```

基于上面的参数定义，我们尝试进行测试。当规则指向的服务没有监听的端口时，Traefik 会尝试进行 4 次重试，然后将 502 Bad Gateway 转发给用户，具体如下：

```
[lugalee@lugaLab ~ ]% kubectl logs deployment.apps/traefik
...
DBG > Service selected by WRR: 265d14423adb2c79
DBG > 502 Bad Gateway error="dial tcp 10.42.0.11:81: connect: connection refused"
DBG > New attempt 2 for request: /retry middlewareName=default-test-retry@
kubernetescrd middlewareType=Retry
DBG > Service selected by WRR: 66f2e65a52593a36
DBG > 502 Bad Gateway error="dial tcp 10.42.0.12:81: connect: connection refused"
DBG > New attempt 3 for request: /retry middlewareName=default-test-retry@
kubernetescrd middlewareType=Retry
DBG > Service selected by WRR: 265d14423adb2c79
DBG > 502 Bad Gateway error="dial tcp 10.42.0.11:81: connect: connection refused"
DBG > New attempt 4 for request: /retry middlewareName=default-test-retry@
kubernetescrd middlewareType=Retry
DBG > Service selected by WRR: 66f2e65a52593a36
DBG > 502 Bad Gateway error="dial tcp 10.42.0.12:81: connect: connection refused"
10.42.0.1 - - [] "GET /retry HTTP/1.1" 502 11 "-" "-" 200 "default-myingressroute-
retry-7cdc091e15f006bacd1d@kubernetescrd" "http://10.42.0.12:81" 312ms
10.42.0.1 - - [] "GET /whoami HTTP/1.1" 200 454 "-" "-" 680 "default-myingressroute-
default-9ab4060701404e59ffcd@kubernetescrd" "http://10.42.0.12:80" 0ms
```

在实际的场景中，重试中间件主要有如下一些优势。

❑ 提高了系统的弹性和可用性。

❑ 允许服务重新启动而不丢弃请求。

❑ 处理瞬态网络问题。

总之，Traefik 重试中间件允许通过重试由于临时问题而失败的请求来增加系统的弹性。通过智能配置尝试次数和退避策略，Traefik 服务的可用性得到大大提高。

重试中间件通过自动重试失败请求可以提高 Traefik 弹性，但也存在一些限制和缺陷。例如，重试中间件不检查后端服务的响应状态码，一旦收到响应，就会停止重试。此外，如果后端服务非幂等，重试可能导致重复发出请求或产生副作用。这意味着对于相同输入，后端服务返回不一致的结果。

7.5 中间件配置实现

Traefik 中间件能实现在请求路由到后端服务之前或之后进行规则调整。在实际的业务场景中，中间件可用于身份验证、重定向、压缩、缓存、速率限制等。

7.5.1 配置中间件选项

1. 中间件配置源

Traefik 支持多种配置源。我们可以根据不同的来源使用不同的方法来配置中间件。常见的配置源如下。

- ❏ 文件：可以使用静态配置文件，如 Yaml 或 Toml 格式配置文件。该方式适用于中间件变化不频繁的简单场景。
- ❏ Docker：可以使用附加到 Docker 容器的动态配置标签来配置中间件。该方式适用于在容器创建或销毁时需要自动更新中间件的场景。
- ❏ Kubernetes：可以使用 Kubernetes 集群中的动态配置资源来配置中间件。该方式适用于在创建或更新 Kubernetes 对象时需要自动更新中间件的场景。
- ❏ Consul Catalog：可以使用附加到 Consul 服务的动态配置标签来配置中间件。该方式适用于 Consul 服务注册或注销时需要自动更新中间件的场景。
- ❏ Marathon：可以使用附加到 Marathon 应用程序的动态配置标签来配置中间件。该方式适用于 Marathon 应用程序创建或销毁时需要自动更新中间件的场景。

上述这些中间件配置源连接到路由器，以在将请求发送到服务之前或将响应发送回客户端之前对请求或响应进行调整。Traefik 提供了多个预定义的中间件，如 Headers、BasicAuth、RateLimit、CircuitBreaker、Compress 等。这些中间件按照适用的协议（HTTP、TCP 等）进行分组。

2. 中间件选项配置

基于上述中间件配置源，结合具体的业务场景，我们可以对 Traefik 中间件选项进行配置。

通常来讲，要配置 Traefik 中间件选项，我们需要实施以下操作。

1）在配置文件中定义中间件选项或在服务上使用标签。

我们可以创建 Yaml、Toml 或 Json 格式配置文件。对于中间件标签，在标签前面加上 traefik. middleware 前缀。

2）为每个中间件选项分配名称和类型。

类型决定了中间件进行何种修改，例如，redirectScheme 是一种将 HTTP 请求重定向到 HTTPS 的中间件。

3）为每个中间件选项指定参数。

参数因中间件的类型不同而不同。例如，对于 redirectScheme 中间件，我们需要指定要重定向的协议以及可选的端口和永久标志。

4）将中间件选项应用到路由器。

路由器是我们构建的服务的入口点，定义了用于匹配请求的规则。我们可以通过在路由器上使用 Middlewares 键，列出一个或多个以逗号分隔的中间件选项名称来应用中间件。

7.5.2 定义中间件标签

（1）在 Traefik 静态或动态配置文件中定义

在 Traefik 中，中间件在传入请求被转发到后端服务之前执行任务。中间件可用于修改请求头、身份验证、速率限制等。

为了在 Traefik 中定义中间件，我们可以使用配置文件的中间件部分。每个中间件都定义为

middlewares 下的一个独立部分，并在后端服务或路由器的 middlewares 字段中进行引用。以下是一个中间件在 Yaml 格式配置文件中的定义示例：

```
http:
  middlewares:
    devops-middleware:
      headers:
        customRequestHeaders:
          X-Script-Name: "devops-middleware"
...
```

上述示例定义了一个名为 devops-middleware 的中间件。该中间件将在请求被转发到后端服务之前执行，并将为每个请求添加一个名为 X-Script-Name 的自定义请求头，其值为 devops-middleware。

（2）将中间件应用于路由器或服务

可以在路由器或服务部分使用 middlewares 选项来指定中间件的名称或要应用的中间件列表。注意，中间件的顺序很重要，因为会按照列表顺序执行。例如，如果要将名为 devops-middleware 的中间件应用于名为 web 的路由器，可以使用如下配置：

```
http:
  routers:
    devops-router:
      rule: "Host('example.com')"
      service: "devops-service"
      middlewares:
        - "devops-middleware"
...
```

在上述配置示例中，devops-middleware 中间件被应用于名为 devops-router 的路由器。因此，在流量进入路由器后，任何匹配该路由器规则的请求将首先由该中间件进行处理（例如添加自定义标头、身份验证等），然后再转发到名为 devops-service 的后端服务。

（3）重新加载 Traefik 以应用更改

在完成对 Traefik 配置文件的更改后，我们需要重新加载 Traefik 以使更改生效。有多种方法可以完成这个操作，具体取决于个人偏好。

通常情况下，我们可以使用 traefik CLI 工具或类似于 Curl 的工具向 Traefik 的 API 端点发送 POST 请求来重新加载 Traefik。以下是一个使用 traefik CLI 工具的示例：

```
[lugalee@lugaLab ~ ]% traefik reload
```

若使用 API 加载 Traefik，我们可以使用如下命令：

```
[lugalee@lugaLab ~ ]% curl -X POST http://IP:PORT/api/providers/
configuration/reload
```

此命令向 Traefik API 的 '/api/providers/rest/reload' 端点发送 POST 请求，触发配置的重新加载。

如果将 Traefik 作为 Docker 容器运行，我们可以使用 docker 命令重新加载容器。一种方法便是向容器发送 SIGHUP 信号，具体如下所示：

```
[lugalee@lugaLab ~ ]% docker kill -s HUP <容器名称>
```

此命令向名为 <container_name> 的容器发送一个 SIGHUP 信号，这会导致 Traefik 重新加载配置。

如果将 Traefik 作为 Kubernetes Ingress 控制器使用，我们可以使用 Kubectl 命令重新加载控制器。具体来说，我们可以删除并重新创建 Traefik 部署以应用新的配置文件，示例如下：

```
[lugalee@lugaLab ~ ]% kubectl delete deployment traefik && kubectl apply -f
traefik.yaml
```

此命令删除 Traefik 部署，然后使用 traefik.yaml 文件中的配置重新构建部署，从而实现重新加载 Traefik 配置。

需要注意的是，重新加载 Traefik 可能会导致服务短暂中断，因为重新加载配置会中断现有连接并建立新连接。因此，在将更改应用到生产环境之前，最好先在临时环境进行测试，以最大限度地降低停机风险。

7.5.3 实现中间件

Traefik 的强大之处在于其提供了丰富的插件功能。在实际的业务场景中，我们可以基于 Traefik 插件创建自定义中间件，以实现特定的业务需求。实现自定义中间件涉及实现 Traefik 提供的 http.Middleware 接口，通常包括以下 3 个步骤。

1. 创建实现 http.Middleware 接口的结构体

下面是一个以 JWT 插件为基础来创建自定义中间件的示例：

```
package main

import (
  "context"
  "net/http"

  "github.com/<rijalva/jwt-go"
  "github.com/traefik/traefik/v2/pkg/plugins"
)

type DevopsMiddleware struct {
  next http.Handler
}

func NewDevopsMiddleware(ctx context.Context, next http.Handler, configName
string, config *plugins.Configuration) (http.Handler, error) {
    return &DevopsMiddleware{
      next: next,
    }, nil
```

```
}

func (m *DevopsMiddleware) ServeHTTP(rw http.ResponseWriter, req *http.Request) {
  tokenString := req.Header.Get("Authorization")
  if tokenString == "" {
    http.Error(rw, "Unauthorized", http.StatusUnauthorized)
    return
  }

  token, err := jwt.Parse(tokenString, func(token *jwt.Token) (interface{}, error) {
    if _, ok := token.Method.(*jwt.SigningMethodHMAC); !ok {
      return nil, fmt.Errorf("unexpected signing method: %v", token.Header["alg"])
    }
    return []byte("devops-secret-key"), nil
  })
  if err != nil {
    http.Error(rw, "Unauthorized", http.StatusUnauthorized)
    return
  }
  if !token.Valid {
    http.Error(rw, "Unauthorized", http.StatusUnauthorized)
    return
  }

  m.next.ServeHTTP(rw, req)
}
```

在上述示例中，我们定义了一个实现 http.Middleware 接口的 DevopsMiddleware 结构体，并实现了 ServeHTTP 方法（用于具体实现中间件逻辑）。此外，我们还提供了一个构造函数 NewDevopsMiddleware，以创建 DevopsMiddleware 的新实例。

具体地，ServeHTTP 方法检查传入请求中是否存在 Authorization 标头，并从标头值中解析 JWT 令牌。如果令牌有效，将请求传递到下一个中间件或后端服务；否则，返回未经授权的响应。

2. 将中间件注册到 Traefik 配置文件

要在 Traefik 中使用自定义中间件，我们需要创建一个插件来向 Traefik 注册中间件，具体可参考如下代码：

```
package main

import (
  "github.com/traefik/traefik/v2/pkg/config/dynamic"
  "github.com/traefik/traefik/v2/pkg/plugins"
)

func main() {
  plugins.Serve(&plugins.ServeOpts{
    ProviderFunc: func() interface{} {
      return &DevopsMiddleware{}
```

```
      },
      Middlewares: []plugins.Middleware{
        {
          Name: "devops-middleware",
          Factory: func() plugins.Constructor {
            return func(config dynamic.Configuration, pluginConfig interface{})
(http.Handler, error) {
              return NewDevopsMiddleware(nil, nil, "", nil)
            }
          },
        },
      },
    })
  }
```

在上述示例中，我们定义的 main() 函数调用 plugins.Serve() 并传入一个 ServeOpts 结构体。该结构体包含一个 ProviderFunc 字段，以返回自定义中间件的一个新实例。

通常情况下，中间件是作为插件数组来定义的，其中 Name 字段定义中间件的名称，Factory 字段用于返回中间件构造函数的函数。在这个例子中，中间件构造函数返回一个新的 DevopsMiddleware 实例。

3. 在路由器或服务中指定中间件

一旦构建并部署定义的插件，我们就可以在 Traefik 配置文件中使用，就像使用其他任何中间件一样。下面示例演示了如何在 Traefik 配置文件中使用我们创建的 DevopsMiddleware 中间件：

```
http:
  middlewares:
    devops-jwt:
      plugin:
        devops-middleware:
  routers:
    devops-router:
      rule: "Host('example.com')"
      service: "devops-service"
      middlewares:
        - "devops-jwt"
```

上述示例定义了新中间件 devops-jwt，使用了 devops-middleware 自定义插件，将 devops-jwt 中间件应用到路由规则。该规则将请求转发至名为 devops-service 的后端服务。

在这个示例中，我们演示了如何定义和使用自定义中间件，以扩展和定制 Traefik 的能力。通过定义和使用中间件，我们可以满足特定的业务需求。

7.6 本章小结

本章主要对 Traefik 中间件进行深入解析，描述了在云原生 Kubernetes 编排生态中 Traefik

中间件的相关基础功能、应用场景以及实践操作等，具体如下。

- ❏ 讲解 Traefik 中间件的基础概念、功能特性、常用中间件以及应用场景等，以帮助读者深入理解中间件的概念和作用。
- ❏ 讲解 Traefik 中间件所涉及的通用中间件，包括前缀中间件、认证中间件以及重定向中间件。
- ❏ 讲解 Traefik 中间件所涉及的自定义中间件，包括常用的速率限制中间件、断路器以及重试中间件等。
- ❏ 讲解 Traefik 中间件的相关技术实践，包括中间件配置实现、定义中间件标签和实现中间件。

Chapter 8 第 8 章

使用 Traefik 网格实现流量治理

近年来，容器化已经成为软件开发的主导趋势，允许开发人员将他们的应用程序和服务打包和部署在轻量级容器中，以一致且高效的方式在基础设施上运行。然而，在大规模分布式环境中，管理容器化应用程序和服务之间的通信可能是一项具有挑战性的任务。

为了解决这个问题，服务网格软件出现。Traefik Mesh 是一种轻量级、开源的云原生服务网格，可为基于容器的应用程序提供高效的服务到服务通信和流量管理。在本章节中，我们将围绕 Traefik 网格，分别从流量治理、服务网格架构模型等角度展开，深入探讨 Traefik 网格组件的基本概念、架构原理、特性、应用场景及优势等。

8.1 概述

服务网格最早出现于 2016 年，与容器化技术和微服务架构密切相关，但这些技术和架构在过去几年才开始流行，因此，服务网格对于许多技术人员来说仍然是一个相对较新的概念。

1. 服务网格概念

服务网格是一个软件基础设施层，主要用于控制和监控微服务应用程序中内部服务之间的流量调用。服务网格通常采用与应用程序代码一起部署的网络代理的"数据平面"以及与这些代理交互的"控制平面"进行的相互通信的形式。在这个模型中，开发人员（服务所有者）无需过度关注服务网格的存在，而运营商（平台工程师）利用一套新的工具来确保应用程序可靠性、安全性和可见性。

在云原生生态中，部署和运行应用都至关重要。Docker 和 Kubernetes 等容器编排工具和平台已经基本解决了部署问题，能够轻松部署和管理成千上万个应用或服务实例。这得益于 Docker

和 Kubernetes 在正确的层面实现了强大的抽象和标准化，不仅标准化了整个组织的打包和部署模式，还简化了运维和管理复杂应用的流程。

然而，一旦应用程序部署完成后，接下来的问题是如何标准化应用程序的运行时操作。毕竟，部署不是生产环境的最后一个核心环节，应用程序仍然需要正常运行。因此，问题变成：我们能否像 Docker 和 Kubernetes 标准化部署操作一样标准化应用程序的运行时操作？

2. 服务网格的演进模型

为了回答这个问题，我们转向服务网格。服务网格的核心是提供统一的全局方式来控制和衡量应用程序或服务之间的所有请求流量（即东西向流量）。对于采用微服务的公司来说，这种请求流量在运行时操作中扮演着关键角色。由于服务通过响应传入请求和发出传出请求来工作，因此请求流量成为决定应用程序在运行时行为的关键因素。标准化请求流量管理成为标准化应用程序运行时的关键工具。

通过 API 来分析和操作请求流量，服务网格为整个组织的运行时操作提供了标准化机制，包括确保可靠性、安全性和可见性的方法。像任何健全的基础设施层一样，服务网格试图保持与服务的构建方式无关，以便适应各种不同的应用程序和服务架构。

（1）传统模型

回望历史，服务网格起源可追溯至 2010 年左右的三层应用程序架构。在此架构中，请求流量扮演核心角色。首先网络层处理传入流量，然后与应用程序层交互，最后应用程序层再与数据库层交互。

网络层中的网络服务器旨在高效处理大量传入请求，并小心地交予处理速度相对较慢的应用程序服务器。同样，应用程序层使用数据库驱动库与后端存储交互。这些库以优化缓存、负载均衡、路由和流量控制为目标。

随着业务规模的扩大，尤其是应用层的瓶颈突显，这种模型的负荷能力无法高效地支持业务。此时，互联网头部公司，如谷歌、Netflix 和 Facebook 等，开始尝试将服务进行颗粒化拆分，促进了微服务的兴起。随之而来的是东西向流量进入微服务的世界。在这个新的网络拓扑架构中，流量不再从上到下流动，而是在每个服务之间流动。一旦水平访问出现问题，整个系统便瘫痪。

（2）库模型

为了解决上述模型出现的问题，像 Google 的 Stubby 和 Netflix 的 Hystrix 等库为所有服务提供了一种统一的运行时操作方式。开发人员或服务所有者使用这些库向其他服务发出请求，而这些库执行负载均衡、路由、遥测等操作。通过为应用程序中的每个服务提供统一的行为、可见性和控制点，这些库形成了一个统一管理的平台，这也是服务网格的前身。

基于库模式的微服务架构模型可参考图 8-1。

虽然像 Google 的 Stubby 和 Netflix 的 Hystrix 等库技术解决了服务间流量管理的问题，但它们存在一些缺点，尤其是在操作便利性方面，例如，当库发生变更时，必须同时更新所有使用该库的服务。此外，随着容器编排平台的兴起，这些库与云原生理念渐行渐远，因此需要更加灵活和敏捷的解决方案来适应新的云原生架构。

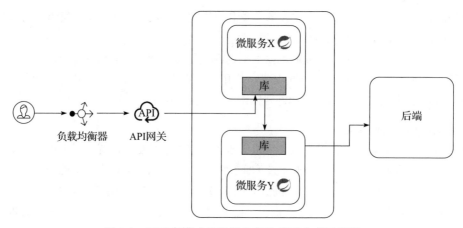

图 8-1　基于库模式的微服务架构模型参考示意图

随着新技术的不断涌现，代理成为解决这些问题的一种新方式。相比之下，代理无需重新编译和部署每个应用程序便可升级。此外，代理还支持多语言系统，而应用程序由用不同语言编写的服务组成，这对于库来说成本过高。

（3）代理模型

在云原生应用开发中，解耦开发和运维团队之间的复杂依赖关系是至关重要的。因此，服务网格的崛起是由技术、业务和组织等多方面因素驱动的。

服务网格通过部署代理的分布式网格，并提供集中式 API 来分析和操作流量，这成为一种对运行时操作可控的有效手段。服务网格提供了一种标准化机制，可以跨应用程序执行运行时操作。通过将代理放置在服务端点之间，服务网格可以提供流量路由、负载均衡、故障恢复、流量控制和安全等功能，同时保持开发和运营团队之间的解耦。这使服务网格成为一种强大的解决方案，可以帮助组织实现快速、可靠、安全的云原生应用程序开发。

基于代理模式的微服务架构模型可参考图 8-2。

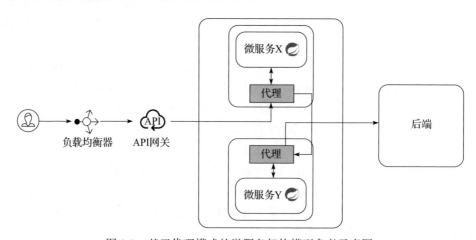

图 8-2　基于代理模式的微服务架构模型参考示意图

在当今日益复杂的 IT 环境中，服务网格已成为管理微服务的重要工具。服务网格是一个专用的基础设施层，用于处理微服务架构中服务之间的通信。近年来，该技术因其能够简化网络管理、实现无缝流量路由和增强应用程序可扩展性等优势而广受欢迎。

（4）网格模型

自微服务架构出现以来，服务网格的概念一直存在。然而，直到 2017 年 Istio 的推出，这项技术才得到了良好的定义和实施。Istio 是由谷歌、IBM 和 Lyft 开发的开源服务网格平台，旨在解决与微服务通信相关的挑战，如流量路由、负载均衡、安全性和可观测性。

自第一款服务网格产品 Istio 推出以来，其他提供商也开发了各自的服务网格平台，包括 Linkerd、Consul Connect、Cilium、Open Service Mesh、Kuma、AWS App Mesh 以及 Traefik Mesh。这些平台结合了 Envoy、Mixer 和 Pilot 等组件的功能，提供了更强大的服务网格功能。

服务网格在微服务架构中有着非常重要的作用，涉及将复杂的应用程序分解为更小的独立服务，提供了一种标准化机制来管理和监控微服务应用程序。服务网格的一些特性如下。

- ❑ 流量路由：服务网格可以采用智能路由策略，根据延迟、可用性、性能等标准将请求定向到最合适的服务实例，从而提高应用程序的可伸缩性和可用性。这种方法可以确保请求始终被发送到最佳的服务实例，从而减少了延迟和故障，并提高了整个系统的效率和可靠性。
- ❑ 服务网格安全性：由于微服务架构的分布式特性，确保系统的安全性变得尤为重要。服务网格为实施安全策略提供了一个集中控制点，从而增强了网络安全性并减小了攻击面。
- ❑ 全局可观测性：在分布式系统中，可观测性对于监控和故障排除至关重要。服务网格提供了丰富的可观测功能，例如跟踪、日志记录和指标收集等，使开发人员能够实时了解应用程序的性能、监测故障并快速排除问题，从而缩短平均修复时间。
- ❑ 服务弹性：尽管微服务架构可以提高系统的灵活性和可扩展性，但也会带来更高的复杂性和潜在故障。为了解决这些问题，服务网格提供了一系列强大的功能，例如熔断、速率限制和重试机制等，可以隔离故障并保持应用程序的可用性。
- ❑ 多云环境：在多云环境下，组织需要面对复杂的网络挑战，因为它们必须在不同的云平台之间进行通信。为了解决这个问题，服务网格提供了一个统一的通信层，将底层基础设施抽象化，并提供跨云区域和数据中心的无缝通信。

3. 服务网格的价值

在当今云原生世界中，服务网格是备受关注的热门话题，因为能够对 Kubernetes 集群内流动的流量进行可见性观测和管理。服务网格对于现代 IT 组织意义重大，包括但不限于以下几点。

（1）提升应用程序可扩展性

服务网格支持智能流量路由策略，可以根据延迟、可用性、性能等标准将请求定向到最合适的服务实例，从而提高资源利用率、应用程序的可扩展性。这种方法可以确保请求始终被发送到最佳的服务实例，从而提高应用程序的性能和客户体验。

（2）降低网络复杂性

传统的网络管理方法，例如配置负载均衡器和防火墙，在微服务架构中往往难以扩展和适应变化。服务网格提供了一个统一的通信层，可以将底层网络基础设施抽象化，并提供诸如流量管理、安全机制和可观测功能等，从而简化网络管理并降低网络复杂性。

（3）提升网络安全性

服务网格简化了安全策略的实施，使 IT 组织能够更加标准化、自动化和集中化地实施安全策略，从而降低安全风险。服务网格还提供了强大的加密和访问控制功能，可以帮助组织减小攻击面，保护应用程序和数据的安全。

（4）提高敏捷性

服务网格使组织可以快速、无缝地推出新功能和更新功能，而不会影响应用程序的性能或需要对网络基础设施进行大量投资。服务网格提供了必要的工具，例如流量管理、负载均衡和故障转移等，可以帮助应用程序在不中断服务的情况下进行功能扩展和更新。

服务网格已经成为管理微服务通信的重要工具。自 Istio 推出以来，服务网格技术发展迅速，并已经证明在促进智能流量路由、提升可观测性和网络安全性等方面大有裨益。随着微服务架构的不断普及和应用，服务网格将继续在简化网络管理和提升应用程序可扩展性方面发挥重要作用。

8.2　流量治理

流量对于系统架构来说就像人类身上的血液。微服务架构将大型应用程序分解为更小的独立服务。这些服务高度解耦，可以独立开发、部署和扩展。这种方法近年来越来越流行，因为使组织能够更快、更灵活地构建复杂的应用程序。然而，随着系统中微服务数量的增加，管理和控制微服务之间的流量的复杂度也在增加。

8.2.1　流量治理挑战

微服务流量治理在当今的云原生架构中已经成为一个永恒的话题。微服务流量治理的挑战主要涉及以下几方面。

1. 庞大的端点数量

随着业务的发展，系统中的微服务数量随之增多，需要监控、保护和优化的端点数量随之攀升。这可能会让人难以掌控哪些服务使用的资源最多，哪些服务出现了瓶颈，以及哪些服务可能会导致其他服务出现问题。

2. 环境的动态特性

由于微服务是独立开发、部署和扩展的，因此服务之间的流量可能会迅速变化。这意味着传统的流量管理方法，如静态路由和负载均衡，可能对微服务无效。相反，组织需要根据服务健康状况、网络延迟和可用性等因素动态路由流量。

3. 流量的全栈观测

微服务流量治理需要系统具有高水平的可观测性。组织需要了解每项服务的性能，以及流量对整个系统的影响。这需要收集和分析大量数据，如果没有合适的工具和流程，可能会很困难。

8.2.2　南北向流量

南北向流量在软件架构和开发中指的是不同服务或组件之间的网络调用流量。这是一个非常重要的概念，关乎系统的性能、扩展性和健壮性。

1. 南北向流量定义

微服务架构下的南北向流量与传统单体应用下的南北向流量有一些不同。在单体应用中，南北向流量主要发生在系统内部不同层之间，如表示层调用业务层、业务层访问数据层等。

而在微服务架构下，服务之间边界更加清晰，南北向流量主要发生在微服务内部的不同层，也可以发生在微服务之间。与外部系统的交互也通过微服务的南北向流量来实现。

微服务之间常通过 RESTful API 进行交互，服务调用关系更加松耦合，每个服务可以独立扩展。这种面向服务的架构，有利于构建可独立部署的模块化服务。

微服务南北向流量的架构是基于面向服务的架构（SOA）和微服务的原则沉淀形成，目标是创建一个可以轻松开发、部署和扩展的模块化应用程序。Spring Cloud 微服务架构之南北向流量示意图参考图 8-3。

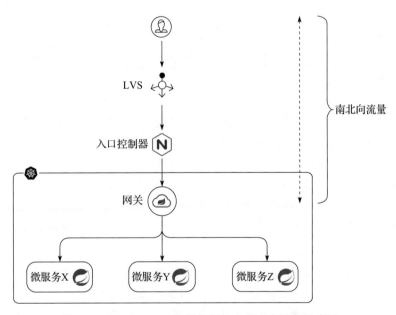

图 8-3　Spring Cloud 微服务架构之南北向流量示意图

上述架构涉及的关键组件如下。

（1）入口控制器

入口控制器主要负责管理微服务与集群外部之间的南北向流量，为所有外部请求提供单一入口点并将其路由至集群内部合适的微服务。

（2）微服务网关

微服务网关通常指的是业务网关或内部网关。网关主要用于在功能相同的微服务实例或微服务组之间平均分配传入的网络流量以及相关的业务逻辑处理等。

（3）微服务

作为 Spring Cloud 生态组件之一，微服务是应用程序的核心组件，代表可以独立开发、测试及部署的最小功能单元。

2. 南北向流量管理与 API 网关

API 网关和服务网格在云原生架构中承担着重要的流量处理角色。对于南北向流量，API 网关是主要的管理组件，为客户端提供单一的访问入口，封装内部系统架构复杂性，并实现请求路由、负载均衡等。此外，API 网关还能提供身份验证、访问控制、容错限流等安全与管理功能。

从部署的角度来看，API 网关可分为内部网关和边缘网关。前者侧重于面向产品或服务内部，封装内部系统细节；后者面向外部客户和移动端，保护内部系统边界。无论哪种部署方式，API 网关主要关注请求的 L7 层信息，完成安全保护、请求路由等处理任务。

3. API 网关使用场景

那么，在哪些场景下应该使用 API 网关呢？通常来讲，API 网关使用场景主要涉及如下几个方面。

（1）API 全生命周期管理

API 网关提供了 API 定义、创建、发布、运行状态监控等全流程管理功能。通过 API 网关，开发者可以高效创建和维护大量 API。

（2）标准化服务间通信

在微服务架构中，服务之间的通信需要遵循一定的协议和规范，而 API 网关可以作为服务之间的中间件，为服务提供统一的协议和接口，从而简化服务之间的通信流程。

（3）流量安全和可观测

API 网关可以实现安全和可观测的服务通信，支持跨产品实现服务通信的标准化和安全。通过安全策略、身份验证、授权和访问控制等，API 网关可以保障服务通信的安全性；而通过监控和日志记录等功能，API 网关可以实现对通信流量的监控和分析，从而提高服务的可用性和性能。

4. 南北向流量评估准则

在实际的业务场景中，南北向流量管理具有非常重要的意义。南北向流量管理可以帮助优化系统架构拓扑、改进容器规划，从而提高系统的可用性和性能。因此，有效管理微服务的南北向流量是一个不断优化、改进系统的过程。

成功管理微服务的南北向流量需要评估并考虑以下几方面。

（1）开发和部署

在项目建设时，尽可能定义微服务开发和部署的相关标准和流程，以确保与最初规划的业务架构相一致。这可以确保跨团队的开发状态保持一致，使新构建的微服务能够容易地集成到现有框架，提高开发和交付效率。

（2）全栈观测

随着微服务架构的不断升级和集成的组件不断丰富，应用系统的管理和维护工作变得更加具有挑战性。为了确保业务能够按预期运行，我们需要监控每一个业务请求的最终状态。全栈观测是追踪南北向流量可能出现问题的重要手段。

因此，技术团队应该采取相应的措施来实现全栈观测，例如收集和分析单个服务性能数据以及流量对整个系统的影响。通过对这些数据进行分析，我们可以及时发现并解决南北向流量可能出现的问题，从而提高系统的可用性和性能。

（3）可扩展性

在不同的业务场景中，当入口处的流量在某一时刻急剧增加时，扩展是非常关键的。在这种情况下，我们可以考虑基于垂直或水平扩展来提高系统的处理能力，以满足业务需求。同时，当流量急剧下降时，如何优化资源配置、减少浪费也变得同等重要。

（4）安全性

在基于微服务的应用程序部署过程中，考虑到微服务的安全性显得非常重要。为了保护应用程序免受外部非法攻击，技术团队应该对不同的用户设计身份验证和授权机制。

微服务的南北向流量对现代应用程序的设计、开发、测试和部署方式产生了显著影响。基于 API 对各种应用程序中的微服务进行通信管理，我们可以创建模块化的应用程序，并提高系统的可扩展性和可维护性。然而，有效管理南北向流量也需要关注测试和安全性，以保护应用程序免受错误、漏洞和外部攻击。

8.2.3　东西向流量

随着云原生生态和微服务架构的兴起，应用程序的设计与部署方式发生了重大变革。与此同时，伴随着微服务应用中服务数量的增加，服务间通信（即东西向流量）的挑战随之而来。

1. 东西向流量定义

在微服务架构中，东西向流量指服务之间的互相调用，即一个服务调用其他服务产生的流量。随着微服务应用中服务数量的增加，这种服务间关联日益复杂。

随着云原生时代的来临，微服务架构已经成为应用程序设计与部署的主流方式。与传统整体式架构不同，微服务架构将应用程序分解成独立的服务，这些服务可以部署在不同服务器上，通过服务间通信协同提供功能。

2. 东西向流量管理与服务网格

作为一种重要的分布式软件系统内部通信管理技术，服务网格承担着管理数据中心、Kubernetes 集群或其他分布式系统内部的东西向流量的责任。这种流量模式主要强调的是系统内部各个服务之间的交互。

服务网格的核心功能包括追踪和监控服务的健康状态与 IP 地址，管理流量路由，以及确保所有服务间的通信都得到有效的身份验证和加密保护。这与 API 网关的工作方式有所不同。服务网格不仅跟踪所有已注册服务的生命周期，还确保所有的请求都能被有效路由至健康的服务实例。

另外，服务网格的采用还能减轻负载均衡器的负担，因为流量路由的工作已经分散到了各个服务节点之间。

3. 东西向流量应用场景

与基于南北向流量的 API 网关相对应，基于东西向流量的服务网格主要应用于以下场景。

❑ 服务间安全通信。当需要在同一产品范围内实现安全的 L4/L7 服务间通信时，服务网格为每个服务实例及其副本提供代理。

❑ 可观测的通信。当需要为每个服务实例及其副本进行代理，以及深度监控服务间通信状态、性能指标、错误日志等时，实现端到端的可观测性。

❑ 共享 CA 证书。服务网格为每个服务实例及其副本提供共享的 CA 证书，简化了服务间安全连接的建立，无须逐对配置证书。

Spring Cloud 微服务架构之东西向流量示意图参考图 8-4。

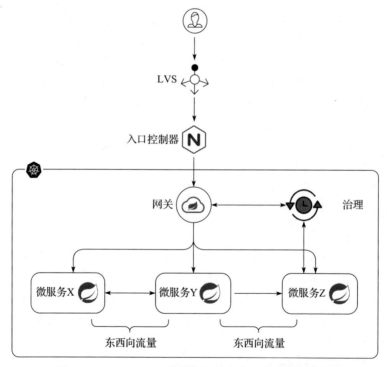

图 8-4　Spring Cloud 微服务架构之东西向流量示意图

一切事物皆有其两面性，微服务架构模式为现代化软件开发与部署带来了很多便利，同时也引入了一些挑战，具体如下。

（1）延迟

由于微服务间的高度解耦和分布式特性，服务之间的互访必然带来一定的响应延迟。延迟会导致较差的用户体验。因此，有效的流量管理是架构设计的一个关键环节，有助于降低延迟。

（2）安全性

随着微服务间直接交互不断增多，但没有设计安全规则，安全漏洞日益增加。特别是当各个微服务采用不同的安全策略时，这一风险进一步加剧。因此，如何有效降低安全风险，对于服务间的东西向交互来说，是非常重要的。

（3）复杂性

在微服务架构中，特别是在云原生环境中，微服务经常以数千个实例的规模运行，这些服务之间存在复杂的交互关系，遵循多种协议。所以，对东西向流量进行管理变得相当困难，难以有效监控和解决服务间调用故障。

（4）可扩展性

随着服务实例数量的增加，管理服务间交互流量变得愈发困难和复杂。因此，如何在请求数量增加的同时，保证资源合理分配以维持应用性能和稳定性至关重要。

4. 东西向流量治理最佳实践

在实际的业务场景中，针对微服务架构的东西向流量治理可基于如下最佳实践。

（1）服务发现机制

管理微服务之间的交互变得具有挑战性，因为数百甚至数千个服务互连。为了解决这个问题，我们需要使用服务发现机制来帮助服务动态地识别彼此的端点。服务发现工具提供了对整个服务生态系统的可见性，使管理服务和建立路由规则变得更加容易、高效。

（2）API 网关引入

API 网关作为微服务生态系统的单一入口点，是服务和外部客户端之间的交互桥梁。客户端通过网关发出请求，网关将请求路由到合适的服务。这种方法简化了流量管理并降低了整个系统的复杂性，因为客户端不直接与服务通信，而是通过 API 网关进行中转处理。

（3）负载均衡策略

负载均衡通过在多个服务器之间分配传入流量，确保没有单个服务器过载。此功能对于大规模服务和高并发请求尤为关键。

在微服务环境中进行负载均衡时，常用的算法有循环法和随机法。此外，还有基于服务器性能和请求类型的加权轮询算法、散列算法以及最小连接数算法等。这些算法可以更智能地将高并发请求分发至性能较强的服务器。

（4）断路器机制

当基于微服务的应用程序过载时，外部服务可能开始出现故障，并引发连锁反应。断路器用于识别问题服务并停止向其发送流量，以免系统过载。

（5）服务网格技术

作为一种专注于管理服务间通信的基础设施，服务网格提供了分布式跟踪功能，有助于诊断系统中的问题和性能瓶颈。通过收集和分析服务调用轨迹，我们可以准确定位问题出现的地方。除此之外，服务网格还提供了负载均衡、故障容错、服务监控、服务发现等功能。

东西向流量对于微服务架构的健康运行至关重要。为此，团队需要根据自身架构特点制定全面的流量管理策略，以确保性能、安全性、可扩展性以及可靠性。有效管理微服务流量需要结合服务发现、API 网关、负载均衡、熔断及服务网格技术。

8.2.4 流量治理的意义

在前几节中，我们分析了南北向流量。基于整个网络拓扑结构，我们可以总结南北向流量指的是从外部源（如互联网或其他外部服务）进入和离开应用程序的流量。这种流量通常由负载均衡器处理，在应用程序的多个实例之间分配流量，以确保应用程序可靠性和可扩展性。

与此相对，东西向流量指的是运行在同一个基础设施（如内部网络或私有云）中的微服务之间的流量。

由于微服务架构中的服务实例数量庞大且更新快，管理南北向流量与东西向流量对于整个系统架构的稳定运行具有重大意义。

1. 对南北向流量的治理

南北向流量在整个系统网络拓扑结构中扮演着至关重要的角色，代表了用户与应用程序交互的主要方式。所有用户请求，无论是直接访问应用程序还是通过 API 访问应用程序，都是南北向流量的一部分。因此，我们在应用程序设计中必须考虑到这种流量的特殊要求，以确保应用程序可靠、可扩展且响应迅速。

为了有效地处理南北向流量，微服务架构必须具有高可用性、容错性和可扩展性。这通常涉及使用负载均衡器，将传入的请求分发到应用程序的多个实例，以实现负载均衡和高可用性。更为重要的是，要确保应用程序的每个实例都是无状态的，以便可以轻松复制和水平扩展。这意味着在处理请求时，任何需要跨请求维护的状态都应该存储在单独的数据设备中，例如数据库或缓存。

2. 对于东西向流量的治理

除了南北向流量外，东西向流量也非常重要，因为它通常是瓶颈和性能问题的根源。由于这种流量是应用程序内部的，所以不能像南北向流量那样容易地水平扩展。因此，以最小化和优化东西向流量的方式设计应用程序的体系结构非常重要。

为了处理东西向流量，微服务架构必须被设计为高度解耦和模块化。这通常涉及服务网格，在应用程序的不同组件之间提供抽象层，并允许对组件之间的通信进行细粒度控制。

服务网格的主要优势之一是可以为东西向流量提供流量管理和负载均衡，就像负载均衡器为南北向流量所做的一样；同时，能够提供一种管理模式，允许应用程序更容易地水平扩展，从而提高微服务架构的性能和可靠性。

另外，服务网格确保组件间通信安全、可靠。由于此类流量在应用内部，不能依赖用于南北向流量的安全机制，相反，应使用专为内部通信设计的加密和身份验证机制，以确保通信安全。

3. 流量治理关注因素

为了构建成功的微服务架构，平衡南北和东西向流量非常重要。过于关注一种类型流量而忽视另一种类型流量会导致性能问题、可靠性问题和安全漏洞。

例如，如果一个应用程序在设计时非常强调南北向流量，而忽略了东西向流量的需求，那么随着应用程序规模的增长，可能很难保证性能和可扩展性。同样，一个应用程序在设计时非常强调东西向流量，而忽略了南北向流量的需求，则可能很难提供可靠且响应迅速的用户体验。

为了平衡这些需求，我们要考虑以下因素。

- ❑ 扩展：南北和东西向流量都需要可扩展。南北向流量通常需要水平扩展，而东西向流量通常需要垂直扩展。为每种类型流量选择正确的扩展机制有助于提高应用程序整体性能和可靠性。
- ❑ 安全性：南北和东西向流量都需要安全。虽然南北向流量保护通常使用标准安全机制，例如 SSL/TLS，东西向流量保护需要更专业的工具和技术，例如专门为应用内部通信设计的加密和身份验证机制。
- ❑ 性能：平衡南北和东西向流量有助于提高整体性能并避免瓶颈。
- ❑ 可用性：南北和东西向流量都需要高度可用。负载均衡器可以确保南北向流量分布在应用程序的多个实例中，服务网格工具可以为东西流量提供高可用保障。

总之，微服务架构的设计和实现需要仔细考虑南北和东西向流量。两种类型的流量都有独特的要求和挑战，忽视一种而注重另一种可能会导致性能问题、可靠性问题和安全漏洞。

8.3 服务网格架构模型

在云原生环境中，服务网格作为专为微服务架构内部服务间通信而设计的基础设施层，将业务逻辑分离于外部 API 和操作功能（如安全、流量管理和服务发现），通过提供这种专用基础设施，提高弹性、可扩展性和敏捷性。

一句话概括：服务网格是一个抽象层，封装了所有允许服务与其他服务和外部世界无缝交互的关键操作属性。

8.3.1 服务网格目标

随着云原生技术日益普及，越来越多的企业开始将原有应用迁移到基于容器的云原生平台。为了应对服务间复杂的通信挑战，服务网格成为首选方案。典型的云原生应用可能包含数百上千个服务实例，这些实例由 Kubernetes 动态管理和调度。这种动态变化的特性使服务间通信极为复杂，直接影响应用的运行时行为。

服务网格技术能有效管理这种复杂的服务通信，确保通信的可靠性、安全性和性能，发挥了非常关键的"中间人"作用，最大限度地抽象出底层网络、计算等资源的变化。

在实际的网络架构中，服务网格主要用于控制服务之间通信的基础设施层。该层通常由两部分组成。

- ❑ 数据平面：处理应用程序附近的通信，通常情况下，由一组网络代理与应用程序一起部署，用于管理应用程序之间的流量路由和负载均衡等任务。

❑ 控制平面：服务网格的"大脑"，与代理交互以推送配置、确保服务发现，并集中实现可
观测。控制平面还提供了流量管理、安全策略、自动化故障转移等高级功能，以最大限
度地简化应用程序的开发和维护。

服务网格通常围绕服务间通信的 3 个核心
目标进行设计，如图 8-5 所示。

1. 连接

连接是指在微服务架构中，服务之间的通
信必须要经过一个中间层。该中间层负责管理
和监控所有的服务通信，提供动态服务发现、
路由、负载均衡、弹性通信和安全性等功能。

服务网格的连接核心目标是解决微服务通
信中的复杂性和不确定性问题，简化微服务通
信，提高系统的可靠性、性能和安全性。

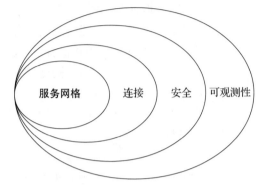

图 8-5　服务网格核心目标参考示意图

2. 安全

在传统微服务架构中，服务之间通信使用未加密的方式。然而，内部流量未加密现在被视
为不安全做法，特别是在公共云和零信任网络环境中。

除了保护客户端数据隐私外，加密内部流量在系统存在漏洞时可以提升安全性。因此，现
代服务网格全部使用双向 TLS（mTLS）加密服务间通信，即所有代理之间交互。

服务网格甚至可以强制执行复杂的访问控制策略，例如，根据特定环境和服务允许或拒绝
特定流量。

3. 可观测性

服务网格的目标之一是实现服务间通信可见。基于对网络的控制，服务网格可以强制执行
可观测，提供 L7 层指标，同时允许在流量达到一些自定义阈值时触发告警。

这种可观测性通常是通过第三方工具或插件（如 Jaeger、Zipkin 或 OpenTelemetry 等）实现
的。服务网格还支持注入 HTTP 报头，以便追踪请求的整个调用链路。

8.3.2　网格实现原理

在前文中，我们提到服务网格是一个专用的基础设施层，为服务间通信提供附加功能、流
量控制能力，以及对整个系统的透视能力。可观测、金丝雀部署、流量控制、熔断、重试和自动
双向 TLS 等可以通过统一配置并去中心化施加，而不用修改代码。相比实现类似功能的库，服
务网格提供了与技术栈和编程语言无关的可靠实现，依赖于为每个服务添加一个额外的容器。

服务网格通常由控制平面和数据平面组成。控制平面负责维护一个中央注册表，以跟踪所
有服务及其 IP 地址，这个过程被称为服务发现。只要应用程序在控制平面上注册，控制平面就
能够与网格的其他成员共享如何与应用程序通信的信息，并强制实施哪些对象可以相互通信的规
则。控制平面主要负责网格的安全性，解决服务发现、健康检查、策略执行等类似的操作性问

题。数据平面负责处理服务之间的通信。许多服务网格采用 Sidecar 代理来实现数据平面的通信，从而降低服务对网络环境的依赖。

在实际的架构设计中，代理通常与服务共存，所有流量都通过入口网关流入、出口网关流出。这些网关负责将流量路由（或转发）至其他服务。代理与微服务共同构建了一个网状网络。在这种拓扑结构中，服务可以直接且动态地相互连接，无需特定的节点来执行专门的任务。这些代理将从控制平面获取配置信息，并可以将指标、跟踪数据和日志直接导出至另一个服务，或通过控制平面导出。

在实际的业务场景中，通用型服务网格架构见图 8-6。

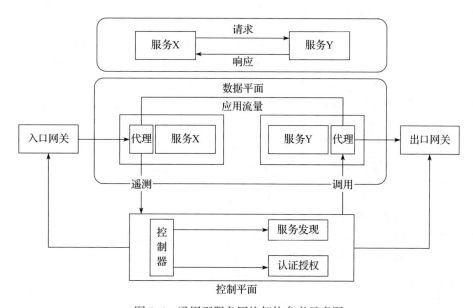

图 8-6　通用型服务网格架构参考示意图

接下来，我们来学习一下服务网格架构的组件，具体如下。

1. 服务发现组件

作为微服务架构不可或缺的组成部分，服务发现组件使微服务之间的动态通信成为可能，提供自动检测、注册和共享网络中服务位置的机制。通常，服务发现有两种模式：客户端和服务端发现。服务发现组件解决了微服务架构中服务之间的通信问题。代理为微服务和其他应用程序之间的通信提供了路由。当添加或删除新的副本时，服务发现便会动态发生。

2. 路由组件

服务网格中的轻量级代理内置智能路由机制，可以动态地实现服务间流量路由，极大地简化了服务编排，使服务间调用更为灵活、高效。这对构建一个敏捷、弹性的云原生应用架构至关重要。

3. 可观测性组件

通常情况下，服务网格提供了对服务健康和行为的深入洞察。现代服务网格在控制平面中部署相关采集、追踪组件，例如 Grafana、Prometheus 以及 Elasticsearch 等工具，通过收集并汇总有关组件之间交互的遥测数据，记录、跟踪请求、服务、监控和告警之间的响应和调用情况，以确定服务的健康状况；同时，借助仪表盘可视化整个端链路的整体响应状况。

4. 安全组件

服务网格为服务之间的通信提供身份验证、授权和加密功能。在 Istio 中，默认情况下，代理服务会阻止两个服务之间的通信。为了允许通信，需要创建目标规则和虚拟服务。在 Linkerd 中，默认启用代理服务之间的通信功能。

8.3.3　Sidecar 代理模型

基于 Sidecar 代理，每个应用程序都需要附加一个代理来拦截请求。代理将提供的功能注入平台，实现安全性、可观测性和可靠性。一般而言，Sidecar 代理通常具有侵入性，因为部署对象和网络路由规则（例如使用 iptables）需要由服务网格进行更新。

Sidecar 代理的优势在于控制。随着代理更接近应用程序，最终用户可以更多地访问深入的可观测性指标，并更容易实现流量管理自动化。但这些优势是有代价的。在实际的业务场景中，如果为每个服务都添加 Sidecar 代理，通常会增加应用程序架构的复杂性，有时很难评估网络规则是否出现问题或错误配置带来的异常。此外，基于 Sidecar 代理的服务网格往往需要一些更高级别的权限（例如具有 NET_ADMIN 功能的 init 容器），可能导致安全漏洞。

1. Sidecar 代理模型架构

由于技术发展阶段的差异，大多数服务网格仍然基于 Sidecar 代理，其中包括最常见的 Istio、Linkerd 和 Kuma 等。这些服务网格功能丰富，但由于所需代理数量多，成本高。

图 8-7 为基于 Sidecar 代理的服务网格架构参考示意图。

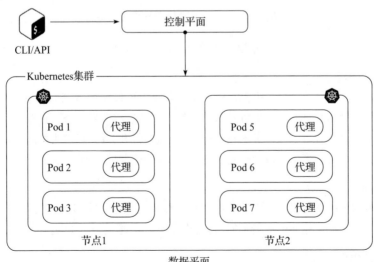

图 8-7　基于 Sidecar 代理的服务网格架构参考示意图

基于 Sidecar 代理的微服务架构具体可参考图 8-8。

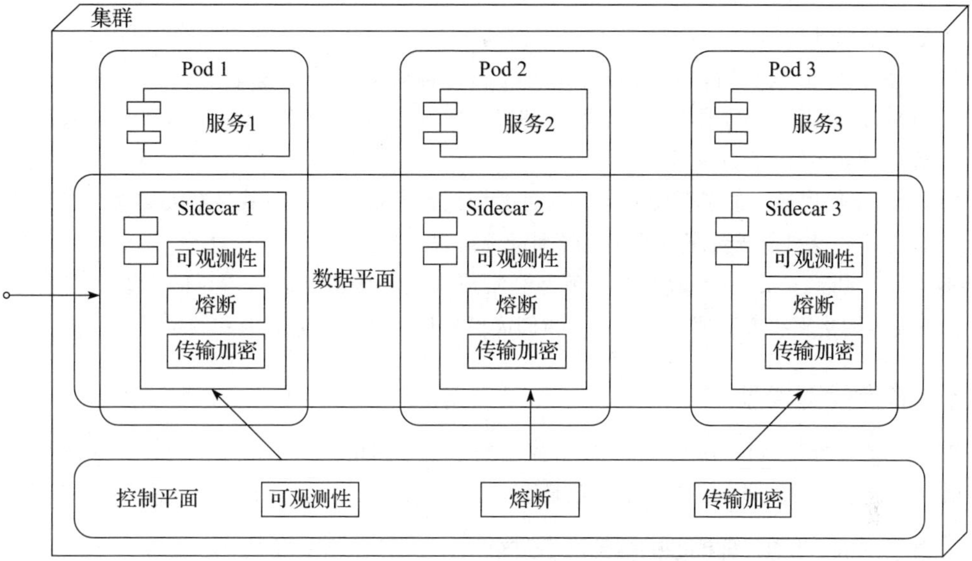

图 8-8　基于 Sidecar 代理的微服务架构

在上述微服务架构中，每个服务都挂载有一个新的容器（即 Sidecar），与服务实例一起运行并充当流量的代理。在此示例中，Pod 1 还充当应用程序的入口或网关，以实现流量的管理与维护。

在服务网格体系中，不同的 Kubernetes 服务网格采用不同的方法，目前最常用的方法是基于 Sidecar 代理。此种方式将代理附加到主应用程序，以拦截和调节应用程序的入站和出站流量。在实践中，这是通过每个应用程序 Pod 中的辅助容器完成的。

2. 基于 Sidecar 代理的服务网格优劣性分析

（1）优势

通常，基于 Sidecar 代理的服务网格主要存在如下两个优势。

❑ Sidecar 代理独立于运行环境，甚至独立于应用程序的编程语言。这意味着在整个堆栈中，无论在哪里使用，都可以轻松启用服务网格的所有功能。由于 Sidecar 代理作为独立的容器运行，我们可以轻松地对其进行管理和升级，而不会影响主应用程序的运行和开发。

❑ Sidecar 代理与应用程序具有相同的权限和资源访问级别。因此，Sidecar 代理能够监控主应用程序使用的资源，而无需将监控集成到主应用程序代码库中。这种解耦可以帮助简化应用程序的代码和缩短开发时间，同时保持对应用程序的完整性和安全性的控制，从而提高整个服务架构的可靠性和可管理性。

（2）劣势

随着技术的不断发展，在某些特定的业务场景中，Sidecar 代理在提供丰富功能的同时也带来了一些问题。毕竟，作为挂载的代理组件，Sidecar 容器可能因为各种原因直接影响应用程序的运行，具体如下。

❏ Sidecar 初始化可能会使应用程序启动时出现死锁问题，因为应用程序需要等待 Sidecar 容器启动才能启动。这可能导致启动时间过长，影响应用程序的性能和可用性。

❏ 使用 Sidecar 代理时，我们需要关注应用与容器编排基础设施之间的依赖关系。由于 Sidecar 容器需要与主应用共享网络和存储资源，因此我们需要协调和管理这些资源，以确保两者始终可用和一致。

❏ Sidecar 代理还增加了资源开销，这可能会耗费大量资源，尤其是在大规模部署和高负载情况下。这可能导致服务性能下降和资源浪费。

鉴于此，基于 Sidecar 代理的架构模型经常成为服务网格社区所探讨的话题。在实际应用中，各种服务网格解决方案都有优缺点，我们需要根据具体的业务需求和场景进行选择。

8.3.4 节点代理模型

在实际的业务架构设计过程中，如果我们基于服务网格模式来构建系统，并且该系统由一个多语言微服务组成，那么资源成本效益是重要的考虑因素之一。

1. 基于主机 / 节点代理模型的服务网格架构

此种类型的服务网格架构的最大特点是非侵入性，即用户无需侵入性地修改路由表，而是通过调用服务的名称，并通过 DNS 将服务重定向到正确的节点，实现服务之间的通信。由于 SMI 规范的实施，应用程序无需进行修改即可使用该架构。这种架构保持应用程序的轻量级，同时提供安全、可观测和可靠的服务。

基于主机 / 节点代理模型的服务网格架构如图 8-9 所示。

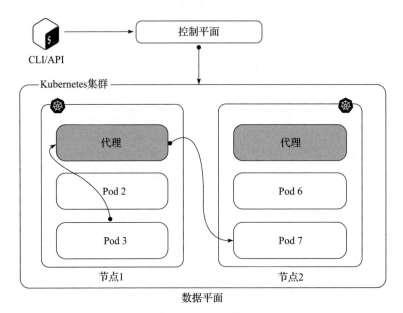

图 8-9 基于主机 / 节点代理模型的服务网格架构参考示意图

基于主机 / 节点代理的微服务架构具体可参考图 8-10。

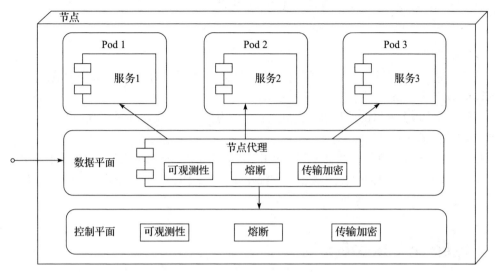

图 8-10　基于主机 / 节点代理的微服务架构

在上述架构图中，我们可以看到在主机 / 节点代理模型中，节点代理充当了指定集群节点内所有流量的代理。在该架构中，代理连接到每个 Kubernetes 节点，而不是每个应用程序。每个节点维护一个代理实例，可以将代理的负载均衡和故障转移等功能与主机的其他服务共享，从而简化整个系统的管理和部署。同时，这种架构也可以提高系统的可靠性和安全性，从而构建更高质量的服务和用户体验。

Traefik Mesh 遵循此架构，并使用 Traefik 代理作为反向代理，这样所需的代理更少，服务网格更加简单，操作成本更低。

2. 基于主机 / 节点代理模型的服务网格优劣性分析

（1）优势

与基于 Sidecar 代理模型的服务网格相比，基于主机 / 节点代理模型的服务网格具有如下优势。

❑ 由于每个主机或节点仅需要部署一个代理，基于主机 / 节点代理模型的服务网格在资源消耗方面相对较少，降低了系统的资源成本。

❑ 在部署和实施方面，基于主机 / 节点代理模型的服务网格不依赖于服务，可以独立于应用程序实施。这降低了服务部署的复杂性，并且使服务网格更加易于管理和维护。

❑ 在维护和管理方面，由于每个基础设施仅有一个代理组件，基于主机 / 节点代理模型的服务网格的维护和管理更容易，减少了对代理容器的部署和管理成本。

（2）劣势

基于主机 / 节点代理模型的服务网格在实际业务场景中也存在一些不足之处。

❑ 由于是基于主机 / 节点模式部署，我们需要将节点配置共享给所有容器，这给对不同的容器配置管理带来一定复杂性。

  ❑ 不同的技术团队可能需要较长的时间来协调统一各自的配置服务。

  ❑ 由于基础设施差异，需要高度集成于底层容器编排系统，因为节点代理需要部署在运行
服务的节点上。

3. 应用场景

基于主机 / 节点代理模型的服务网格主要应用在早期版本的 Linkerd 和当前流行的云原生
Traefik Mesh 服务网格。

一般来说，服务网格诞生是为了解决微服务架构复杂性带来的问题。但并非每个微服务架
构都需要功能齐全的服务网格。

基于主机 / 节点代理模型的服务网格适用于不需要复杂功能集的组织。例如，Traefik Mesh
是一个易于配置的简单服务网格，能够对 Kubernetes 集群内的流量进行可见性管理，还能扩展
微服务的数量，而无须承担添加更多代理的成本。

8.4 走近 Traefik Mesh

Traefik Mesh 是一个出色的服务网格解决方案，提供了高级的流量管理、安全和可观测能
力，可用于基于微服务的应用程序。

Traefik Mesh 建立在反向代理和负载均衡器 Traefik 之上，提供了一种无缝的方式来管理和
保护在 Kubernetes 上运行的微服务。

通过使用 Traefik Mesh，组织可以简化基于微服务的应用程序的管理，改善服务与服务之间
的通信，并提高应用程序的整体可靠性和安全性。

8.4.1 轻量级 Mesh

Traefik Mesh 是一种简单、易于配置且非侵入式的服务网格，可以直接管理和监控任何
Kubernetes 集群内的流量。Traefik Mesh 支持最新的服务网格接口规范（SMI），可以帮助集成现
有解决方案。此外，默认情况下，Mesh 是可选的，这意味着现有服务不会受到影响，直到被添
加到网格中。

SMI 定义了服务网格产品之间通用的套接口标准，通常以 Kubernetes 自定义资源定义（CRD）
和扩展 API 形式实现。这些 API 可以安装到任何 Kubernetes 集群上，支持使用标准工具进行相
关操作。SMI 是服务网格规范的一部分，重点关注在 Kubernetes 上运行的网格，定义了一个通用
标准，可以由各种提供商实现，允许用户标准化使用，同时允许服务网格技术提供商进行创新。

与传统的服务网格产品（例如，Istio、Linkerd 以及 Kuma 等）相比，Traefik Mesh 是一种
非侵入式服务网格，即意味着不会使用任何 Sidecar 容器作为代理。而是通过在每个节点或主
机上运行的代理端点处理路由。网格控制器在专用 Pod 中运行，解析所有配置并部署到代理节
点。Traefik Mesh 支持多种配置选项，包括在用户服务对象和 SMI 对象上的注释。由于不使用
Sidecar 代理模型，Traefik Mesh 不会随意修改 Kubernetes 对象，也不会在未经授权的情况下修
改流量策略，因此使用 Traefik Mesh 端点即可。

　　在实际的业务场景中，如果没有采用云原生服务网格策略来治理容器实例之间的流量，我们可以借助微服务原有的框架实现流量治理，如图 8-11 所示。

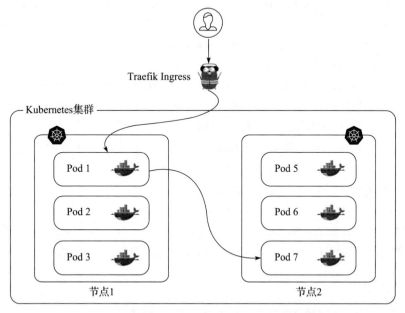

图 8-11　未引入 Traefik Mesh 的服务之间流量治理示意图

引入云原生服务网格组件 Traefik Mesh 后服务之间的流量治理可以参考图 8-12。

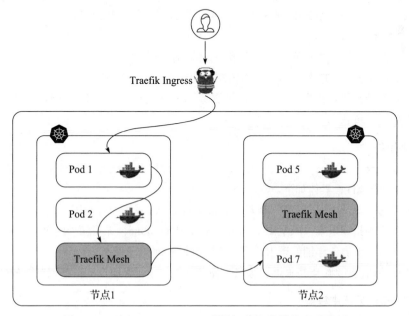

图 8-12　引入 Traefik Mesh 后服务之间流量处理示意图

Traefik Mesh 的设计理念是尽可能充分利用 Kubernetes 集群中默认安装的 CoreDNS 组件来实现服务注册与服务发现。由于 Traefik Mesh 原生集成到 Kubernetes 集群中，并可与当前的入口控制器一起使用，我们可以使用 Traefik Mesh 服务作为入口端点。在安装 Traefik Mesh 期间，CoreDNS 的更新是最小的和非侵入式的，并且可以随时轻松删除。这使 Traefik Mesh 成为非常吻合 Kubernetes 集群平台特性的轻量级服务网格解决方案。

Traefik Mesh 建立在云原生生态中领先的路由反向代理 Traefik 之上，因此在很多功能的实现上可以依托 Traefik Proxy 组件。Traefik Mesh 提供了用户期望的相关核心功能，如 OpenTracing、负载均衡、重试和故障转移、访问控制、速率限制和断路器等。这些功能使 Traefik Mesh 成为一个功能齐全的服务网格解决方案，能够满足不同场景的需求。

除此之外，Traefik Mesh 能够运行在不同的网络层，并且支持 TCP 和 HTTP 模式。

❑ 在 HTTP 模式下，Traefik Mesh 可以充分利用 Traefik 的相关功能集，支持在虚拟主机、路径、标头以及 Cookie 上启用丰富的路由。

❑ 在 TCP 模式下，允许与 SNI 路由无缝且轻松地集成。

令人兴奋的是，基于 Traefik Mesh，我们可以在同一个集群中同时使用这两种模式，并且可以通过服务上的注释进行灵活配置。这为多样化的业务场景提供了灵活的技术支持。

8.4.2 特性支持

Traefik Mesh 作为一款轻量级开源云原生服务网格，能为基于容器的应用提供高效的服务间通信和流量管理能力。Traefik Mesh 具有以下特点。

1. 流量管理

Traefik Mesh 支持轻松路由和监控所有服务到服务的通信，并为容器实例之间的流量治理提供支撑，具体如下。

❑ 负载均衡：支持加权轮询、蓝绿部署等方式的负载均衡。

❑ 重试和容错：通过内置重试和容错机制，使网络故障不影响业务运行。

❑ 断路器和速率限制：能有效保护后端服务，避免服务雪崩，还支持通过调节流量来平衡后端服务的负载。

2. 可观测性

通过改进 Traefik Mesh 的监控、日志记录、可见性以及访问控制，技术团队能更容易、快速地提高集群的安全性，具体如下。

❑ 内置 OpenTracing：可以与所有兼容的 OpenTracing 系统配合使用。

❑ 开箱即用的指标采集：原生支持 Prometheus 和 Grafana，无需额外配置。

❑ 完善的审计日志：详细的请求日志，方便溯源和问题排查。

❑ 细粒度的访问控制：支持根据服务名、命名空间、主机等属性，精细控制服务的访问权限。

3. 面向未来的云原生集群

开源意味着没有提供商锁定，用户可以自由选择并集成 Traefik Mesh。Traefik Mesh 支持快速、轻松地查看资源未被充分利用的地方或服务超载的地方，以通过正确分配资源来降低成本，具体如下。

❑ 社区驱动，汲取广大技术人才的智慧。社区贡献者不断努力完善和改进 Traefik Mesh，使其成为一个更加强大和可靠的服务网格解决方案。这种基于社区驱动的开发模式，能够充分利用开源社区的力量和智慧，不断推动 Traefik Mesh 的发展。

❑ 更高效地利用资源，降低成本。通过 Traefik Mesh 的监控功能，我们可以快速识别资源利用不充分或服务负载高等组件，进而通过合理分配资源节省开支。

❑ 没有任何形式的锁定。Traefik Mesh 完全开源，不会对使用者产生任何形式的供应商锁定。

4. 易于安装配置

基于原生集成到 Kubernetes 集群中的设计特性，Traefik Mesh 可以作为入口端点，运行或托管在任何形式的 Kubernetes 集群中，具体如下。

❑ 安装方式较为丰富：基于简单的命令行便可以获取所有功能。

❑ 非侵入式部署模型：Traefik Mesh 不使用任何 Sidecar 容器代理，也不需要任何形式的 Pod 注入。

5. 先进的技术支撑

在 Traefik Mesh 架构设计理念中，性能与安全始终作为最为关键的核心要素。由于基于 Go 语言开发，Traefik Mesh 在协议支撑方面较为丰富，无论基于 HTTP 7 层还是 TCP 4 层。针对 HTTP 7 层，Traefik Mesh 支持 HTTPS、HTTP/2、原生 gRPC、WebSocket 等相关协议。针对 TCP 4 层，Traefik Mesh 还可以路由除 HTTP 以外的任何应用协议的原始 TCP 连接。

除了协议方面外，Traefik Mesh 针对安全部分也进行了相关的改进，提供多种安全功能，包括服务实例之间的自动加密和支持双向 TLS 身份验证。

除了上述的功能外，Traefik Mesh 还具有其他功能，例如多云支持等。Traefik Mesh 可以跨多个云提供商部署，从而轻松跨多个环境部署和管理容器化应用程序。

总体而言，Traefik Mesh 是一个功能强大且用途广泛的云原生服务网格，基于轻量级特性，可以帮助我们轻松管理容器化应用程序。

8.4.3　场景应用实践

在实际的业务场景中，我们可以使用 Helm Chart 安全地将 Traefik Mesh 安装在所构建的容器集群中，而不会影响任何正在运行的服务。

在部署 Traefik Mesh 之前，环境需满足如下条件。

❑ Kubernetes v1.11+。

❑ CoreDNS 安装为 Cluster DNS Provider（支持 1.3+ 版本）。

❑ Helm v3+。

下面安装 Traefik Mesh，具体参考如下所示。

```
[lugalee@lugaLab ~ ]% helm repo add traefik https://traefik.github.io/charts
```

```
Error: repository name (traefik) already exists, please specify a different name
[lugalee@lugaLab ~ ]% helm repo update
Hang tight while we grab the latest from your chart repositories...
...Successfully got an update from the "robusta" chart repository
...Successfully got an update from the "datree-webhook" chart repository
...Successfully got an update from the "traefik" chart repository
...Successfully got an update from the "kubescape" chart repository
...Successfully got an update from the "traefik-hub" chart repository
...
Update Complete. ☐Happy Helming!☐
[lugalee@lugaLab ~ ]% helm install traefik-mesh traefik/traefik-mesh
NAME: traefik-mesh
LAST DEPLOYED: Fri Mar 31 21:12:55 2023
NAMESPACE: default
STATUS: deployed
REVISION: 1
TEST SUITE: None
NOTES:
Traefik Mesh v1.4.8 has been deployed successfully
on the default namespace!
```

至此，Traefik Mesh 安装完成。我们可通过如下命令来查看是否安装成功，具体：

```
[lugalee@lugaLab ~ ]% kubectl get po -A -o wide
```

NAMESPACE	NAME	READY	STATUS	RESTARTS	AGE	IP	NODE	NOMINATED NODE	READINESS GATES
default	grafana-core-54fdb88659-2gnvg	1/1	Running	0	3m35s	172.17.0.7	k8s-cluster	<none>	<none>
default	jaeger-6cb8f74994-bcqzz	1/1	Running	0	3m35s	172.17.0.5	k8s-cluster	<none>	<none>
default	prometheus-core-7976f85779-vktz4	2/2	Running	0	3m35s	172.17.0.9	k8s-cluster	<none>	<none>
default	traefik-mesh-controller-6f4cb58cb5-csgdc	1/1	Running	0	3m35s	172.17.0.8	k8s-cluster	<none>	<none>
default	traefik-mesh-proxy-p7fgt	1/1	Running	0	3m35s	172.17.0.6	k8s-cluster	<none>	<none>

```
...
```

可以看到，Traefik Mesh 已处于运行状态。接下来，我们以一个简单的程序来验证 Traefik Mesh 的功能。这里，我们在 default 命名空间部署了一个服务端应用程序和一个客户端应用程序。

首先，我们写一个服务端应用程序，定义的 devops-server.yaml 文件内容如下所示：

```
[lugalee@lugaLab ~ ]% cat devops-server.yaml
---
apiVersion: apps/v1
kind: Deployment
metadata:
  name: devops-server
  namespace: default
  labels:
    app: devops-server
spec:
  replicas: 2
  selector:
```

```
    matchLabels:
      app: devops-server
  template:
    metadata:
      labels:
        app: devops-server
    spec:
      containers:
        - name: devops-server
          image: traefik/whoami:v1.6.0
          ports:
            - containerPort: 80
---
kind: Service
apiVersion: v1
metadata:
  name: devops-server
  namespace: default
spec:
  selector:
    app: devops-server
  ports:
    - name: web
      protocol: TCP
      port: 80
      targetPort: 80
```

接下来，我们再定义一个客户端应用程序，对应文件内容如下所示：

```
[lugalee@lugaLab ~ ]% cat devops-client.yaml
---
apiVersion: apps/v1
kind: Deployment
metadata:
  name: devops-client
  namespace: default
  labels:
    app: devops-client
spec:
  replicas: 1
  selector:
    matchLabels:
      app: devops-client
  template:
    metadata:
      labels:
        app: devops-client
    spec:
      containers:
        - name: devops-client
          image: giantswarm/tiny-tools:3.9
          imagePullPolicy: IfNotPresent
          command:
```

```
        - "sleep"
        - "infinity"
```

接下来，我们部署这两个应用程序，具体如下：

```
[leonli@leonLab traefik ]% kubectl apply -f devops-server.yaml && kubectl
apply -f devops-client.yaml
deployment.apps/devops-server created
service/devops-server created
deployment.apps/devops-client created
```

然后，我们查看所部署的应用状态，具体如下：

```
[leonli@leonLab traefik ]% kubectl get all -n default
NAME                                              READY   STATUS    RESTARTS       AGE
Pod/devops-client-5d8dfbffd4-8j5bz                1/1     Running   0              5m23s
Pod/devops-server-f48f9fbd8-j545l                 1/1     Running   0              5m35s
Pod/devops-server-f48f9fbd8-r6d2d                 1/1     Running   0              5m36s
Pod/grafana-core-54fdb88659-2gnvg                 1/1     Running   0              25m
Pod/jaeger-6cb8f74994-bcqzz                       1/1     Running   1  (8m6s ago)  25m
Pod/prometheus-core-7976f85779-vktz4              2/2     Running   0              25m
Pod/traefik-mesh-controller-6f4cb58cb5-csgdc      1/1     Running   0              25m
Pod/traefik-mesh-proxy-p7fgt                      1/1     Running   0              25m


NAME                                     TYPE        CLUSTER-IP       EXTERNAL-IP   PORT(S)                              AGE
service/default-devops-server-           ClusterIP   10.98.144.185    <none>        80/TCP                               5m35s
6d61657368-default
service/default-kubernetes-dashboard-    ClusterIP   10.100.34.126    <none>        80/TCP                               25m
6d61657368-kubernetes-dashboard
service/devops-server                    ClusterIP   10.110.5.31      <none>        80/TCP                               5m36s
service/grafana                          ClusterIP   10.111.14.216    <none>        3000/TCP                             25m
service/jaeger-agent                     ClusterIP   None             <none>        5775/UDP,6831/UDP,6832/UDP,5778/TCP  25m
service/jaeger-collector                 ClusterIP   10.111.10.172    <none>        14267/TCP,14268/TCP,9411/TCP         25m
service/jaeger-query                     ClusterIP   10.106.48.43     <none>        16686/TCP                            25m
service/kubernetes                       ClusterIP   10.96.0.1        <none>        443/TCP                              47h
service/prometheus                       ClusterIP   10.101.1.170     <none>        9090/TCP                             25m
service/traefik-mesh-controller          ClusterIP   10.104.115.231   <none>        9000/TCP                             25m
service/zipkin                           ClusterIP   None             <none>        9411/TCP                             25m


NAME                              DESIRED   CURRENT   READY   UP-TO-DATE   AVAILABLE   NODE SELECTOR   AGE
daemonset.apps/traefik-mesh-proxy 1         1         1       1            1           <none>          25m


NAME                                      READY   UP-TO-DATE   AVAILABLE   AGE
deployment.apps/devops-client             1/1     1            1           5m23s
deployment.apps/devops-server             2/2     2            2           5m36s
deployment.apps/grafana-core              1/1     1            1           25m
deployment.apps/jaeger                    1/1     1            1           25m
deployment.apps/prometheus-core           1/1     1            1           25m
deployment.apps/traefik-mesh-controller   1/1     1            1           25m


NAME                                             DESIRED   CURRENT   READY   AGE
replicaset.apps/devops-client-5d8dfbffd4         1         1         1       5m23s
replicaset.apps/devops-server-f48f9fbd8          2         2         2       5m36s
replicaset.apps/grafana-core-54fdb88659          1         1         1       25m
```

replicaset.apps/jaeger-6cb8f74994	1	1	1	25m
replicaset.apps/prometheus-core-7976f85779	1	1	1	25m
replicaset.apps/traefik-mesh-controller-6f4cb58cb5	1	1	1	25m

正如上述命令行展示，服务端与客户端应用程序均正常运行。此时，我们基于客户端应用程序新打开一个窗口，具体命令如下：

```
[lugalee@lugaLab ~ ]% kubectl -n default exec -ti devops-client-5d8dfbffd4-
8j5bz ash
```

基于客户端容器，我们可以确保使用 DNS 服务器发现所访问应用程序服务端。然后，再次执行如下命令：

```
[lugalee@lugaLab ~ ]% curl devops-server.default.traefik.mesh
Hostname: server-d19bb98d05-rpyt4
IP: 127.0.0.1
IP: ::1
IP: 172.20.0.3
IP: fe80::601d:7cff:fe26:c8c6
RemoteAddr: 172.20.0.2:59478
GET / HTTP/1.1
Host: devops-server.default.traefik.mesh
User-Agent: curl/7.64.0
Accept: */*
Accept-Encoding: gzip
Uber-Trace-Id: 4d9e90p50b86g31:7f657a1bccb098fc:2h4r9006b23a9e50:1
X-Forwarded-For: 172.20.0.1
X-Forwarded-Host: devops-server.default.traefik.mesh
X-Forwarded-Port: 80
X-Forwarded-Proto: http
X-Forwarded-Server: traefik-mesh-proxy-w72r8
X-Real-Ip: 172.20.0.1
```

基于上述结果，我们可以看到 Uber-Trace-Id 和 X-Forwarded 等关键参数均有出现，表明我们所触发的请求已由 Traefik Mesh 处理和检测。

 提示　Traefik Mesh 为非侵入式服务网格，因此在使用之前必须明确授予其访问服务的权限。为了避免服务经过 Traefik Mesh，我们可以确保 HTTP 端点不会通过它进行传递，因此无需在 X-Forwarded-For 标头中添加任何额外的信息。

在实际的业务场景中，选择基于 Sidecar 代理还是主机 / 节点代理的 Traefik Mesh 服务网格模型，需要根据自身的业务架构来决定。如果云原生架构在流量接入和网关处理方面都采用了 Traefik 技术栈，那么可以考虑使用 Traefik Mesh 组件来管理服务间的东西向流量。

当然，我们也可以考虑使用基于 Rust 编写的 Linkerd。无论选择哪种服务网格产品，在使用前建议详细阅读官方的相关描述和约束条件，以避免走弯路；同时，在维护和管理方面也应该遵循标准化的流程和规范。

8.5　Traefik Mesh 架构

Traefik Mesh 是基于 Traefik Proxy 构建的一种简洁、非侵入式服务网格，旨在为 Kubernetes 集群内的流量提供可见的管理功能。默认情况下，Traefik Mesh 采用可插拔的设计方式，这意味着现有服务在引入网格之前不会受到影响。这种非侵入式特性使 Traefik Mesh 成为一种灵活性高的解决方案，可在不干扰现有服务的前提下实现服务网格功能。

与传统的服务网格相比，Traefik Mesh 不使用 Sidecar 代理，而是通过在每个节点上运行的代理端点来处理路由。网格控制器在专用的 Pod 中运行，并处理所有配置解析和部署到代理节点的任务。

此外，Traefik Mesh 还提供了访问控制、速率限制、流量拆分断路器以及 OpenTracing，并预装了用于度量和具有可观测性的 Prometheus、Grafana 工具。

8.5.1　数据平面

Traefik Mesh 数据平面提供了一个处理服务间通信的代理网络。每个代理实例部署时会与一个应用程序实例绑定在一起，负责将流量路由到适当的目的地，在多个实例间进行负载均衡，确保平台安全性与可靠性。

在数据平面中，单个代理通常会附加到节点或主机上（这与传统的 Sidecar 模式不同），拦截传入和传出的应用程序请求，管理微服务之间的通信。正是这些连接的代理给服务之间创建了网格。

除了连接服务，代理还提供了一些功能来增强平台的安全性、可观测性和可靠性。这些功能在平台层面实现，所以不需要修改应用程序代码。这些功能包括但不限于以下几方面。

1. 安全方面

❑ mTLS（相互传输层安全）用于验证双方并保护 / 加密通过 TLS 的通信。每一方都验证对方的身份，这意味着只有同一域内的各方才能进行通信。mTLS 确保通信方的身份以及通信的完整性和机密性。

❑ ACL（访问控制列表）用于定义访问控制策略，以便控制服务之间的流量。ACL 指定哪些用户、主机、端口和应用程序访问资源，确保只有授权服务才能访问。

2. 可观测方面

❑ 追踪意味着了解请求流的整个过程。例如，此机制可以让我们知道某个通过服务 A 的请求被转发到服务 B，以获取数据或执行操作。

❑ 围绕服务间通信的指标对于查明问题发生的位置至关重要，方便在问题影响最终用户之前快速识别和解决。

3. 可靠性方面

❑ 速率限制是一种控制服务间请求速率的方法，以便分配流量并防止某些服务负载过高而其他服务保持空闲。这样可以避免系统崩溃或无响应的情况发生。

- □ 重试是指应用程序能够多次尝试执行操作，以期最终操作成功。这是一种保障系统可靠性的常用方法，可以帮助我们处理一些临时性的故障或网络问题。
- □ 熔断是一种防止应用程序执行操作可能会失败的机制。当系统出现异常情况时，熔断可以自动停止服务，避免系统崩溃。这也是一种保障系统可靠性的重要手段。

4. 代理方面

代理是 Traefik Mesh 数据平面中的组件，根据 Mesh 路由规则将流量转发至目标 Pod。代理与控制平面 API 交互，获取和应用相关路由规则。

8.5.2　控制平面

在服务网格中，控制平面位于数据平面之上，用于配置代理操作，本质上是服务网格的管理端。Traefik Mesh 的控制平面是集中式的组件，负责管理与服务之间通信相关的配置和逻辑，监视 Kubernetes API 服务器并从数据平面接收状态变化，然后相应地更新配置以提供所需的服务网格层。

Traefik Mesh 是一个服务网格解决方案，提供了多个组件来管理和控制基于微服务架构的应用程序的流量。

1. Traefik API 服务器

该组件提供了一个编程接口，用于创建、更新和删除 Traefik Mesh 资源，如 mesh、trafficTargets、trafficSplits 等。通过该接口，我们可以方便地对这些资源进行管理和操作。同时，API 服务器会将这些资源映射到 Kubernetes 的自定义资源，以实现与 Kubernetes API 服务器之间可靠的对象关系。

2. Traefik 网格控制器

该组件是一个运行在 Traefik Mesh 控制平面的 Kubernetes 自定义控制器，用于观测 Kubernetes API 服务器和网格以及 trafficTargets、trafficSplits 和其他资源的变化。Traefik 网格控制器通过重新配置数据平面组件来处理这些变化。

3. 网格网关

该组件负责处理来自服务网格外部的入口流量，并与服务网格互连，允许外部客户端将流量发送到在服务网格中运行的 Pod。

4. 网格指标服务器

该组件是一个指标聚合器，负责收集和聚合 Kubernetes 内置公开的指标以及 Traefik Mesh 各组件的自定义指标，同时将这些指标暴露给监控系统（如 Prometheus 等），以便进行监控和分析。

8.5.3　安全管理

Traefik Mesh 不仅可以管理微服务应用程序的流量，还可以管理服务身份和安全。具体来说，Traefik Mesh 使用 mTLS 来保护和加密服务之间的通信，对双方进行身份验证和授权，确保只有授权服务才能相互通信，从而提高服务网格的安全性和可靠性。

Traefik Mesh 还提供了以下组件来管理证书和密钥。

1. 证书管理器

该组件用于创建和管理网格证书。网格证书用于保护客户端服务到服务器的通信安全。

2. 密钥提供商

该组件是 Traefik Mesh 中的一个组件，负责向数据平面代理 Sidecar 提供所需的密钥，例如 TLS 通信所需的密钥。

8.6 本章小结

本章主要深入解析了 Traefik 服务网格在云原生 Kubernetes 编排生态中的相关内容，包括基础原理、应用场景和实践操作等，具体内容如下。

- ❏ 讲解流量治理相关理论知识，具体介绍了流量治理的基础概念、流量分类、流量治理的意义以及面临的挑战等。
- ❏ 讲解服务网格架构模型，具体从网格的终极目标、工作原理以及不同的网格代理模型等方面对服务网格的架构模型进行了解析。
- ❏ 讲解 Traefik Mesh 的功能特性和操作实践，具体介绍了 Traefik Mesh 的功能特性，以及如何进行操作实践。
- ❏ 讲解 Traefik Mesh 的基础架构，具体从数据平面、控制平面和安全管理 3 个维度进行全方位阐述。

第 9 章 Chapter 9

使用 Operator 编排 Traefik

随着 Kubernetes 在容器编排领域的广泛采用，如何高效地管理容器化应用已经成为一个非常重要的需求。与此同时，一些新兴的业务场景也给技术人员带来了前所未有的挑战，例如，在复杂环境中如何协调容器集群中各成员在不同生命周期的应用状态？如何定义复杂的分布式应用？当容器发生弹性伸缩时，如何保证服务的可用性？这些问题正是 Operator 所能解决的。

9.1 概述

在云原生浪潮的早期阶段，我们可以很容易地在 Kubernetes 平台上构建一些简单的无状态应用，比如常见的 Web 应用、移动 App 后端等。这类应用通常采用无状态模型，可以在任意时刻进行部署、迁移、升级等操作。对于这些无状态应用，Kubernetes 已有的 ReplicationController、ReplicaSet 和 Service 相关对象足以满足基本需求，如实现 Pod 的自动扩缩容和负载均衡。

对于稍复杂的有状态应用，我们也可以利用 Kubernetes 提供的 StatefulSet 和 PV/PVC 来搭建基础的有状态应用运行环境，以实现数据持久化存储，并利用 StatefulSet 提供的稳定网络标识、顺序部署、扩容以及滚动更新等特性来运行有状态应用。

各个行业和领域也出现了更加复杂的业务场景和诉求，这给社区组织和技术人员带来了新的挑战。

❑ 在不同的业务场景中，如何定义模型规范并在云原生编排平台 Kubernetes 上友好展示或兼容？

❑ 当新构建的应用实例与原有的实例需要交互时，如何保证可访问性？

❑ 是否需要大量的专业模板定义和复杂的命令操作？是否需要对 Kubernetes 进行二次开发？

❑ 当不同场景需要交互时，如何对指定的数据进行备份和恢复？

为了解决云原生环境中日益复杂的应用状态管理难题，2016 年由 CoreOS（后来被 Red Hat 收购）开发的 Operator 技术应运而生，这也成为 Operator 模式最大的优势所在。

Operator 在容器编排领域扮演着极其重要的角色，巧妙地利用了 Kubernetes 的可扩展性，基于 Kubernetes 的自定义资源定义和控制器机制，将管理应用状态的复杂逻辑编码进软件，实现应用全生命周期的自动化管理。

1. Operator 概念

在 Kubernetes 项目中，Operator 被定义为一种通过自定义资源来管理应用程序及其组件的软件扩展。简单来说，Operator 将应用程序视为一个整体对象进行管理，而不是直接操作组成应用的各个原语。

利用 Operator，我们可以实现对一个应用程序整个生命周期的自动化管理，包括典型的安装、配置、升级、备份、故障转移、灾难恢复等，并与 Kubernetes 的概念和 API 天然集成。因此，Kubernetes Operator 也被称为是"原生 Kubernetes 应用程序"。广义上看，Operator 是建立在 Kubernetes 之上，封装、运维复杂应用的一个控制器。

为实现这些功能，Operator 通过 CRD 来定义应用程序的期望状态和配置信息，并使用 CR 对象实例化该应用。

作为建立在 Kubernetes 之上的软件扩展，Operator 利用 Kubernetes API 来创建、配置和管理复杂、有状态应用的实例，这意味着可以根据自定义规则监视集群状态变化，改变 Pod、Service，进行扩 / 缩容，调用应用程序的端点等。

2. Operator 特性

Operator 是建立在 Kubernetes 核心源码和控制器概念上的软件扩展，结合了特定领域或应用程序的专业知识，以自动化执行常见的应用管理任务。Operator 的主要特性归纳如下。

- 按需部署应用程序。
- 备份应用程序状态或从备份中还原。
- 管理应用程序代码升级，以适应数据库模式或配置更改。
- 管理 Kubernetes 升级。
- 自动缩放。

Operator 可以轻松管理无状态应用，如 Web 应用、API 和 Kubernetes 上的移动后端。但是对于有状态应用（如监控系统、缓存和数据库），管理比较复杂。为了在有状态应用中正确执行缩放、升级和配置变更，我们需要特定领域应用的知识，以避免数据丢失或中断。Operator 通过融入应用特定的运维知识来确保应用得到正确管理。

Operator 的作用是通过控制循环使应用的实际状态与自定义资源定义的期望状态保持一致。在控制循环中，Operator 可以自动执行缩放、升级、重启等操作。实际上，Kubernetes 提供了基本的原语，允许 Operator 定义更复杂的操作，以实现灵活、强大的应用管理。

总体来说，Operator 是运行在 Kubernetes 集群内，并通过 Kubernetes API 进行交互的程序，用于自动化那些比 Kubernetes 原生支持更为复杂的功能。我们的团队在虚拟机、Kubernetes、混合云和多云环境中部署和管理应用时，很容易在各种工具（如 YAML、Helm Chart、Ansible Playbook 等）中迷失方向。

9.2　Kubernetes Operator

作为一款强大的工具，Kubernetes Operator 可以自动在 Kubernetes 上管理复杂应用程序的任务，将应用的运维知识编码到软件中，并以声明的方式来管理应用。利用 Operator，应用程序的部署、升级、扩 / 缩容和日常维护等任务可一致、可重复地执行，这极大地简化了软件项目的开发流程。

9.2.1　Kubernetes 扩展 API

Kubernetes 扩展 API 中的一个端点可存储某种 API 对象的集合，这些对象被称为资源（Resource）。例如，内置的 Pod 资源可存储所有 Pod 对象的集合。

Kubernetes 最吸引人的特性之一是其可扩展的 API。通过扩展 API，我们可以利用 Kubernetes 的基础功能构建适合自己业务需求的平台。自定义资源定义（CRD）和 API 聚合（AA）是实现扩展 API 的两种主要机制。基于这些机制构建的 API 可以直接通过 kubectl 访问，无需额外的 CLI 工具。

在实际的业务场景中，Kubernetes 扩展 API 模型主要涉及 3 个基本结构。

1. 自定义资源定义（CRD）

CRD 是 Kubernetes 中的一种资源类型，用于定义自定义资源（Custom Resource，CR）。通过 CRD，用户可以创建自定义的资源类型，并定义其结构、行为和规范。CRD 允许用户扩展 Kubernetes API，添加新的资源类型。作为基于 CRD 创建的实例化对象，自定义资源是一种允许以声明的方式定义针对特定领域需求的资源类型，例如，可以创建 PostgreSQL 自定义资源，支持声明式地创建数据库和用户。与 Kubernetes 内置的资源对象（如 Pod、Service）类似，自定义资源也包括元数据部分、规范部分和状态部分。

元数据部分包含与自定义资源定义相关的信息，例如资源名称、命名空间和标签。规范部分包含自定义资源定义的期望状态，例如应用程序的镜像、运行时参数和调度策略。状态部分包含自定义资源定义的实际状态，例如应用程序的运行状态、可用性和副本数。

2. 自定义控制器

自定义控制器（Custom Controller）是一种 Kubernetes 控制器，通过观察集群中资源的变化事件来协调执行逻辑。自定义控制器可以针对 Kubernetes 的内置资源类型（如 Deployment、Pod、Service 等）及自定义资源类型（如自定义的 PostgreSQL 资源）进行控制。

通过自定义控制器，我们可以以编程的方式封装特定业务领域的需求，从而实现更复杂的应用和服务管理逻辑。相比直接操作底层资源，自定义控制器提供了更高级的抽象，使应用生命周期中的自动化维护变得更简单。

3. 自定义子资源

Kubernetes 的资源类型（包括内置和自定义资源）支持自定义子资源，以实现更细粒度的操作控制。

如果不使用自定义子资源，Kubernetes 对资源的操作仅限于基础的 CRUD。而自定义子资源允许在资源上定义额外的操作接口。定义子资源是 Kubernetes 扩展 API 的一部分，我们可以在需要更复杂控制的资源类型上自定义子资源。这些自定义子资源同样可以通过 Kubernetes 扩展 API 进行访问和操作。

相比只能做简单的 CRUD，自定义子资源为我们提供了在不增加新资源类型的情况下，实现更精细化、复杂的控制。这是 Kubernetes 扩展 API 的重要功能之一。

在 Kubernetes 扩展 API 实践中，并不是每个扩展都会同时涉及上述 3 个基本结构（自定义资源、自定义控制器、自定义子资源）。事实上，我们可以观察到扩展 API 实践主要呈现以下四种模式：

（1）自定义类型和控制器

自定义资源类型和控制器是目前最流行的 Kubernetes API 扩展模式之一，也被称为 Operator 模式。在此模式下，我们通过自定义资源定义以声明的方式建模业务需求，以自定义控制器包含对自定义资源事件做出反应的逻辑代码，负责协调集群状态。

实现此模式常用的工具是 CRD 和 Operator SDK。如果选择使用 CRD，我们可以先参考现有的控制器示例代码，了解如何编写、安装和使用 CRD 并定义自定义资源，以及如何编程自定义控制器来响应资源的变更事件。这些示例代码可以帮助我们快速上手 CRD 和自定义控制器的开发过程。

（2）自定义类型和控制器及子资源

自定义资源类型、控制器及子资源是另一种基于 Operator 模式的 Kubernetes API 扩展方式。与仅使用自定义资源类型和控制器的模式类似，此模式同样使用自定义资源来声明式地定义业务需求，使用自定义控制器来协调资源状态，还通过在资源上添加自定义子资源接口来实现更细粒度的操作控制。

这种模式只能通过 Operator SDK 来实现，无法直接通过 CRD 实现。使用该模式时，我们可以利用 Operator SDK 中的 apiserver-builder 工具快速生成自定义资源类型、控制器和子资源的启动框架代码，并自动创建新的自定义资源类型且注册到 Kubernetes API 服务器，以极大地简化实现过程。

相比只使用自定义资源类型和控制器，额外增加自定义子资源可以带来更丰富的操作能力，满足一些需要精细化控制的场景需求，同时也会增加代码的复杂性。

（3）自定义控制器和子资源

自定义控制器和子资源是另一种不新增资源类型的 Kubernetes API 扩展模式。

在此模式下，自定义控制器基于现有的 Kubernetes 资源类型（内置或自定义）协调执行逻辑。自定义子资源用于获取控制器收集和维护的额外信息。一个典型示例是，自定义控制器持续收集各 Kubernetes 对象之间的组合关系信息，自定义子资源获取这些动态组合信息。

这种模式只能通过特权集成实现，不能直接通过 CRD 实现。该模式典型的应用场景是对现有资源做二次加工和组合的扩展功能。例如，kubediscovery 系统就使用了这种模式。

相比新增自定义资源类型，这种模式的侵入性较小，但功能较为受限，需要根据实际需求谨慎选择。

（4）自定义子资源

自定义子资源模式中没有自定义控制器，仅利用自定义子资源来获取 Kubernetes 对象的额外信息。这种模式通常需要基于 API 聚合（AA）机制来实现。例如，可以定义一个自定义的 Pod 子资源 http_requests，通过访问这个子资源可以获取每个 Pod 接收的 HTTP 请求数。子资源数据可以来自集群内的 Prometheus 等监控系统。

前两种模式支持声明式的状态协调模型，通过自定义资源定义期望状态，通过自定义控制器实现协调执行逻辑。引入新的自定义资源类型可以视为 Operator 模式。

后两种模式侧重于在已有资源上加入自定义操作的能力，如从集群中获取额外状态信息。如果没有自定义子资源，Kubernetes 原生对资源的操作仅限于 CRUD。

自定义子资源为扩展现有资源提供了更多可能性，但也需要根据场景合理应用。

9.2.2　自定义资源定义

自定义资源定义（CRD）允许通过 Kubernetes 扩展 API 来定义和使用自定义的 API 对象。利用 CRD，我们可以创建适合自己业务场景的 API 对象和资源类型。

一旦创建和部署 CRD，用户就可以使用 kubectl 像操作内置资源对象（如 Pod、Service）一样来管理和使用这些自定义资源。

CRD 最初在 Kubernetes 1.6 版本被引入，现已成为 Kubernetes 核心组件的重要部分。随着时间的推移，CRD 正在逐渐成为 Kubernetes 必不可少的功能特性，为 Kubernetes 提供了更大的开放性和灵活性。通过 CRD，用户可以将自定义 API 对象与 Kubernetes 原生 API 对象统一使用。这使 Kubernetes 可以更好地适应多种应用场景，扩展应用范围。CRD 极大地提升了 Kubernetes 的可扩展性和适用性，是构建上层 PaaS 平台的重要基石。

下面是一个简单的 CRD 示例：

```
apiVersion: apiextensions.k8s.io/v1beta1
kind: CustomResourceDefinition
metadata:
  name: application.stable.example.com
spec:
  group: stable.example.com
  version: v1
  scope: Namespaced
  names:
    plural: application
    singular: applications
    kind: Application
    shortNames:
    - devops
```

基于上述 CRD 示例，我们可以创建一个名为 devops 的自定义资源。

前两行指定了要创建的 CustomResourceDefinition 对象的 apiVersion（apiextensions.k8s.io/v1beta1）和 metadata 信息。

spec 字段定义了该自定义资源所属的组、版本、可见范围（Namespace 或 Cluster 级别）。

接下来，我们以多种格式指定了该资源的名称，并创建了一个简短名称 devops，这样就可以通过命令 kubectl get devops 方便地获取已有的 devops 自定义资源的实例。

然后，基于上面的 CRD，我们可以创建 CR，示例文件如下：

```
apiVersion: stable.example.com/v1
kind: Application
metadata:
  name: application-config
spec:
  image: container-registry-image:v1.0.0
  domain: devops.lugalee.io
  plan: premium
```

我们可以在 CR 中定义运行应用程序所需的全部信息。基于 Operator 模式，我们可以创建一个 Operator 来观察该 CR。更准确地说，通过 Operator 中的自定义控制器观察该 CR。

内置的自定义控制器会根据预定义的策略执行必要的操作，以驱动资源状态达到预期。例如，Operator 可以根据 CR 创建相关的 Deployment、Service、ConfigMap 等资源，以运行和暴露服务。

此外，Operator 还可以管理和配置 Kubernetes 集群外部的资源。这意味着在不离开 Kubernetes 平台的情况下，我们可以统一使用 Operator 来管理内部集群资源和外部依赖资源，实现更高效的应用生命周期管理。

Kubernetes 允许通过自定义资源来扩展功能，从而更好地满足应用的需求。我们可以通过两种方式向 Kubernetes 集群添加自定义资源。

❑ API 聚合。这是一种高级方法，需要构建自己的 API 服务器并与 Kubernetes API 进行聚合。这种方式可以最大限度获得控制能力和高灵活性，但对编程能力要求也高。

❑ CRD。这是一种更简单的方式，通过声明的方式创建自定义资源类型。CRD 是 Kubernetes 原生 API 的扩展，可以快速创建自定义 API 对象。

以上两种方式各有优劣，我们可以根据团队的技术能力、项目需求和复杂度进行选择。CRD 方式更简单、易用，适用于大多数场景。API 聚合适用于需要最大灵活性或已有复杂 API 服务器的场景。综合使用两种方式可以更好地扩展 Kubernetes，构建符合业务需求的平台。

接下来，我们来学习上述两种方式的实现，具体可参考如下。

1. 基于 API 聚合的 Kubernetes API 模式

Kubernetes 采用 API first 模式设计其核心 API。每个 Kubernetes 中定义的资源（如 Deployment、Pod 等）都暴露一个相应的 API 端点。我们使用 kubectl 命令行交互时，实际上在与 Kubernetes API 交互。

为了扩展 Kubernetes，我们可以使用自定义资源定义。这些 CRD 会注册到 Kubernetes API，然后我们可以创建 CRD 所对应资源对象。

通过创建自定义控制器，我们可以实现自定义资源对象的业务逻辑。

图 9-1 展示了 Kubernetes API 模式下创建自定义资源的流程示意图。

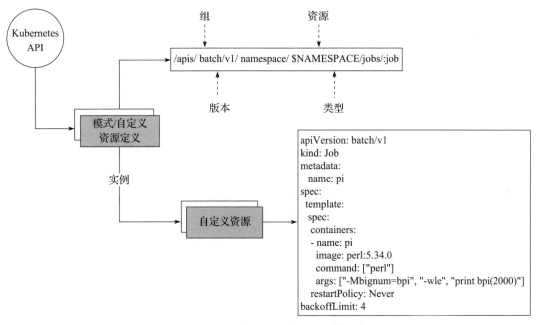

图 9-1　Kubernetes API 模式下创建自定义资源的流程示意图

根据图 9-1 所示架构，我们可以创建 Job 类型的资源对象实例。这个实例由 Job 控制器来管理。Job 控制器负责创建并管理容器来执行作业定义的任务。

具体来说，Job 控制器会处理如下关键事项。

❑ 创建运行作业的容器。

❑ 重新启动失败的容器。

❑ 根据作业定义的参数和策略，管理容器的数量和生命周期。

❑ 回收资源并清理完成作业的容器。

通过这种方式，Job 控制器可以在 Kubernetes 集群中以可控的方式运行容器，从而高效地管理任务和作业。

2. 基于 CRD 的 Operator 模式

基于 CRD 的 Operator 也遵循观察 – 分析 – 行为（EAO）模式。

❑ 观察：Operator 监控自定义资源（CR）的变化事件。

❑ 分析：Operator 比较 CR 的当前状态与期望状态。

❑ 行为：Operator 通过控制循环不断纠正状态，达到期望状态。

通常来说，Kubernetes Operator 组件可以认为是 CRD 和自定义控制器的组合体。CRD 定义了 Operator 管理的 API 对象，而自定义控制器监控和管理 CRD 对应的 CR 对象，并维护其期望状态。

图 9-2 展示了 Operator 模式下进行自定义资源定义的流程示意图。

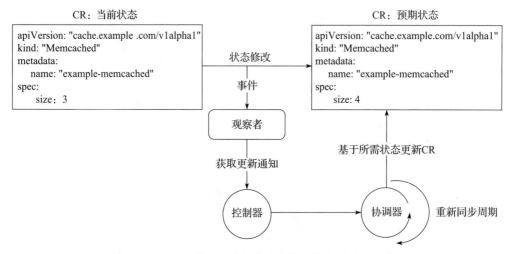

图 9-2　Operator 模式下进行自定义资源定义的流程示意图

下面我们对上述组件进行简单介绍。

（1）控制器

Kubernetes 中的控制器是实现自定义资源以及相关业务逻辑的关键组件，主要用于注册自定义资源，并添加到 Kubernetes API 中，从而为 CRD 暴露新的 API 端点。同时，控制器为命名空间添加观察者，运行控制循环，持续监视资源状态，根据预期状态执行相应操作，以确保资源始终处于预期状态。

（2）观察者

观察者组件是 Kubernetes 中的重要组件，主要用于监控和观测特定资源类型的事件，并执行相应的操作和通知，以便我们更好地了解和控制系统的状态，并及时发现和解决问题。

（3）协调器

协调器组件的主要作用是确保 CR 的实际状态与期望状态一致，并及时处理和消除任何可能出现的问题或冲突。协调器组件可以通过自动化的方式来管理和维护 CR 的状态，从而提高生产效率和应用程序的可维护性。

在 Operator 模式中，自定义控制器可以根据定义的规则和逻辑自动化管理和维护自定义资源对象。这大大简化了应用程序的部署和管理过程，提高了生产效率和应用程序可维护性。

9.2.3　基础框架

Operator 框架旨在为开发人员提供 Kubernetes 工具运行时环境，以便更轻松地构建、部署和管理 Operator。该框架由多个组件组成，包括 Operator SDK、Operator Lifecycle Manager（OLM，生命周期管理器）、Operator Registry（注册表）、Operator Hub 以及 Operator 计量等。

❑ Operator SDK：用于快速构建、测试和部署 Operator 的工具集，提供了各种模板和工具，帮助开发人员更轻松地创建和管理 Operator。Operator SDK 支持多种编程语言和框架，包括 Go、Ansible 和 Helm。

❑ OLM：用于管理 Operator 生命周期的工具，可以自动化 Operator 的安装、升级和卸载等操作，从而提高 Operator 的可维护性和可靠性。OLM 还支持 Operator 的版本控制、依赖管理和升级策略等操作。

❑ Operator 注册表：用于管理 Operator 镜像的工具，可以帮助用户更轻松地创建、发布和分享 Operator 镜像，并提供镜像版本控制和安全检查等功能。

❑ Operator Hub：用于分享和发现 Operator 的平台，提供了大量 Operator 示例和模板，帮助用户更快地构建和部署 Operator。Operator Hub 还支持 Operator 的搜索、筛选和排序等，使用户更轻松地找到所需的 Operator。

❑ Operator 计量：用于监控和分析 Operator 性能，可以帮助用户更好地了解 Operator 的运行情况，并提供实时性能指标和警报等功能，以便及时发现和解决问题。

1. Operator SDK

Operator SDK 作为 Operator 框架的一个重要组成部分，是一个开源工具包，旨在以高效、自动化和可扩展的方式管理 Kubernetes 原生应用程序。

Operator SDK 提供了一系列工具，包括构建、测试和打包等工具，最初旨在促进应用程序的业务逻辑与 Kubernetes API 的结合，以执行这些操作。随着时间的推移，Operator SDK 的功能不断扩展，可以帮助开发人员构建更加智能和具有云服务体验的应用程序。Operator SDK 中包含跨运营商共享的领先实践和代码模式，以帮助开发人员避免重新造轮子。

作为一个轻量级框架，Operator SDK 基于控制器运行时库，通过提供工具来使编写运算符变得更容易。

1）高级 API 和抽象，以便更直观地编写操作逻辑。

2）用于脚手架和代码生成的工具，以便快速构建新项目。

3）常见 Operator 用例的扩展。

基于 Operator SDK 构建及测试迭代应用示意图如图 9-3 所示。

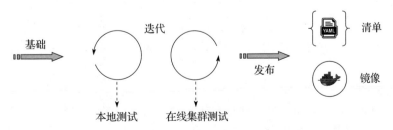

图 9-3　基于 Operator SDK 构建及测试迭代应用参考示意图

通常，我们可以使用 Operator SDK 来创建 Operator。Operator SDK 允许构建 Kubernetes 原生应用程序。

Operator SDK 是云原生计算基金会（CNCF）孵化的一个重要开源项目，目的是简化 Kubernetes Operator 的开发流程，提高 Operator 的编写效率。

Operator SDK 包含了构建、测试、打包 Operator 的完整工具链，主要提供了 3 种 Operator 开发方式。

（1）Go 操作器

直接使用 Go 语言编写自定义控制器逻辑，这是开发 Operator 的主流方式。Go 语言具有性能优异、支持原生 Kubernetes API 等优点。

（2）Ansible 操作器

使用 Ansible Playbook 来定义 Operator 的部署和管理逻辑，同时结合内置的 Jinja2 模板引擎，根据 CR 字段动态生成配置文件等内容，从而有效减少重复工作。Ansible 具有简单、易用且强大的配置管理能力，适用于批量部署和配置管理场景中的 Operator 开发。

（3）Helm 操作器

基于 Helm Chart 封装 Operator 部署逻辑，使用 Values 渲染自定义资源内容。Helm 操作器易于与已有 Chart 集成，适用于需要打包成 Chart 发布的场景。

以下是可用于实现自己的运算符的框架。

❑ Operator 框架（CoreOS）：https://github.com/operator-framework。

❑ Kudo（D2iQ）：https://github.com/kudobuilder/kudo。

❑ Kubebuilder（Kubernetes SIGs 组）：https://github.com/kubernetes-sigs/kubebuilder。

2. OLM

作为 Operator 框架的另一个重要组成部分，OLM 扩展了 Kubernetes，提供了声明的方式来安装、管理和升级集群中的运算符及其相关依赖项。

作为一种开源软件包，OLM 具有以下特性。

（1）依赖模型

OLM 的依赖模型允许 Operator 声明其对平台和其他 Operator 的依赖关系。只要集群处于运行状态，OLM 就会确保 Operator 遵守这些依赖关系的要求。通过这种方式，OLM 的依赖模型可以确保平台或其他 Operator 多次更新过程中正常工作。

（2）可发现性

OLM 将已安装的 Operator 及其服务通知给集群中的命名空间。用户可以发现可用的托管服务，以及哪些 Operator 提供这些服务。管理员可以查看投射到集群的目录内容，以发现可供安装的 Operator。

（3）集群稳定性

通常，Operator 必须声明对其 API 具有所有权。OLM 会防止安装具有相同 API 的冲突 Operator，从而确保集群的稳定性。

（4）声明式 UI 控件

对于图形控制台，OLM 使用描述符注释这些 API，从而生成丰富的界面和表单，使用户可以以自然的方式与 Operator 交互。

（5）无缝更新和管理目录

如今，Kubernetes 集群使用精心设计的更新机制保持最新版本，更常见的是在后台自动更新。Operator 也遵循这一点。OLM 具有目录的概念，支持 Operator 从目录中进行安装升级并保持最新状态。

在此模型中，OLM 允许维护者对更新路径进行精细创作，并为商业供应商提供使用渠道的灵活发布机制。

OLM 管理集群应用参考示意图如图 9-4 所示。

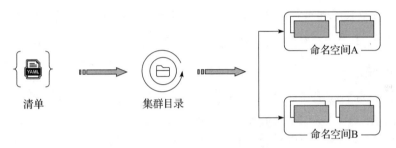

图 9-4　OLM 管理集群应用示意图

在构建 Operator 时，对于无状态或较简单的应用程序，我们可以利用 Operator 框架提供的生命周期管理功能来构建 Operator，而不需要编写复杂的自定义控制器代码。然而，对于有状态的复杂应用程序，Operator 可以提供更好的用户体验。

3. Operator 注册表

Operator 注册表主要运行在 Kubernetes 或 OpenShift 集群中，提供 Operator 生命周期管理所需的目录数据。该注册表提供以下二进制工具。

1）opm：生成和更新注册表数据库，同时将数据库打包成索引镜像。

2）initializer：Operator 目录作为输入，输出一个包含相同数据的 SQLite 数据库，目前已被 opm registry add 命令替代。

3）registry-server：接收加载有清单的 SQLite 数据库，并通过 gRPC 接口公开，目前已被 opm registry server 替代。

4）configmap-server：接收 kubeconfig 和 configmap 引用，将 configmap 解析到 SQLite 数据库中，然后通过与 registry-server 相同的接口公开。

4. Operator Hub

Operator Hub 是一个 Web 控制台，供集群管理员发现并选择要在集群上安装的 Operator。需要注意的是，目前此组件默认仅部署在 OpenShift 容器平台。Operator Hub 通过中央存储库，让管理员可以更轻松地查找和安装 Operator，以简化集群管理工作。

5. Operator 计量

Operator 计量工具主要收集集群中 Operator 的相关操作指标，用于后续的汇总和管理，帮助 IT 团队为软件供应商提供资金和预算规划等。

从本质上讲，Operator 框架提供网络钩子和控制器，抽象出一般基础细节，使开发人员专注于实现托管应用程序的 O&M 逻辑，而无须实现消息通知触发器和失败时重新排队的细节。

目前，市场上主流的 Operator 框架主要包括 Kubebuilder 和 Operator SDK，两者都是基于控制器和控制器运行时的框架。与 Operator SDK 相比，Kubebuilder 提供了更为全面的测试、部署和代码支架，Operator SDK 则为 Ansible 和上层操作提供了更好的支持。

由于高可扩展性，Kubebuilder 可以用作其他项目的库，提供丰富的插件和工具，以简化从头开始构建和发布 Kubernetes API 的流程。同时，Kubebuilder 允许用户利用可选的助手和功能进行项目的开发，让开发人员更加高效地开发和部署 Operator。

9.2.4　运行原理

Kubernetes Operator 是扩展 Kubernetes API 的重要方式，遵循 Kubernetes 的设计理念，以自定义控制器的方式来管理和运维复杂的有状态应用。

Operator 是 Kubernetes API 的一个重要扩展模式，通过自定义资源和控制器来封装管理复杂应用逻辑，支持用户像使用原生工作负载对象一样使用 CRD 来部署和管理应用。

Kubernetes Operator 工作原理可参考图 9-5。

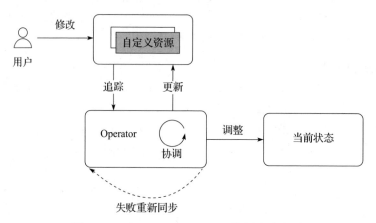

图 9-5　Kubernetes Operator 工作原理示意图

基于上述工作原理图，Operator 能够持续监控与 CR 相关的事件。事件主要分为以下 3 种类型。

1. 添加事件

新的 CR 对象被创建时，会产生添加事件。该事件包含了资源的详细信息，如名称、命名空间、属性等。

2. 更新事件

存在的 CR 对象属性发生更改时，会产生更新事件。该事件包含了新旧资源属性值的对比信息。Operator 可以据此执行更新相关的逻辑。

3. 删除事件

存在的 CR 对象被删除时，会产生删除事件。该事件包含了被删除资源的名称、类型等信息。

Operator 收到任何信息时，将采取行动将 Kubernetes 集群或外部系统调整到所需的状态，作为其在自定义控制器中控制循环的一部分。Operator 会根据 CR 的规范和状态，执行相应的操作，以确保集群中的应用程序和组件始终处于所需状态。这使应用程序的部署、管理和运维变得更加自动化和高效。

接下来，我们来学习一个通用的 Operator 工作流程，具体如图 9-6 所示。

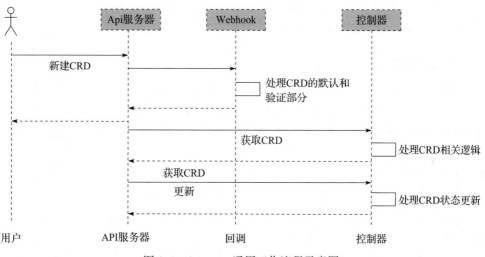

图 9-6　Operator 通用工作流程示意图

从全局视角来看，一个完整的通用 Kubernetes Operator 的工作流程通常包括以下几个关键阶段。

❑ 创建 CRD 资源：Operator 会首先定义自定义资源对象，以描述应用的期望状态。CRD 中定义了资源的名称、属性等信息。

❑ Webhook 处理：Kubernetes API 服务器接收到 CRD 请求时，会将请求转发到 Webhook。Webhook 完成 CRD 的默认参数设置和参数检查，将相关的 CR 写入数据库并返回。

❑ 控制器监听：Operator 的控制器在后台监控 CR，并根据业务逻辑处理与 CR 相关的特殊操作。控制器的主要作用是处理 Operator 的核心逻辑，根据 CR 的状态和规范，执行必要的操作来管理和维护应用程序的状态。

❑ 状态更新：前面的处理导致的集群状态变化由控制器监控并记录为 CR 的状态数据。这些状态数据可以帮助管理员了解应用程序的状态，以及 Operator 对应用程序所做的任何更改。

通过这个工作流程，Operator 实现了一个控制回路，能够持续监测应用的实际状态并维护预期状态。Operator 可以大幅降低用户的心智负担，实现 Kubernetes 应用的全生命周期自动化管理。

9.3　Traefik Operator

Traefik Operator 是一个能够在 Kubernetes 上自动化部署和管理 Traefik 的工具。作为 Kubernetes 运算符框架的一部分，Traefik Operator 提供了许多高级功能（例如自动 TLS 证书管理和动态配置更新），可以大大简化 Traefik 的部署和管理流程。

使用 Traefik Operator，我们可以轻松管理和维护 Traefik 的部署，无需手动执行烦琐的配置和管理任务。Traefik Operator 提供了丰富的功能和灵活的配置选项，支持根据应用程序的需求自定义 Traefik 配置和行为。此外，Traefik Operator 还可以与其他 Kubernetes 工具和服务无缝集成，为在 Kubernetes 上管理 Traefik 提供一体化体验。

9.3.1　什么是 Juju

在不同的业务场景中，我们构建的应用程序可能会分布在各种平台，并采用各种维护和管理方式。随着技术的不断演进和组织的发展，传统的应用程序部署和管理方式，包括跨虚拟机、Kubernetes、混合云和多云环境的部署和管理，应用在各种部署和管理工具会变得复杂且难以控制。

Juju 是一款模型驱动的 OLM，极大地优化了在 Kubernetes 上运行和管理 Operator 的体验，尤其在涉及整合来自不同发布商的多个 Operator 的项目中。Kubernetes Operator 是负责管理工作负载配置和运行的容器。通过将操作代码封装为可重用的容器，Operator 模式超越了传统的配置管理，实现了对复杂云工作负载的敏捷操作。

开源共享 Operator 通过社区驱动的操作和集成代码将基础设施作为代码（IAC）提升至一个全新水平。重复利用操作代码可以提高质量，并鼓励更多社区参与和贡献。Operator 还通过自动化提高了操作安全性。Juju Operator 采用了一种由社区驱动的开源操作方法 devsecops。

Juju 不仅支持 Kubernetes Operator 模式，还可以将 Operator 模式扩展到传统应用程序上。它能够在不同的基础设施环境中运行，实现在多云和混合云环境操作。Juju 提供了一种统一的方式来管理和部署 Operator，实现代码共享和操作一致性，提高开发效率和维护效益。

Juju 擅长应用程序集成。Juju OLM（Operator Lifecycle Manager）不仅关注生命周期管理，还提供了一个丰富的应用程序图模型，指导 Operator 相互集成。这大大简化了大型部署操作。

Juju 的一个关键目标是简化 Operator 的设计、开发和使用过程。与制作复杂的、特定场景的 Operator 不同，Juju 鼓励 DevOps 创建可组合的 Operator。每个 Operator 都驱动单个 Docker 镜像，并且可以在不同的环境中重复使用。这种可组合的 Operator 模式使复杂的场景可以由简单的 Operator 构建，每个 Operator 专注于一项任务并且能够很好地完成。

OLM 为 Operator 实例化、配置、升级、集成和管理提供了一个统一运行的管理机制。OLM 提供一系列 Operator 生命周期服务，包括领导者选举和持久状态管理。OLM 不需要手动部署和配置 Operator，支持根据管理员的指示在模型中管理所有 Operator。

在基础设施层面，Juju OLM 支持多种云平台，包括 Azure、Google、Oracle、OpenStack、VMware 以及物理机。此外，它还能与符合规范的 Kubernetes 集群进行集成。

综上所述，Juju 能够帮助我们控制所有应用程序、基础设施以及多态环境。基于此，我们可以实现如下目标。

❑ 节省团队管理时间：Juju 通过提供一种简单的方式来管理应用程序和基础设施，使团队能够更加高效地管理和维护云工作负载。

❑ 最小化成本：Juju 提供了一种高度自动化的方式来管理云工作负载，使组织可以降低管理成本和风险。

❑ 确保冗余和弹性：Juju 提供了一种可靠和弹性的管理方式，使组织可以确保应用程序和基础设施的高可用性。

❑ 监控跨基础设施的所有活动：Juju 提供了一种全面的监控和日志记录方式，可以帮助组织实时追踪和监控云工作负载的所有活动。

❑ 最大化混合云架构：Juju 可以帮助组织构建更加灵活和强大的混合云架构，从而最大化云计算的优势。

9.3.2　实现原理

1. Juju Charmed Operator 模式

Traefik Kubernetes Charmed Operator 可以帮助我们在 Kubernetes 集群中轻松部署和管理 Traefik 反向代理。该工具基于 Juju Charms 框架，可自动化部署和管理应用程序，适用于各种环境，包括裸机、虚拟机、容器和云。

Traefik Kubernetes Charmed Operator 使用简单的配置来部署 Traefik，并与 Kubernetes Ingress 集成，以管理应用程序的 HTTP 流量。该工具可以根据各种设置（例如主机名、路径和 HTTP 标头）来管理流量，使我们能够轻松处理流量高峰，并确保流量始终得到有效管理。

使用 Traefik Kubernetes Charmed Operator，我们可以轻松管理 Traefik 的部署和配置，而无须担心烦琐的流程和复杂的界面。该工具提供了简化的部署流程和易于使用的界面，使 Traefik 的部署和配置自动化变得更加容易。

图 9-7 为 Juju Charmed Operator 工作原理参考示意图。

我们可以看到整个 Juju Charmed Operator 主要涉及如下组件。

（1）控制器

在 Juju 体系中，控制器是由 Juju 客户端创建的初始云实例，是整个体系的核心部分，负责实施 Juju 用户定义的所有更改。

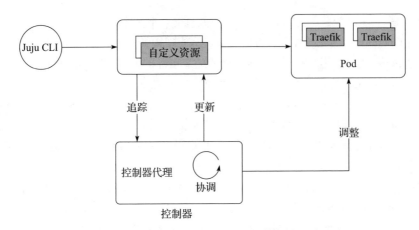

图 9-7 Juju Charmed Operator 工作原理示意图

通常情况下，控制器存在于单个云中，但是通过在一个云中引导控制器并向该控制器添加另一个云，我们可以管理多个云。此外，控制器还可以通过跨模型集成来管理多个云中的多个工作负载。

控制器通常在云平台部署，并以一种或多种代理的形式运行。一旦部署完成，控制器可以通过云提供的 API 执行操作。为了确保安全性和高效性，Juju 客户端仅在需要控制器在云上执行操作时才与其交互。

（2）代理

在 Juju 体系中，Juju 作为代理进程运行。每个 Juju 代理都是 jujud 或 container agent 二进制文件的运行实例。代理部署在 Juju 平台上，负责管理应用程序生命周期。代理跟踪状态变化并对这些变化做出响应，同时负责记录 Juju 的所有日志。

目前，Juju 有 3 种类型代理：控制器代理、单位代理和机器代理。

1）控制器代理：负责运行 Juju 控制器节点。Juju 控制器其实是由一个或多个控制器代理组成并运行在一组专用的控制器节点上。Juju 客户端（例如 Juju CLI）与控制器代理交互，向其发送命令并从中获取信息。控制器代理还与 Juju 的数据库后端进行交互以维护状态，并与云提供商进行交互，为部署的应用程序安排计算、存储等资源。

2）单元代理：负责管理在机器或 Kubernetes Pod 上运行的应用程序单元的生命周期，以及负责启动、停止和监视应用程序单元，并通过与机器代理交互来管理其资源。

3）机器代理：管理各自的单元代理。作为一个特殊的代理，机器代理通常需要为部署的应用程序单元创建单元代理。同时，机器代理还管理该机器上可能请求的任何容器以及机器上的资源，例如应用程序单元的存储。

（3）客户端

Juju 客户端是一种命令行界面（CLI）软件，主要用于管理 Juju 控制器，直接与控制器进行交互。通过 Juju 客户端，我们可以轻松创建和管理模型、部署和配置应用程序，并监视其状态和健康状况。此外，Juju 客户端还可以使用插件进行扩展，以适应不同的场景需求。

接下来，我们来学习基于 Juju 部署 Traefik Ingress，相关操作命令具体如下所示：

```
[lugalee@lugaLab ~ ]% juju deploy ./traefik-k8s_ubuntu-20.04-amd64.charm traefik-ingress --trust --resource traefik-image=docker.io/jnsgruk/traefik:2.6.1
```

目前，Juju Charmed Operator 支持两种类型的代理，具体如下。

1）per-app（每个应用）代理：这是入口控制器的经典代理，通过在 Kubernetes 服务上路由来负载均衡与 Juju 应用程序相关的各个单元的传入连接。这种类型的代理适用于大多数应用程序，可以自动处理流量，并确保应用程序单元得到适当的负载均衡。

2）per-unit（每个单元）代理：Traefik 通过 ingress-per-unit 关系路由到与其相关的代理 Juju 应用程序的单个 Pod。这种类型的代理适用于某些特殊情况，例如 Prometheus 这样的应用程序，其中每个远程写入端点需要单独路由到。此外，per-unit 代理对于数据库也很有益，因为数据库可以执行客户端负载均衡，从而提高客户端性能和稳定性。

对于 Traefik 的指标监控，我们可以使用 Prometheus 组件，执行如下命令获取 Traefik 暴露的指标端点并在 prometheus_scrape 关系接口抓取：

```
[lugalee@lugaLab ~ ]% juju add-relation traefik-ingress:metrics-endpoint prometheus
```

2. 传统 Operator 模式

Traefik Operator 可以通过创建和管理 Traefik 实例并将其作为 Kubernetes 资源来工作，这是一种传统的部署方式。在这种方式下，Traefik Operator 通过创建 CRD 来定义 Traefik 实例的状态，并使用 Kubernetes 来管理 Traefik 实例的部署。

当用户创建 Traefik 实例并将其作为 Kubernetes 资源时，Traefik Operator 会读取 CRD 并创建具有所需配置的 Kubernetes Deployment。然后，Deployment 启动一个具有指定配置的 Traefik 容器。Traefik Operator 还提供了一种管理 Traefik 实例生命周期的方法，可以在发布新版本的 Traefik 时自动更新实例，并且可以根据流量扩展或缩减实例。

针对其部署方式，除了上述 Juju 外，我们还可以基于传统的部署 Operator 方式（目前主要针对企业版），具体可参考如下步骤。

1）安装 OLM：

```
[lugalee@lugaLab ~ ]% curl -sL https://github.com/operator-framework/operator-lifecycle-manager/releases/download/v0.24.0/install.sh | bash -s v0.24.0
```

2）安装 Operator：

```
[lugalee@lugaLab ~ ]% kubectl create -f https://operatorhub.io/install/traefikee-operator.yaml
```

3）查看部署状态：

```
[lugalee@lugaLab ~ ]% kubectl get csv -n operators
```

至此，Traefik Operator 安装和部署完成。我们可基于 Operator 引入的 CRD 以及实际的业务场景进行相关操作。

9.3.3 Traefik Operator 价值

Traefik Operator 建立在 Traefik 之上，提供了一种通过 Kubernetes 资源管理的方法，允许用户将 Traefik 实例定义为 Kubernetes 资源，支持轻松管理、更新和扩展 Traefik 实例。

在实际的业务场景中，Traefik Operator 有如下好处。

1. 简化部署和管理

Traefik Operator 为 Kubernetes 用户简化了 Traefik 的部署和管理。通过将 Traefik 实例定义为 Kubernetes 资源，用户可以使用熟悉的 Kubernetes 工具和工作流，使在 Kubernetes 环境中部署和管理 Traefik 变得更加容易。

2. 自动更新和扩展

Traefik Operator 支持自动更新和缩放 Traefik 实例。用户不再需要在新版本发布时手动更新 Traefik，因为 Traefik Operator 可以自动更新实例。而且，如果流量增加，Traefik Operator 可以扩展实例以处理增加的负载。

3. 提供标准化的方法

Traefik Operator 提供了一种标准化的方法来管理 Kubernetes 环境中的 Traefik 实例。这种标准化的方法使团队更容易协作和分享最佳实践，因为每个人都可以使用相同的方法来管理 Traefik，从而提高了团队之间的协作效率和应用程序的一致性。

4. 支持多集群

Traefik Operator 支持在跨 Kubernetes 环境下管理 Traefik 实例，特别适用于多集群场景。这样可以促进应用在所有集群中的一致性和可维护性。

9.4 本章小结

本章主要深入解析 Traefik Operator 及其相关内容，并简要介绍了在云原生 Kubernetes 编排生态中 Operator 的相关基础框架和实现原理，具体内容如下。

❏ 讲解 Kubernetes Operator 的相关理论知识，涉及自定义资源、Kubernetes 扩展 API、基础架构和运行原理等。

❏ 讲解 Traefik Operator 的相关理论知识，对传统 Operator 和基于 Juju Charmed Operator 模式进行介绍，深入分析 Traefik Operator 的实现原理和优势。

❏ 讲解 Traefik Operator 的价值，介绍了 Traefik Operator 对于云原生应用部署和管理的实际意义和价值，包括简化部署和管理、自动更新和扩展、提供标准化的方法以及支持多集群等。

第 10 章 *Chapter 10*

Traefik Hub 云原生网络平台

云原生网络平台是一个基于云原生技术构建的网络服务平台，旨在帮助企业构建高效、可靠、安全的网络架构。云原生网络平台的核心理念是将网络服务与应用程序集成在一起，通过自动化和可编程性来提高网络的可靠性与灵活性。

10.1 概述

Traefik Hub 是业界第一个基于 Kubernetes 的原生 API 管理解决方案，用于发布、保护和管理 API，并支持 Traefik 和其他入口控制器（包括 Nginx）。Traefik Hub 通过使用 CRD、标签和选择器等原生 Kubernetes 结构，大幅简化和加速了 API 生命周期管理，并完全符合 GitOps 的基本原则，使工程师可以快速创造价值，提升生产力，并专注于构建出色的应用程序。

作为一个建立在 Traefik 之上的云原生网络解决方案，Traefik Hub 可以为组织的应用程序提供高度可扩展且可靠的网络基础设施。该平台被设计为高度模块化，允许组织根据特定需求定制网络基础设施，并提供广泛的功能，包括流量路由、负载均衡、服务发现和安全机制等。

Traefik Hub 提供了一种高效、可靠、灵活的方式来管理网络基础设施，帮助组织快速构建出色的应用程序，并在云原生环境中实现高效的应用程序交付。

10.2 认识 Traefik Hub

Traefik Hub 是一个综合性的管理平台，为 Traefik 用户提供各种资源，包括文档、社区支持以及 Traefik 扩展和插件。Traefik Hub 提供的丰富扩展和插件，可用于扩展 Traefik 的功能，例如与云提供商的集成、负载均衡和安全功能。

10.2.1 基本原理

Traefik Hub 是一款基于云原生技术的开源边缘路由器，旨在为云原生应用程序提供灵活、高效、可靠的路由和服务发现机制。Traefik Hub 的核心理念是将网络服务与应用程序集成在一起，通过自动化和可编程性来提高网络的可靠性和灵活性，使管理和维护 Traefik 组件变得更便捷。

Traefik Hub 架构如图 10-1 所示。

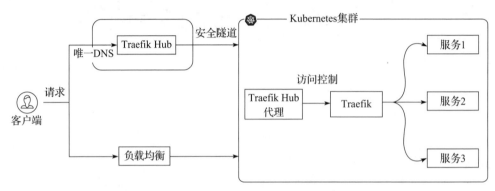

图 10-1　Traefik Hub 架构

Traefik Hub 的实现原理如下。

1. 基于反向代理的路由机制

Traefik Hub 使用反向代理技术来实现路由和负载均衡，自动识别和管理云原生应用程序的网络流量，并将流量路由到正确的服务。Traefik Hub 可以识别多种协议和数据格式，包括 HTTP、TCP、WebSocket、gRPC 和 GraphQL 等，以满足不同应用程序的需求。

2. 基于服务网格的服务发现机制

Traefik Hub 使用服务网格技术来实现服务发现和流量控制，自动识别和管理云原生应用程序的服务之间的通信，并提供流量控制和限流等功能。Traefik Hub 可以集成多种服务网格，包括 Kubernetes、Docker Swarm、Mesos 和 Consul 等，以满足不同应用程序的需求。

3. 基于自动化的配置管理

Traefik Hub 使用自动化的配置管理技术来实现快速部署和灵活扩展，能够自动识别和管理云原生应用程序的配置信息，并根据实际需求自动扩展和缩减。Traefik Hub 可以集成多种配置管理工具，包括 Ansible、Chef、Puppet 和 Salt 等，以满足不同应用程序的需求。

4. 基于可编程的插件机制

Traefik Hub 使用可编程的插件来实现灵活的功能扩展，支持用户根据实际需求加载和卸载不同的插件，以实现不同的功能和特性。Traefik Hub 可以集成多种插件，包括认证、访问控制、日志和监控等，以满足不同应用程序的需求。

10.2.2　核心特性

基于官方所述，Traefik Hub 具有多种功能，其中核心功能如下。

1. GitOps 一键自动化发布

Traefik Hub 实现了完整的 GitOps 自动化工作流，使应用程序发布和访问入口信息变得容易。作为云原生网络堆栈的控制平面，Traefik Hub 支持安装、配置和管理网络架构，同时提供周期性运维，以提高部署频率、可预测性和组织可审计性。这有助于组织识别更改的内容、时间和原因，并收集相关指标数据。

除此之外，Traefik Hub 开源代理能够自动发现服务，允许选择要发布的服务、访问端口（或让 Traefik Hub 自动检测）、访问控制策略（如果需要），并建立基于 WebSocket 的隧道，实现从互联网的任何地方直接访问所选服务。这种自动化工作流可以帮助技术团队更轻松地发布应用程序，并提高部署频率和可预测性，同时提高组织可审计性，从而更好地管理云原生网络堆栈。

2. 容器实例安全

Traefik Hub 提供了安全可靠的容器发布和访问平台，通过私有加密隧道与代理连接，使用户无须担心公共 IP 地址或 NAT 配置，使发布服务更加安全、可靠。此外，该平台还提供了一系列易于使用的安全保护相关功能，而无须更改所应用的技术堆栈或重新部署服务。

1）提供现代访问控制部署，如 OIDC，可以方便地管理服务访问权限。访问控制策略可以添加到 Traefik 或 Nginx 社区版部署中，与是否通过隧道发布无关。

2）使用 Traefik Hub 的安全直接连接功能，可以最大限度地降低容器暴露给攻击者的风险，提高容器的安全性。

3）提供了深度 Let's Encrypt TLS 生命周期集成，实现 HTTP 证书自动化管理与维护。该功能可以帮助用户更轻松地管理证书，提高容器的安全性。

3. 灵活扩展

Traefik Hub 可以无缝地将部署扩展到多个集群。在仪表盘中，我们可以轻松访问有关已发布集群的配置、入站流量和运行状况等信息。重要指标，例如每秒请求数、平均响应时间和每秒请求错误，也非常容易获得。Traefik Hub 可以帮助我们在部署应用程序的同时扩展更多的集群网络。

除了上述功能，Traefik Hub 还提供了共享工作区、高级 RBAC 和项目协作等功能，可提高团队效率。同时，Traefik Hub 支持多种服务网格（如 Kubernetes 和 Docker Swarm）和云平台（如 AWS 和 Azure），使用户能够在多环境中轻松部署和管理应用程序。

10.2.3　应用场景

Traefik Hub 云原生网络平台是一种高度可扩展且可靠的网络解决方案，旨在帮助组织应对在云环境中交付现代应用程序的挑战。Traefik Hub 可在如下场景下帮助组织提升在云端交付应用的能力。

1. 微服务架构

Traefik Hub 云原生网络平台的重要应用场景之一是微服务架构。Traefik Hub 所提供的高级服务发现和流量路由功能，成为管理基于微服务架构的应用的最佳选择。利用 Traefik Hub，组织可以轻松地发现和连接微服务，而无须关注如何部署应用程序以及将应用程序部署在何处。同时，平台还提供高级流量路由功能，支持根据各种标准（如 URL 路径、HTTP Header 和 IP 地址）分发流量。

微服务架构将应用程序分割为小型服务进行部署和扩展，导致在管理微服务方面可能存在挑战。这便是 Traefik Hub 的用武之地。

Traefik Hub 的主要优势之一是负载均衡，允许在多个服务器之间分配传入的流量，以确保没有单个服务器不堪重负的情况出现。Traefik Hub 为微服务提供自动负载均衡能力，这意味着开发者不必自己配置负载均衡，从而确保微服务始终可用且响应迅速，即便在高流量期间也是如此。

服务发现是在网络中识别和定位微服务的过程。Traefik Hub 的自动服务发现特性使开发人员更容易管理和扩展他们的应用程序，从而消除了开发人员手动配置服务发现的需要，有利于节省时间同时避免出错。

Traefik Hub 还提供 SSL 终止连接能力，这是解密传入的 SSL 流量并将其转发到适合的微服务的过程。SSL 终止连接可确保微服务安全并保护敏感数据。Traefik Hub 的 SSL 终止连接功能使开发人员可以更轻松地管理 SSL 证书，因为他们不必自己配置 SSL 终止连接。

除此之外，Traefik Hub 还提供了一个用于管理微服务的集中式平台。开发人员可以使用 Traefik Hub 来部署、扩展和管理应用程序，监控性能指标并解决问题。这个集中式平台简化了微服务的管理，使开发人员更容易专注于构建和改进自己负责的应用程序。

2. 云原生应用程序

Traefik Hub 采用了云原生架构，是管理和连接云原生应用程序的最佳选择。该平台提供高级负载均衡和流量路由功能，支持根据多个实例的可用性在应用程序间分配流量，以确保应用程序的高可用性和高稳定性。

3. 多云环境

Traefik Hub 云原生网络平台在多云环境中也具有广泛的应用。许多组织为了利用每个云提供商的优势并降低供应商锁定的风险，会使用多个云提供商的服务。

Traefik Hub 基于高级的服务发现和流量路由功能，支持管理跨多个云供应商的应用程序。该平台支持广泛的服务发现机制，包括 Kubernetes、Consul 和 ZooKeeper 等，无论服务运行在何处，都可以轻松连接，从而提供了更加灵活和可扩展的云原生网络堆栈管理解决方案。

4. DevOps 环境

Traefik Hub 云原生网络平台是管理 DevOps 环境中应用程序的理想选择。DevOps 强调开发团队和运维团队之间的协作与交流。

Traefik Hub 通过提供高级负载均衡和流量路由功能，支持轻松地在 DevOps 环境中部署、管理和扩展应用程序。此外，Traefik Hub 还提供安全保护功能，如 SSL 终止连接、互信 SSL 认证和限速等，以保护 DevOps 环境中的应用程序。

借助云原生理念，Traefik Hub 为组织提供了一个高度可扩展和高效的网络基础设施，支持轻松部署和扩展应用程序，满足不同场景的需求。通过 Traefik Hub，组织可以提高应用程序交付能力，降低基础设施开销，提高安全防护水平。

10.2.4　Traefik Hub 的价值

在实际的云原生业务场景中，Traefik Hub 云原生网络平台具有以下应用价值。

1. 提高应用程序交付能力

Traefik Hub 云原生网络平台可提供高度可扩展和可靠的网络基础设施，确保应用程序始终可用且响应迅速，提高应用程序交付能力。

2. 降低管理复杂性

Traefik Hub 高度模块化，允许组织根据需求定制网络基础设施，降低了管理大型网络基础设施的复杂性，并使组织能够专注于其核心业务目标。

3. 提高部署敏捷性

Traefik Hub 旨在实现高度敏捷性，使组织能够快速适应不断变化的业务需求。该平台可以根据需要轻松扩展或收缩应用程序，并根据需要快速部署新的应用程序和服务。

4. 提高应用程序安全性

Traefik Hub 提供高级安全保护功能，使组织能够保护其网络基础设施及应用程序免受恶意流量的侵害，从而降低安全漏洞被利用的风险。

5. 降本增效

Traefik Hub 可以通过提供高度可扩展和高效的网络基础设施来帮助组织降低基础设施建设成本，减少对昂贵的硬件和软件的购买需求，并允许组织根据应用程序需求优化基础设施投入。

10.3　使用 Traefik Hub

作为强大的管理平台，Traefik Hub 为用户提供了一系列功能和资源。通过 Traefik Hub，用户可以访问各种 Traefik 扩展、插件和模板。这些扩展、插件和模板可用来扩展 Traefik 功能，并简化部署过程。同时，该平台提供了丰富的文档和教程，帮助用户快速上手 Traefik，了解如何有效地利用 Traefik 功能。

此外，Traefik Hub 提供了社区论坛和支持渠道，使用户可以与其他技术爱好者交流，互相提高技能水平，并获得问题解决办法。

10.3.1　创建 Traefik Hub 账户

Traefik Hub 利用 Kubernetes 原生的 CRD、标签和选择器等结构，简化了 API 生命周期管理，与 Kubernetes 集群无缝集成。用户可以方便地向外暴露服务，应用安全策略和限流功能，监控 API 性能和健康，并发现新的服务和 API。

在构建 Traefik Hub 环境时，首先需要部署容器集群（如 Kubernetes 集群），然后创建带特定项目权限的账户。

在 Traefik Hub 仪表盘，可以看到可用的提供商，如 Kubernetes、Docker、Azure 等。用户可选择与现有容器环境匹配的提供商，按说明将其连接至 Traefik Hub。

10.3.2　构建代理环境

1. Traefik Proxy 部署

通常来讲，要使用 Traefik Hub 云原生网络平台相关功能，需要提前部署 Traefik Proxy 组件。Traefik Proxy 有多种部署方式，具体采用哪种方式取决于具体环境。这里介绍用 Helm 部署 Traefik，步骤如下：

```
[lugalee@lugaLab ~ ]% helm repo add traefik https://helm.traefik.io/traefik
[lugalee@lugaLab ~ ]% helm repo update
[lugalee@lugaLab ~ ]% helm upgrade --install traefik traefik/traefik \
--namespace hub-agent --create-namespace \
--set=additionalArguments='{--experimental.hub,--hub}' \
--set metrics.prometheus.addRoutersLabels=true \
--set providers.kubernetesIngress.allowExternalNameServices=true \
--set ports.web=null --set ports.websecure=null --set ports.metrics.expose=true \
--set ports.traefikhub-tunl.port=9901 --set ports.traefikhub-tunl.expose=true \
--set ports.traefikhub-tunl.exposedPort=9901 --set ports.traefikhub-tunl.protocol="TCP" \
--set service.type="ClusterIP" --set fullnameOverride=traefik-hub
```

2. Traefik Hub 代理部署

安装代理的最简单方法是根据 Traefik Hub UI 中提供的说明进行操作。Traefik Hub 代理默认安装一个专用的 Traefik Proxy 实例，并在安装过程中进行部署。当然，这个专用的 Traefik Proxy 实例是预配置的。如果已经有了 Traefik Proxy 实例，也可以将其用作 Traefik Hub 代理的基础环境。

如果选择使用现有的 Traefik 代理实例，则可能需要进行一些配置来确保 Traefik Proxy 和 Traefik Hub 代理之间的连接正常。

通常情况下，我们需要确保所构建的环境使用的是 Traefik Proxy 2.9 及以上版本，并按照以下步骤进行操作。

1）激活 Traefik Hub 提供商，并根据业务需求进行自定义配置。

2）重新启动 Traefik Proxy 以使修改生效。

3）相应地更新 Traefik Hub 代理。

对于 Traefik Hub 代理部署，这里以 Helm 部署方式为例，具体步骤如下：

```
[lugalee@lugaLab ~ ]% helm repo add traefik-hub https://helm.traefik.io/hub
[lugalee@lugaLab ~ ]% helm repo update
```

```
[lugalee@lugaLab ~ ]% helm upgrade --install hub-agent traefik-hub/hub-agent \
--set token="xxxxxx-xxxx-xxxx-xxxx-xxxxxxxxxxx" --namespace hub-agent \
--create-namespace --set image.pullPolicy=Always --set image.tag=experimental
```

构建完 Traefik Hub 环境后，进入网络平台代理配置及服务部署环节。

10.3.3 定义访问控制策略

1. Traefik Hub 控制策略介绍

为了保护服务免受外部恶意访问，我们可以添加访问控制策略。这些策略会在服务之前进行身份验证，仅授予注册用户访问权限。

当用户请求进入时，Traefik Hub 会将请求转发给集群中的 Traefik Hub 代理。Traefik Hub 代理对请求用户进行身份验证，如果成功，则将请求转发给服务。

访问控制策略是具有名称、身份验证方法和配置参数的资源。通常情况下，每个资源会链接到 Traefik Hub 代理，而不是在代理之间共享。这将确保每个代理都既可以独立地执行身份验证和授权检查，还可以更方便地管理和更新访问控制策略。

2. 身份认证机制

在 Traefik Hub 服务管理中，我们可以针对所发布的服务访问认证机制选择不同的策略。通常有 4 种核心策略可供选择，分别是 BasicAuth、JWT Auth、OIDC 及 OpenID Connect。

（1）BasicAuth（基本认证）

BasicAuth 是一种基于 HTTP 的身份验证方案。每个请求的授权标头都包含一个编码字符串，该字符串包含用户名和密码。请求的接收方使用该字符串来验证用户的身份和访问资源的权限。

在 Traefik Hub 中，身份验证通常基于 Authorization HTTP 请求头携带 Basic schema 的用户名、密码实现。Traefik Hub 代理确保请求中存在该 HTTP 标头，并在其本地存储中查找用户。如果身份验证成功，请求将转发给服务。

BasicAuth 具有以下特点。

❑ 使用用户名、密码进行简单验证。

❑ 由于密码以明文形式发送，所以相对不太安全。

❑ 作为内置方式，可在 Traefik Hub 免费版本中使用。

（2）JWT Auth（JSON Web 令牌认证）

JWT Auth 是一个开放标准，包含数字签名加密的声明信息。通常情况下，我们可以使用哈希密钥或公钥 / 私钥对来签署 JWT。

在 Traefik Hub 中，身份验证通常基于 Authorization HTTP 请求头携带 Basic JWT 实现。Traefik Hub 代理会验证 JWT 的有效性和声明信息。如果 JWT 验证成功，请求将被转发给后端服务。

JWT Auth 具有以下特点。

❑ 基于 JWT 验证请求。

❑ 令牌包含加密声明和签名，所以比 BasicAuth 更安全。

❑ 仅适用于 Traefik Enterprise（付费）版本。

❑ 支持更高级的功能，如基于角色的访问控制、OAuth 集成等。

（3）OIDC（OpenID Connect）

OIDC 是基于 OAuth 2.0 协议的身份验证协议，主要用在 Traefik Enterprise 中。

OIDC 通过外部提供商（如 Google、Microsoft 等）来委托身份验证并获取最终用户声明与范围来实现授权。为了验证用户，代理通过身份验证提供商进行重定向。身份验证完成后，用户才能被授权访问上游应用程序。

OIDC 具有以下特点。

❑ 基于 OAuth 2.0 实现身份验证。

❑ 基于 Google、GitHub、Okta 等外部 OAuth 提供商来验证用户。

❑ Traefik 充当 OIDC 客户端，重定向到 OAuth 提供商登录，并取得 ID 令牌返回。

❑ 支持单点登录和基于角色的访问控制等。

（4）OpenID Connect

OpenID Connect（OIDC）是基于 OAuth 2.0 的授权和身份验证机制。该认证机制主要将身份验证委托给外部提供商 Google，并获取最终用户的会话声明和范围以用于授权目的。

为了对用户进行身份验证，代理通过身份验证提供商进行重定向。身份验证完成后，用户将在被授权访问上游应用程序之前被重定向回代理。

此访问控制策略预先配置了使用 Google 作为颁发者的 OIDC，并且仅支持电子邮件声明。

与上述 OpenID Connect 不同的是，Traefik Enterprise OIDC Google 身份验证允许用户使用他们的 Google 凭据对自己进行身份验证，并提供额外的安全功能，例如令牌内省和基于角色的访问控制（RBAC）。

以下是 Traefik Enterprise OIDC Google 身份认证的一些功能。

❑ 单点登录（SSO）：用户可以使用他们的谷歌凭据登录多项服务，而不必每次都输入凭据。

❑ 安全身份验证：Traefik Enterprise 验证 JWT 上的签名，以确保其是由受信任的机构（Google）颁发的，并提供额外的安全功能，例如令牌内省和 RBAC。

❑ 可自定义的登录页面：支持使用自己的风格和样式自定义 Google 登录页面。

❑ 集中管理：Traefik Enterprise 提供集中管理控制台，管理跨多个服务的 OIDC Google 身份验证。

❑ 用户管理：Traefik Enterprise 允许我们管理用户和组，并分配角色和权限，以控制对所构建服务的访问。

10.3.4　发布服务

在发布服务之前，需要在 Traefik Hub 控制台中创建一个项目，并将服务添加到该项目中。项目是共享网络配置的服务逻辑分组。可以根据目标创建多个项目，例如开发项目、测试项目、产品项目等。

要向项目添加服务，需要提供名称、URL 和端口号，并指定其他设置，例如负载均衡、健康检查和 SSL 证书连接等。最后，将项目部署到 Traefik Hub，并通过生成的域名访问构建的服务。

Traefik Hub 会为项目自动创建安全且可扩展的网络，并分配唯一的域名。基于此域名，我们可以从任何地方访问已部署的服务。同时，我们可以通过仪表盘监控网络性能和状态。

对于已构建好的服务实例，可以通过带认证和不带认证两种模式进行发布。带认证的模式需要提供合适的认证信息，而不带认证的模式则不需要，具体可参考如下场景。

1. 不带认证的模式

进入发布配置页面，设置基础配置及附加的高级配置后，创建一个 BasicAuth 中间件并将其应用于服务。基于 devops 实例，新建一个用于服务发布的服务 devops1，服务内容保持不变，先不执行授权控制操作，如图 10-2 所示。

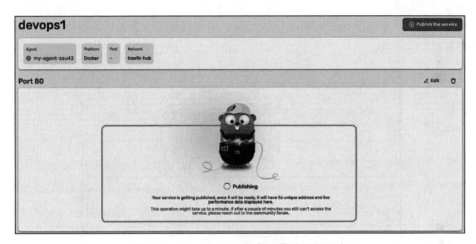

图 10-2　Traefik Hub 发布不带认证的服务

发布完成后，单击所发布服务对应的 URL 或复制 URL 并在浏览器中访问。这里，URL 为 https://occupational-marmoset-xfnone.mv0jdsgf.traefikhub.io/，返回结果如图 10-3 所示。

图 10-3　Traefik Hub 发布不带认证的服务所返回的结果

与此同时，我们在后台通过命令行进行请求验证，如下所示：

```
[lugalee@lugaLab ~ ]% curl -i https:// occupational-marmoset-xfnone.mv0jdsgf.
traefikhub.io/
HTTP/2 200
content-type: application/json; charset=utf-8
```

```
date: Fri, 9 Sep 2022 08:06:10 GMT
etag: W/"30e-DTDfGIkORcaKE2wk3afTkc9aLNA"
content-length: 782
```

{"host":{"hostname":"occupational-marmoset-xfnone.mv0jdsgf.traefikhub.io","ip":"::ffff:172.23.0.2","ips":[]},"http":{"method":"GET","baseUrl":"","originalUrl":"/","protocol":"http"},"request":{"params":{"0":"/"},"query":{},"cookies":{},"body":{},"headers":{"host":"occupational-marmoset-xfnone.mv0jdsgf.traefikhub.io","user-agent":"curl/7.84.0","accept":"*/*","x-forwarded-for":"172.23.0.3","x-forwarded-host":"occupational-marmoset-xfnone.mv0jdsgf.traefikhub.io","x-forwarded-port":"443","x-forwarded-proto":"https","x-forwarded-server":"5a7b831a229b","x-real-ip":"172.23.0.3","accept-encoding":"gzip"}},"environment":{"PATH":"/usr/local/sbin:/usr/local/bin:/usr/sbin:/usr/bin:/sbin:/bin","HOSTNAME":"337a1409440f","NODE_VERSION":"16.16.0","YARN_VERSION":"1.22.19","HOME":"/root"}}%

2. 带认证的模式

针对 devops1 服务进行 BasicAuth 中间件创建，并将其应用于服务。然后使其生效并进行访问，结果如图 10-4 所示。

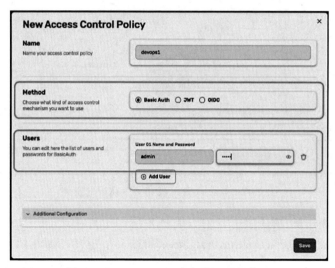

图 10-4　Traefik Hub 发布带认证的服务

访问地址时出现图 10-5 所示页面。

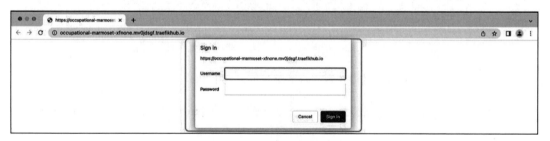

图 10-5　Traefik Hub 发布带认证的服务所返回的结果

此时，在后台通过命令行进行请求验证，提示未授权，需要输入相关账户信息，如下所示：

```
[lugalee@lugaLab ~ ]% curl -i https://occupational-marmoset-xfnone.mv0jdsgf.
traefikhub.io/
HTTP/2 401
content-type: text/plain
date: Fri, 9 Sep 2022 08:49:10 GMT
www-authenticate: Basic realm="hub"
content-length: 17

401 Unauthorized
```

此时，输入所定义的账户与密码信息，成功返回接口信息。这与上述结果一致，表明我们所设置的 BasicAuth 授权访问策略已生效。

10.4　本章小结

本章主要基于 Traefik Hub 云原生网络平台的相关内容进行深入解析，描述了在云原生 Kubernetes 编排生态中 Traefik Hub 的基础功能、应用场景及实践操作等，具体如下。

❑ 讲解 Traefik Hub 的理论知识，涉及基本原理、核心特性、应用场景和价值。

❑ 讲解 Traefik Hub 的场景实践，涉及 Traefik Hub 账户创建、构建代理环境、定义访问控制策略、发布服务。

❑ 讲解 Traefik Hub 所涉及的 4 种不同身份认证模式，涉及基本认证、JSON Web 令牌认证、OpenID Connect 认证以及 Traefik Enterprise OIDC Google 身份验证等。

基于 Traefik 的交付管理

交付管理是软件开发中至关重要的一环，涉及管理软件的部署并交付给最终用户。Traefik 可用于管理和路由基于微服务架构的应用程序的流量，因而成为交付管理的理想选择。

使用 Traefik，我们可以实现应用程序快速、高效的交付和部署。Traefik 提供了灵活的路由规则和负载均衡算法，可以将流量路由到最合适的服务，从而提高系统的可靠性和性能。此外，Traefik 还支持自动化的流量管理和监控，以帮助开发人员更高效地管理和维护应用程序，提高系统的可用性和稳定性。

11.1　概述

软件开发和交付技术在不断发展，当前云原生交付是整个软件行业的最新趋势。云原生交付是一种建立在云原生架构之上的软件开发和部署方法，利用云计算的优势更快、更高效地构建、测试和部署软件。此外，云原生交付还可以通过使用 DevOps 工具和流程来进一步提高交付效率，使软件开发和交付更高效、更可靠。

1. 云原生交付概念

云原生交付是一种利用云原生技术和最佳实践构建与部署专为在云中运行而设计的应用程序的方法。其核心是构建高度可扩展、有弹性和灵活的应用程序，旨在实现应用程序无缝跨越不同的云环境工作。云原生应用程序基于微服务架构构建，将应用程序分解为小而易管理的组件。

容器和 Kubernetes 技术已经彻底改变了软件交付，将应用程序和服务作为无状态容器镜像发布，可以轻松地根据需求创建和销毁容器实例。当流量激增时，操作员可以向集群中添加实例，并使用负载均衡器相应地分配请求。

但是，同一集群中存在多版本实例也会带来挑战，例如对混合部署新老版本进行测试，或逐步发布和回滚新版本场景中，要求以滚动的方式部署新版本，同时保证服务稳定性和几乎零停机时间。

因此，在实际的业务发布过程中，为了实现上述需求，我们需要利用相关的部署策略。目前，流行的部署策略包括滚动发布、金丝雀发布和蓝绿发布。虽然这三种策略都有关联，但每种都有不同的特点和适用场景。

2. 云原生交付优势

云原生交付的优势在于高度的可扩展性、弹性、灵活性和效率，这使其成为未来软件交付的主流趋势。

- ❑ 可扩展性：支持水平扩展，以处理大量的流量和数据，允许根据不断变化的需求自动调整规模。
- ❑ 弹性：具有很强的容错能力，即使个别组件发生故障，也能继续运行。
- ❑ 灵活性：高度灵活，支持跨不同的云环境。
- ❑ 效率：可以帮助组织更快、更经济地构建、测试和部署应用程序。这有助于组织在竞争中保持领先地位，并更快地响应不断变化的市场需求。

11.2　滚动发布

11.2.1　概念

在云原生编排体系中，滚动发布是默认的部署策略。这种部署策略会逐步将部分用户（例如10%）迁移到新的应用程序，在此过程中监控 HTTP 响应、指标、延迟等因素，以确保应用程序平稳运行。如果出现问题，部署可以迅速回滚，这样只有少部分用户受到影响。如果新应用程序的表现良好，另一组用户将逐步迁移到新应用程序，然后是另一组用户，直到所有用户都完成迁移。

11.2.2　实现原理

滚动发布是逐步用新版本的 Pod 替换旧版本应用程序的过程。通过这种机制，可以确保所构建的应用程序始终可用，并且新旧版本之间不存在兼容性问题，从而有效地完成版本的迭代，保证线上业务正常运行。在滚动部署过程中，我们会逐步将新版本的 Pod 添加到服务中，同时逐步删除旧版本的 Pod，从而实现无缝升级。这种方式可以最小化对应用程序的影响，确保服务的高可用性和稳定性。

基于 Traefik 的滚动发布实现过程可参考图 11-1。

从上述实现过程示意图可以看出，基于 Traefik 的滚动发布流程可以分为以下几个步骤。

1）部署新版本：将应用程序或服务的新版本部署到一组新的空服务器或容器中。这样可以在发布给用户之前对新版本进行测试和验证。

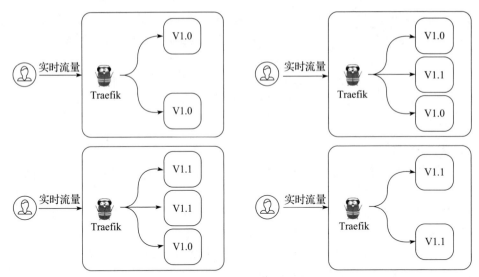

图 11-1 基于 Traefik 的滚动发布实现过程

2）更新 Traefik 配置：使用 Traefik 的动态配置特性更新路由规则和负载均衡算法，将流量逐步路由到新版本应用程序或服务。

3）验证性能：监控新版本的性能，以确保其平稳运行并有效处理流量。可以使用 Traefik 的可观测性功能，例如日志记录、指标和分布式跟踪。

4）逐步增加流量：一旦新版本的性能得到验证，可以逐步提高路由到新版本的流量百分比。这样可以以受控的方式推出新版本，最小化对用户的干扰。

5）清理旧版本：当新版本完全推出并处理完所有流量请求后，停用并删除旧版本。

滚动发布有多个优势。首先，允许逐步更新，从而最大限度地降低停机或中断用户服务的风险。其次，允许在发布新版本之前对其进行全面测试和验证。最后，提供实时监控和可观测性功能，确保新版本的性能和可靠性。

此外，基于 Traefik 的滚动发布特性同时支持蓝绿发布和金丝雀发布策略。蓝绿发布是将新版本与旧版本一起部署，并逐渐将流量路由到新版本，直到处理完所有流量请求。金丝雀发布是将小部分流量路由到新版本，而大部分流量仍路由到旧版本，这允许在新版本完全推出之前对其进行实时测试和验证。

11.2.3 案例场景

在实际的业务场景中，若要使用 Traefik 滚动发布，需要在部署清单文件中配置一些参数，具体如下。

❑ spec.strategy.type：指定部署策略的类型，需要将其设置为 RollingUpdate。

❑ spec.strategy.rollingUpdate.maxSurge：指定在更新过程中可以创建的超过所需 Pod 数量的最大数量。可以将其设置为固定数量或所需 Pod 数量的百分比，例如 'maxSurge: 1' 或 'maxSurge: 25%'。

❑ spec.strategy.rollingUpdate.maxUnavailable：指定在更新过程中不可用的最大 Pod 数。可以将其设置为固定数量或所需 Pod 数量的百分比，例如 'maxUnavailable: 1' 或 'maxUnavailable: 25%'。

以下是 Traefik 滚动发布策略的部署清单文件示例：

```
apiVersion: apps/v1
kind: Deployment
metadata:
  name: traefik-deployment
spec:
  replicas: 3
  selector:
    matchLabels:
      app: traefik
  strategy:
    type: RollingUpdate
    rollingUpdate:
      maxSurge: 1
      maxUnavailable: 1
  template:
    metadata:
      labels:
        app: traefik
    spec:
      containers:
      - name: traefik
        image: traefik:v2.5
        ports:
        - name: web
          containerPort: 80
        - name: websecure
          containerPort: 443
        - name: admin
          containerPort: 8080
```

在此示例中，我们定义了一个名为 traefik-deployment 的 Deployment 对象，采用 Traefik 滚动发布策略。这个 Deployment 将会创建 3 个 Pod，并将它们标记为 app: traefik。每个 Pod 都会运行一个名为 traefik 的容器，该容器使用 Traefik 2.5 的镜像，并监听端口 80、443 和 8080。

基于 Traefik 的滚动发布策略的 maxSurge 和 maxUnavailable 参数都设置为 1。这意味着在更新过程中，最多会创建一个多余的 Pod 和暂停一个 Pod。这样可以确保在更新过程中 Traefik 服务的高可用性和稳定性。

11.3　金丝雀发布

11.3.1　概念

金丝雀发布是一种高级发布策略，类似于滚动发布，但更为先进。相较于滚动发布的随机性，金丝雀发布允许我们确定哪些用户将首先获得新版本应用程序的访问权限，因此它也是一种渐进式发布。金丝雀发布让 DevOps 团队能够获得早期反馈和识别错误。通过将新版本应用程序先发布给目标用户子集，我们可以在将其发布给其他用户之前发现需要修复的漏洞。因此，金丝雀发布为我们提供了更多对功能发布的控制权。

　　金丝雀发布允许组织在部署新版本应用程序至生产环境前，仅向部分特定用户群体推出，从而降低新版本的风险。然而，金丝雀发布也存在挑战，由于相对复杂，需要多种 Kubernetes 资源配合实现，对 Kubernetes 初学者来说难度较高。虽然复杂但也值得学习，熟悉金丝雀发布的技术人员可以更有效地利用 Kubernetes 进行部署，从而更快速、更安全地部署软件。

11.3.2　实现原理

　　针对使用 Traefik 实现金丝雀发布，我们可以使用开源工具 Flagger 自动化此流程。Flagger 由 Weaveworks 开发，与 Traefik 和 Prometheus 集成，能根据指标检查结果自动调整权重。Flagger 接受 Kubernetes 部署和可选的水平 Pod 自动缩放器（HPA），创建了一系列对象（Kubernetes 部署、ClusterIP 服务和 TraefikService），这些对象将应用程序暴露在集群之外，并推动金丝雀分析和推广。

　　Flagger 实现了一个控制循环。该循环将逐渐将流量转移到金丝雀版本，同时测量 HTTP 请求成功率、请求平均持续时间和 Pod 健康状况等关键性能指标。根据对关键性能指标的分析，Flagger 将决定是否推广或中止金丝雀版本，并将分析结果发送给技术团队，以决策是否进行下一步操作。

　　基于 Traefik 的金丝雀发布实现过程可以参考图 11-2。

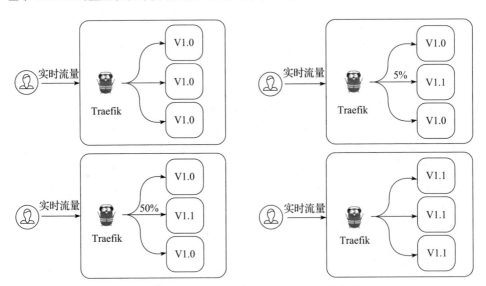

图 11-2　基于 Traefik 的金丝雀发布实现过程

　　金丝雀发布是一种逐步引入新版本 1.1，而大多数用户继续使用旧版本 1.0 来更新应用程序或服务的方法。从上述实现过程可以看出，基于 Traefik 的金丝雀发布流程主要包括以下几个步骤。

1）部署新版本：将应用程序或服务的新版本部署到一组新的空服务器或容器中，以便在发布给用户之前对新版本进行测试和验证。

2）更新 Traefik 配置：利用 Traefik 的动态配置特性，更新路由规则和负载均衡算法，将一小部分流量路由到新版本的应用程序或服务，而大多数流量仍然路由到旧版本。

3）验证性能：使用 Traefik 的可观测性功能，例如日志记录、指标和分布式跟踪，监控新版本的性能，以确保其平稳运行并有效地处理流量。

4）逐步增加流量：一旦新版本验证良好，逐渐提高路由到新版本的流量百分比，以受控的方式推出新版本，尽可能减少对用户的干扰。

5）监控和回滚：Traefik 的可观测性功能用于实时监控新版本的性能。如果出现问题，停止推出或回滚到以前的版本，从而最大限度减少对用户的干扰。

基于 Traefik 的金丝雀发布有多个优势。首先，以逐步、受控的方式更新，最大限度降低停机或中断用户服务的风险。其次，能够在将新版本发布给更广泛的用户之前对其进行全面测试和验证。最后，实时监控和可观测性功能能够确保新版本的性能和可靠性。

此外，基于 Traefik 的金丝雀发布支持高级路由规则，例如根据用户位置、设备类型或其他标准等路由流量。这有助于确保在向更广泛的用户发布新版本之前，新版本已经在代表性用户样本上进行了测试。

11.3.3　案例场景

在进行基于 Traefik 的金丝雀发布时，需要注意 Flagger 版本与 Kubernetes 版本、Traefik 版本的兼容性。具体来说，Flagger 需要 Kubernetes 1.16 或更高版本以及 Traefik 2.3 或更高版本。

1）安装 Flagger 和 Prometheus 插件。这里，我们通过 Helm 进行安装和部署，具体如下所示：

```
[lugalee@lugaLab ~ ]% helm repo add flagger https://flagger.app
[lugalee@lugaLab ~ ]% helm upgrade -i flagger flagger/flagger \
--namespace traefik \
--set prometheus.install=true \
--set meshProvider=traefik
```

2）创建引用 Flagger 生成的 TraefikService 的 Traefik IngressRoute：

```
apiVersion: traefik.containo.us/v1alpha1
kind: IngressRoute
metadata:
  name: podinfo
  namespace: devops
spec:
  entryPoints:
    - web
  routes:
    - match: Host('devops.example.com')
```

```
      kind: Rule
    services:
      - name: podinfo
        kind: TraefikService
        port: 80
```

将上述资源保存为 podinfo-ingressroute.yaml 文件，然后执行 kubectl apply -f 操作。

3）创建金丝雀自定义资源：

```
apiVersion: flagger.app/v1beta1
kind: Canary
metadata:
  name: podinfo
  namespace: test
spec:
  provider: traefik
  # deployment reference
  targetRef:
    apiVersion: apps/v1
    kind: Deployment
    name: podinfo
  # HPA reference (optional)
  autoscalerRef:
    apiVersion: autoscaling/v2beta2
    kind: HorizontalPodAutoscaler
    name: podinfo
  # the maximum time in seconds for the canary deployment
  # to make progress before it is rollback (default 600s)
  progressDeadlineSeconds: 60
  service:
    # ClusterIP port number
    port: 80
    # container port number or name
    targetPort: 9898
  analysis:
    # schedule interval (default 60s)
    interval: 10s
    # max number of failed metric checks before rollback
    threshold: 10
    # max traffic percentage routed to canary
    # percentage (0-100)
    maxWeight: 50
    # canary increment step
    # percentage (0-100)
    stepWeight: 5
    # Traefik Prometheus checks
    metrics:
    - name: request-success-rate
      interval: 1m
      # minimum req success rate (non 5xx responses)
      # percentage (0-100)
      thresholdRange:
        min: 99
```

```
  - name: request-duration
    interval: 1m
    # maximum req duration P99
    # milliseconds
    thresholdRange:
      max: 500
  webhooks:
  - name: acceptance-test
    type: pre-rollout
    url: http://flagger-loadtester.test/
    timeout: 10s
    metadata:
      type: bash
      cmd: "curl -sd 'test' http://podinfo-canary.test/token | grep token"
  - name: load-test
    type: rollout
    url: http://flagger-loadtester.test/
    timeout: 5s
    metadata:
      type: cmd
      cmd: "hey -z 10m -q 10 -c 2 -host app.example.com http://traefik.traefik"
      logCmdOutput: "true"
```

将上述资源保存为 podinfo-canary.yaml 文件，然后执行 kubectl apply -f 操作。

11.4 蓝绿发布

11.4.1 概念

蓝绿发布需要维护两个生产环境：一个是运行当前代码的蓝色环境，另一个是运行新代码的绿色环境。要发布应用程序的新版本，必须在蓝色环境中维护所有实时流量，同时将新代码部署到绿色环境中进行测试。一旦测试结果符合业务预期，我们就可以将所有实时流量迁移到绿色环境并执行实际版本，从而实现即时推出、回滚。

蓝绿发布的主要优势在于可以避免版本控制问题，快速、直接地更改整个集群状态。然而，这种部署方法的一个缺点是成本较高，因为我们必须维护两个足够大的生产环境。此外，蓝绿发布策略有一定的风险，因为开发环境通常比生产环境更简单、更慢。即使在蓝色环境中进行最严格的测试，也可能会忽略绿色环境中出现的问题。此外，回滚也更加复杂，因为所有用户都必须切换回蓝色环境。

11.4.2 实现原理

基于 Traefik 的蓝绿发布实现过程可参考图 11-3。

从上述实现过程示意图可以看出，蓝绿发布是一种通过在旧版本 1.0 环境中部署新版本 1.1 来更新应用程序或服务的方式，并逐渐将流量路由到新版本，直到处理完所有流量请求。通常而言，基于 Traefik 的蓝绿发布实现过程主要分为如下几个步骤。

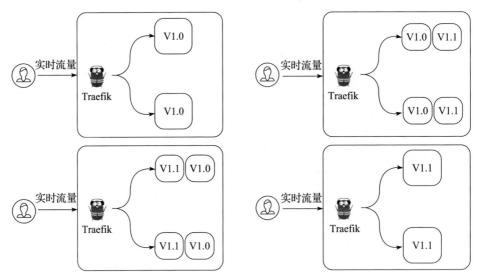

图 11-3 基于 Traefik 的蓝绿发布实现过程

1）部署新版本：在旧版本应用程序或服务环境中部署新版本的应用程序或服务，可以使用 Kubernetes 等容器编排平台进行部署。

2）更新 Traefik 配置：基于 Traefik 的动态配置特性更新路由规则和负载均衡算法，将流量路由到新旧版本的应用程序或服务，从而允许用户在测试新版本的同时继续使用旧版本。

3）验证性能：监控新版本的性能以确保其平稳运行并有效处理流量。

4）逐步路由流量：一旦验证新版本性能良好，就可以逐渐提高路由到新版本的流量百分比。这允许以受控的方式推出新版本，对用户的干扰最小。

5）切换：一旦新版本得到充分验证并处理完所有流量请求，旧版本就可以停用并删除。

基于 Traefik 的金丝雀发布有多个优势。首先，支持以渐进且受控的方式更新，最大限度地降低服务中断或影响用户的风险。其次，允许在向所有用户推出新版本之前对其进行彻底的测试和验证，从而确保质量。最后，随着越来越多的流量路由到新版本，Traefik 的可见性和监控功能可确保新版本的性能与可靠性。

此外，基于 Traefik 的蓝绿发布支持高级路由规则，可以根据用户位置、设备类型和其他标准等路由流量。这有助于确保新版本在更广泛的发布之前在具有代表性的用户样本上进行测试。这种方法可以使旧版本上的流量更加平稳地过渡到新版本，同时最小化对用户和服务的影响。

11.4.3 案例场景

基于 Traefik 的蓝绿发布可以利用 Kubernetes 提供的应用程序，比如 Kubernetes Ingress 或 Kubernetes CRD。

1. Kubernetes Ingress

通过使用 Kubernetes Ingress，可以为每个应用程序版本定义两个独立的入口资源：一个用于蓝色版本，一个用于绿色版本。接着，可以使用 Traefik 的入口注释来管理两个版本之间的流量。下面是一个用于蓝绿发布的 Traefik Kubernetes Ingress 配置示例：

```
apiVersion: extensions/v1beta1
kind: Ingress
metadata:
  name: devops-blue
  annotations:
    traefik.ingress.kubernetes.io/service-weight: "100"
spec:
  rules:
  - host: devops.example.com
    http:
      paths:
      - path: /
        backend:
          serviceName: devops-blue
          servicePort: 80

---

apiVersion: extensions/v1beta1
kind: Ingress
metadata:
  name: devops-green
  annotations:
    traefik.ingress.kubernetes.io/service-weight: "0"
spec:
  rules:
  - host: devops.example.com
    http:
      paths:
      - path: /
        backend:
          serviceName: devops-green
          servicePort: 80
```

在上述配置示例中，我们定义了两个入口资源，分别用于应用程序的蓝色版本和绿色版本。同时，我们使用 traefik.ingress.kubernetes.io/service-weight 注释将蓝色版本的流量权重设置为100，将绿色版本的流量权重设置为 0。这意味着在初始阶段，所有流量都将被路由到蓝色版本。

一旦绿色版本准备好投入生产，我们可以使用 Traefik API 或 CLI 将绿色版本的权重更新为100，同时将蓝色版本的权重更新为 0，逐渐将流量迁移到绿色版本。

2. Kubernetes CRD

使用 Kubernetes CRD，可以为应用程序的每个版本定义一个 Ingress 资源。然后，可以使用 Traefik Canary 中间件来控制流量到两个端点的分配。

以下是用于蓝绿发布的 Traefik Kubernetes CRD 配置示例：

```
apiVersion: traefik.containo.us/v1alpha1
kind: IngressRoute
```

```
metadata:
  name: devops
spec:
  entryPoints:
    - web
  routes:
    - match: Host('devops.example.com')
      kind: Rule
      services:
        - name: devops-blue
          kind: Service
          port: 80
          weight: 100
        - name: devops-green
          kind: Service
          port: 80
          weight: 0
      middlewares:
        - name: canary
  middlewares:
    - name: canary
      canary:
        stableService: devops-blue
        currentService: devops-green
        traffic: 50
```

在此配置示例中，我们定义了一个 Canary 中间件并将其与入口路由器相关联。Canary 中间件配置将蓝色版本标记为稳定服务，将绿色版本标记为当前服务，实现了蓝绿发布。

traffic 属性设置为 50，这意味着 50% 的流量将路由到绿色版本，50% 的流量将路由到蓝色版本。

11.5　本章小结

本章主要深入解析了基于 Traefik 的交付管理的相关内容，包括在云原生 Kubernetes 编排生态中不同发布策略的概念、实现原理及案例场景，具体如下。

❑ 讲解基于 Traefik 的滚动发布的相关理论知识，包括概念、实现原理及案例场景等。

❑ 讲解基于 Traefik 的金丝雀发布的相关理论知识，包括概念、实现原理及案例场景等。

❑ 讲解基于 Traefik 蓝绿发布的相关理论知识，包括概念、实现原理及案例场景等。

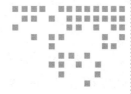

第 12 章 *Chapter 12*

Traefik 可观测性实践

可观测性是管理和监控基于微服务架构的应用程序的一个关键方面。在现代应用程序开发和部署中，可观测性具有至关重要的作用。Traefik 作为一种流行的开源反向代理和负载均衡器，提供了一系列工具和功能，以提升实践的可观测性。这些工具和功能包括实时指标、日志聚合和分布式跟踪等，对于分析基于微服务架构的应用程序的性能、可靠性和安全性相关问题至关重要。

通过利用 Traefik 提供的功能，开发人员和 DevOps 团队能够快速识别和解决问题，优化应用程序的配置，并确保应用程序平稳、安全的运行。

12.1 概述

在构建应用程序时，了解系统的行为方式是系统维护的重要环节。这包括观测应用程序的内部调用，度量应用程序的性能，并在问题发生时立刻意识到问题所在。对于由多个微服务组成的分布式系统来说，这尤其具有挑战性。在这种系统中，由多个调用组成的流可能从一个微服务开始，但在另一个微服务继续。因此，在生产环境中，可观测性对于识别和解决与应用程序的性能、可靠性和安全性相关的问题非常重要。同时，在开发过程中，可观测性也有助于了解应用程序瓶颈、提高性能和跨微服务执行基本调试。

近年来，随着企业向基于云的应用程序转型，云原生可观测性成为重要实践。云原生可观测性可以从分布式云应用程序中收集指标、日志，以监控、分析和调试应用程序。在云原生环境中，可观测性尤为重要，因为传统的监控解决方案可能无法很好地适应云基础设施的动态特性。

云原生可观测性的好处很多。改进的可观测功能提供了对分布式服务和最终用户之间复杂交互的洞察力，使开发人员能够诊断问题、优化资源利用并缩短响应时间。此外，可观测性还支持实时监控、检测和解决问题自动化。

云原生可观测性也带来了挑战。在这样的环境中，应用程序分布在多个服务器和数据中心，因此我们很难跟踪性能问题和处理错误。此外，云原生架构可以包括动态基础架构、多语言环境等，这会增加复杂性。

目前，市面上比较流行的几种可观测工具可用于云原生环境，包括 Prometheus、Grafana 和 Jaeger 等开源解决方案，以及 New Relic、AppDynamics 和 Datadog 等商业解决方案。这些工具可用于跟踪指标、日志，使开发人员能够实时诊断问题和优化性能。

总之，云原生可观测性对于开发人员和运维人员监控、分析和调试在云基础设施上运行的分布式应用程序至关重要。通过可观测工具，组织可以提高云原生应用程序的可靠性、性能和可用性，以便在当今的数字环境中保持竞争力。

12.2 云原生可观测性

12.2.1 为什么需要可观测性

在现代软件开发中，可观测性至关重要，可以帮助开发人员更好地理解软件系统的运行状态和行为，提供更丰富的数据和信息，以支持决策制定和问题解决。那么，为什么需要可观测性呢？

首先，可观测性支持实现更好的诊断和调试。可观测功能可以提供丰富的应用程序日志、指标、追踪数据等信息，帮助开发人员快速了解应用程序行为和性能，以便定位问题并找出问题根源。

其次，可观测性可以提高应用程序的可靠性和稳定性。通过收集和分析应用程序的指标和日志数据，技术人员可以了解系统运行状况和趋势，及时发现和解决问题，保证应用程序稳定、可靠地运行，避免出现故障和停机等情况。

其三，可观测性可以提高应用程序的安全性。随着网络攻击和数据泄露等安全问题的增加，技术人员需要更好地了解应用程序运行状况和行为，以及可能存在的安全漏洞和风险。可观测功能可以提供实时的安全数据和信息，帮助技术人员及时发现并解决安全问题。

最后，可观测性还可以提高应用开发和运维效率。通过自动收集和分析应用程序的指标和日志数据，可以减少人工干预，提高开发和运维效率。同时，可观测功能还可以帮助技术人员更好地了解应用程序行为和性能，以支持优化和改进。

在构建可观测性技术堆栈时，我们可以参考图 12-1。该图提供了一种可观测性技术堆栈的概念框架。该框架由 3 个关键区域组成，分别是监控、设施和调试。这三个区域都是构建可观测性堆栈所必需的组件。每个组件都提供了不同的信息和分析视角，以帮助 DevOps 工程师监控和优化现代分布式系统的性能和可用性。

构建可观测性技术堆栈时，我们通常会将每个工具和概念放在最适合解决的问题的领域，而不是考虑它们是否可用于达成其他目的。例如，我们可以从追踪数据中提取指标用于监控，但这种方式通常不如直接使用指标进行监控有效。

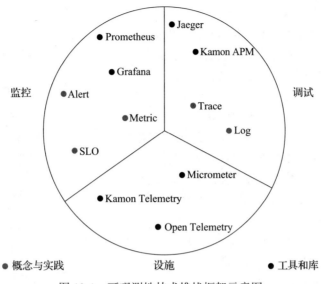

图 12-1　可观测性技术堆栈框架示意图

12.2.2　可观测性与监控

对于初级 DevOps 或刚刚开始接触 SRE 的人来说，清楚区分可观测性与监控之间的差异至关重要。

1. 共存与共生

尽管可观测性和监控通常可以互换使用，但两者的概念并不是完全相同。当某些组件运行不正常时，监控工具会通知我们，可观测性工具则可以帮助我们找出问题根源所在。

可观测性和监控具有共生关系，两者密不可分。仅凭人力很难做到对系统全面可见，以发现异常，判断影响。监控工具可以收集和分析系统数据，并将其转化为可操作的见解。从根本上说，应用程序性能监控（APM）等技术可以告诉我们系统是运行还是关闭状态，或者应用程序性能是否存在瓶颈。监控数据聚合和关联还可以帮助我们对系统性能做出更大的推断，例如加载时间可以告诉开发人员一些关于网站或应用程序用户体验的信息。

可观测性指的是基于系统不同层面输出的数据测量内部状态的能力。通过监控产生的数据和见解，可观测性可以帮助我们全面了解业务系统的运行状况和性能，包括系统可用性、稳定性和安全性。可观测性可以帮助我们找出问题的根源所在，例如性能瓶颈、安全漏洞和运行错误等。

根据 DORA（DevOps 研究和评估）的观点，监控是可观测性中的低级别能力，旨在通过收集的预定义的指标或日志来了解系统当前状态。监控工具或系统可以告诉我们系统是否健康，但不能解释为什么出问题。监控工具或系统基于所设置的阈值和规则生成告警，帮助我们及时发现问题并采取相应的措施。

相比之下，可观测性提供更高级的见解，帮助团队主动分析和诊断系统问题。可观测性工具探索未预先定义的系统属性和模式，通过分析日志、度量指标和追踪数据帮助理解系统运行状况。

2. 差异对比模型

在 IT 行业，我们可以这样理解可观测性和监控。

可观测性是指系统能根据日志、指标和追踪数据来表征和洞察内部运行状态的能力。而监控是系统获取这些数据（日志、指标和追踪）的过程。

二者的关系可以用图 12-2 所示的模型来表示。

虽然绝大多数监控工具确实提供易于使用的拖放式仪表盘来展示我们选择的指标及其数据。但这些监控工具存在一个主要缺点，那就是不同的团队根据个人偏好来自定义这些监控指标，可能会导致遗漏一些关键指标、监控数据不稳定以及缺少部分监控数据。

此外，大部分监控工具不兼容云原生应用和容器化环境，部分原因是安全问题，部分原因则是代理获取不到足够的数据。

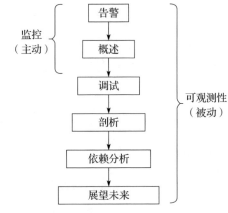

图 12-2　可观测性与监控对比示意图

3. 从监控到可观测性

通过对应用程序和基础设施的状态和运行状况进行持续监测和分析，IT 组织可以提高业务的可靠性和稳定性。

如图 12-3 所示，通过将 IT 工具从监控转变为可观测状态，可以提高业务的可靠性和稳定性。可观测性正在成为促进开发和运维人员合作的基础。

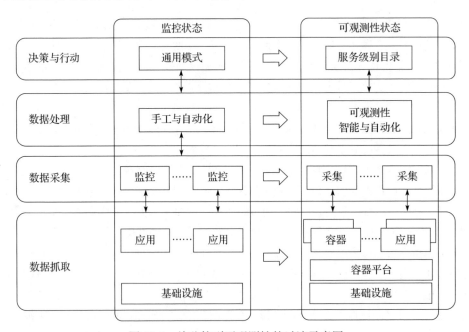

图 12-3　从监控到可观测性的过渡示意图

通过参考示意图，我们可以利用服务级别目标（SLO）为特定 IT 基础设施和应用程序建立相互理解和商定的服务可用性和质量目标。通过可观测性，我们可以根据遥测数据监控服务水平，以验证是否满足双方商定的 SLO。在这种情况下，可观测性提供了一种方法来监控团队和组织之间共同商定的 SLO 的合规性。

相比之下，可观测性工具的兼容性要好得多，因为更专注于在整个基础架构收集的日志、指标数据，以便在问题成为故障之前提醒开发工程师、运维工程师等。这种实时、全面的监控可以帮助团队更快地定位和解决问题，提高应用程序和系统的可靠性和性能。

12.2.3　可观测性架构

指标、日志和分布式跟踪被视为可观测性的 3 个核心领域，也被称为"可观测性的三大支柱"。这些支柱通常作为监控软件系统（特别是微服务架构）的常用方法，可以单独使用，也可以联合使用，为整个系统链路分析提供数据支撑。图 12-4 为可观测性三大支柱的参考示意图。

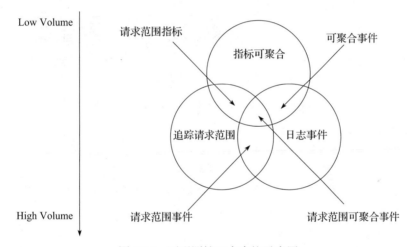

图 12-4　可观测性三大支柱示意图

通过集成三大支柱而不是单独利用它们，DevOps 团队可以显著提高生产力，同时在与系统交互时为用户提供更好的体验。协调开发、运营和质量保证工作有助于缩短发布周期、加快标准化流程和整个软件生命周期自动化，从而更快地识别问题并更有效地解决问题。

1. 指标

（1）概念

根据《分布式系统可观测性》一书中的定义：指标是数字形式表示的时间间隔测量数据。利用数学建模和预测，度量可以获得系统在当前和未来时间段内的行为见解。指标可以延长数据保留时间并且便于查询。这使得指标很适合用于构建反映历史趋势的仪表盘。指标还允许逐步下调数据分辨率。一段时间后，数据可以汇总为较低频率，例如每日或每周频率。

指标可以帮助我们定义和衡量 SLO，以捕捉和量化分布式系统内部事件。根据定义，可观测系统必须是可度量的系统。指标可以作为系统健康状况和性能的关键度量方式。定期监测和跟踪关键指标可以帮助我们发现问题并加以解决，确保满足 SLO。

指标展示示意图可参考图 12-5。

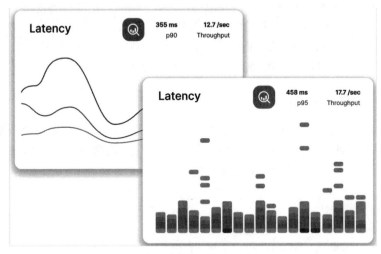

图 12-5　指标展示示意图

指标是衡量服务或组件性能和行为随时间变化的可量化数值。指标具有天然的结构化特征，易于查询、优化、存储。

指标反映了应用程序或基础设施的运行状态和性能。例如，应用程序指标可以追踪每秒处理的事务数量，基础设施指标可以测量服务器消耗的 CPU 和内存资源。

通常情况下，指标类型有多种，用于不同的监控跟踪目的。定义指标的两种流行方法是 Weaveworks 的 RED 方法和谷歌的 Golden Signals 方法。

❑ Weaveworks 的 RED 方法重点关注速率（Rate）、错误（Error）和请求耗时（Duration）。这种方法通过跟踪这些核心指标来识别系统性能问题，并帮助工程师快速定位问题根源。

❑ 谷歌的 Golden Signals 方法重点关注测量延迟（Latency）、吞吐量（Throughput）、错误（Error）和饱和度（Saturation）。这种方法通过跟踪这些关键指标来提供对系统整体性能和可用性的全面视图，帮助工程师快速识别和解决问题。

（2）优势和劣势分析

指标的主要优势在于可以提供应用程序状态的实时洞察。如果我们想知道应用程序的响应时间，或识别可能预示性能问题的异常迹象，指标是具有可见性的关键来源。

通过将指标与日志和追踪数据相关联，组织可以获得有关系统性能或潜在可用性问题的完整背景信息。这就是指标对于可观测性重要的原因。

此外，指标通常对于确定问题根源几乎毫无帮助，特别是在复杂的分布式系统中。例如，虽然指标数据可能表明应用程序错误率高，但指标缺乏细致度，无法准确识别微服务架构中的哪个服务触发了错误，仅反映应用程序面临错误。

2.日志

（1）概念

日志是应用程序在运行代码时生成的结构化和非结构化文本，记录应用程序内部的事件，可用于发现错误和异常。日志提供了系统各组件的详细信息。通过输出问题来源，日志赋予组件可观测的意义。开发人员可以通过简单分析日志来排除代码缺陷。

日志示意图可参考图 12-6。

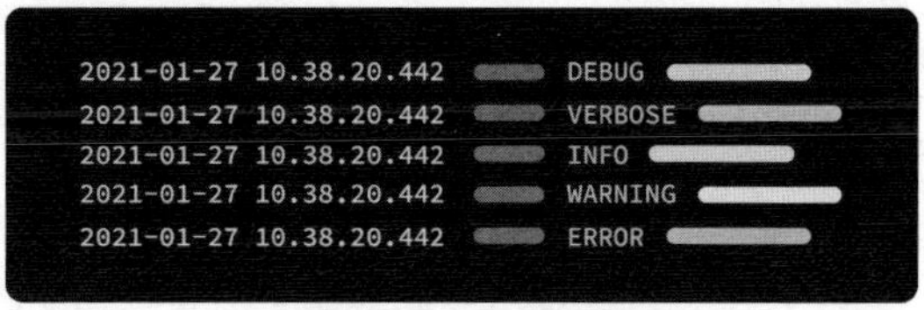

图 12-6　日志示意图

（2）日志的分类

通常来讲，日志主要有以下 3 种分类。

❑ 纯文本日志：这是最常见的日志。

❑ 结构化日志：以 JSON 格式发送，包含额外数据和元数据，且更易查询。

❑ 二进制日志：Protobuf 日志，用于复制和点恢复的 MySQL BinLogs、Systemd 日志。

在实际的业务场景中，纯文本日志是最常见的，但结构化日志（包括额外的数据和元数据）因更容易查询而变得越来越流行。当系统出现问题时，日志通常也是我们首先分析的地方。

日志一般包含时间戳、状态指示（如 Info、Warning、Error）以及其他描述事件的信息。

（3）日志的优劣和劣势分析

作为可观测性的重要组成部分，日志记录了软件生命周期内发生的所有事件和错误信息。对于想要了解问题何时发生，以及哪些事件或趋势与问题相关的技术人来说，日志是一个非常有用的可见性来源。

需要注意的是，日志存在一些局限性。其中，最显著的是只记录配置为事件、警告和错误。如果日志工具没有正确配置，相关信息就不会被记录在日志文件中。

从可观测性角度来看，日志的另一个挑战是，日志数据并不总是持久的。例如，在大多数情况下，当容器关闭时，容器化应用程序创建的日志将会被永久删除。虽然技术团队可以通过容器仍在运行时将日志数据移动到其他地方来解决这个问题，但仍然存在一些日志文件被忽略或丢失的风险。

3.追踪

（1）追踪的概念

虽然日志和指标提供了足够的信息来评估单个系统的行为和性能，但在分布式系统中，两者不足以描绘端到端请求的全生命周期。此时，追踪发挥重要作用。系统通过追踪单个请求穿过所有组件的路径，提供了请求在分布式系统中的端到端上下文视图。

图 12-7 生动地以火焰图的形式呈现了请求在服务节点间流转的情况。

在实际的业务场景中，追踪的分布式部分来自这样一个事实，即这些跨度（Span）可以（并且通常会）由不同的应用程序在不同的服务器上生成，然后所有这些跨度被收集并拼接在一起以显示整个追踪。

实施追踪可以更好地分析和观测系统。通过分析请求的端到端流程，我们可以评估系统整体运行状态，定位和解决问题，发现瓶颈，辅助确定高价值的优化方向和优先级。

图 12-7　追踪示意图

（2）追踪的优劣和劣势分析

如果我们需要深入研究一个问题的根源，追踪是最有效的方法。虽然日志和指标有助于我们发现问题的存在，但在没有运行追踪的情况下，我们很难在微服务环境中准确定位问题的根源。

追踪的主要限制在于，在大多数情况下，只有一小部分应用程序请求被追踪。运行全面追踪需要太多时间和资源，导致追踪应用程序接收的每个请求不现实。这意味着当问题发生时，我们可能没有相关的追踪数据。

此外，由于每个应用程序请求都是独一无二的，一个请求的追踪数据通常只能反映该请求内部的执行情况。因此，我们不能指望从单个请求的追踪数据中，得到其他未来可能出现的不同请求的问题根源。端点和客户端配置相关的数据可能因请求而异，所以我们根据一个追踪得出关于整个应用程序的结论的能力是有限的。

日志、指标和追踪是观测能力的三大支柱。它们相互关联、相互依赖，形成一个有机整体。在整个观测架构体系中，三者缺一不可，其中任何一个环节缺失，都会严重影响整个观测能力的有效性。图 12-8 展示了一个日志、指标和追踪一体化的全链路集成观测平台。

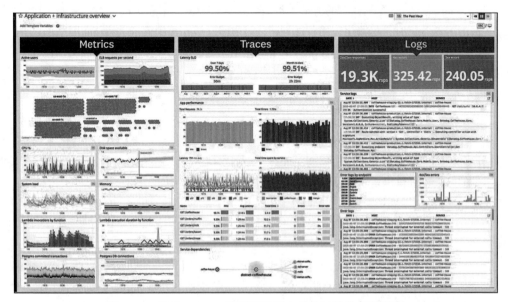

图 12-8　基于 Datadog 可观测性平台的全链路集成示意图

追踪连接日志,而指标有助于我们深入了解系统的整体运行状况和性能。换句话说,这三个支柱中的每一个对于实现可观测性都很重要,作为可观测系统的基础。

4.可观测性的 4 个关键组成部分

为了实现可观测性,我们通常需要为系统和应用程序配备适当的工具来收集日志、指标、追踪方面的遥测数据。我们可以通过构建自己的工具、使用开源软件或购买商业可观测性解决方案来实现系统可观测。通常,以下 4 个组件可以帮助我们在任何生态系统中构建可观测体系,具体如图 12-9 所示。

（1）仪表

仪表作为测量工具,可以从容器、服务、应用程序、主机和系统的任何其他组件收集遥测数据,从而实现对整个基础架构的可见性。

（2）数据关联

通过对从整个系统收集的遥测数据进行处理和关联,我们可以创建上下文并启用自动化或自定义的数据管理,从而实现时间序列的可视化。

（3）事件响应

通过事件管理和自动化技术,我们可以根据需求随时将有关中断的数据提供给合适的人员和团队,以加速事件响应。

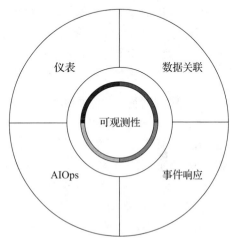

图 12-9　可观测体系中 4 个组件示意图

（4）AIOps

AIOps 模型可用于自动聚合、关联和优先处理事件数据,使我们能够过滤掉告警噪音,检测可能影响系统的问题,并在事件发生时加快事件响应。

5.可观测性带来的主要收益

（1）提升用户体验

可观测性的主要目标是检测和解决系统性能和效率的瓶颈问题。因此,实现可观测性有助于提高系统的可用性,从而提升用户体验。

（2）降低运营成本

可观测性能够加速基础设施管理问题的检测和修复速度。通过减少不相关或冗余信息,并确定关键事件的优先次序,小型运营团队也能完成任务,并节省大量资金。

（3）提升效率

如果开发人员能够及早访问与其工作相关的日志、指标和数据,那么他们就可以提高开发速度。有了可观测性,开发人员可以在代码上传到 Git 后快速发现所有的错误和故障,从而在生产周期开始时就能够着手处理,提高开发效率。

（4）提高可见性

在分布式环境中工作的开发人员经常面临可见性问题的挑战。他们有时不知道哪些服务在生产中运行，应用程序的性能如何，或者哪些应用程序拥有特定的部署。但是，有了可观测性，他们可以获得对生产环境的实时可见性，提高生产力。

❑ 优化工作流程：可观测性允许开发人员使用有关特定问题的情境化数据，从头到尾追踪特定请求的旅程。这有助于开发人员简化调查，调试问题，并优化应用程序的整体工作流程。

❑ 快速告警：通过实现系统可观测性，开发人员可以更快地检测和修复问题。可观测性让我们能够尽早发现问题，并在特定时间向相关人员或团队提供告警或通知。这有助于加快问题解决，提高系统的可用性和性能。

❑ 发现未知的问题：应用程序性能监控工具可以帮助开发人员找到"已知问题"——那些已经被确认的、特定的传导问题。然而，可观测性的真正价值在于可以帮助我们识别那些存在于系统中的未知问题及其根本原因，从而提高效率。

6.可观测性面临的主要挑战

无疑，可观测性可以让团队对复杂的系统有更多控制和驾驭之力，并帮助识别系统中的未知问题，从而提高团队的生产力。但是，在复杂多变的多云环境中，大规模实施可观测性以达成客户期望和业务目标，仍面临一些挑战，具体如下。

（1）实时监控微服务和容器

84% 的 IT 团队使用成千上万的计算实例，其中微服务和容器是实现速度和敏捷性的关键。这些技术的动态特性使实时查看工作负载变得困难，而这是可观测性的关键。

如果没有适当的工具，IT 人员将无法理解所有相关组件的内部状态。他们要么必须联系构建该系统的工作流程架构师，要么猜测，这不是高度相互依赖架构问题查询的理想方法。

（2）多云环境的复杂性

随着新技术的不断涌现，多云环境迅速发展。这使 IT 专业人员很难理解组件是如何协同工作的，需要一套新的工具和方法来理解组件相互依赖性。因为没有对基础设施的可见性，就不可能实施可观测性实践。

（3）多种信息格式

为了成功实现可观测性，我们试图从各种来源收集和聚合遥测数据。然而，在解释时，过滤正确的信息并提供上下文可能具有挑战，因为同类型数据格式不同。这就需要将不同格式的信息构建成标准化格式。

（4）数据的数量、速度和种类

面对日益复杂且量大的数据处理需求，IT 团队必须借助各种工具和仪表盘来定义标准行为限制，以适应不断变化的环境。如果动态环境对我们不可见，我们如何监控问题？

首先，可观测性实现监控每个数据点；然后，团队试图使用时间戳从静态仪表盘拼接信息，以识别可能导致故障的事件。因此，更多的数据可能会阻碍可观测性的实现。

（5）难以分析业务影响

虽然现代可观测性工具对于工程师来说具有重要价值，但并不总能直接转化为商业利益。

理想情况下，可观测系统可为业务带来好处，例如缩短停机时间、降低严重支持请求的数量、提高工作效率、增加可见性、改善用户体验以及降低运营成本等。然而，这并不是所有组织都能够实现的，因为大多数组织更加关注加快开发速度和确保更快的发布，而不是清理技术债务。

12.2.4　AI 可观测性

尽管 DevOps 生态系统已经发展出诸多工具和标准，使传统软件具有端到端可观测性，但随着机器学习管道的出现，机器学习需要同样程度的可观测性。然而，与传统软件不同的是，机器学习需要处理独特的数据。这些数据具有无限特征和维度，且在体积、统计属性和结构方面都非常独特。

因此，传统的 DevOps 监控工具无法适应机器学习的监控需求。相应的解决方案必须将数据的基数、统计属性和语义视为一个整体，并记录模型本身所需的解释预测和准确性偏差的数据。这样的解决方案才能够正确满足机器学习监控的特殊需求。

1. AI 可观测性模型

AI 可观测性模型用于洞察机器学习模型的行为、数据和性能，在整个机器学习生命周期中实现高可靠性。它不仅可以准确分析模型预测的原因，还可以帮助构建高性能且可靠的机器学习模型。

采用 AI 可观测性可以更深入地理解模型的性能和运行状况，及时发现和解决问题，提升模型的可靠性和可用性；同时，提供了比简单的机器学习监控更广阔的视野，包括测试、验证、可解释性等。

AI 可观测性模型旨在从机器学习系统的各个组成部分收集统计数据和性能指标，并向所有相关方提供可操作的见解。这些数据可以包括训练数据、模型性能、概念漂移、对抗样本和模型解释等。AI 可观测性模型如图 12-10 所示。

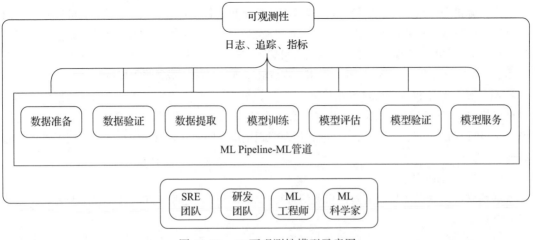

图 12-10　AI 可观测性模型示意图

基于 AI 可观测性模型，我们可以在机器学习生命周期的每个阶段收集统计数据、性能指标，并为相关方提供可操作的见解。同时，AI 可观测性系统需要覆盖数据流水线的所有组成部分，与基础设施无关，并具有可扩展性。通过自动化洞察提取流程，团队可以更高效地协作和迭代模型，及时应对问题。

端到端的可观测性可以让组织实时了解生产环境中数据和模型的变化，这对于解决常见的机器学习问题（如模型漂移、模型陈旧和数据质量）尤其关键。这些观测结果可以反馈到机器学习流程中，加速模型开发。此外，AI 可观测性系统还可以帮助团队快速定位和解决问题，提高生产力，同时改善用户体验。

2. AI 可观测性模型解决的问题

AI 可观测性有助于洞察机器学习模型及管道，提高模型功能的可见性，有利于解决以下问题。

❑ 在 A/B 测试下部署新的候选模型。

❑ 用新模型替换机器学习模型。

❑ 对线上模型进行微调。

通过 AI 可观测性，我们可以深层次理解模型性能、数据质量、模型退化和行为，解决机器学习系统的问题。

（1）模型漂移

模型漂移是数字环境的变化以及数据和概念等变量的后续变化而导致的模型预测准确性的下降，通常分为两种类型，具体如下。

❑ 概念漂移：目标属性随时间推移发生变化，例如，以前的高风险投资组合项目不再被视为"垃圾"。

❑ 数据漂移：自变量的统计特性发生变化而引发的，例如特征分布、数据收集系统的变化或数据中噪声的动态行为变化。

在实际的业务场景中，如何通过 AI 可观测性来识别模型漂移？ AI 可观测性可以帮助我们在早期发现数据和外部环境变化的信号，并提醒我们及时更新模型。模型漂移并非总是表明灾难，有时仅表示潜在的数据质量问题或虚假报警。因此，即使检测到模型漂移，该模型仍能在生产环境中保持较高性能，并持续发挥作用，直到收集到充足的证据表明需要更新。

AI 可观测性不仅有助于检测漂移警告，还有助于分析原因并找到受影响的确切部分。在这些见解的支持下，我们可以制定战略来重新训练或重建模型。综上所述，AI 可观测性是解决模型漂移问题的重要工具之一，可以帮助我们及时识别潜在问题并采取相应措施，从而保持模型的高性能和准确性。

（2）数据质量问题

数据质量问题涉及与数据质量相关的各种问题，例如预处理管道、源头数据丢失以及源数据架构更新等。

❑ 预处理管道问题：在实际的业务场景中，我们所构建的流数据管道包含多个数据源。一个或多个数据源的更改可能会导致数据管道中断。

❑ 源头数据丢失：数据丢失或损坏是机器学习系统数据完整性面临的最大威胁之一。有时，应用程序并不知道数据丢失并接收来自损坏源的数据。

❑ 源数据架构更新：有时，对源数据进行更改可能会导致数据质量问题发生。例如，重命名现有的特征列并添加一列以捕获新数据。架构更改会影响模型，除非模型已更新以映射新列与现有列之间的关系。

对于数据质量问题，AI 可观测性可以通过以下方式解决。

监测特征何时丢失或超出设定的阈值，有助于追踪实时数据，发现问题，进而找寻解决方案，例如修改预处理流程或重新训练模型。

（3）模型特征问题

模型特征问题主要涉及安全、性能以及异常值等相关场景，具体如下。

❑ 对抗性攻击：机器学习模型广泛应用于关键行业，存在遭受有目的攻击的风险。攻击者利用错误示例误导模型，影响模型输出。

❑ 训练效果偏差：模型训练时效果明显不同于服务时效果，表明存在训练效果偏差。

❑ 异常值：异常值是给定数据集中远离其余数据点的实例。简而言之，数据集中与其他点显著不同的值。输入中存在异常值如偏置或损坏数据，可能影响预测结果质量。

❑ 其他问题：机器学习监控与软件监控不同。模型监控挑战的关键在于数据，比如我们关心的数据质量、完整性以及无缝管道。

如何判断模型性能的优劣？个别离群点并不一定表示模型存在问题，稳定的预测准确率也可能产生误导。

AI 可观测性模型可以有效应对模型特征问题，可以根据模型类型跟踪多个性能指标，如准确率、F1 分数、召回率、精确率、灵敏度、特异性、RMSE 以及 MAE 等，并对不同的样本子集进行分析，深入分析模型性能，基于监控结果决定后续操作。

因此，在实际的业务场景中，如果基于传统的可观测性平台或架构，我们通常只能了解到发生了什么问题；而基于机器学习监控，我们可以了解为什么会发生这个问题；而基于 AI 可观测性，我们可以深入了解问题背后的原因。AI 可观测性不仅可以检测模型的故障，还可以帮助我们了解故障发生的根本原因。基于此，我们可以对数据进行分析，确定受影响的具体产品成本部分，也可以回溯特定决策制定的根本原因，从而为业务问题提供最佳的技术支持。

12.2.5　下一代观测技术——eBPF

可观测性不仅仅指通过监控来观测系统状态，更重要的是能够根据系统输出推断环境状态的能力。未来的可观测性系统应该具有主动查询系统状态的能力，而不仅仅是被动接收和关联监控数据。

可观测性系统通常可用于处理不同来源的指标、日志和追踪数据。这些数据来自不同的数据源，需要不同的工具来采集，从而增加了系统复杂性。若有一种低入侵、一致性好、可跨系统的数据遥测方法，这将是实现可观测性的最佳手段。

或许，eBPF 将是一个不错的选择！

1. eBPF 概念

众所周知，eBPF 作为一种新兴技术，可以将程序附加到各种内核组件上，以实时观测和收集正在发生的事件的数据。在没有 eBPF 的情况下，要实现同等级别的数据采集通常需要加载额外的内核模块或修改内核本身，这可能需要数年时间才能完成。此外，这两种做法都会增加风险和资源性能开销。然而，借助 eBPF 技术，我们可以在多个层次收集各种数据，包括进程 ID、时间戳、系统调用和资源使用情况。而且，eBPF 程序受到保护，既不会崩溃也不会对系统产生负面影响。

eBPF 是一种嵌入到 Linux 内核的先进技术，允许在内核空间（例如 ring-0）中运行沙盒程序，用于增强和扩展内核功能，无须加载任何额外的内核模块，也无须重新编译内核以确保系统安全可靠。通常情况下，操作系统内核是实现安全、网络、监控等功能的理想场所。但内核新功能的开发速度慢，可能带来安全风险。

eBPF 通过在内核中运行沙盒程序，使开发人员无须编写内核驱动程序和模块即可轻松扩展功能。eBPF 子系统通过使用即时编译（JIT）技术和字节码验证引擎，确保安全性和稳定性。eBPF 技术催生了众多软件，包括软件定义网络（SDN）、可观测性项目和基于安全的应用，同时，提供高性能数据包处理、负载均衡、拦截关键系统调用以及对运行中的软件进行调试等。可以说，eBPF 是 Linux 的超能力，让我们能够根据实际需求释放无限创造力，解决各种复杂问题。

2. eBPF 观测架构

众所周知，eBPF 能让沙箱程序安全地在 Linux 内核中运行，而无须修改内核源码或加载内核模块。通过使 Linux 内核可编程，eBPF 使基础设施软件能够利用现有层，提供更多高级功能，并保持系统的安全性和稳定性。

eBPF 的通用型观测架构如图 12-11 所示。

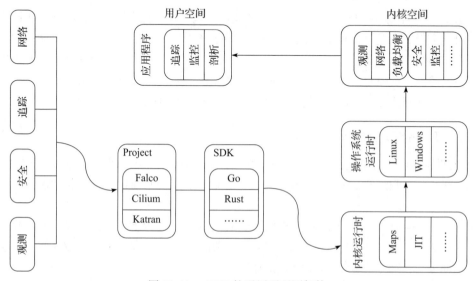

图 12-11　eBPF 的通用型观测架构

基于上述观测架构，我们可以看到，基于用户的不同场景，无论网络、追踪、安全以及可观测性等，用户空间程序基于特定的需求信息加载 BPF 字节码信息至内核运行时，然后在内核运行时中执行一系列特定的事件，最终将事件结果反馈至用户空间。

3. eBPF 应用场景

（1）网络观测性

通常，在没有大量开销的情况下收集网络链路追踪是 eBPF 的一个巨大优势。一个经典的场景案例是 Cilium 基于 eBPF 在不需要代理或使用大量系统资源的情况下深入追踪网络流量走向。

基于 eBPF 技术，我们能访问 L3、L4 以及 L7 等不同层级的网络流量数据。基于此，我们可以观测有关流量的详细分析。在这里，我们将会看到哪些网络数据被允许或拒绝，哪些网络策略或配置导致连接出现问题等。

基于上述场景，我们可以看到，对于传统的观测模型，如果没有 eBPF，则需要挖掘 iptables 日志，或部署资源密集型的第三方代理和工具来跟踪流量走向，然后尝试将它们映射到策略和应用程序进程中，以实现某些特定的业务需求。

（2）Kubernetes 观测性

其实，除了最基础的网络层面，eBPF 在 Kubernetes 集群观测性层面也有巨大优势。

由于自身分布式架构，Kubernetes 复杂性、指标抽象性、监控和扩展集群一直有较大挑战。内核级别的资源消耗对 Kubernetes 管理员可见性低，这使缩放和微调变得相当困难。基于 eBPF，我们可以通过跨 Kubernetes 集群在内核级别收集粒度数据来提高可观测性。

诚然，随着容器技术的发展、云原生生态理念的普及，Kubernetes 提供了很多平台都不具备的功能，但也带来了额外的复杂性。将 eBPF 用于 Kubernetes 可观测性是非常有必要的，因为无需在整个集群中推送代理或利用 Sidecar 即可对遥测数据进行内在访问。eBPF 程序可以访问 Pod 级别的指标，并且不仅可以本地理解 IP 和端口，还可以理解服务身份和 API 调用，然后将数据暴露给 Grafana 等操作仪表盘。相同的可观测流量数据和身份意识让用户更进一步动态了解整个 Kubernetes 集群网络运行策略。

事实上，在 eBPF 技术之前，我们很难实时了解应用层事件发生情况，然后使用数据进行故障排除和主动策略管理并不容易，这在很大程度上是 iptables 等内置工具的局限性所导致的。

除此之外，eBPF 还可以通过资源利用增强 Kubernetes 的可观测性，同样不会增加系统开销。通过 eBPF 技术，我们能够基于收集的数据进行系统资源运行情况更深入的理解、分析，并指导和优化其他工具和流程，例如应用程序和基础架构优化等。

（3）性能观测性

针对资源的性能可观测性讨论较少，但随着应用程序变得更加多样化并转向微服务化和容器化，eBPF 所提供的增强可观测性功能变得尤为重要。虽然，许多性能优化用例仍处于早期开发阶段，但到目前为止性能可观测性方面的进展是有希望的，并且显示了用例的流行程度。

性能可观测性所涉及的功能场景如下。

❑ 映射 Pod 级网络吞吐量。

❑ 端到端网络吞吐量和延迟。

❑ 每个进程的 CPU 和内存利用率。

或许，在不远的将来，eBPF 将成为云原生领域可观测性实现的核心工具之一，因为我们在继续寻找优化系统和应用程序性能的方法。

（4）安全观测性

对于安全性观测而言，eBPF 拥有天然优势。通过使用 eBPF，用户可以深入了解整个系统中通信流的内在情况。eBPF 提供了广泛的安全观测性用例场景，包括流程可见性以及端到端流程和流可观测。即使是在运行于 Kubernetes 的简单基于微服务架构应用程序，了解短暂的无状态环境中的通信模式通常也需要基于代理的深度网络访问。同时，由于支持添加具有多种协议的 L4 至 L7 流量，eBPF 成为理想的安全观测性候选者。借助 eBPF，我们可以跨层检测 TLS 流量遍历 Pod、Node 和云平台。

类似 Hubble 这样的项目也是基于 eBPF 来收集网络流量数据的，其中包括行为的突然变化、特定进程的活动微爆发、服务到服务的通信模式等。此外，eBPF 还允许用户扫描以查看网络事务，了解事务涉及哪些 Pod、进程。eBPF 使用户能够访问 5 元组信息，以便通过历史数据实时深入了解 UDP 和 TCP 事务状况。

事实上，安全性和网络可观测性是相辅相成的。用户可以利用 eBPF 和 API 驱动的基础架构的功能来创建可编程控件，并创建可以在实时环境中的观测策略。

4. eBPF 价值及意义

eBPF 提供了用户空间和内核的统一追踪接口，无需额外的代码检测。由于追踪发生在内核中，即使在基于代理或 Sidecar 追踪失败的情况下，eBPF 追踪也会继续。此外，eBPF 不会停止正在运行的进程来观测其状态，这有助于保持应用程序运行时性能。eBPF 追踪在任何系统的内核中实时发生，从而降低性能损失以及进程和应用程序的运行风险。

eBPF 的第三个好处是可以追踪系统中的所有内容，而不是局限于特定的层或进程。在实际的业务场景中，我们往往无需将代码注入所构建的应用程序，就可以基于 eBPF 进行应用程序进程观测。

eBPF 是一个非常强大的可观测性工具，相比于传统的可观测性解决方案，可以提供更深入的洞察力。通过以安全和非侵入性的方式收集整个系统的遥测数据，eBPF 具有过去许多产品、应用程序级代理和复杂操作所不具备的优势。eBPF 正在发展成为可观测性的标准基础，并被广泛应用于许多领域，如 Grafana、Kubernetes 和其他系统。eBPF 不是最终目标，而是使用户能够实现深度观测的工具和方法。

12.3 日志

可观测性的三大支柱没有特定的优先排序，这里我们从日志开始讨论。

日志是可观测性三大支柱之一的原因很简单，它能够使我们观测到所需调试粒度，特别是在处理罕见问题时。通过记录的上下文，日志提供了系统平均值和其他全局指标所不共享的细节。

在可观测性的三大支柱中，日志是最容易生成的。事件日志是键值对的短字符串，可以轻松记录任何类型数据的事件。日志提供的详细信息可以帮助我们更有效地了解性能瓶颈并解决问题。例如，应用程序服务日志包含崩溃的堆栈追踪和导致崩溃的用户操作记录。Web 服务器日志包含用户使用何种类型的设备访问网页、服务器响应哪个 HTTP 状态码以及该响应的有效负载等信息。我们可以从日志中提取属性信息，以便快速过滤和聚合大量日志。

大多数编程语言支持开箱即用的事件日志，因此我们只需进行一些更改即可将事件日志引入系统。生成日志很容易，但可能会产生不必要的开销，导致性能问题出现。

Traefik 日志是记录 Traefik 处理的所有请求和响应的日志。这些日志可以提供对各种重要指标的洞察，包括对网站性能、用户行为和安全事件的洞察。

通常，Traefik 日志可以分为两类：通用日志和访问日志。通用日志则记录 Traefik 自身生成的行为信息，如连接失败或无效请求等错误或警告。访问日志记录 Traefik 处理过的所有请求，包括源 IP 地址、请求的 URL 以及响应状态码等相关事件信息。

12.3.1　Traefik 通用日志

默认情况下，Traefik 通用日志涉及 Traefik 组件本身所发生的一切行为，如启动、配置、事件和关闭等，并以文本格式输出到标准输出。

当然，在实际的业务场景中，我们也可以使用指定 filePath 选项配置文件路径以收集日志。在这里，我们将介绍如何使用 Yaml、Toml 和命令行来定义日志输出路径。

基于 Yaml 文件定义日志输出路径：

```
# 写日志到文件中
log:
  filePath: "/path/to/traefik.log"
accessLog:
  filePath: "/path/to/traefik.log"
```

基于 Toml 文件定义日志输出路径：

```
# 写日志到文件中
[log]
  filePath: "/path/to/traefik.log"
```

基于命令行定义日志输出路径：

```
# 写日志到文件中
--log.filePath: "/path/to/traefik.log"
```

Traefik 默认使用通用格式（如文本格式）输出日志。有些特定的业务场景需要对日志进行加工和解析处理，因此我们可以自定义日志格式，例如使用 Json 格式。在这里，我们将介绍如何使用 Yaml、Toml 和命令行来自定义日志格式。

基于 Yaml 文件定义日志格式输出：

```
# 以 Json 格式写日志到文件中
log:
  filePath: "/path/to/traefik.log"
  format: json
```

基于 Toml 文件定义日志格式输出：

```
# 以 Json 格式写日志到文件中
[log]
  filePath: "/path/to/traefik.log"
  format = "json"
```

基于命令行定义日志格式输出：

```
# 以 Json 格式写日志到文件中
--log.filePath: "/path/to/traefik.log"
--log.format=json
```

Traefik 日志级别包括 DEBUG、INFO、WARN、ERROR、FATAL 和 PANIC。DEBUG 是最低级别，PANIC 是最高级别。一般来说，设置更高的日志级别可以减少我们收到的消息量。在 Traefik 的日志模型中，默认日志级别为 ERROR。这可能是一个很好的选择，但在解决问题时，我们可能需要更多信息。因此，根据具体的需求，我们可以将日志级别设置为更低级别，例如 INFO 或 DEBUG，以获取更详细的日志信息。

Traefik 默认以 UTC 时间记录时间戳，但我们也可以通过设置名为 TZ 的环境变量来更改时区。这样做可以确保日志记录的时间戳与本地时间一致，以便于更好地理解和分析日志信息，具体如下：

```
environment:
  - TZ=Europe/Berlin
```

除了上述自定义配置文件外，我们通常还可以基于卷的方式将时区和本地时间从主机映射至容器中，具体参考如下：

```
volumes:
  - /etc/timezone:/etc/timezone:ro
  - /etc/localtime:/etc/localtime:ro
```

需要注意的是，日志级别和时区应该根据具体情况进行配置和管理。在调试和解决问题时，我们可以将日志级别设置为更低的级别以获取更详细的信息，但在生产环境中，应该尽量将日志级别设置为最低限度，以避免对性能产生影响。同样，更改时区可能会影响日志的时间戳，因此需要谨慎处理。

12.3.2　Traefik 访问日志

Traefik 访问日志类似于 Nginx 中的 Access.log 功能，主要记录和追踪整个 Traefik 组件所涉及的流量以及与各个接口服务进行交互的状态详情等。通常情况下，访问日志与普通日志在使用方面基本一致。在使用访问日志之前，我们需要先打开启用标签。

以下是一个参考示例：

```
traefik:
  image: "traefik:v2.9"
  command:
    - "--providers.docker"
    - "--entrypoints.web.address=:80"
    - "--accesslog=true"
    - "--accesslog.filePath=/logs/access.log"
  ports:
    - "80:80"
  volumes:
    - /var/run/docker.sock:/var/run/docker.sock
    - ./logs/:/logs/

whoami:
  image: containous/whoami
  labels:
    - "traefik.http.routers.whoami.entrypoints=web"
    - "traefik.http.routers.whoami.rule=Host('whoami.localhost')"
```

在上述示例中，--accesslog=true 参数表示启用了访问日志功能，然后在日志中打印如下信息：

```
<ip-address> - - [14/Aug/2022:00:00:00 +0000] "GET / HTTP/1.1" 200 691 "-" "-"
6 "whoami@docker" "http://<ip-address>:80" 1ms
```

针对 Traefik 访问日志，默认情况下，使用通用日志格式写入，具体参考如下：

```
<remote_IP_address> - <client_user_name_if_available> [<timestamp>] "<request_
method> <request_path> <request_protocol>" <origin_server_HTTP_status> <origin_
server_content_size> "<request_referrer>" "<request_user_agent>"
<number_of_requests_received_since_Traefik_started> "<Traefik_router_name>"
"<Traefik_server_URL>" <request_duration_in_ms>ms
```

若需要自定义以 Json 格式写入日志，在 Traefik 的配置文件中使用 format 选项进行配置。如果 Traefik 不支持给定格式，默认使用通用日志格式来记录日志。

接下来，我们学习 Traefik 访问日志中的重要参数。

1. bufferingSize

为提高 Traefik 性能，我们可以通过配置 bufferingSize 参数设置访问日志缓存大小。bufferingSize 参数表示 Traefik 在写入所选输出之前将保留在内存中的日志行数。

具体可以在 traefik 配置文件中设置如下：

```
# 配置的缓存大小为 1000 行
accessLog:
  filePath: "/path/to/access.log"
  bufferingSize: 1000
```

bufferingSize 参数将日志缓存大小设置为 1000 行，即 Traefik 会先将 1000 行日志缓存在内存中，然后再写入 access.log 文件。

2. 过滤

与内存层面的优化对应，日志过滤也可以优化磁盘 I/O。Traefik 支持指定多个逻辑"或"条件的过滤器。

Traefik 支持如下日志过滤器。

❑ statusCodes：限定访问日志只记录状态码在指定范围内的请求。

❑ retryAttempts：在发生重试时记录请求日志。

❑ minDuration：在请求花费的时间超过指定持续时间时保留访问日志。

这里以 Traefik Yaml 文件为例，过滤具体配置内容如下所示：

```
# 配置多个过滤器
accessLog:
  filePath: "/path/to/access.log"
  format: json
  filters:
    statusCodes:
      - "200"
      - "300-302"
    retryAttempts: true
    minDuration: "10ms"
```

上述配置将仅记录状态码为 200、301 或 302 以及请求超过 3s 的请求。

3. 限制字段

在实际的业务场景中，为了满足业务需求，我们往往需要按业务规则过滤日志记录。在 Traefik 中，我们可以使用 fields.names 和 fields.headers 参数只记录所指定的字段或标头列表。

通常情况下，每个字段定义如下。

❑ keep：保留该字段。

❑ drop：丢弃该字段。

❑ redact：将值替换为 redacted。

针对访问日志中字段的定义，我们可以参考如下示例：

```
# 写入日志
  filePath: "/path/to/access.log"
  format: json
  fields:
    defaultMode: keep          # 默认保留所有字段
    names:
      ClientUsername: drop       # 丢弃 ClientUsername 字段
    headers:
      defaultMode: keep          # 默认保留所有 header
      names:
        User-Agent: redact       # 将 User-Agent 替换为 redacted
        Authorization: drop      # 丢弃 Authorization header
        Content-Type: keep       # 保留 Content-Type
```

12.3.3　Traefik 日志解决方案

Traefik 日志解决方案的设计需要考虑到日志的收集、传输、存储、处理和分析等，以确保日志数据的完整性、可靠性和安全性。通过对日志数据的分析和挖掘，Traefik 日志解决方案可以帮助组织更好地理解业务、应用程序和服务的性能和运行状况；从而提高效率和业务价值。

1. 日志收集架构

在实际的业务场景中，通用型日志收集架构可参考图 12-12。

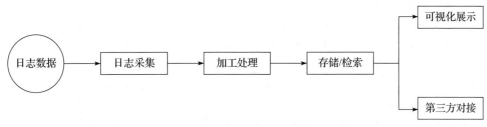

图 12-12　通用型日志收集架构参考示意图

基于上述架构，我们可以看到，整个日志数据处理主要涉及如下活动阶段。

（1）数据收集

为了建立一个日志解决方案，首要步骤是数据收集。这涉及识别日志数据的来源，如服务器、应用程序、网络设备和数据库，并将它们配置为将日志数据发送到集中式日志管理系统。数据收集可通过多种机制实现，例如代理、系统日志和 API。

（2）数据处理

在收集和存储日志数据后，我们需要对其进行处理，以提取有价值的信息。这可以通过各种数据处理技术来实现，如搜索、过滤、聚合、丰富和关联。数据处理可以采用实时或批处理模式，具体取决于用例和处理要求。

（3）数据存储

下一步是将日志数据存储在一个集中的存储库中，以便于访问和分析。通常，我们可以通过各种存储技术来实现，例如关系数据库、NoSQL 数据库和对象存储系统。数据存储技术的选择取决于日志数据的数量、产生速度和种类，以及所需的性能、可扩展性和成本效益。

（4）数据分析

我们可以基于实际的业务诉求分析处理日志数据，深入了解 IT 基础架构、应用程序和服务。数据分析可通过仪表盘、可视化、告警以及机器学习等多种技术来实现，进而帮助组织识别问题和优化改进。

（5）可视化展现

此功能主要基于上述步骤的分析结果实现。数据可视化通常以图形方式呈现结构化或非结构化数据，以直接向终端用户呈现数据中隐藏的信息，以便用户能够更为宏观地了解整个系统架构的运行行为及健康状况。

（6）数据集成

日志数据可以与其他数据源集成，以提供 IT 环境的综合视图。数据集成可以通过各种集成技术实现，例如 API、ETL 和发布 / 订阅。数据集成可以帮助组织更深入地了解 IT 环境中不同组件之间的关系和依赖关系。

2. 技术堆栈模型

在实际的业务场景中，Traefik 集群日志架构通常有两种不同的堆栈解决方案（即基于 EFK 堆栈和基于 PLG 堆栈）可供选择。我们需要根据具体的业务需求和技术场景来选择合适的方案。

1. 基于 EFK 堆栈（Elasticsearch Fluentd Kibana）

EFK 堆栈是一种用于日志管理和分析的软件栈，由 3 个开源组件组成，包括 Elasticsearch、Fluentd 和 Kibana。

Elasticsearch 是一种搜索和分析引擎；Fluentd 是一种数据收集器，能够将各种来源的数据流式地传输到 Elasticsearch；Kibana 是一种和 Elasticsearch 一起使用的数据可视化工具。这三个组件一起提供了完整的日志管理、分析和可视化解决方案。

基于 EFK 堆栈的 Traefik 集群日志架构模型可参考图 12-13。

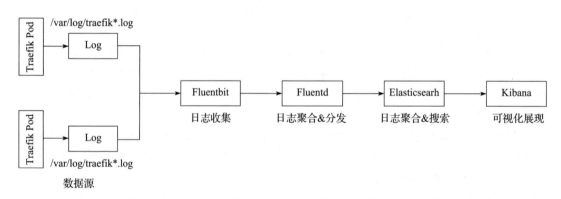

图 12-13　基于 EFK 堆栈的 Traefik 集群日志架构参考示意图

EFK 是一个成熟的开源堆栈，用于实现集中式日志管理和日志分析。由于 Elasticsearch 对日志的全部内容进行索引，因此解决方案在存储和内存方面所需的资源很多。因此，在实际的业务场景中，选择基于 EFK 堆栈或其他类似堆栈取决于实际的业务需求和技术场景。

2. 基于 PLG 堆栈（Promtail Loki Grafana）

PLG 堆栈是一种常用于日志管理和分析的软件栈，由 3 个开源组件组成，包括 Promtail、Loki 和 Grafana。

Promtail 是一种日志收集器，可以从各种来源抓取日志并将其转发到 Loki（一种可水平扩展的日志聚合系统）。Grafana 是一种流行的数据可视化工具，主要用于可视化分析存储在 Loki 中的日志数据。

基于 PLG 堆栈的 Traefik 集群日志架构可参考图 12-14。

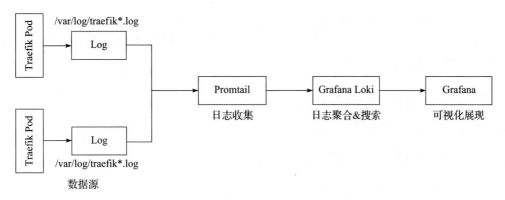

图 12-14　基于 PLG 堆栈的 Traefik 集群日志架构参考示意图

基于上述架构参考示意图，在基于 PLG 的堆栈中，Loki 代替 Elasticsearch 提升了资源利用率。同时，由于建立在与 Prometheus 相同的设计原则之上，因此，Loki 非常适合存储和分析云原生生态组件的日志。

除此之外，Loki 的设计方式使其可以作为单体或微服务架构。单进程模型适用于本地开发和小型监控设置。对于生产和可扩展的工作负载，建议使用微服务模型。

相比 EFK 堆栈，PLG 堆栈是一种轻量级、高效的替代方案，因此在需要高效日志管理和分析的组织中备受青睐。PLG 堆栈高度可定制，支持根据特定的业务需求进行定制。

3. EFK 与 PLG 堆栈对比

（1）查询语言

作为一款成熟而功能强大的搜索引擎，Elasticsearch 使用 DSL 和 Lucene 查询语言，提供全文搜索功能，并支持广泛的操作符。此外，Elasticsearch 还支持内容搜索，并使用相关性得分进行排序，以提供更准确的搜索结果。相比之下，Loki 受 PromQL（Prometheus 查询语言）启发，基于 LogQL，使用日志标签来过滤和选择日志数据。虽然 Loki 也支持一些运算符和算术运算，但并不像 Elasticsearch 查询语言那样成熟。

（2）资源成本

从资源配置角度而言，作为一种极其经济实惠的解决方案，Loki 避免了对实际日志数据进行索引，只对元数据进行索引，因此可以节省存储和内存（缓存）。除此之外，所依赖的对象存储比 Elasticsearch 集群所需的块存储成本更低。

（3）可扩展性

两者都基于水平可扩展，但由于 Loki 具有解耦的读写路径和基于微服务的架构，因此具有更多优势。除此之外，Loki 可以根据业务需求进行个性化定制，并可用于大量日志数据的场景。

（4）多租户支持

多租户是在共享集群中托管多个租户的一种常见方案，可以降低 OPEX。对于 Elasticsearch 和 Loki 这两种技术，两者都提供了多租户的支持方式。

对于 Elasticsearch，有多种方法可以实现租户之间的隔离，例如每个租户一个索引、基于租户的路由、使用唯一租户字段和使用搜索过滤器等。而在 Loki 中，多租户则是通过在 HTTP 头请求中使用 X-Scope-OrgId 参数来实现的。这种方式可以帮助用户轻松地将日志数据进行分组和管理，从而更加高效地进行运维监控。

结合上述对比分析，EFK 堆栈可用于实现各种目的，为分析、可视化和查询提供最大的灵活性和功能丰富的可视化展现，同时，集成机器学习功能。相对于 EFK 堆栈，由于元数据发现机制，PLG 堆栈在云原生生态系统中具有非常重要的战略意义。

12.3.4　Traefik 日志的重要性和管理挑战

1. 为什么 Traefik 日志很重要？

Traefik 日志是监控和优化网络流量的重要工具。通过分析这些日志，组织可以深入了解各种重要指标，具体如下。

- ❑ 网站性能：Traefik 日志有助于深入了解网页的加载速度，以帮助组织识别和解决性能问题。
- ❑ 用户行为：Traefik 日志可以提供有关用户如何与 Web 应用程序交互的信息，包括他们正在访问哪些页面以及他们在每个页面上停留了多长时间。
- ❑ 安全事件：Traefik 日志可以帮助组织识别和响应安全事件，例如可疑请求或未经授权的访问尝试。

除了这些好处，Traefik 日志还可以用来提高 Web 流量管理的效率。通过分析流量模式和负载均衡规则，组织可以优化基础架构，以更有效地处理流量，这有助于降低成本并提高整体性能。

2. Traefik 日志管理最佳实践

这里，笔者以自己在项目中的实践经验，分享关于 Traefik 日志管理的最佳实践，具体如下。

- ❑ 设置集中的日志收集：为了有效分析和利用 Traefik 日志，组织应将 Traefik 日志收集到一个集中的位置，例如日志管理平台或 SIEM 解决方案。
- ❑ 定义日志保留策略：组织应根据法规要求和业务需求，制定 Traefik 日志应保留多长时间的策略。
- ❑ 使用日志分析工具：为了有效分析 Traefik 日志，组织应该使用专门的日志分析工具，以便洞察性能、用户行为和安全事件。
- ❑ 监控日志文件是否存在异常：组织应监控 Traefik 日志是否存在异常，例如流量峰值或异常活动，这可能表明存在安全事件或性能问题。

3. Traefik 日志管理的常见挑战

Traefik 日志管理的挑战如下。

- ❑ 数据量大：Traefik 日志会产生大量数据，这会导致难以有效管理和分析。
- ❑ 日志格式复杂：由于 Traefik 日志的格式和结构复杂，解析和分析可能会很困难。
- ❑ 与现有工具集成：将 Traefik 日志与现有日志管理工具和 SIEM 解决方案集成可能具有挑

战性，特别是使用不同的格式或协议时。

❑ 缺乏专业知识：有效的 Traefik 日志管理需要专门的技能和专业知识，这在内部可能很难找到。

对于想通过网络流量优化和提高业务效能的组织而言，Traefik 日志管理至关重要。通过收集和分析 Traefik 日志，组织可以更清晰地了解性能、用户行为和安全事件，从而依据数据制定决策并改进整体运营。

12.4　指标

指标是可观测性三大支柱之一，通过数据总结提供了对系统行为和性能的高层次洞察。通过正确的指标，我们可以建立正常操作的基准，并为未来的性能提升设定标准。指标可以通过多种方式进行数据采集、总结、关联和汇总，不仅可以揭示性能信息，还可以揭示系统健康信息。

需要注意的是，指标是概括和总结性的，无法提供与事件日志相同的细致洞察。同样地，事件日志过于具体，无法揭示在紧密连接的组件、应用和系统网络中引发的问题的多种因素。这就是为什么追踪也是可观测性三大支柱之一。

指标通常是应用或基础设施运行状况和性能的可量化测量值。例如，应用指标可以追踪应用每秒处理多少个事务，基础设施指标可以测量在服务器上消耗了多少 CPU 或内存资源。通过监控这些指标，我们可以更好地了解系统的运行状况，并及时采取措施，以保证系统的稳定性和良好的性能。

12.4.1　Traefik 指标

1. 概念解析

指标代表了被监控的系统或应用程序在特定方面的状态，提供了一种衡量系统性能、健康和行为的手段，可用于识别问题、触发告警和衡量变化的影响。

常见的监控指标类型如下。

❑ 资源利用率指标：此类指标主要量化各种系统资源的利用率，比如 CPU、内存、磁盘空间和网络带宽等。

❑ 性能指标：此类指标主要衡量系统的响应时间、延迟和吞吐量等。

❑ 错误率指标：此类指标主要衡量系统内发生的错误、异常或故障的数量。

❑ 饱和度指标：此类指标主要衡量资源的利用程度，例如活动连接的数量、打开的文件数等。

❑ 可用性指标：此类指标主要衡量系统的可用性，例如系统启动和运行的时间百分比、不可用的次数等。

在实际的项目开发活动中，我们可以使用各种方法收集指标，包括手动监控、系统日志和专用监控工具。指标的选择取决于被监控的系统以及监控的目标。图 12-15 为基于 Datadog 可观测性平台的指标示意图。

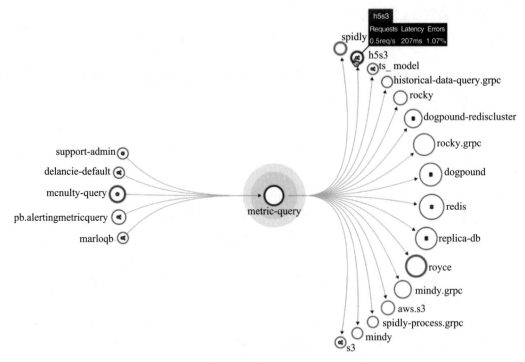

图 12-15　基于 Datadog 可观测性平台展示的指标示意图

指标的目的是让系统管理员了解应用运行情况。指标通常配有告警功能。当某个指标超出阈值时，我们会收到提示信息，以便及时采取相应行动。

与追踪和日志相比，监控范围更广和成本更高。但在资金充足的情况下，监控或许是理想的观测手段，可以为管理员提供全面的洞察。通过收集和监控相关指标，我们可以更好地掌控系统的运行状况，识别潜在问题，并及时采取有效应对措施。

Traefik 较新的版本支持的指标采集后端平台组件主要涉及 Prometheus、Datadog、InfluxDB、InfluxDB2 以及 StatsD 等。

2. 指标类型

针对 Traefik 组件而言，观测指标主要涉及全局性指标、入口点指标、路由指标以及服务指标 4 种类型。针对全局性指标，采集字段定义如表 12-1 所示。

表 12-1　基于全局性指标的字段定义

编号	指标	类型	描述
1	Config reload total	Count	配置重新加载的总数
2	Config reload last success	Gauge	最后一次配置重新加载成功的时间戳
3	TLS certificates not after	Gauge	证书的到期日期

基于 Prometheus 组件进行数据采集的对应的全局性指标配置定义如下所示：

```
traefik_config_reloads_total
traefik_config_last_reload_success
traefik_TLS_certs_not_after
```

基于 Datadog 组件进行数据采集的对应的全局性指标配置定义如下所示：

```
config.reload.total
config.reload.lastSuccessTimestamp
TLS.certs.notAfterTimestamp
```

基于入口点指标定义如表 12-2 所示。

表 12-2　基于入口点指标定义

编号	指标	类型	标签	描述
1	Requests total（请求总数）	Count	code、method、protocol、entrypoint	入口点收到的 HTTP 请求总数
2	Requests TLS total（请求 TLS 总数）	Count	TLS_version、TLS_cipher、entrypoint	入口点收到的 HTTPS 请求总数
3	Request duration（请求持续时间）	Histogram	code、method、protocol、entrypoint	入口点上的请求处理持续时间直方图
4	Open connections（打开连接）	Count	method、protocol、entrypoint	入口点上的当前打开连接数
5	Requests bytes total（总请求字节）	Count	code、method、protocol、entrypoint	入口点处理的 HTTP 请求的总大小（以 Byte 为单位）
6	Responses bytes total（总响应字节）	Count	code、method、protocol、entrypoint	入口点处理的 HTTP 响应的总大小（以 Byte 为单位）

基于 Prometheus 组件进行数据采集的对应的入口点指标配置定义如下所示：

```
traefik_entrypoint_requests_total
traefik_entrypoint_requests_TLS_total
traefik_entrypoint_request_duration_seconds
traefik_entrypoint_open_connections
traefik_entrypoint_requests_bytes_total
traefik_entrypoint_responses_bytes_total
```

基于 Datadog 组件进行数据采集的对应的入口点指标配置定义如下所示：

```
entrypoint.request.total
entrypoint.request.TLS.total
entrypoint.request.duration
entrypoint.connections.open
entrypoint.requests.bytes.total
entrypoint.responses.bytes.total
```

基于路由器指标定义可参考表 12-3。

表 12-3 基于路由器指标定义

编号	指标	类型	标签	描述
1	Requests total（请求总数）	Count	code、method、protocol、entrypoint	路由器处理的 HTTP 请求总数
2	Requests TLS total（请求 TLS 总数）	Count	TLS_version、TLS_cipher、entrypoint	路由器处理的 HTTPS 请求总数
3	Request duration（请求持续时间）	Histogram	code、method、protocol、entrypoint	路由器上的请求处理持续时间直方图
4	Open connections（打开连接）	Count	method、protocol、entrypoint	路由器上当前打开的连接数
5	Requests bytes total（总请求字节）	Count	code、method、protocol、entrypoint	路由器处理的 HTTP 请求的总大小（以 Byte 为单位）
6	Responses bytes total（总响应字节）	Count	code、method、protocol、entrypoint	路由器处理的 HTTP 响应的总大小（以 Byte 为单位）

基于 Prometheus 组件进行数据采集的对应的路由器指标配置定义如下所示：

```
traefik_router_requests_total
traefik_router_requests_TLS_total
traefik_router_request_duration_seconds
traefik_router_open_connections
traefik_router_requests_bytes_total
traefik_router_responses_bytes_total
```

基于 Datadog 组件进行数据采集的对应的路由器指标配置定义如下所示：

```
router.request.total
router.request.TLS.total
router.request.duration
router.connections.open
router.requests.bytes.total
router.responses.bytes.total
```

基于服务指标定义如表 12-4 所示。

表 12-4 基于服务指标定义

编号	指标	类型	标签	描述
1	Requests total（请求总数）	Count	code、method、protocol、entrypoint	服务上处理的 HTTP 请求总数
2	Requests TLS total（请求 TLS 总数）	Count	TLS_version、TLS_cipher、entrypoint	服务上处理的 HTTPS 请求总数
3	Request duration（请求持续时间）	Histogram	code、method、protocol、entrypoint	服务的请求处理持续时间直方图
4	Open connections（打开连接）	Count	method、protocol、entrypoint	服务上当前打开的连接数
5	Requests bytes total（总请求字节）	Count	code、method、protocol、entrypoint	服务处理的 HTTP 请求的总大小（以 Byte 为单位）

（续）

编号	指标	类型	标签	描述
6	Responses bytes total（总响应字节）	Count	code、method、protocol、entrypoint	服务处理的 HTTP 响应的总大小（以 Byte 为单位）
7	Retries total（重试次数）	Count	service	服务重试的请求计数
8	Server UP(服务状态)	Gauge	service、url	当前服务的服务器状态，0 表示 down，1 表示 up

基于 Prometheus 组件进行数据采集的对应的服务指标配置定义如下所示：

```
traefik_service_requests_total
traefik_service_requests_TLS_total
traefik_service_request_duration_seconds
traefik_service_open_connections
traefik_service_retries_total
traefik_service_server_up
traefik_service_requests_bytes_total
traefik_service_responses_bytes_total
```

基于 Datadog 组件进行数据采集的对应的服务指标配置定义如下所示：

```
service.request.total
router.service.TLS.total
service.request.duration
service.connections.open
service.retries.total
service.server.up
service.requests.bytes.total
service.responses.bytes.total
```

基于不同标签类型的指标定义如表 12-5 所示。

表 12-5　基于不同标签类型的指标定义

编号	标签	描述	示例
1	cn	证书通用名称	"example.com"
2	code	请求代码	"200"
3	entrypoint	处理请求的入口点	"example_entrypoint"
4	method	请求方法	"GET"
5	protocol	请求协议	"http"
6	router	处理请求的路由器	"example_router"
7	sans	证书主题替代名称	"example.com"
8	serial	证书序列号	"123..."
9	service	处理请求的服务	"example_service@provider"
10	TLS_cipher	用于请求的 TLS 密码	"TLS_FALLBACK_SCSV"
11	TLS_version	用于请求的 TLS 版本	"1.0"
12	url	请求的服务器网址	"http://example.com"

提
示 如果请求的 HTTP 方法不属于 HTTP/1.1 或 HTTP/2 常用方法，方法标签的值将变为
EXTENSION_METHOD。

12.4.2 基于 Prometheus 的指标采集

Prometheus 是一款指标采集的开源监控和告警系统，于 2016 年成为 Cloud Native Computing Foundation 的第二个成员，仅次于 Kubernetes。Prometheus 拥有强大的查询语言（PromQL）和适合存储时间序列数据的多维数据模型。在云原生生态体系中，Prometheus 的主要专注点是指标，而非日志记录、追踪或异常检测。

Prometheus 主要特性如下。

❑ 多维数据模型：包含由指标名称和键 / 值对标识的时间序列数据。这种模型非常灵活，可以适应不同的监控场景。

❑ PromQL 查询语言：一种灵活的查询语言，可以轻松地利用多维数据模型进行数据分析和查询。

❑ 无须依赖分布式存储：单个服务器节点是自治的，不需要额外的分布式存储来保存数据。

❑ 时间序列数据的收集采用 HTTP 拉模型：这种方式可以降低对被监控系统的影响，并且可以更加灵活地控制数据的采集频率。

❑ 支持推送时间序列数据：可以通过中间网关来支持推送时间序列数据。

❑ 支持服务发现或静态配置发现目标：可以通过服务发现或静态配置的方式来发现需要监控的目标。

❑ 多种图形和仪表盘支持模式：支持多种图形和仪表盘展示模式，以便对数据进行可视化展示和分析。

接下来，我们来看一下 Prometheus 的工作原理，具体可参考图 12-16。

基于上述参考示意图，可以看到，一个典型的 Prometheus 监控平台由多个工具组成，具体如下。

❑ Prometheus 服务器：主要用于抓取和存储时间序列数据等。

❑ 客户端库：主要体现在 Job/Exporter，短暂性作业等数据采集层，主要包括 Java、Python、Go 等语言开发的应用。

❑ 推送网关：用于支持短期作业。

❑ Eeporter：HAProxy、StatsD、Graphite 等服务的专用导出器。

❑ 告警管理器：处理告警的告警管理器。

除此之外，Prometheus 还提供了自己的查询语言 PromQL，可以让用户选择和聚合数据。PromQL 经过专门调整以与时间序列数据库配合使用，提供了与时间相关的查询功能。例如，rate() 函数、即时向量和范围向量等，可以为每个查询的时间序列提供样本。Prometheus 有 4 种明确定义的指标类型。PromQL 围绕这些指标类型进行组织和查询，具体如下。

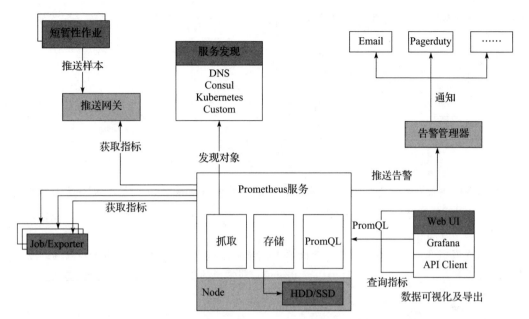

图 12-16 Prometheus 工作原理参考示意图

（1）量表类型

量表指标表示可以随时间上升或下降的单个数值。衡量指标的示例包括 CPU 使用率、内存使用率以及网络流量。

仪表指标可以增加或减少，并且值始终是最新的。

（2）计数器类型

计数器指标表示只能随时间增加的累积值。计数器指标示例包括处理的请求数、遇到的错误数和完成的任务数。

通常而言，计数器指标从零开始并且只会增加，即使源值随着时间的推移而减少。

（3）直方图类型

直方图度量表示值在一组预定义桶上的分布。直方图用于测量具有广泛可能值的指标值的分布，例如响应时间或请求大小。

通常而言，直方图可用于计算百分位值，主要用于监控延迟和性能。

（4）摘要类型

摘要指标类似于直方图，用于测量有关观察值的计数、总和和分位数。摘要指标对于监控值的分布很有用。

Prometheus 内部结构主要由 3 个组件构成，具体如下。

（1）数据获取

数据获取组件负责定时从暴露的目标页面抓取采样指标数据。Prometheus 的数据采集是基于 Pull 模式进行的，即基于 HTTP 方法采集指标数据。只要应用系统能够提供 HTTP 接口，就可以接入监控系统。每个采集目标被称为 Scrape，一个 Scrape 一般对应一个进程，配置如下：

```
-scrape_interval:      15s
scrape_configs:
  - job_name: 'devops_server_name'
    static_configs:
    - targets: ['devops:8886']
      labels:
        project: 'devops_server'
        environment: 'devops'
```

（2）数据存储

数据存储组件负责存储所有采集到的时间序列数据。Prometheus 使用本地磁盘作为默认存储后端，可以轻松扩展到多个磁盘或网络存储。

（3）数据查询

数据查询组件负责接收 PromQL 查询请求，并从存储中检索并聚合时间序列数据，然后将结果返给请求方。Prometheus 的查询语言 PromQL 非常灵活，可以进行复杂的数据分析和处理，简单示例如下所示：

```
sum(avg_over_time(go_goroutines{job="prometheus"}[5m])) by (instance)
```

通常，PromQL 遵循 3 个简单的原则。

❑ 任何 PromQL 语句返回的结果都不是原始数据，即使查询一个具体的 Metric（例如 go_goroutines），结果也不是原始数据。

❑ 任何指标经过计算后会丢失 __name__ Label。

❑ 子序列间具备完全相同的键值对（可以有不同的 __name__）才能进行代数运算。

除此之外，Prometheus 还有其他一些组件，具体可以参考图 12-12，例如 Web 和 Notify 机制等。通常，我们可以使用 Prometheus 作为时间序列数据库来存储可观测性指标。Prometheus 是一种基于拉取模式的监控系统，需要我们指定从哪里获取指标。Prometheus 会定期从所有客户端进行轮询，并将指标存储在磁盘。Prometheus 灵活性高，可以配置任何自定义的告警场景。当然，我们也可以根据 Prometheus 指标编写告警策略，以满足自身的业务需求。

那么，如何使用 Prometheus 和 Grafana 从 Traefik Proxy 生成的指标中获取相关的数据以进行展示和告警呢？下面我们先来看一下 traefik-static-config.yaml 文件的配置示例：

```
---
apiVersion: v1
kind: ConfigMap
metadata:
  name: traefik-static-config
data:
  static.yaml: |
    entryPoints:
      web:
        address: ':80'
      websecure:
```

```
    address: ':443'
log:
  level: DEBUG
api: {}
metrics:
  prometheus:
    buckets:
      - 0.1
      - 0.3
      - 1.2
      - 5.0
      - 10.0
forwardingTimeouts:
  dialTimeout: '10s'
providers:
  kubernetesCRD:
    allowCrossNamespace: true
    allowExternalNameServices: true
```

在上述配置文件中，我们启用了 Prometheus 监控，并定义了 buckets 参数。通常，这个参数是可选的，默认值为 0.100000、0.300000、1.200000、5.000000。具体而言，该参数指定了 Prometheus 计算请求持续时间分位数的桶。下面是具体的配置：

```
metrics:
  prometheus:
    buckets:
      - 0.1
      - 0.3
      - 1.2
      - 5.0
```

针对 Traefik 组件，若要指定在特定功能点启用指标监控，需在配置文件中添加参数 add{Para}Labels，具体参考如下：

```
metrics:
  prometheus:
    addEntryPointsLabels: true    //可选，默认在入口点启用指标
    addRoutersLabels: true        //可选，默认在路由器启用指标
    addServicesLabels: true       //可选，默认启用服务指标
```

除了以上的参数外，entryPoint 和 manualRouting 在实际业务场景中也可能使用到。

其中，entryPoint 参数主要用于公开启用指标的入口点，默认为 Traefik。manualRouting 参数若定义为 true，则会禁用默认的内部路由器，以创建自定义路由器 prometheus@internal。

12.4.3　基于 Datadog 的指标采集

Datadog APM 采用分布式追踪来优化应用程序性能监控，并提供多种功能，以便在应用程序的各个级别进行调查和故障排除。

使用 Datadog 分布式追踪功能，我们可以将追踪信息发送到 Datadog 进行分析，并设置保留

过滤器，以决定哪些追踪数据需要保留。Datadog 摄取了 100% 的跨度数据。根据创建的保留过滤器，一些跨度数据将保留 15 天。默认情况下，唯一启用的保留过滤器是 Intelligent Retention Filter，保留错误追踪和来自不同延迟分布的追踪。

Datadog APM 将应用程序追踪数据、相关基础架构指标数据和日志数据集成在一起，以便了解应用程序的各个级别的性能并进行故障排除。

通过 Datadog APM，我们可以解决包括以下问题在内的许多问题。

❑ 找到与客户、状态码和端点的错误报告相匹配的追踪。

❑ 实时查看应用程序追踪数据，以便快速了解性能情况。

❑ 识别特定主机和分片上最慢的 SQL 查询。

❑ 查看缓慢和冷启动的 Serverless 功能。

分布式追踪允许我们在应用程序的分布式系统处理请求时追踪请求的进度和状态。我们可以实时查询所有指标，以便更好地了解应用程序的性能和瓶颈，并及时解决问题。

接下来，我们来看一下 Datadog 的工作原理，具体可参考图 12-17。

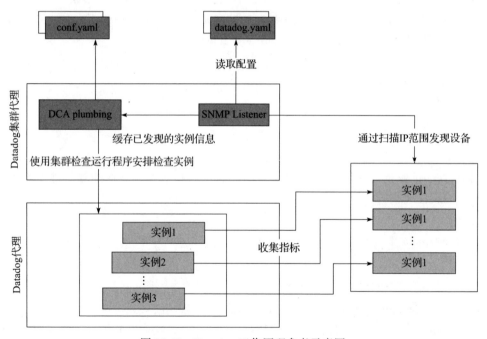

图 12-17　Datadog 工作原理参考示意图

在 Kubernetes 环境中，我们通常可以配置集群代理以利用 SNMP 代理进行自动发现（通过 snmp_listener），并将其作为集群检查的来源。

Datadog 集群代理（DCA）使用 snmp_listener 配置（即代理自动发现）来监听 IP 范围，并由一个或多个正常 Datadog 代理运行 SNMP 来检查实例。

Agent auto-discovery 结合集群代理可用于监控大量 SNMP 设备，具体参考如下：

```yaml
datadog:
  apiKey: <DATADOG_API_KEY>
  clusterName: my-snmp-cluster
  clusterChecks:
    enabled: true
  tags:
    - 'env:test-snmp-cluster-agent'
clusterAgent:
  enabled: true
  confd:
    http_check.yaml: |-
      cluster_check: true
      instances:
        - name: 'Check Example Site1'
          url: http://example.net
        - name: 'Check Example Site2'
          url: http://example.net
        - name: 'Check Example Site3'
          url: http://example.net

      cluster_check: true
      ad_identifiers:
        - snmp
      init_config:
      instances:
        -
          ip_address: "%%host%%"
          port: "%%port%%"
          snmp_version: "%%extra_version%%"
          timeout: "%%extra_timeout%%"
          retries: "%%extra_retries%%"
          community_string: "%%extra_community%%"
          user: "%%extra_user%%"
          authKey: "%%extra_auth_key%%"
          authProtocol: "%%extra_auth_protocol%%"
          privKey: "%%extra_priv_key%%"
          privProtocol: "%%extra_priv_protocol%%"
          context_engine_id: "%%extra_context_engine_id%%"
          context_name: "%%extra_context_name%%"
          tags:
            - "autodiscovery_subnet:%%extra_autodiscovery_subnet%%"
          extra_tags: "%%extra_tags%%"
          oid_batch_size: "%%extra_oid_batch_size%%"
    datadog_cluster_yaml:
      listeners:
        - name: snmp
      snmp_listener:
        workers: 2
        discovery_interval: 10
        configs:
          - network: 192.168.1.16/29
            version: 2
            port: 1161
```

```
          community: cisco_icm
        - network: 192.168.1.16/29
          version: 2
          port: 1161
          community: f5
```

在日志层面，Datadog 会根据日志附带的标签自动为日志编制索引。这使我们可以通过过滤日志来获取所需的特定信息。通过一些配置，Datadog 还会自动将 APM 追踪与日志相关联，从而将大量有价值的信息放在首页。

在指标层面，Datadog 提供了大量开箱即用的指标，安装集成后可以追踪更多指标。我们还可以创建自定义指标来追踪业务数据，例如，用户登录次数、购物车数量或团队的代码提交频率。基础架构会将大量指标流式地传输到 Datadog。我们可以使用指标查询实时绘制图表。在 Metrics Explorer 中，我们可以创建临时图表，并将其保存在仪表盘中。

与 Prometheus 组件一致，若使用 Datadog 进行 Traefik 组件观测，需要将 Traefik 组件的指标、日志发送到 Datadog 以监控所构建的 Traefik 服务，通常需要在配置文件中定义启用参数，具体如下：

```
metrics:
  datadog:
    address: 127.0.0.1:8125    //必填项，默认值 ="127.0.0.1:8125" 地址指示导出器将指标发
                                 送到该地址的 datadog-agent。
```

常用的自定义参数配置具体参考如下：

```
metrics:
  datadog:
    prefix: traefik                    //可选，默认为 traefik
    pushInterval: 10s                  //可选，默认为 10s
    addEntryPointsLabels: true         //可选，默认为 true
  addRoutersLabels: true               //可选，默认为 true
  addServicesLabels: true              //可选，默认为 true
```

在 Traefik2.9.x 版本中，用户可以为 Datadog 添加一个全局标签。在 Traefik 最新版本中，Datadog 允许用户添加多个标签，这为聚合数据点提供了更好的可观测性，具体如下所示：

```
tracing:
  datadog:
    globalTags:
      foo: bar
      env: example
```

Datadog 提供了多种应用监控能力，帮助用户快速搜索、过滤和分析日志，以便排除故障和开放式探索，从而优化应用、平台和服务性能。通过支持超过 350 个供应商的集成（包括 75 个以上的 AWS 服务集成），Datadog 能够横跨整个 DevOps 堆栈，无缝聚合指标和事件。

Datadog 还能够在同一平台上提供对本地和云环境的端到端可观测性，以及允许工程团队分析应用程序性能问题。这使工程团队能够更好地了解应用程序的性能瓶颈，并迅速解决问题。

12.5　追踪

　　追踪是可观测性三个支柱之一，指标和日志可以揭示应用或系统的行为和性能，但无法详细说明请求在所有系统中的旅程。

　　因此，追踪成为可观测性三个支柱之一。用简单的话说，追踪记录请求在所有系统中发生的一系列事件，然后将这些事件连接在一起，提供请求路径和结构的可见性。基于追踪所提供的信息，技术团队能够更好地理解问题出现的所有复杂因素。

12.5.1　Traefik 追踪

　　通过追踪系统中的请求路径，开发人员和运维人员可以深入了解系统的运行方式，识别性能瓶颈和其他问题，并在问题出现时进行故障排除。系统的路径记录包括每个操作花费多长时间、使用了哪些资源以及出现的任何错误或异常等信息。通过分析追踪信息，开发人员和运维人员可以深入了解系统的性能和行为。

　　追踪适用于各种场景，包括分布式系统、微服务和 Serverless 架构。在分布式系统中，追踪可以帮助识别由于组件之间的复杂交互而出现的性能问题。在微服务架构中，追踪可以帮助识别跨越多个服务的问题出现的根本原因。在 Serverless 架构中，追踪有助于了解各个功能的行为以及它们之间的交互。

　　追踪面临的一个挑战是所生成的数据量非常大。在复杂的系统中，追踪往往会产生大量数据。我们通常需要对这些数据进行存储和分析，这可能是一个资源密集消耗的过程。为了应对这一挑战，追踪系统通常采用采样的方法来减少生成的数据量。采样只涉及记录发生的追踪的一部分，这有助于减少需要存储和分析的数据量。

　　追踪的另一个挑战是对代码进行检测。检测代码是一个耗时的过程，要求开发人员对他们正在研究的系统有深入的理解。为了应对这一挑战，许多追踪系统提供库和其他工具，以便更轻易地检测代码。

　　对于追踪与可观测性技术而言，日志和指标也是重要的概念。

　　日志记录系统内发生的事件，能够捕获系统行为的详细细节。指标收集有关系统性能和行为的数据，提供了对系统整体表现的洞察。与此相比，跟踪能够更好地理解系统内部实际发生的情况，因为能够提供更多上下文信息。跟踪可以与日志和指标相结合，形成完整的系统可观察性。

　　Traefik 使用开源标准 OpenTracing 来支持分布式追踪，支持的追踪后端主要有 Jaeger、Datadog、Zipkin、Instana、Haystack、Elasticsearch 以及新的 SigNoz 平台等。其中，Jaeger 和 SigNoz 是常见的追踪后端，可以帮助我们更好地理解 Traefik 的追踪功能。如你其他后端感兴趣，也可以参考官方文档。

　　在 Traefik 生态体系设计中，默认情况下，使用 Jaeger 作为跟踪后端。与日志、指标类似，若要接入此组件，需要启用追踪参数：tracing:{}。针对链路追踪，常用的参数较少，主要包含 serviceName 和 spanNameLimit 等。serviceName 主要定义所选后端中使用的服务名称，在配置中必须要定义，默认参数值为 "traefik"。spanNameLimit 定义跨度名称限制，用于在名称很长时截断。当跨度名称超过后端限制时，这个参数可以防止丢弃该跨度。该参数默认值为 0，表示不进行截断，相关配置如下：

```
tracing:
  serviceName: traefik
  spanNameLimit: 150
```

12.5.2　基于 Jaeger 的链路追踪

为了解决不同行业、业务应用的可扩展性、可用性等一系列问题，微服务架构得到各大厂商、组织以及个人的青睐，并被广泛应用。然而，随着时间的推移，越来越多的问题慢慢呈现在大众视野中。其中，最为核心的问题是微服务分布式性质导致的运行问题，以及两个至关重要的挑战。

❑ 监控：如何全方位监控所有服务及其所涉及的相关指标。

❑ 追踪：如何立体化追踪所有请求并识别应用服务中链路调用的瓶颈？

1. 什么是 Jaeger?

Jaeger 主要用于微服务分布式架构的监控和故障排除，具体体现在如下方面。

❑ 分布式事务监控：可以监控跨服务的分布式事务调用。

❑ 服务依赖分析：可以分析服务之间的依赖关系。

❑ 性能优化：可以识别有性能瓶颈的服务和延迟高的调用链。

❑ 故障排除：提供调用链信息，有助于快速定位和排除故障。

Jaeger 实现了 OpenTracing 规范，提供多个语言的 SDK（如 Go、Java、Node.js、Python 等），广泛应用于云原生和微服务架构。

2. Jaeger 工作原理

Jaeger 工作原理参考图 12-18。

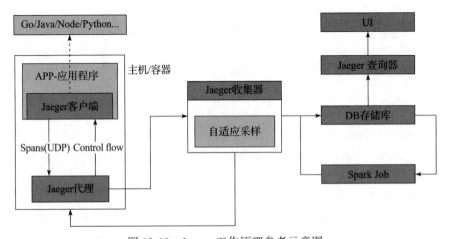

图 12-18　Jaeger 工作原理参考示意图

可以看到，整个 Jaeger 生态主要涉及如下组件。

（1）Jaeger 代理

作为一个网络守护进程，代理组件通常监听所有通过 UDP 发送的 Span，对 Span 进行批处理并发送给收集器。由于收集器在应用程序本地运行，应用程序无须了解收集器的路由和发现。

（2）Jaeger 收集器

作为分布式追踪系统的关键组件，Jaeger 收集器接收来自所有 Jaeger 代理的追踪数据，同时，验证并过滤出不完整的数据，为追踪信息编制索引，排序和分区并依据配置执行采样等，最后将处理好的追踪数据发送至后端存储。

（3）DB 存储库

DB 存储库对所收集的数据进行存放并经过相关加工、处理，返给相关接口组件以展示或调用。

（4）Jaeger 查询器

Jaeger 查询器主要用于从存储中获取指标并托管一个 UI 进行可视化展现，为工程师团队分析问题及排障提供数据参考。

接下来，我们了解一下 Jaeger 链路追踪工作流，具体参考图 12-19。

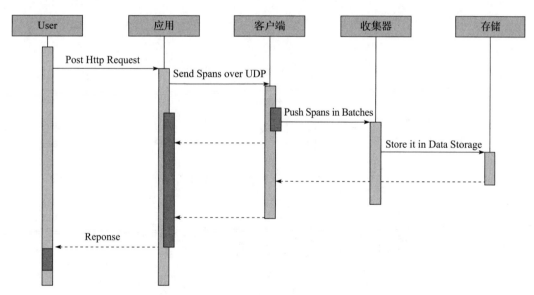

图 12-19　Jaeger 链路追踪工作流示意图

可以看到，在分布式系统中，当一个跟踪完成后，通过 Jaeger 代理将数据推送到 Jaeger 收集器。Jaeger 收集器负责处理推送来的跟踪信息，然后存储到后端系统库，例如：可以存储到 Elasticsearch 等。用户可以借助 Jaeger 图形界面观测到这些被分析出来的跟踪信息。

3. 数据采样模型

关于数据采样率，在实际的业务场景中，链路追踪本身也会造成一定的性能损耗，如果完整记录每次请求，会带来极大的性能损耗，因此，我们需要依据当前现状进行采样策略配置。截至目前，Jaeger 支持 5 种采样率设置，具体如下。

❑ 固定采样（sampler.type=const）：sampler.param=1 表示全采样，sampler.param=0 表示不采样。

❑ 按百分比采样（sampler.type=probabilistic）：sampler.param=0.1 表示随机采十分之一的样本。

❑ 采样速度限制（sampler.type=ratelimiting）：sampler.param=2.0 表示每秒采样两个链路。

❑ 动态获取采样率（sampler.type=remote）：默认配置，可以通过配置从代理中获取采样率的动态设置。

❑ 自适应采样（Adaptive Sampling）：Jaeger 自 1.27 版本后提供的一种动态采样策略，可以根据系统的流量情况来调整采样率。

在实际的业务场景中，为了能够追溯某一请求运行轨迹，在理想情况下，我们需要对整个链路拓扑进行全方位追踪，以便能够在业务出现异常时快速响应、快速处理。因此，无论基于 Spring Cloud 的微服务还是基于 Container 的微服务，Jaeger 链路追踪体系模型参考示意图如图 12-20 所示。

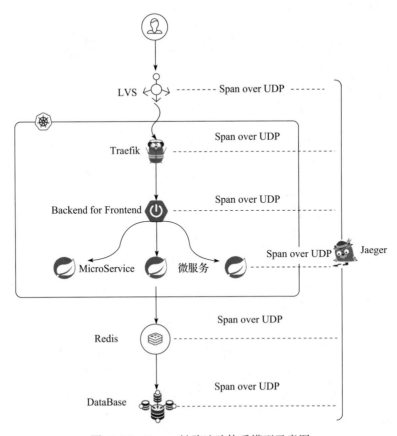

图 12-20　Jaeger 链路追踪体系模型示意图

4. Jaeger 部署模式

自 Jaeger1.17 版本（https://www.jaegertracing.io/docs/1.23/operator/＃当前版本）开始，我们可以基于 Operator 进行 Jaeger 部署，并可采用如下 3 种业务部署模式。

- ❑ All-In-One Strategy。此模式将所有后端组件打包到单个进程，采用内存存储，适合开发测试环境。
- ❑ Production Strategy。此模式分离各组件到不同进程，支持持久存储以及水平扩展，适合生产环境。
- ❑ Streaming Strategy。此模式增加了流处理能力，通过 kafka 将数据从 collector 在递到存储库，可降低存储压力。

（1）服务端部署

Jaeger 部署主要分为服务端和代理端，其所支持的部署方式较为广泛，例如，基于 Docker 部署，具体如下所示：

```
[lugalee@lugaLab ~ ]% docker run -d --name jaeger \
  -e COLLECTOR_ZIPKIN_HTTP_PORT=9411 \
  -p 5775:5775/udp \
  -p 6831:6831/udp \
  -p 6832:6832/udp \
  -p 5778:5778 \
  -p 16686:16686 \
  -p 14268:14268 \
  -p 14250:14250 \
  -p 9411:9411 \
  jaegertracing/all-in-one:latest
```

这里，我们针对 Jaeger 组件所涉及的相关端口进行描述，具体可参考表 12-6。

表 12-6　Jaeger 组件常用端口定义

组件	端口	协议	描述
Agent	6831	UDP	应用程序向代理发送跟踪的端口，接受 Jaeger.thrift 而不是 Compact thrift 协议
Agent	6832	UDP	通过 thrift 协议接收 Jaeger.thrift 格式数据，需要某些不支持压缩的客户端库
Agent	5775	UDP	接收兼容 zipkin 协议的数据
Agent	5778	HTTP	大数据流量下不建议使用
……	……	……	……
Collector	14250	TCP	Agent 发送 Proto 格式数据
Collector	14267	TCP	Agent 发送 Jaeger.thrift 格式数据
Collector	14268	HTTP	从客户端接收 Jaeger.thrift 格式数据
Collector	14269	HTTP	健康检查
Query	16686	HTTP	HTTP 查询服务为 Jaeger UI 提供数据支持
Query	16687	HTTP	健康检查
……	……	……	……

当然，在实际的业务场景中，我们还是需要基于生产环境部署策略进行 Jaeger 的安装配置，

具体如下所示：

```
[lugalee@lugaLab ~ ]% kubectl create namespace jaeger
[lugalee@lugaLab ~ ]% kubectl create -n jaeger -f  https://raw.githubusercontent.
com/jaegertracing/jaeger-operator/master/deploy/crds/jaegertracing.io_jaegers_crd.yaml
[lugalee@lugaLab ~ ]% kubectl create -n jaeger -f https://raw.githubusercontent.
com/jaegertracing/jaeger-operator/master/deploy/service_account.yaml
[lugalee@lugaLab ~ ]% kubectl create -n jaeger -f https://raw.githubusercontent.
com/jaegertracing/jaeger-operator/master/deploy/role.yaml
[lugalee@lugaLab ~ ]% kubectl create -n jaeger -f https://raw.githubusercontent.
com/jaegertracing/jaeger-operator/master/deploy/role_binding.yaml
[lugalee@lugaLab ~ ]% kubectl create -n jaeger -f https://raw.githubusercontent.
com/jaegertracing/jaeger-operator/master/deploy/operator.yaml
```

部署完成后，执行如下命令行来验证 Jaeger 服务端是否安装成功，具体如下所示：

```
[lugalee@lugaLab ~ ]% kubectl get all -n jaeger
```

然后，创建 Jaeger 实例、jaeger.yaml 文件，配置 ES 集群及资源限制，具体如下所示：

```
apiVersion: jaegertracing.io/v1
kind: Jaeger
metadata:
  name: devops-prod
spec:
  strategy: production
  storage:
    type: elasticsearch
    options:
      es:
        server-urls: http://10.172.10.1:9200
        index-prefix:
  collector:
    maxReplicas: 10
    resources:
      limits:
        cpu: 500m
        memory: 512Mi
[lugalee@lugaLab ~ ]% kubectl apply -f  jaeger.yaml  -n jaeger
jaeger.jaegertracing.io/demo-prod created
```

若实际的业务场景中，流量过大，我们可以接入 Kafka 集群以减轻 ES 存储库的压力。故此，修改后的 jaeger.yaml 文件如下所示：

```
apiVersion: jaegertracing.io/v1
kind: Jaeger
metadata:
  name: devops-streaming
spec:
  strategy: streaming
  collector:
    options:
      kafka:
```

```
      producer:
        topic: jaeger-spans
        brokers: devops-cluster-kafka-brokers.kafka:9092      # 修改为 Kafka 地址
  ingester:
    options:
      kafka:
        consumer:
          topic: jaeger-spans
          brokers: demo-cluster-kafka-brokers.kafka:9092        # 修改为 kafka 地址
        ingester:
          deadlockInterval: 5s
  storage:
    type: elasticsearch
    options:
      es:
        server-urls: http://elasticsearch:9200                    # 修改为 ES 地址
```

此时，我们可以通过浏览器访问 Jaeger 控制台，具体如图 12-21 所示。

图 12-21　Jaeger 链路追踪 Web 首页

（2）代理端部署

针对代理端部署，Jaeger 官方提供了两种方案：DaemonSet 和 Sidecar。根据官方文档，Jaeger 代理组件充当 Tracer 和 Collector 的缓冲区。因此，代理应该尽可能地靠近 Tracer，通常在 Tracer 的本地主机上部署。这样，Tracer 可以直接通过 UDP 发送 Span 到代理，以实现性能和可靠性最佳平衡。

1）DaemonSet 部署模式。

在 DaemonSet 部署模式中，Pod 运行在节点级别，就像每个节点上的守护进程一样。Kubernetes 确保每个节点上只运行一个 Pod。如果以 DaemonSet 模式部署，代理将接收节点上所有应用 Pod 发送的数据。而且对于 Agent 来说，所有的 Pod 都是同等对待的。这种方式可以节省内存，但是一个代理可能要服务同一个节点上的数百个 Pod，因此需要考虑性能和可靠性的平衡。

以下是基于 DaemonSet 的部署示例：

```
apiVersion: apps/v1
  kind: DaemonSet
  metadata:
    name: jaeger-agent
    labels:
      app: jaeger-agent
  spec:
    selector:
      matchLabels:
        app: jaeger-agent
    template:
      metadata:
        labels:
          app: jaeger-agent
      spec:
        containers:
          - name: jaeger-agent
            image: jaegertracing/jaeger-agent:1.12.0
            env:
              - name: REPORTER_GRPC_HOST_PORT
                value: "jaeger-collector:14250"
            resources: {}
        hostNetwork: true
        dnsPolicy: ClusterFirstWithHostNet
        restartPolicy: Always
```

上述配置示例使用了 Kubernetes Downward API 将节点的 IP 信息（status.hostIP）以环境变量的形式注入应用容器。这种方式可以方便应用程序访问节点的 IP 地址，从而实现一些需要使用 IP 地址的功能。

2）Sidecar 部署模式。

在 Kubernetes 中，服务是以 Pod 为基本单位的，每个 Pod 可以包含一个或多个容器。Sidecar 是一种将服务添加到应用 Pod 的方式，通常用于嵌入基础设施服务。在 Sidecar 部署模式下，Jaeger 代理作为一个容器与 Tracer 共存于同一个 Pod 中。由于运行在应用级别，不需要额外的权限，每个应用都可以将数据发送到不同的 Collector 后端，这样能够保证更好的服务扩展性。

以下是基于 Sidecar 的部署示例：

```
apiVersion: apps/v1
  kind: Deployment
  metadata:
    name: devops
    labels:
      app: devops
  spec:
    replicas: 1
    selector:
      matchLabels:
        app: devops
    template:
      metadata:
```

```
      labels:
        app: devops
    spec:
      containers:
        - name: devops
          image: example/devops:version
        - name: jaeger-agent
          image: jaegertracing/jaeger-agent:1.12.0
          env:
            - name: REPORTER_GRPC_HOST_PORT
              value: "jaeger-collector:14250"
```

在上述示例中，我们使用 Deployment 部署了一个名为 devops 的应用程序。该部署配置包含一个名为 jaeger-agent 的 Sidecar 容器，运行 Jaeger 代理并将数据发送到指定的 Collector 后端。应用容器 devops 可以将数据发送到 jaeger-agent 容器，从而实现与 Jaeger 的集成。这种方式可以方便地将 Jaeger 集成到应用程序中，从而实现更好的服务扩展性和可观测性。

综合对比分析，若我们基于私有云环境且信任 Kubernetes 集群上运行的应用，建议采用 DaemonSet 进行部署。毕竟，此种方式尽可能占用较少的内存资源。反之，若基于公有云环境，或者希望获得多租户能力，采用 Sidecar 部署可能更好一些。这种方式不需要在 Pod 外暴露代理服务，相比之下更安全一些，尽管内存占用会稍多一些（每个代理占用在 20M 以内内存）。

接下来，我们看一下 Jaeger 接入 Traefik 组件的相关配置。默认情况下，Traefik 使用 Jaeger 作为追踪系统的后端实现，具体配置如下所示：

```
[lugalee@lugaLab ~ ]% cat traefik.toml
[tracing]
  [tracing.jaeger]
    samplingServerURL = "http://localhost:5778/demo"  # 指定 jaeger-agent 的采样地址
    samplingType = "const"
    samplingParam = 1.0
    localAgentHostPort = "127.0.0.1:6831"
    gen128Bit = true
    propagation = "jaeger"
    traceContextHeaderName = "devops-trace-id"
  [tracing.jaeger.collector]
    endpoint = "http://127.0.0.1:14268/api/traces?format=jaeger.thrift"
    user = "devops-user"
    password = "devops-password"


# cli 配置
--tracing.jaeger=true
--tracing.jaeger.samplingServerURL=http://localhost:5778/devops
--tracing.jaeger.samplingType=const
--tracing.jaeger.samplingParam=1.0
--tracing.jaeger.localAgentHostPort=127.0.0.1:6831
--tracing.jaeger.gen128Bit
--tracing.jaeger.propagation=jaeger
--tracing.jaeger.traceContextHeaderName=uber-trace-id
--tracing.jaeger.collector.endpoint=http://127.0.0.1:14268/api/traces?format=
```

```
jaeger.thrift
    --tracing.jaeger.collector.user=devops-user
    --tracing.jaeger.collector.password=devops-password
```

至此，追踪侧配置完成。待应用部署完成后，我们打开 Jaeger 可以看到相关的请求链路信息，具体可参考图 12-22。

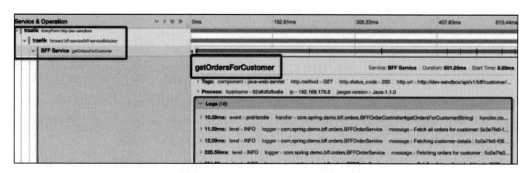

图 12-22　基于 Jaeger 的微服务调用依赖及请求链路追踪

图 12-18 展示了扩展的前两个跨度，以显示 Traefik Proxy 转发的信息。每个跨度显示请求持续时间，以及 Tags、Process 和 Logs 的非强制部分。Tags 部分包含与请求处理关联的键值对。

最顶层的 Tags 字段显示与 HTTP 处理相关的信息，例如状态码、URL、主机等。下一个跨度显示请求的路由信息，包括路由器和服务名称。除此之外，Jaeger 还可以通过分析请求轨迹来推导整体调用拓扑结构。

12.5.3　基于 SigNoz 的链路追踪

SigNoz 是一个全栈的应用程序监控和可观测性平台，可以安装在基础设施中。我们可以利用它跟踪 p99 延迟、服务错误率、外部 API 调用和单个端点等指标。借助服务地图等功能，我们可以快速评估服务的运行状况。一旦我们了解了受影响的服务，追踪数据可以帮助识别导致问题出现的具体代码。利用 SigNoz 仪表盘，我们可以可视化指标等。

1. SigNoz 平台介绍

SigNoz 支持 OpenTelemetry 语义约定，可以为 OpenTelemetry 收集和传播的 3 类遥测信号提供可视化。

通常，基于实际的业务场景，遥测数据发送到 SigNoz 的步骤如下。

❑ 使用特定语言的 OpenTelemetry 库检测应用程序代码。

❑ 配置 OpenTelemetry Exporter 以将数据发送到 SigNoz。

❑ 使用 SigNoz 仪表盘可视化和分析遥测数据。

SigNoz 颠覆了传统的 APM 管理之道，能够将日志、指标以及追踪进行无缝整合并统一呈现给用户，给用户带来了最佳体验。SigNoz 具体特性如下。

❑ 单个窗格显示指标、追踪及日志。

- 强大的追踪、过滤和聚合功能。
- 支持在仪表盘轻松设置保留规则，以便灵活管理和保留数据。
- 像 SaaS 一样开箱即用，只需要最少的开发工作。
- 开源，因此可以控制数据。
- 可扩展流处理架构（Kafka+Druid）。
- 默认提供一个全栈后端，实现端到端跟踪和监控。
- 企业功能，如 RBAC+SSO（即将推出）。
- 开源异常检测框架（即将推出）。

2. SigNoz 基础架构设计

接下来，我们看一下 SigNoz 架构，具体如图 12-23 以及图 12-24 所示。

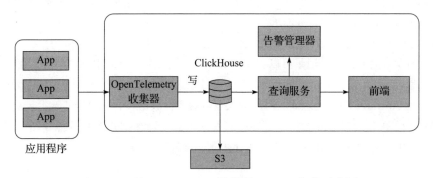

图 12-23　基于 ClickHouse 存储的 SigNoz 架构示意图

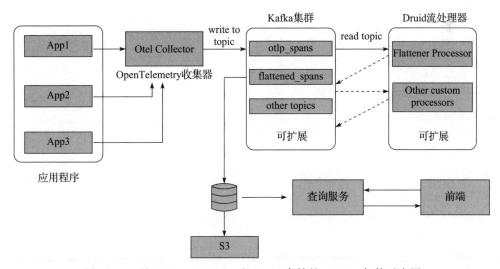

图 12-24　基于 Apache Kafka 和 Druid 存储的 SigNoz 架构示意图

可以看出，整个 SigNoz 全栈式开源观测性平台主要包含如下核心组件。

（1）OpenTelemetry 收集器

OpenTelemetry 收集器是一个开源组件，用于收集多种格式的数据并生成规范化的度量与跟踪数据。基于独立性与语言无关性，OpenTelemetry 收集器已经成为生成指标与日志数据的事实标准，支持 Java、Python、Nodejs、Go 等多种主流开发语言。除此之外，OpenTelemetry 收集器能够将所采集的数据转发给多个后端平台，如 Jaeger、Prometheus、ELK Stack 等，并在导出前对数据进行过滤和处理，比如数据聚合、压缩转化，从而提高效率。

目前，SigNoz 支持的接收器包括：Jaeger 接收器、Kafka 接收器、OpenCensus 接收器、OTLP 接收器、Zipkin 接收器。

（2）数据处理单元

数据处理单元主要进行数据获取、存储和实时分析。目前，SigNoz 支持 ClickHouse 和 Kafka+Druid 两种模式进行数据处理。用户可以在安装 SigNoz 期间在 Kafka+Druid 和 Clickhouse 之间进行选择，以适应自己的业务需求。

Kafka 是一个分布式流媒体平台，可以作为消息驱动的通信骨干。应用程序可以以记录的形式在组件之间发送消息，这些记录可以生成到 Kafka 主题并从 Kafka 主题中消耗。扁平化的数据传到 Druid。这是一个实时分析数据库，专为大型数据集的快速切片分析（OLAP 查询）而设计。

SigNoz 使用 Kafka 和流处理器实时获取大量可观测性数据，然后将这些数据传给 Druid。一旦数据被扁平化并存储在 Druid 中，SigNoz 的查询服务可以查询并将数据传递给 SigNoz React 前端。前端为用户创建漂亮的图表，以可视化可观测性数据。

（3）查询服务

基于 Go 编写，SigNoz 的查询服务提供前端应用程序使用的 API，并在响应前端之前查询数据库，以获取和处理数据。

（4）前端

最后一个 UI 展示组件，内置在 ReactJS 和 Typescript 中，主要用于提供高级追踪 / 跨度过滤功能和绘图指标，以提供服务详情。

3. 与市面上其他相关的组件对比

（1）SigNoz 和 Jaeger

在实际的云原生业务场景中，我们通常利用 Jaeger 进行分布式链路追踪，利用 SigNoz 实现可观测性三大支柱。

除此之外，SigNoz 具有一些 Jaeger 当前没有的高级功能，具体如下。

❏ Jaegar UI 无法在追踪 / 跨度过滤功能上展示指标。

❏ Jaeger 不能对过滤的追踪做聚合操作，而 SigNoz 很容易实现。

（2）SigNoz 和 Prometheus

通常情况下，如果你只是需要监控指标，那 Prometheus 是不错的选择，但如果你要无缝地在指标和追踪之间切换，那目前把 Prometheus 和 Jaeger 整合起来并不好。我们的期望目标是为指标和追踪提供统一的 UI，并且能够对追踪进行过滤和聚合（这是 Jaeger 目前缺失的功能）。

（3）SigNoz 和 Loki

SigNoz 支持大量高频产生的数据的聚合，而 Loki 不支持。除此之外，SigNoz 支持高基数数据的索引，对索引数量没有限制，而 Loki 通过添加一些索引来达到最大流量。与 SigNoz 相比，Loki 在搜索大量数据方面显得力不从心。

（4）SigNoz 和 Elasticsearch

SigNoz 日志管理基于 ClickHouse，使聚合日志分析查询更有效率。与 Elasticsearch 相比，SigNoz 资源需求降低 50%。

4. SigNoz 安装

SigNoz 可以安装在 macOS 或 Linux 系统上，若基于独立的 Docker 容器引擎进行安装和部署，那么可采用如下两种方式。

❑ 基于可执行脚本安装。

❑ 基于 docker compose 命令安装。

（1）基于可执行脚本安装

首先，在我们选择的目录中，通过输入以下命令将 SigNoz 存储库和 CD 存储库克隆到 signoz/deploy 目录中，具体如下：

```
[lugalee@lugaLab ~ ]% git clone -b main https://github.com/SigNoz/signoz.git &&
cd signoz/deploy/
```

然后运行 install.sh 脚本，具体如下：

```
[lugalee@lugaLab ~ ]%./install.sh
```

（2）基于 docker compose 命令安装

与上述一致，先将存储库拉到本地的对应目录，具体如下：

```
[lugalee@lugaLab ~ ]% git clone -b main https://github.com/SigNoz/signoz.git &&
cd signoz/deploy/
```

然后执行 docker compose 命令，具体如下：

```
[lugalee@lugaLab ~ ]% docker-compose -f docker/clickhouse-setup/docker-compose.yaml up -d
[lugalee@lugaLab ~ ]% docker ps
CONTAINER ID  IMAGE                                         COMMAND                 CREATED
1ad413fc12aa  signoz/frontend:0.8.0                         "nginx -g 'daemon of…"  20 minutes ago
419f7b440412  signoz/alertmanager:0.23.0-0.1               "/bin/alertmanager -…"  20 minutes ago
95f5fab00c3c  signoz/otelcontribcol:0.43.0-0.1             "/otelcontribcol --c…"  21 minutes ago
c1640c215d10  signoz/otelcontribcol:0.43.0-0.1             "/otelcontribcol --c…"  21 minutes ago
9db88c61f7fd  signoz/query-service:0.8.0                    "./query-service -co…"  21 minutes ago
509ab96c5393  clickhouse/clickhouse-server:22.4-alpine      "/entrypoint.sh"        22 minutes ago
eb7a2e23c0c0  grubykarol/locust:1.2.3-python3.9-alpine3.12  "/docker-entrypoint.…"  22 minutes ago
f234b5cb4512  jaegertracing/example-hotrod:1.30             "/go/bin/hotrod-linu…"  22 minutes ago
STATUS            POR                                                 NAMES
Up 20 minutes     80/tcp, 0.0.0.0:3301->3301/tcp, :::3301->   frontend
                  3301/tcp
```

```
Up 20 minutes            9093/tcp                              clickhouse-setup_alertmanager_1
Up 21 minutes            0.0.0.0:4317-4318->4317-4318/tcp, :::4317-   clickhouse-setup_otel-collector_1
                         4318->4317-4318/tcp, 55679-55680/tcp
Up 21 minutes            4317/tcp, 55679-55680/tcp             clickhouse-setup_otel-collector-
                                                               metrics_1
Up 21 minutes (healthy)  8080/tcp                              query-service
Up 21 minutes (healthy)  8123/tcp, 9000/tcp, 9009/tcp          clickhouse-setup_clickhouse_1
Up 21 minutes            5557-5558/tcp, 8089/tcp               load-hotrod
Up 21 minutes            8080-8083/tcp                         hotrod
```

待所有 Pod 处于运行状态,将浏览器指向 http://<IP-ADDRESS>:3301/,以访问仪表盘,将 <IP-ADDRESS> 替换为安装 SigNoz 的机器的 IP 地址。

在实际的生产环境中,通常不建议使用 Docker 进行部署,无论从维护角度还是高可用角度。这里,基于 Helm 在 Kubernetes 云平台和裸机服务器上安装 SigNoz 组件。SigNoz Helm Chart 会将以下组件通过声明的方式安装到所构建的 Kubernetes 集群中。

❑ Query Service(查询服务)。

❑ Web UI(前端)。

❑ OpenTelemetry 收集器。

❑ Alert Manager 告警管理器。

❑ ClickHouse Chart(数据存储)。

❑ Kubernetes Infra Chart(Kubernetes Infra 指标 / 日志收集器)

在安装 SigNoz 之前,确定所构建的环境满足如下条件。

❑ Kubernetes1.22 版本及以上。

❑ X86-64/AMD64 工作负载,目前暂不支持 ARM64 架构。

❑ Helm 3.8 版本及以上。

 提示

1. 如果想让 PVC 使用自定义存储类,我们可以将 global.storageClass 配置为所需的存储类。

2. 如果没有任何其他支持卷扩展的存储类,我们可以通过将 allowVolumeExpansion 设置为 True 来修复默认存储类定义。

接下来,进入正式的 SigNoz 安装环节。首先,将 SigNoz Helm 存储库添加到有 signoz 名称的客户端,具体命令如下所示:

```
[lugalee@lugaLab ~ ]% helm repo add signoz https://charts.signoz.io
[lugalee@lugaLab ~ ]% helm repo list
```

然后,使用 kubectl create ns 命令创建新的命名空间。通常建议将 platform 用于新的命名空间,具体如下:

```
[lugalee@lugaLab ~ ]% kubectl create ns platform
```

安装发布名称为 devops-release 和命名空间为 platform 的图表,具体如下:

```
[lugalee@lugaLab ~ ]% helm --namespace platform install devops-release signoz/
signoz
    NAME: devops-release
    LAST DEPLOYED: Mon May 23 20:34:55 2022
    NAMESPACE: platform
    STATUS: deployed
    REVISION: 1
    NOTES:
    1. You have just deployed SigNoz cluster:
    - frontend version: '0.8.0'
    - query-service version: '0.8.0'
    - alertmanager version: '0.23.0-0.1'
    - otel-collector version: '0.43.0-0.1'

    - otel-collector-metrics version: '0.43.0-0.1'
```

 注意　若无其他参数定义，上述命令将安装 SigNoz 的最新稳定版本。

　　要安装不同的版本，我们可以使用 --set 标志来指定要安装的版本。以下示例命令用于安装 SigNoz 0.8.0 版本：

```
[lugalee@lugaLab ~ ]% helm --namespace platform install devops-release signoz/
signoz \
    --set frontend.image.tag="0.8.0" \
    --set queryService.image.tag="0.8.0"
```

 提示

1. 使用 --set 标志时，请确保为 frontend 和 queryService 图像指定相同的版本，因为指定不同的版本可能会导致 SigNoz 集群行为异常。

2. 尽量不要在生产环境中使用 latest 或 develop 标签。指定这些标签可能会在我们的集群上安装不同版本的 SigNoz，并可能导致数据丢失。

　　安装完成后，我们可以通过设置转发和浏览到指定端口来访问 SigNoz。以下 kubectl port-forward 示例命令将所有连接到 localhost:3301 请求转发到 <signoz-frontend-service>:3301：3301，具体如下：

```
[lugalee@lugaLab ~ ]% export SERVICE_NAME=$(kubectl get svc --namespace platform
-l "app.kubernetes.io/component=frontend" -o jsonpath="{.items[0].metadata.name}")
    kubectl --namespace platform port-forward svc/$SERVICE_NAME 3301:3301
```

　　此时，查看所部署的 SigNoz 组件状态信息，具体如下：

```
[lugalee@lugaLab ~ ]% kubectl -n platform get Pods
NAME                                          READY   STATUS    RESTARTS   AGE
chi-signoz-cluster-0-0-0                       1/1     Running   0          8m21s
clickhouse-operator-8cff468-n5s99             2/2     Running   0          8m55s
devops-release-signoz-alertmanager-0          1/1     Running   0          8m54s
```

```
devops-release-signoz-frontend-78774f44d7-wl87p              1/1    Running   0        8m55s
devops-release-signoz-otel-collector-66c8c7dc9d-d8v5c        1/1    Running   0        8m55s
devops-release-signoz-otel-collector-metrics-68bcfd5556-9tkgh 1/1   Running   0        8m55s
devops-release-signoz-query-service-0                        1/1    Running   0        8m54s
devops-release-zookeeper-0                                   1/1    Running   0        8m54s
```

正如上述所述，OpenTelemetry 是一个开源的可观测性框架，旨在标准化遥测数据（日志、度量和跟踪）的生成、收集和管理。OpenTelemetry 的目标是提供一个通用的、可扩展的接口，以便基于各种语言和平台可以生成和收集遥测数据，并将其发送到各种监控解决方案。该项目在云原生计算基金会（CNCF）下孵化，是与 Kubernetes 在同一基金会孵化的项目。作为云原生计算的一部分，OpenTelemetry 可以帮助企业更好地理解和管理应用程序和基础架构的性能和可用性，从而提高应用程序的质量和效率。

OpenTelemetry 遵循规范驱动的开发，并为大多数基于编程语言的应用程序提供客户端库。使用 OpenTelemetry 后，我们应该能从中收集各种遥测数据，如日志、追踪和指标。

目前，虽然 SigNoz 组件无法直接与 Traefik 对接，但可以将 OpenTelemetry 作为中转站来实现。除此之外，Traefik 实验团队也在加紧优化针对 OpenTelemetry 的改进支持，计划在新版本中发布，例如，添加 OpenTelemetry 作为 Traefik 的顶级可观测性结构。这可能意味着 OpenTelemetry 的追踪中间件与 OpenTracing 不同，但我们仍然可以在两者之间共享相当多的逻辑，比如，将类似以下配置呈现给用户进行查看：

```
opentelemetry:
  tracing:
    exporters:
      otlp:
        endpoint:   localhost:4317
        protocol: grpc
  metrics:
    exporters:
      otlp:
        endpoint:   localhost:4317
        protocol: grpc
```

12.6　本章小结

本章主要基于 Traefik 可观测性的相关内容进行深入解析，并简单描述了在可观测性过程中所涉及的三大支柱，同时分别对日志、指标及追踪进行解析，具体如下。

❑ 讲解可观测性架构体系，涉及选型、架构以及可观测性所涉及的三大支柱等。

❑ 讲解 Traefik 日志，包括通用、访问、解决方案以及重要性和管理挑战。

❑ 讲解 Traefik 指标，包括基于 Prometheus、Datadog 工具的指标采集。

❑ 讲解 Traefik 追踪，包括基于 Jaeger、SigNoz 的链路追踪。

第 13 章 *Chapter 13*

Traefik 插件管理及应用

Traefik 插件为开发和运营团队提供了一种强大的自定义和扩展 Traefik 功能的方法。基于模块化、灵活和可扩展性，Traefik 已经成为基于云原生生态架构构建微服务应用程序的理想选择。Traefik 社区创建了很多插件。这些插件可用于添加新功能、修改 Traefik 的行为并管理 SSL/TLS 证书。对于使用 Traefik 进行微服务应用程序构建来说，Traefik 插件都是不可或缺的工具。

13.1 概述

Traefik 插件是开发人员用来扩展 Traefik 功能的工具。这些插件被设计为模块化，可以根据需要进行灵活添加或删除。Traefik 插件使用 Go 语言编写，并遵循简单的接口规范，以便轻松与 Traefik 集成。

通常来讲，Traefik 插件给开发和运营团队工作带来了一些便利，具体如下。

❏ 自定义：Traefik 插件允许开发者自定义 Traefik 的行为，实现 Traefik 本身不提供的功能。

❏ 灵活性：Traefik 插件采用模块化设计，可以方便地启用和禁用。这大大简化了修改 Traefik 行为的流程。

❏ 可伸缩性：Traefik 插件允许用户向 Traefik 添加额外的功能，而无须修改核心 Traefik 代码库，支持根据实际的业务场景需求给 Traefik 添加新特性和功能。

❏ 可重用性：支持在不同的应用程序中重复使用，从而节省开发人员的时间和精力。

❏ 社区驱动：Traefik 插件是由 Traefik 社区创建的，这意味着开发人员可以从其他 Traefik 用户的集体知识和经验中受益。

在实际的业务场景中，Traefik 插件类型包括 4 种。

1. 中间件插件

中间件插件支持在请求生命周期的不同阶段修改 Traefik 的行为。例如，Circuit Breaker 插件允许 Traefik 监视 HTTP 后端服务的可用性，并在服务不可用时断开连接，从而防止请求积压并减少后端服务的负载。

2. 提供商插件

提供商插件允许 Traefik 从不同来源获取有关服务的信息。例如，提供商插件可从 Kubernetes、Docker 或 Consul 获取有关服务的信息。针对 Kubernetes 提供商插件，它允许 Traefik 从 Kubernetes API 读取路由规则和负载均衡器设置。这使 Traefik 可以自动发现服务并路由到正在运行的 Kubernetes 服务，从而实现 Traefik 可扩展性和高可用性。

3. 证书插件

证书插件允许 Traefik 管理 SSL/TLS 证书。例如，证书插件可用于从 Let's Encrypt 或其他证书机构获得证书。Let's Encrypt 证书插件允许用户创建和管理所在域名的 TLS 证书。这使基于 HTTPS 保护 Web 应用程序变得容易。

除此之外，Traefik 的 Authelia 插件支持用户为其 Web 应用程序添加身份验证和授权功能。这有助于确保只有授权用户才能访问应用程序，并且可以提供额外的安全层。

4. 支撑插件

Traefik 的日志插件记录每个请求的详细信息，包括 URL、响应代码、响应时间等。这可以帮助我们监视和分析应用程序的性能和运行状况，以便排查问题。

Traefik 的指标插件支持导出 Traefik 的指标到监控系统，例如 Prometheus。这可以帮助我们监控 Traefik 的性能和运行状况，并识别潜在的问题。

Traefik 的追踪插件记录每个请求的跟踪信息，并生成跟踪图表。这可以帮助我们分析请求流程和性能瓶颈。

接下来，我们看一下 Traefik 插件的运行原理，具体可参考图 13-1。

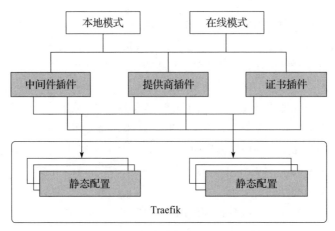

图 13-1　Traefik 插件的运行原理示意图

可以看出，在开发自定义插件时，无论基于本地模式还是在线模式，例如中间件插件、提供商插件以及证书插件，在使用插件前都需要进行静态或动态配置文件的定义和构建，以确保插件能够正常提供服务。这些配置可以包括插件的名称、类型、参数、版本等信息，以及插件与Traefik 的交互接口和交互方式。通过配置文件的定义和构建，开发人员可以在 Traefik 中集成和使用自定义插件，以扩展 Traefik 的功能并满足不同的业务需求。

13.2　Yaegi 解释器

Yaegi 是一款基于 Go 语言开发的开源工具，提供了一种高效的方式来运行 Go 代码而无须完整编译，适用于脚本编写、测试和原型设计等场景。技术团队可以使用 Yaegi 以更灵活、高效的方式执行插件代码，简化工作流程，提高生产力。

13.2.1　为什么需要解释器

众所周知，Go 是编译语言，这意味着要运行源代码，必须通过编译器。编译器读取源码后生成二进制或可执行文件，供程序运行。

1. 解释器与编译器

通常来讲，所有高级语言都需要转换为机器代码，以便计算机在获取所需输入后能够理解程序。除了编译器和汇编器之外，将高级指令逐行转换为机器级语言的软件被称为解释器。我们来看一下编译器和解释器的工作原理，具体如图 13-2 和图 13-3 所示。

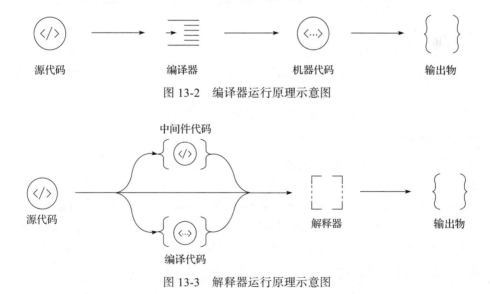

图 13-2　编译器运行原理示意图

图 13-3　解释器运行原理示意图

根据上述运行原理，解释器是一种能够直接执行程序而不需要将其转换为机器代码的软件。通常情况下，解释器能够帮助技术人员找出错误并在控制移至下一条语句之前更正错误。解释器执行高级程序描述的操作。解释型程序运行都需要访问源代码。编译型程序运行需要将源代码编译成机器代码。解释型程序比编译型程序运行得慢。当然，解释器的性能和速度与具体的编程语言和实现逻辑有关，有些语言甚至拥有优雅的自解释器。

2. 常见的解释器类型

接下来，我们了解一下常见的解释器。

（1）字节码解释器

❑ 源码首先被转换为字节码。

❑ 字节码是源码的压缩表示而非机器代码。

❑ 字节码解释器执行编译后的代码

❑ 字节码解释器结合了编译器和解释器，名称为 Compreters。

❑ 每条指令都以一个字节表示，有多达 256 条指令。

（2）线程代码解释器

❑ 和字节码解释器类似，但使用指针代替字节码。

❑ 每条指令是指向函数或指令序列的指针。

❑ 指令数量没有限制，考虑到可用的内存和地址空间。

（3）抽象语法树解释器

❑ 将源码转换为抽象语法树（AST），根据该树执行程序。

❑ 每个句子仅解析一次。

❑ 程序结构和语句之间的关系保持不变。

❑ 在运行时提供更好的分析。

（4）自解释器

❑ 一种特殊类型的解释器。

❑ 用可自我解释的编程语言编写解释器。例如用 BASIC 编写的 BASIC 解释器。如果一种语言没有编译器，我们可创建自解释器。

❑ 域特定语言需用宿主语言实现，宿主语言可以是其他编程语言。

3. 解释器优势

相对于编译器，解释器具有如下优势。

❑ 灵活性高。解释型语言往往比编译型语言更灵活，因为可以动态类型化并允许更快速的原型制作。除此之外，基于逐行执行策略，解释器可以帮助用户轻松发现错误所在。

❑ 快速开发。解释型语言的开发速度通常比编译型语言的更快。我们可以对解释型代码进行更改并立即进行测试，而无需冗长的编译过程。

❑ 可移植性。用解释型语言编写的程序可以在任何安装了解释器的平台上运行，而不需要为每个平台重新编译。

❑ 内存管理便捷性。解释器通常自动进行内存管理，这可以简化管理流程并降低内存管理出现错误的风险。

当然，解释器同编译器一样不是完美的。通常而言，解释器的主要缺点在于运行性能，即在执行相同规模的数据时，解释器的运行时长比编译器的运行时长长得多。

4. 解释器在 Traefik 插件中的意义

在 Traefik 架构中，Traefik 插件使用编译好的 Go 语言开发，但未预编译和链接，而是由嵌入式 Go 解释器 Yaegi 即时执行。因此，解释器的动态性和高效性使得嵌入式 Go 解释器 Yaegi 成为 Traefik 架构中插件开发的理想选择。

总体来说，在 Go 体系中，解释器可以很方便地使用接口、结构和函数组合实现，可用于解析和解释用户输入以及过滤数据等。通过解释器，我们可以创建功能更强的应用，理解和执行复杂的命令。

13.2.2　实现原理

作为一个由 Containous 开发的开源项目，Yaegi 是一个优雅的 Go 解释器，主要用于在 Go 运行时之上执行可执行的 Go 脚本、嵌入式插件、交互式 Shell 和即时插件等。

Yaegi 的高灵活性和高效性使其成为快速开发和测试 Go 应用程序的理想选择。除此之外，Yaegi 还支持一些高级特性，如动态类型、反射和接口等。这些特性可以让开发人员编写更加灵活和可扩展的代码。这些特性使 Yaegi 成为一个非常强大的工具，可以帮助开发人员在快速迭代和开发过程中更加高效地进行代码编写和测试。由于 Yaegi 的灵活性和可扩展性，它也适用于不同规模和类型的项目。

那么，Yaegi 解释器具有哪些特性？

❑ 完整支持 Go 规范。

❑ 用纯 Go 语言编写，仅使用标准库。

❑ 简单的 API，包括 New()、Eval()、Use()3 个关键接口。

❑ 可在各种环境中使用。

❑ 支持在脚本中访问 Go 语言和运行时的全部资源，包括标准库、Goroutine、Channel 等，并提供了控制和限制机制。

❑ 默认处于安全限制模式，不使用也不导出 unsafe 和 syscall 等敏感包，从源头上提高安全性。

❑ 支持 Go 1.18 及以上版本。

通常情况下，Yaegi 解释器有两种模式：文件模式和 REPL（Read Eval Print Loop）模式，可以从标准输入、字符串参数或文件中读取 Go 语言程序并运行。如果没有带参数调用，Yaegi 会在 REPL 模式中处理标准输入，并显示相关提示。

1. 文件模式

Yaegi 在文件模式下与 Go 标准编译器类似。源文件在被解析前被完全读取，然后被评估，同时处理前置声明并将包代码拆分至多文件。

在此模式下，Go 规范完全适用。如果初始文件以 "#! " 开头，所有文件都采用文件模式解释。

例如 "#!/usr/bin/env yaegi" 定义可执行脚本，在这种模式下，初始文件将采用 REPL 模式解释。

2. REPL 模式

在 REPL 模式下，Yaegi 解释器以增量方式解析源代码。一旦语句执行完成，Yaegi 便会对其进行评估。这使 Yaegi 解释器适于交互式命令和脚本执行。

虽然此模式下 Go 规范依然适用，但从本质上来讲，与标准 Go 程序相比存在以下差异。

❏ 允许所有局部和全局声明（const、var、type、func），包括简要形式，所有标识符必须在使用前定义（作为标准 Go 函数内的声明）。这些语句在全局空间被求值，属于一个隐式的 main 包。

❏ 在 REPL 模式下不需要包语句或主函数，可以避免预加载二进制包的导入语句。

需要注意的是，源包始终以文件模式解释，即使在 REPL 模式下导入。

13.2.3 应用场景

Yaegi 解释器主要应用场景如下。

1. 作为嵌入式解释器

作为嵌入式解释器，Yaegi 提供了创建解释器实例和运行 Go 代码的 API。以下是一个示例代码，展示了如何使用 Yaegi 创建解释器实例和执行 Go 代码：

```go
package main

import (
  "fmt"
  "github.com/traefik/yaegi/interp"
  "github.com/traefik/yaegi/stdlib"
)

func main() {
  //创建解释器实例
  i := interp.New(interp.Options{})

  //导入标准库
  i.Use(stdlib.Symbols)

  //导入 fmt 包
  _, err := i.Eval('import "fmt"')
  if err != nil {
    panic(err)
  }

  //执行 fmt.Println 语句
  _, err = i.Eval('fmt.Println("Hello Yaegi")')
  if err != nil {
    panic(err)
  }
}
```

上述示例演示了解释器使用可执行预编译符号的能力。借助语句 i.Use（stdlib.Symbols），Yaegi 解释器可从可执行文件而非源文件导入 fmt 包。

Yaegi 还提供了 goexports 命令，能为任何包从源码构建二进制包，还可用于生成默认提供的所有标准库的包。

2. 作为命令行解释器

Yaegi 还可以作为命令行解释器。Yaegi 可以解释 Go 文件或运行交互式程序等。以下是一个 Yaegi 作为命令行解释器的示例：

```
[lugalee@lugaLab ~ ]% yaegi
> 1 + 2
3
> import "fmt"
> fmt.Println("Hello World")
Hello World
>
```

通常，在交互模式下，所有 stdlib 包都是预先导入的，可以通过如下命令实现：

```
[lugalee@lugaLab ~ ]% yaegi
> reflect.TypeOf(time.Date)
: func(int, time.Month, int, int, int, int, int, *time.Location) time.Time
>
```

同理，对于解释 Go 语言的包、目录或文件，包括相关自定义包文件，我们可以执行相关操作，具体如下：

```
[lugalee@lugaLab ~ ]% yaegi -syscall -unsafe -unrestricted github.com/traefik/
yaegi/cmd/yaegi
>
```

除此之外，Yaegi 还能对 shebang 行中运行的 Go 脚本进行操作，具体如下：

```
[lugalee@lugaLab ~ ]% cat /tmp/test
#!/usr/bin/env yaegi
package main

import "fmt"

func main() {
  fmt.Println("test")
}
[lugalee@lugaLab ~ ]% ls -la /tmp/test
-rwxr-xr-x 1 dow184 dow184 93 Jan  6 13:38 /tmp/test
[lugalee@lugaLab ~ ]% /tmp/test
test
```

3. 作为动态扩展框架

Yaegi 还可以作为动态扩展框架，用于实现特定的需求。以下是一个示例程序，展示了如何在 Yaegi 中编译和执行 Go 脚本，并将其作为动态扩展加载到程序中：

```
package main
import "github.com/traefik/yaegi/interp"

const src = 'package foo
func Bar(s string) string { return s + "-Foo" }'

func main() {
  i := interp.New(interp.Options{})

  _, err := i.Eval(src)
  if err != nil {
    panic(err)
  }

  v, err := i.Eval("foo.Bar")
  if err != nil {
    panic(err)
  }

  bar := v.Interface().(func(string) string)

  r := bar("Kung")
  println(r)
}

  _, err = i.Eval('fmt.Println("Hello Yaegi")')
  if err != nil {
    panic(err)
  }
}
```

以上程序首先定义了一个名为 foo 的包，并在其中定义了一个名为 Bar 的函数。然后，通过 interp.New() 创建一个新的解释器实例，并使用 i.Eval() 来解析和执行包含源代码的字符串。接着，调用 i.Eval("foo.Bar") 来获取名为 Bar 的函数的值。通过 v.Interface().(func(string) string) 语法将函数值转换为可调用函数类型，并将其赋值给变量 bar。最后，调用 bar() 函数并将其返回值打印到控制台。另外，上述示例还演示了如何在解释器中执行 fmt.Println() 函数。

13.3 插件支持

虽然 Traefik 默认提供了中间件，可以满足大部分业务需求，但在实际业务场景中，基于不同的需求，我们仍然需要实现自定义中间件。为了解决这个问题，Traefik 官方在 2.5 版本后引入了本地插件支持特性，以满足广大技术人员的需求，解决实际业务痛点。

插件支持是 Traefik 的一个强大功能，允许开发人员给 Traefik 添加新功能并定义新行为。例如，插件可以修改请求或标头、发出重定向、添加身份验证等，提供与 Traefik 中间件类似的功能。此外，插件还可以作为 Traefik 提供商，允许从新的基础设施组件（例如编排器或云提供商）中提供配置。

　　与传统的中间件或提供商不同，插件是由嵌入式脚本解释器（Yaegi）在运行时动态加载和执行的，无须编译、生成二进制文件。同时，所有插件支持跨平台服务、易于开发并在广泛的用户群中共享。这种灵活性和可移植性使开发人员可以更加轻松地开发插件，以满足特定的业务需求。这些插件可共享和重复使用。

13.3.1　为什么需要插件

　　Traefik 是一种开源的云原生边缘路由器和负载均衡器，可用于轻松地在多个服务、集群、容器或服务器之间分配流量，旨在与现代容器编排平台，如 Docker、Kubernetes 和 Mesos 等实现无缝协作。Traefik 的插件系统允许开发人员使用自定义中间件、路由器和提供商来扩展其功能。

　　插件可以实现添加新功能、拦截和修改请求、限制应用速率、添加身份验证等。同时，Traefik 被设计为模块化和可扩展，因此插件可以很容易地集成到系统中而不会造成任何中断。

　　插件由可导入 Traefik 代码库或在运行时动态加载的 Go 语言包开发。Traefik 的插件系统提供了以简单、灵活且强大的方式自定义路由和负载均衡器行为的方式，而无须修改核心代码，从而简化了 Traefik 扩展的过程。

　　为什么 Traefik 插件很重要？ Traefik 插件之所以重要有如下几个原因。

　　1）提供灵活的解决方案，满足复杂需求。

　　Traefik 插件可用于满足 Traefik 核心功能无法轻松实现的复杂需求，例如，可以开发一个插件来根据用户的 IP 地址动态路由流量，或者向特定端点添加精细的访问控制。插件使开发人员能够以适合特定用例的方式自定义 Traefik 行为。

　　2）提高性能和可扩展性。

　　插件可以减少 Traefik 必须处理的请求数量、缩短响应时间，并在服务之间更均匀地分配负载，从而提高性能和可扩展性。

　　3）增强安全性和可靠性。

　　插件可用于向 Traefik 添加安全措施，例如速率限制、身份验证和 SSL 终止；同时，还可以与防火墙和入侵检测系统等外部工具集成，提供额外的保护层。插件还可以通过添加故障转移、重试和错误处理机制来提高可靠性、安全性和可靠性。

13.3.2　在线开发模式

　　Traefik 官方提供了一个插件目录页面，其中列出了来自各个厂商、社区组织以及官方所提供的在线插件，具体可参考图 13-4。用户可以根据自身的业务需求，在线浏览和安装所需要的插件。

 提示　目前，Traefik 2.3 及以上版本提供了对插件的开发支持。

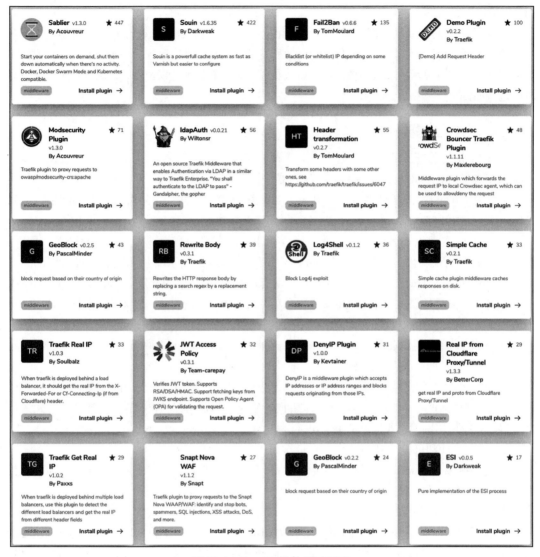

图 13-4　Traefik 插件目录页面

　　在选定的 Traefik 实例中启用插件时，我们必须在静态配置中声明插件，否则插件不会生效。当我们点击"Install Plugin"时，插件目录 UI 将提供要添加的代码段。插件在启动期间会被专门解析和加载，这允许 Traefik 检查代码的完整性并及早发现错误。如果在加载过程中发生错误，插件将被禁用。

　　在实际的业务场景中，出于安全原因，在 Traefik 运行时无法启动新插件或修改现有插件。因此，我们需要重新启动 Traefik，以使其生效。

　　对于自定义的中间件插件，一旦加载成功，这些插件就像静态编译的中间件一样。它们的实例化和行为由动态配置驱动。

以 Block Path 和 Rewrite Body 中间件插件为例，在 Traefik 静态配置中添加对应的 blockpath 和 rewritebody 插件。Block Path 中间件插件主要用于当请求的 HTTP 路径与配置的表达式匹配成功时发送 HTTP 响应，而 Rewrite Body 中间件插件主要通过替换字符串搜索正则表达式来重写 HTTP 响应主体。

在静态配置文件中添加所引用的插件代码，具体操作如下：

```
experimental:
  plugins:
    plugin-blockpath:
      moduleName: "github.com/traefik/plugin-blockpath"
      version: "v0.2.1"
    plugin-rewritebody:
      moduleName: "github.com/traefik/plugin-rewritebody"
      version: "v0.3.1"
```

基于实际的业务场景，所构建的一些插件往往需要通过添加动态配置来加载。以 Rewrite Body 插件为例，它的配置参考如下：

```
apiVersion: traefik.containo.us/v1alpha1
kind: Middleware
metadata:
  name: devops-plugin-rewritebody
  namespace: devops-namespace
spec:
  plugin:
    plugin-rewritebody:
      lastModified: "true"
      rewrites:
        - regex: bar
          replacement: foo
```

完成上述配置后，我们需要重新启动 Traefik 实例，才能使所配置的插件生效并正常提供服务。

Provider 插件实例化和行为由静态配置驱动。下面以 service-fabric-plugin 为例，在 Traefik 静态配置文件中添加并配置该插件：

```
experimental:
  traefikServiceFabricPlugin:
    moduleName: github.com/dariopb/traefikServiceFabricPlugin
    version: v0.2.2

providers:
  plugin:
    traefikServiceFabricPlugin:
      pollInterval: 4s
      clusterManagementURL: http://dariotraefik1.southcentralus.cloudapp.azure.
com:19080/
      #certificate : ./cert.pem
      #certificateKey: ./cert.key
```

13.3.3 本地开发模式

除了官方指定的在线模式外，Traefik 还提供了一种本地模式，主要用于未托管在 GitHub 中的私有插件、在开发过程中测试插件。

要在本地模式下使用插件，我们需要在 Traefik 静态配置中定义模块名称和 Go Workspace 的路径。

插件必须放在目录中。该目录应该在运行 Traefik 二进制文件的进程的工作目录中。插件的源代码应该按照以下方式组织，具体参考如下所示：

```
./plugins-local/
└── src
    └── github.com
        └── traefik
            └── plugindemo
                ├── demo.go
                ├── demo_test.go
                ├── go.mod
                ├── go.sum
                ├── LICENSE
                ├── Makefile
                ├── readme.md
                └── vendor
                    ├── github.com
                    │   └── traefik
                    │       └── genconf
                    │           ├── dynamic
                    │           │   ├── config.go
                    │           │   ├── http_config.go
                    │           │   ├── marshaler.go
                    │           │   ├── middlewares.go
                    │           │   ├── plugins.go
                    │           │   ├── tcp_config.go
                    │           │   ├── TLS
                    │           │   │   ├── certificate.go
                    │           │   │   └── TLS.go
                    │           │   ├── types
                    │           │   │   ├── domains.go
                    │           │   │   └── TLS.go
                    │           │   └── udp_config.go
                    │           └── LICENSE
                    └── modules.txt
```

Traefik 静态配置如下：

```
# 静态配置
# 本地模式
entryPoints:
  web:
    address: :80

log:
```

```
      level: DEBUG

experimental:
  localPlugins:
    example:
      moduleName: github.com/traefik/plugindemo
```

根据上述配置示例，插件 plugindemo 将会从路径 ./plugins-local/src/github.com/traefik/plugindemo 中加载，而不是从互联网上下载。这意味着可以将插件代码存储在本地文件系统中，并通过相对路径指定插件的位置，而无须从互联网上下载。这种方式可以加快插件的加载速度并提高安全性，因为本地插件可以进行更严格的审核和控制。

值得注意的是，这种方式需要手动将插件代码下载到本地文件系统中，并确保指定的路径正确。如果插件代码的位置发生变化，或者路径指定错误，将无法加载插件。因此，我们需要仔细考虑插件代码的管理和维护，以确保插件始终可用并保持最新状态。

 使用本地模式时，插件代码必须与 Traefik 的版本兼容，并且需要手动编译。在使用本地开发模式时，我们需要确保插件代码的完整性并及时更新，以确保系统的安全性和稳定性。

13.4　开发 Traefik 插件

为了实现 Traefik 将插件用作中间件或提供商，开发 Traefik 插件需要遵循特定的代码架构。插件的体系结构取决于其类型（中间件或提供商）。

在最新版本中，Traefik 官方内置了各种不同类型的中间件，包括可以修改请求、头信息的中间件，负责重定向的中间件以及可添加身份验证等功能的中间件。这些中间件可以通过链式组合的方式来满足大部分业务需求。因此，Traefik 2.x 版本发布以来，受到了很大的关注。

虽然 Traefik 官方已经提供了各种常用的中间件，但在某些特殊场景下，这些中间件可能无法满足需求。目前，Traefik 官方还没有提供自定义中间件集成到 Traefik 的解决方案，只能通过对官方源代码进行适应性改造的方式来实现自定义中间件。

13.4.1　定义主逻辑

下面以一个简单的示例来说明如何基于 Traefik v2.x 开发一个自定义中间件，并以添加"验证 Token"功能为例，简要解析该插件使用方法。此插件主要功能是：获取请求 Header 中添加的 Token，后端服务校验 Token 是否正确，若正确，则继续请求后端服务；反之，则直接返回错误信息，具体步骤如下。

在 pkg/middleware/auth 目录下自定义插件主逻辑文件。在本案例中，我们新建一个名为 token_auth 的 Go 文件。该文件作为插件主逻辑文件，声明所封装的自定义功能插件，源代码如下所示：

```
...
const (
  tokenTypeName = "TokenAuthType"
)
//定义结构体
type tokenAuth struct {
  address             string
  next                http.Handler
  name                string
  client              http.Client
}
...
//创建一个授权访问认证中间件
func NewToken(ctx context.Context, next http.Handler, config dynamic.TokenAuth,
name string) (http.Handler, error) {
    log.FromContext(middlewares.GetLoggerCtx(ctx, name, tokenTypeName)).Debug
("Creating middleware")

    ta := &tokenAuth{
      address:          config.Address,
      next:             next,
      name:             name,
    }

    //创建请求其他服务的 HTTP 客户端
    ta.client = http.Client{
      CheckRedirect: func(r *http.Request, via []*http.Request) error {
        return http.ErrUseLastResponse
      },
      Timeout: 30 * time.Second,
    }

    return ta, nil
}
...
  //从 Header 中获取 Token
  token := req.Header.Get("token")
  if token == "" {
    logMessage := fmt.Sprintf("Error calling %s. Cause token is empty", ta.address)
    traceAndResponseDebug(logger, rw, req, logMessage, []byte("{\"statue\":100
00,\"message\":\"token is empty\"}"), http.StatusBadRequest)
    return
  }
...
  //以下都是请求其他服务来验证 Token
  //构建请求体
  form := url.Values{}
  form.Add("token", token)
  passportReq, err := http.NewRequest(http.MethodPost, ta.address, strings.
NewReader(form.Encode()))
    tracing.LogRequest(tracing.GetSpan(req), passportReq)
    if err != nil {
      logMessage := fmt.Sprintf("Error calling %s. Cause %s", ta.address, err)
```

```
      traceAndResponseDebug(logger, rw, req, logMessage, errorMsg, http.
StatusBadRequest)
      return
    }

    tracing.InjectRequestHeaders(req)

    passportReq.Header.Set("Content-Type", "application/x-www-form-urlencoded")

    //Post 请求
    passportResponse, forwardErr := ta.client.Do(passportReq)
    if forwardErr != nil {
      logMessage := fmt.Sprintf("Error calling %s. Cause: %s", ta.address, forwardErr)
      traceAndResponseError(logger, rw, req, logMessage, errorMsg, http.
StatusBadRequest)
      return
    }

    logger.Info(fmt.Sprintf("Passport auth calling %s. Response: %+v", ta.address,
passportResponse))

    //读结构体
    body, readError := ioutil.ReadAll(passportResponse.Body)
    if readError != nil {
      logMessage := fmt.Sprintf("Error reading body %s. Cause: %s", ta.address,
readError)
      traceAndResponseError(logger, rw, req, logMessage, errorMsg, http.
StatusBadRequest)
      return
    }
    defer passportResponse.Body.Close()

    if passportResponse.StatusCode != http.StatusOK {
      logMessage := fmt.Sprintf("Remote error %s. StatusCode: %d", ta.address,
passportResponse.StatusCode)
      traceAndResponseDebug(logger, rw, req, logMessage, errorMsg, http.
StatusBadRequest)
      return
    }

    //解析结构体
    var commonRes commonResponse
    err = json.Unmarshal(body, &commonRes)
    if err != nil {
      logMessage := fmt.Sprintf("Body unmarshal error. Body: %s", body)
      traceAndResponseError(logger, rw, req, logMessage, errorMsg, http.
StatusBadRequest)
      return
    }

    //判断返回值，非 0 代表验证失败
    if commonRes.Status != 0 {
      logMessage := fmt.Sprintf("Body status is not success. Status: %d",
```

```
commonRes.Status)
        traceAndResponseDebug(logger, rw, req, logMessage, errorMsg, http.
StatusBadRequest)
        return
    }

    ta.next.ServeHTTP(rw, req)
}
...
```

此时，工程项目目录结果如图 13-5 所示。

图 13-5　token_auth 目录结构

13.4.2　添加动态配置映射

接下来，我们将在 pkg/config/dynamic/middleware.go 文件中添加与上述插件主逻辑对应的动态配置映射。

虽然我们已经将自定义的 TokenAuth 中间件代码添加到 Traefik 源码中，但这仅仅是声明了中间件而已，还需要将该中间件配置到 Traefik 的中间件中才能生效。因此，我们需要在 pkg/config/dynamic/middleware.go 文件的 Middleware 结构体下添加自定义中间件字段，以实现实体与配置文件之间的映射，具体源代码如下所示：

```
func (b *Builder) buildConstructor(ctx context.Context, middlewareName string)
(alice.Constructor, error) {
    /* ... */

    //TokenAuth
    if config.TokenAuth != nil {
```

```
    if middleware != nil {
      return nil, badConf
    }
    middleware = func(next http.Handler) (http.Handler, error) {
      return auth.NewToken(ctx, next, *config.TokenAuth, middlewareName)
    }
  }

  /* ... */
}
```

13.4.3　构造插件

接下来，在 pkg/server/middleware/middlewares.go 文件中进行自定义插件的构造。

在动态配置完成后，在服务端构建器中注册上面定义的 Token Auth 中间件，代码位于 pkg/server/middleware/middlewares.go，在 buildConstructor 方法中添加自定义中间件的信息，具体如下：

```
//pkg/server/middleware/middlewares.go

func (b *Builder) buildConstructor(ctx context.Context, middlewareName string)
(alice.Constructor, error) {
  /* ... */

  TokenAuth
  if config.TokenAuth != nil {
    if middleware != nil {
      return nil, badConf
    }
    middleware = func(next http.Handler) (http.Handler, error) {
      return auth.NewToken(ctx, next, *config.TokenAuth, middlewareName)
    }
  }

  /* ... */
}
```

至此，我们已经基本完成 Token Auth 中间件的开发工作。接下来，我们完成重新编译、打包以及相关配置活动创建等事项，具体步骤可参考如下。

1）重新编译、打包 Traefik 组件，此处有多种方式可完成。以下为以 Go 工具实现的简单示例：

```
[lugalee@lugaLab ~ ]% go generate
[lugalee@lugaLab ~ ]% export GOPROXY=https://goproxy.cn
[lugalee@lugaLab ~ ]% export GO111MODULE=on
[lugalee@lugaLab ~ ]% go build -v -o traefik ./cmd/traefik
```

2）创建自定义配置文件。以 traefik.yaml 为例，创建基于 middlewares 的配置文件，具体如下所示：

```
http:
  middlewares:
    # Token 验证
    token-auth:
      tokenAuth:
        address: <http://devops.example.com/token_info>
```

动态路由配置如下：

```
http:
  routers:
    svc:
      entryPoints:
      - web
      middlewares:
      - token-auth
      service: svc
      rule: PathPrefix('/list')
```

此时，新添加的 Token Auth 功能插件就可以发挥作用了。接下来，我们再对其进行重启操作以便生效，相关命令如下：

```
[lugalee@lugaLab ~ ]% ./traefik --configfile=traefik.yaml
```

至此，基于 Traefik 的一个简单的自定义插件开发工作完成。然后，我们结合实际的业务逻辑进行测试、验证即可。

13.5　本章小结

本章主要基于 Traefik 插件的相关内容进行深入解析，具体如下。

❑ 讲解 Yaegi 解释器，涉及实现原理、解释器与编译器对比以及应用场景等。

❑ 讲解 Traefik 插件开发模式，包括在线开发、本地开发。

❑ 讲解 Traefik 插件开发实践，以认证插件中间件为例，分别从开发流程、规范以及源码角度进行解析。

第 14 章 *Chapter 14*

Traefik 性能优化

作为云原生生态中一种流行的开源反向代理和负载均衡器，Traefik 近年来越来越受到开发人员和系统运维人员的关注。简单易用和灵活性使其可以应用于不同的业务架构。

然而，像任何其他组件一样，Traefik 也会遇到性能问题，特别是在处理高流量和复杂配置时。本章节重点围绕性能优化主题展开论述，主要从 Traefik 组件自身特性、底层依赖框架以及操作系统等多个维度深入分析影响 Traefik 性能的相关指标；同时，对这些指标提高提供最佳实践建议，以指导大家在实际业务场景中充分发挥 Traefik 作用，提高业务效率。

14.1 概述

随着互联网变得越来越复杂，快速、高效和可靠的 Web 服务需求变得越来越迫切。作为一款现代化、动态化、云原生的反向代理和负载均衡器，Traefik 旨在处理现代 Web 应用程序的流量，而且能够与不同的平台兼容，并且易于使用、可扩展。

在当前云原生架构背景下，Traefik 可以与现代微服务架构兼容，并能够根据服务的可用性和健康状况将流量动态路由到不同的服务。

对于任何应用来说，Traefik 性能优化都是极其重要的。高性能的网络服务可以确保用户使用应用时有良好的体验。而响应慢、加载时间长及其他性能问题可能导致用户沮丧、参与度下降，甚至损失收入。

对于依赖应用赚取收入的企业来说，Traefik 性能优化至关重要。而响应慢会导致销量和收入损失，还可能损害公司声誉。

对于现代微服务架构来说，Traefik 性能优化同样重要。微服务的特性是高扩展性和弹性，但只有各个服务都具有高性能才能实现这些目标。性能低的服务会影响整个系统并降低扩展能力。

作为云原生领域的功能强大且高性能的反向代理和负载均衡器，Traefik 集成负载均衡、安全防护和业务网关功能，可靠地为应用提供流量接入和负载均衡支持。为了确保 Traefik 能够处理大量流量且响应迅速，性能和稳定性优化就显得尤为重要。

优化 Traefik 性能有助于提高路由效率、减少请求延迟、提高系统扩展能力。通过缓存、负载均衡、路由、扩展和监控技术，Traefik 能够提高 Web 应用程序服务水平。

14.2 Traefik 应用组件

Traefik 旨在为微服务和其他网络端点提供无缝连接，具有自动服务发现及 SSL 终止等功能。

Traefik 对于确保应用扩展和处理大量流量至关重要。然而，与任何其他软件组件一样，在实际的业务场景中，Traefik 需要不断进行配置优化和调整，才能达到最佳性能。Traefik 组件结构示意图如图 14-1 所示。

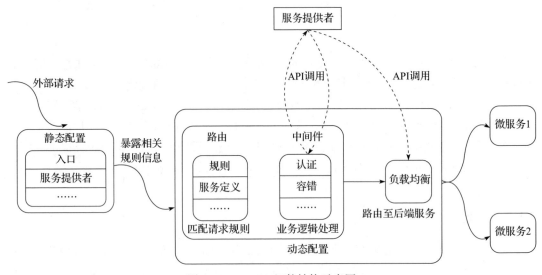

图 14-1　Traefik 组件结构示意图

针对 Traefik 组件，我们主要从日志、连接池、缓存和压缩、负载均衡算法、SSL/TLS 卸载以及 HTTP/2 支持等多方面进行优化调整，以探索适合自身业务架构的最佳实践。

14.2.1　日志

日志是重要的 Traefik 性能优化方面。Traefik 提供访问日志、错误日志和调试日志 3 种日志选项。

访问日志记录传入请求的信息，如请求方法、URL、状态码和响应时间等。我们可通过分析访问日志，辅助优化 Traefik 配置。

错误日志记录在处理请求过程中发生的错误信息，有助于排查故障。但错误日志数量也需要在合理范围内，过多错误日志会影响 Traefik 性能。

调试日志记录 Traefik 内部工作细节，对故障排除非常有用，但同样需要控制日志级别。

1. 缓冲大小

通常情况下，为提升 Traefik 日志记录的性能，我们可以对访问日志指定为 bufferingSize 选项，以异步方式进行内存缓冲日志写入，具体配置如下：

```
accessLog:
  filePath: "/path/to/access.log"
  bufferingSize: 100
```

bufferingSize 指定 Traefik 在将日志行写入日志文件之前保留在内存中的数量。默认情况下，Traefik 每接收一个访问日志，立即将其写入日志文件，这样会导致大量的文件读写，影响性能。

通过指定 bufferingSize，Traefik 会将日志先保留在内存缓冲区。当缓冲区中的日志行数量达到 bufferingSize 设定的值时，Traefik 才会一次性将这些日志行写入日志文件。这样能够有效减少对日志文件的读写次数，并通过内存缓冲来异步进行日志写入，有利于提升 Traefik 性能。

但是 bufferingSize 不能设置得过大，因为如果 Traefik 崩溃，超出 bufferingSize 值的、未写入磁盘的日志会丢失。因此，我们需要根据 Traefik 的负载和容错能力合理设置 bufferingSize，以平衡 Traefik 性能和日志丢失风险。

一般而言，bufferingSize 设置在 100 ～ 1000 之间最佳，可以最大程度提升性能，同时用户对于少量的日志丢失可容忍。

2. 过滤策略

另一种提升 Traefik 性能的方法是通过过滤器对访问日志进行过滤，从而减少写入磁盘的日志量。

具体来说，可以通过过滤器配置来指定只记录特定 URL 的请求日志、只记录特定状态码的请求日志、只记录包含特定 headers 的请求日志等。这些过滤规则能够有效筛选需要记录的日志，减少写入磁盘的日志量，从而提升 Traefik 性能。

Traefik 支持为访问日志配置多个过滤器，以有效减少日志量，提升 Traefik 性能，具体配置示例如下：

```
# 配置多个过滤器
accessLog:
  filePath: "/path/to/access.log"
  format: json
  filters:
    statusCodes:
      - "200"
      - "300-302"
    retryAttempts: true
    minDuration: "10ms"
```

上述配置文件定义了 3 个过滤器。

❑ statusCodes：仅允许记录状态码为 200、300-302 的请求日志。

❑ retryAttempts：仅记录至少重试一次的请求日志。

❑ minDuration：仅记录请求持续时间不小于 10ms 的请求日志。

这有效减少了访问日志中的噪声，提高了过滤后日志的有效信号与噪声比，是降低磁盘 I/O 和提升 Traefik 性能的一个良策。

此外，多个过滤器可以组合使用，以实现更精细的日志过滤。

14.2.2　连接池

连接池是一种可以显著提高应用程序性能的技术，主要重用现有连接而不是为每个请求创建新连接，这是因为创建新连接可能是一个耗时的过程。

在基础设施配置完成后，下一步就是优化 Traefik 的请求处理能力，涉及配置 Traefik 以高效地处理传入请求，并最大限度减少处理请求以及缩短将请求路由到适合的后端服务所需的时间。

启用连接重用是优化请求处理的关键策略之一。默认情况下，Traefik 在每个请求后关闭连接，这会导致大量开销并减慢请求处理速度。通过启用连接重用，Traefik 可以保持连接打开并将连接重用于后续请求，从而减少开销并提高性能。

Traefik 支持使用 Keep-Alive 连接池，在指定的时间段保持客户端和服务器之间的连接打开。要启用连接池，我们需要将 keep-alive 中间件添加到 Traefik 配置：

```
[http.middlewares.keep-alive]
  connections = 100
  idleTimeout = "60s"
[http.routers.devops-router.middlewares]
  [http.routers.devops-router.middlewares.keep-alive]
```

上述配置定义 Traefik 在客户端和服务器之间保持最多 100 个空闲连接打开，空闲超时时间为 60s。同时，keep-alive 中间件被添加到 devops-router 路由器，为该路由器启用连接池功能。

14.2.3　缓存和压缩

调整 Traefik 性能的另一个策略是利用缓存和压缩技术，以减少需要传输和处理的数据量。缓存可以极大地提高 Traefik 性能，其工作原理是将经常访问的数据存储在内存中，避免每次都重新生成内容。

Traefik 支持多种缓存方式，通常主要涉及如下 3 种。

❑ 内存缓存：使用内存存储，速度快但数据会丢失。

❑ 文件缓存：使用磁盘缓存，数据保留时间长但访问速度较慢。

❑ 分布式缓存：使用 Redis 或 Memcached 等提供分布式缓存。

启用缓存可以减少对后端服务的请求量，从而降低后端负载并提高 Traefik 性能。

同时，Traefik 支持静态内容缓存和动态内容缓存。

❑ 静态内容缓存：使用文件提供商中间件来缓存图片、CSS 等不常改变的静态文件。

❑ 动态内容缓存：使用 HTTP 缓存中间件来缓存数据库查询结果或 API 响应等经常变化的数据。

要启用缓存，需要将相应的中间件添加到 Traefik 配置，具体如下：

```
[http.middlewares.static-cache.cache]
  max-age = "1h"
  options = "no-store, no-transform"
[http.routers.devops-router.middlewares]
  [http.routers.devops-router.middlewares.static-cache]
    cache.backend = "file"
    cache.directory = "/var/cache/traefik"
    cache.ttl = "1h"
```

上述配置定义 Traefik 使用文件提供商来缓存静态文件，并将缓存保留时间设置为 1h。缓存目录被设置为 /var/cache/traefik，并且缓存 TTL 被设置为 1h。通过这些合理的配置，Traefik 能够有效地缓存静态文件内容。文件缓存可以使用磁盘来提高缓存的持久性，尽管相对于内存缓存，速度要慢一些。但是，经过合理的配置，我们可以有效地减少 Traefik 对后端服务的请求，同时降低 Traefik 自身的负载，从而提高性能。

另外，压缩的主要目的是在数据通过网络传输之前进行压缩，从而减少需要传输的数据量并提高网络性能。Traefik 支持多种压缩算法，包括 gzip 和 brotli。通过启用压缩，我们可以减少需要传输的数据量，并提高 Traefik 整体性能。

14.2.4　负载均衡算法

负载均衡是一种技术，用于在多个服务器之间分配传入流量，从而提高应用程序的整体性能和可用性。Traefik 支持多种负载均衡算法，包括 Round-robin、Least Connections 和 IP Hash。

默认情况下，Traefik 使用 Round-robin 算法，将流量平均分配到所有可用服务器上。Least Connections 算法可将流量定向到活动连接最少的服务器，从而降低服务器过载的风险。IP Hash 算法使用客户端的 IP 地址来确定将请求发送到哪个服务器，确保同一客户端请求始终指向同一服务器。

要配置负载均衡算法，需要将适当的提供商添加到 Traefik 配置中。例如，要使用 Least Connections 算法，可以使用以下配置：

```
[http.services.devops-service.loadBalancer]
  type = "leastconn"
```

上述配置定义使用 Least Connections 作为 devops-service 服务负载均衡算法。当某个后端实例的连接数接近 maxConn 时，Traefik 会将新请求定向到连接数较少的后端。此算法相对于 Round-robin 算法，可以更好地平衡负载，从而降低后端实例的资源压力，提升系统吞吐量和稳定性。

14.2.5　SSL/TLS 卸载

SSL/TLS 卸载能够有效降低后端服务的 CPU 使用率和内存消耗，特别是在 TLS 1.3 版本中，由于 ECDHE 交换变得更加耗时，不进行卸载会给后端造成更大的压力。

Traefik 还支持使用 SSL/TLS 加速硬件来进一步提高卸载效率，具体配置如下：

```
[http.middlewares.https.redirectScheme]
  scheme = "https"
[http.middlewares.https.TLS]
  certResolver = "devopsresolver"
[http.routers.devops-router.TLS]
  certResolver = "devopsresolver"
[http.routers.devops-router.middlewares]
  [http.routers.devops-router.middlewares.https]
```

上述配置定义了 Traefik 如何使用中间件来处理 HTTP 和 HTTPS 流量。具体而言，使用 redirectScheme 中间件将 HTTP 流量重定向到 HTTPS，而 TLS 中间件用于终止 SSL/TLS 连接并将未加密的流量转发到后端服务器。

certResolver 参数用于指定要使用的证书解析器。该解析器在其他配置项中定义。例如，在此配置中，certResolver 参数设置为 devopsresolver，这意味着 Traefik 将使用名为 devopsresolver 的证书解析器来解析 SSL/TLS 证书。此外，在此配置中，devops-router 被配置为 Traefik 路由器，同时配置了 TLS 中间件和 HTTPS 中间件，以确保安全地处理进入的流量。

14.2.6　HTTP/2 支持

HTTP/2 是 HTTP 协议的最新版本，相较于前身 HTTP/1.1，性能显著提高。Traefik 开箱即用地支持 HTTP/2，这可以极大地提高应用程序的性能。

为了启用 HTTP/2 支持，我们需要在 Traefik 配置中添加适当的设置，具体配置示例如下：

```
[http.services.devops-service.loadBalancer]
  passHostHeader = true
  serverName = "devops-service"
  [[http.services.devops-service.loadBalancer.servers]]
    url = "http://server1:8080"
    weight = 1
[http.routers.devops-router.TLS]
  certResolver = "devopsresolver"
  [[http.routers.devops-router.TLS.domains]]
    main = "example.com"
[http.routers.devops-router.service]
  loadBalancer = "devops-service"
```

上述配置定义了 Traefik 为名为 devops-service 的服务启用 HTTP/2 支持。其中，passHostHeader 参数设置为 true，将 Host 标头转发到后端服务器。serverName 参数指定在 HTTP/2 握手中使用的服务器名称。loadBalancer 参数设置为 devops-service，为 devops-router 路由器启用 HTTP/2 支持。同时，该配置还指定了 SSL/TLS 证书的解析器和域名，以确保安全地处理进入的流量。

通过使用这些配置，我们可以轻松启用 HTTP/2 支持，从而显著地提高应用程序的性能。

14.3　Go 虚拟机

除了优化 Traefik 自身组件来提升性能外，我们还可以通过优化 Traefik 所运行的 Go 虚拟机来提高整体性能。通过编译优化、内存优化、GC 优化，Traefik 性能可以得到提升。

14.3.1　编译优化

1. 使用最新版本的 Go 编译器

使用最新版本的 Go 编译器是提升 Traefik 性能的一个有效方式。通常，新的 Go 版本性能和效率得到提升，增加了新的语言特性，漏洞得到修复等，可以有效提升 Traefik 性能。

2. 启用 GOMAXPROCS

GOMAXPROCS 是一个环境变量，控制 Go 代码同时运行的最大线程数。默认情况下，GOMAXPROCS 设置为计算机上的 CPU 核数。我们可以调整这个设置来提高 Traefik 性能。

提高 GOMAXPROCS 的值可以让 Traefik 使用更多的 CPU 内核，从而提高性能。下面是一个启用 GOMAXPROCS 的示例：

```
package main

import (
  "fmt"
  "runtime"
)

func main() {
  fmt.Println("GOMAXPROCS before:", runtime.GOMAXPROCS(0)) //获取 GOMAXPROCS 的当前值
  runtime.GOMAXPROCS(10)                                   //将 GOMAXPROCS 设置为 10
  fmt.Println("GOMAXPROCS after:", runtime.GOMAXPROCS(0))  //获取 GOMAXPROCS 的最新值
}
```

上述设置允许 Traefik 同时使用 10 个线程来执行 Go 代码，即使用更多的 CPU 资源。相比默认设置，这可以显著提高 Traefik 性能。

当然，GOMAXPROCS 的最佳设置值依赖于具体的硬件配置和 Traefik 负载，如果设置得太高，可能导致过度内容交换而降低 Traefik 性能。所以，我们应该根据具体的环境进行测试和调整，找到最佳的 GOMAXPROCS 设置。

总之，GOMAXPROCS 是一个简单但有用的机制，可以利用更多的 CPU 资源来提高 Go 应用程序的性能和吞吐量。对于高负载的代理和负载均衡器（如 Traefik）来说，这一设置尤为重要。

 通常，建议大家依据实际的压测结果进行 GOMAXPROCS 调整，若将其设置得太高可能会导致收益减少，甚至会因上下文切换开销而降低性能。

3. 使用静态二进制文件

使用静态二进制文件可以提高 Traefik 的性能。Traefik 提供了 traefik build 命令来构建静态二进制文件，支持将所有必需的库和依赖项编译到单一二进制文件中，以减少在运行时加载外部依赖项所需的时间开销。相对于构建为可执行文件并在运行时加载依赖，静态二进制文件启动更快，省去初始化依赖时间，依赖的内存也减少了，同时减少垃圾回收需求。

使用静态二进制文件的主要步骤如下：

```
[lugalee@lugaLab ~ ]% go get -u github.com/go-bindata/go-bindata/...
[lugalee@lugaLab ~ ]% cd traefik
[lugalee@lugaLab ~ ]% go build -o traefik
```

使用静态二进制文件后，Traefik 的启动时间可由几秒缩短至几毫秒，同时，整体吞吐量也可提高 5% ~ 10% 不等。因此，构建静态二进制文件是一个比较简单、直接的 Traefik 性能优化点。

4. 使用异步 I/O

异步 I/O 是一种在不阻塞程序执行的情况下执行 I/O 操作的技术，通过同时处理更多请求来有效提高 Traefik 性能。Go 通过使用 Goroutine 和通道为异步 I/O 提供内置支持。

下面是在 Go 中使用异步 I/O 的示例，具体如下：

```
package main

import (
  "fmt"
  "io/ioutil"
  "net/http"
)

func main() {
  urls := []string{"https://www.google.com", "https://www.facebook.com",
"https://www.twitter.com"}
  ch := make(chan string)

  for _, url := range urls {
    go fetch(url, ch)
  }

  for range urls {
    fmt.Println(<-ch)
  }
}

func fetch(url string, ch chan<- string) {
  resp, err := http.Get(url)
  if err != nil {
    ch <- fmt.Sprint(err)
    return
  }
```

```
defer resp.Body.Close()
body, err := ioutil.ReadAll(resp.Body)
if err != nil {
  ch <- fmt.Sprintf("Error reading response body: %v", err)
  return
}
ch <- fmt.Sprintf("Read %d bytes from %s", len(body), url)
}
```

在上述示例中，我们通过定义 Goroutine 和通道，实现了基于 URL 列表的并发 HTTP 流量获取。

每个 Goroutine 负责获取一个 URL，获取完成后发送结果到通道。同时，主 Goroutine 从通道接收结果并打印。

通过异步获取 URL，我们可以并行发出多个请求，避免在等待请求完成时阻塞。这可以显著提高程序性能，尤其对于处理速度慢或无响应的服务器。

14.3.2　内存优化

计算机程序中的数据和变量都存储在内存中。内存中包括两个重要区域：栈和堆。栈主要用于存储函数参数、返回值和局部变量等数据，由编译器进行管理。堆用于存储动态分配的内存，例如对象和数组等，由内存分配器进行分配，由垃圾收集器进行回收。

1.内存管理

从设计原则角度来看，内存管理涉及 3 部分：用户程序、内存分配器和内存收集器。当用户程序申请内存时，内存分配器申请新的内存。分配器负责从堆中初始化相应的内存区域。然而，内存使用可能成为性能瓶颈，尤其是对于产生大量垃圾的程序。

Go 语言中的内存分配器包含多个关键组件，包括内存管理单元、线程缓存、中央缓存和页堆。在本节中，我们将详细介绍这些组件对应的数据结构（即 runtime.mspan、runtime.mcache、runtime.mcentral 和 runtime.mheap），以及内存分配器的作用和实现方式。

要深入了解 Go 内存的具体架构，可以参考图 14-2。

通常情况下，所有的 Go 语言程序在启动时都会初始化为图 14-2 所示的内存布局。每个处理器都会分配一个线程缓存（runtime.mcache）来处理微型对象和小型对象，这些线程缓存持有内存管理单元（runtime.mspan）。

每种类型的内存管理单元都管理着特定大小的对象。当内存管理单元中没有空闲对象时，它们会从全局堆结构（runtime.mheap）持有的 134 个中央缓存（runtime.mcentral）中获取新的内存单元。全局堆结构会向操作系统请求内存。

 在 amd64 Linux 操作系统中，全局堆结构拥有 4 194 304 个 runtime.heapArena，每个 runtime.heapArena 管理着 64MB 内存，单个 Go 语言程序最多可以有 256TB 内存。

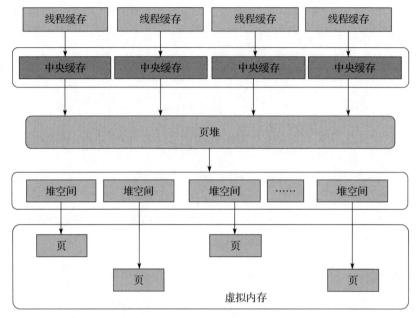

图 14-2 Go 内存架构示意图

（1）内存管理单元

内存管理单元是 Go 语言中管理内存的基本单元，包含两个成员 next 和 prev。这两个成员分别指向下和向上一个相同大小的内存单元，具体如下：

```
type mspan struct {
  next *mspan
  prev *mspan
  ...
}
```

通过这两个指针，同一大小的内存单元构成一个双向链表，具体如图 14-3 所示。runtime. mSpanList 存储这个双向链表的头尾节点，用于线程缓存和中央缓存。

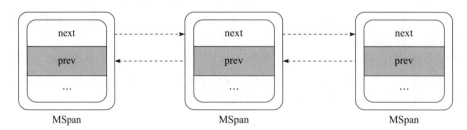

图 14-3 Mspan 双向链表示意图

（2）线程缓存

在 Go 语言中，线程缓存与处理器上的线程绑定，主要用于缓存分配给用户程序的微型对象和小型对象。

　　每个线程缓存有 136 个内存管理单元，存储在 alloc 内存块中。这些内存管理单元用于管理分配给线程的内存块。使用线程时，直接从缓存的内存管理单元中获取，具体可参考图 14-4。

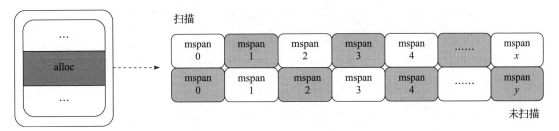

图 14-4　基于 Mcache 线程缓存示意图

　　内存管理单元在初始化时通常不会被分配。只有当用户程序申请内存时，线程缓存才会从中央缓存获取内存管理单元，满足内存分配需求。

　　线程缓存通过中央缓存的 cacheSpan 方法获取内存管理单元，实现相对复杂，具体步骤如下。

　　❑ 从已清理但含可用空间的 spanSet 结构中获取 runtime.span。
　　❑ 从未清理但含空间的 spanSet 结构中获取。
　　❑ 从未清理且无空闲空间的 spanSet 中获取，并清理内存空间。
　　❑ 通过 Heap 请求新的内存管理单元。
　　❑ 更新内存管理单元的 allocCache 等字段，帮助快速分配内存。

（3）中央缓存

中央缓存是内存分配器的核心，用于管理内存的中央缓存。与线程缓存不同，访问中央缓存中的内存管理单元需要使用互斥锁来确保线程安全，具体如下：

```
type mcentral struct {
  spanclass spanClass
  partial   [2]spanSet
  full      [2]spanSet
}
```

　　每个中央缓存管理一个特定大小的内存块，这个内存块被称为跨度类的内存管理单元。这些内存管理单元同时持有 runtime.spanSet，用于存储包含空闲对象和不包含空闲对象的内存块。

（4）页堆

　　页堆是 Go 语言内存分配的核心结构，用于存储全局变量，用于管理堆上初始化的对象。该结构包含两组非常重要的字段：全局中央缓存列表 central 以及用于管理堆内存区域的 arenas 及其相关字段。

　　一般来说，页堆包含一个长度为 136 的中央缓存数组，其中 68 个是需要进行扫描的中央缓存，另外 68 个是不需要扫描的中央缓存，具体的结构如图 14-5 所示。

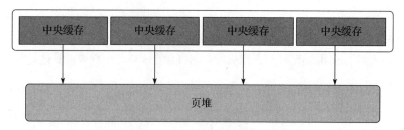

图 14-5　Go 内存管理之页堆示意图

在 Go 语言的设计原则部分，我们已经介绍过，所有的内存空间都由一个名为 runtime. heapArena 的二维矩阵进行管理。如图 14-6 所示，这些内存空间可以是不连续的。

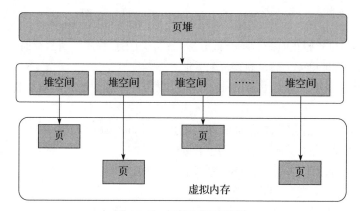

图 14-6　内存空间示意图

2. 内存优化方法

为了优化内存，建议使用较小的数据结构，避免不必要的内存分配，并尽可能重用已有的对象。Go 提供了内置的内存分析工具，以分析 Traefik 的内存使用情况。在深入理解 Go 的内存管理原理后，我们可以从以下角度对内存进行优化。

1）使用指针：在 Go 中，使用指针是减少内存使用的好方法。通过使用指针，我们可以避免创建不必要的数据副本，从而提高程序执行效率。具体来说，我们可以考虑以下内存优化方法：

```
package main
import "fmt"
func main() {
  a := 10
  b := &a
  fmt.Println(*b)
}
```

通常来说，使用合理的指针可以减少内存占用并优化性能，但需要在代码可读性和避免指针泄漏等问题之间进行权衡。

2）使用 defer 语句：在 Go 中，使用 defer 语句也可以减少内存的使用，确保内存在不再需要资源时及时释放，具体用法可参考以下示例：

```
package main
import "fmt"
func main() {
  defer fmt.Println("Done")
  fmt.Println("Hello Traefik")
}
```

3）使用 sync.Pool 包：在 Go 中，sync.Pool 包是一个有用的工具，可以减少内存的使用。该包允许重用对象，而不是创建新对象，从而优化 Traefik 中的内存使用。它的具体用法可参考以下示例：

```
package main

import (
  "fmt"
  "sync"
)

func main() {
  pool := sync.Pool{
    New: func() interface{} {
      return make([]byte, 1024)
    },
  }
  data := pool.Get().([]byte)
  fmt.Println(len(data))
  pool.Put(data)
}
```

当然，除了上述方法外，还有更多关于 Go 虚拟机内存优化的相关方法，具体可以参考官方定义。

14.3.3　GC 优化

通常情况下，内存分配和垃圾回收是相互关联、相辅相成的，共同作用于整个 Go 虚拟机，为生态提供支撑。

内存分配是程序运行过程中必不可少的一环，为程序的执行提供了必要的资源。而垃圾回收是为了避免内存泄漏和浪费，及时释放不再使用的内存。在 Go 中，这两个过程都由虚拟机来管理，使开发人员可以专注于业务逻辑的实现，而不必过多关注内存管理的细节。

1. 垃圾收集器介绍

Go 是一种由谷歌开发的编程语言，支持垃圾收集和通过通道并发。垃圾收集器（GC）主要用于跟踪堆内存分配，释放不再需要的内存分配，并保留仍在使用的内存分配。然而，由于语言虚拟机或运行时版本的差异，这些系统的实现总是在变化。因此，对于应用程序开发人员来说，保持一个良好的工作模型至关重要，以便能够快速应对新技术带来的挑战。

在传统的垃圾收集策略中，暂停程序（Stop The World，STW）是最具代表性的特征。随着应用程序申请越来越多的内存，系统产生的垃圾也随之逐渐增多。当应用的内存使用率达到一定阈值时，整个应用程序就会出现暂停现象。此时，垃圾收集器会扫描已经分配的所有对象并回收不再使用的内存空间。在这个过程结束后，应用程序可以继续运行。

为了解决原始标记清除算法带来的长时间 STW 问题，现代的追踪式垃圾收集器开始基于三色标记算法的变种来解决 STW 时间过长问题。自 Go 1.12 版本开始，Go 语言采用了非代并发三色标记算法收集器。

2. 三色标记算法

三色标记算法将应用程序中的对象划分为白色、黑色和灰色 3 类，具体如下所示。

1）白色对象：潜在的垃圾，它的内存可能会被垃圾收集器回收，即对象尚未被标记。

2）黑色对象：活跃的对象，包括不存在任何引用外部指针的对象以及从根对象可达的对象。该类对象及对象下的所有属性都已标记。

3）灰色对象：活跃的对象，因为存在指向白色对象的外部指针，垃圾收集器会扫描这类对象的子对象，即对象已被标记，但对象下的属性并非全部标记。

垃圾收集器开始工作时，会按照以下步骤从 GC Roots 对象开始遍历标记对象。

❑ 将 GC Roots 对象标记为灰色。

❑ 获取灰色对象，将其标记为黑色，它指向的对象标记为灰色。

❑ 重复步骤 2，直到没有灰色对象需标记。

❑ 在此过程完成后，未被标记的对象（白色）表示 GC Roots 对象无法访问，可以回收。

三色标记算法垃圾收集活动可参考图 14-7 所示。

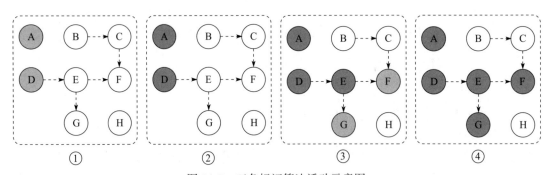

图 14-7　三色标记算法活动示意图

（1）三色标记方法：多标记浮动垃圾

在三色标记法中，一个对象被标记为灰色，表明已经被扫描过，但是所引用的其他对象可能还没有被扫描。如果在扫描过程中发现一个对象被标记为灰色，那么该对象会被视为"存活"，继续被扫描，即使该对象在实际上已经"死亡"。

例如：假设对象 E 已被标记为灰色，但是对象 D 和 E 已经不再相互引用。在这种情况下，对象 E 引用的对象 F/G 应该被回收，但由于 E 已被标为灰色，仍被视为"存活"，并且继续被扫描。结果是，对象 E 引用的一部分对象仍然被标记为"存活"，即这部分对象的内存将不会在本次垃圾回收中被回收。

　　这种未被回收的内存被称为"浮动垃圾"，即应该被回收但是由于某些原因未被回收的对象。该过程如图 14-8 所示。

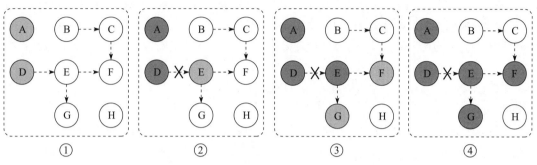

图 14-8　三色标记算法活动之"浮动垃圾"示意图

（2）三色标记方法：悬挂指针

　　除了前面提到的多标记问题，垃圾回收还存在缺失标记问题。当垃圾回收线程遍历对象 E 并将其标记为灰色，对象 D 标记为黑色时，对象 E 断开了对对象 G 的引用，但对象 D 仍引用对象 G。此时，垃圾回收线程切换回主线程继续执行，因为对象 E 不再引用对象 G，垃圾回收线程不会将对象 G 加入灰色集合。即使对象 D 重新引用对象 G，也不会被重新遍历，因为对象 D 已经是黑色。

　　最终的结果是，对象 G 仍然留在白色集合中，并最终被清除。这直接影响程序正确性，是不可接受的。这就是为什么 Go 必须在垃圾回收期间解决这个问题的原因。图 14-9 是这个过程的示意图。

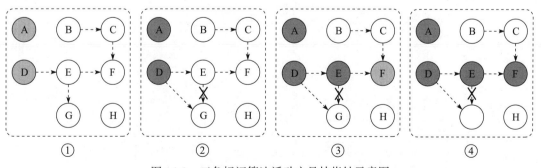

图 14-9　三色标记算法活动之悬挂指针示意图

3. 内存屏障技术

为了解决前面提到的悬挂指针问题，我们需要引入内存屏障技术来保证数据的一致性。

内存屏障是一种屏障指令，可以强制中央处理单元（CPU）或编译器对屏障指令前后发出的内存操作进行排序。这通常意味着屏障指令前的内存操作在屏障指令后的内存操作执行前执行。

为了保证并发或增量标记算法的正确性，我们需要满足以下两种三色不变性中的一种。

❑ 强三色不变性：黑色对象不会指向白色对象，只指向灰色对象或其他黑色对象。

❑ 弱三色不变性：黑色对象指向白色对象的路径必须包含一条从灰色对象经由多个白色对象到达的路径。

根据操作类型，内存屏障可以分为读取屏障和写入屏障。在 Go 中，我们使用写入屏障。对于不需要对象副本的垃圾收集器来说，读取屏障的成本很高，因为这种类型的垃圾收集器不需要保留版本指针。相比之下，写入屏障的代码相对较少，因为堆中的写入操作比堆中的读取操作少得多。

接下来，我们了解一下写入屏障是如何实现的。

（1）Dijkstra 写入屏障

Go 1.7 之前使用了 Dijkstra 写入屏障，使用类似以下伪代码实现，具体如下所示：

```
writePointer(slot, ptr):
  shade(ptr)
  *slot = ptr
```

如果对象是白色对象，shade(ptr) 会将其标记为灰色。这确保了强三色不变性，并确保 ptr 指针指向的对象在被分配到 *slot 之前不是白色的。

在垃圾回收算法中，黑色表示对象已被扫描，灰色表示对象的子对象还未被扫描，白色表示对象未被扫描。在以下示例中，根对象指向的 D 对象被标记为黑色，D 对象指向的 E 对象被标记为灰色。如果 D 对象打破了对 E 对象的引用，转而引用 B 对象，则会触发写入屏障，将 B 对象标记为灰色，具体活动过程如图 14-10 所示。

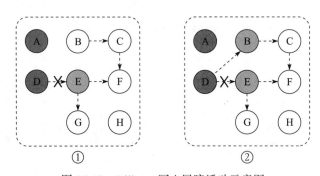

图 14-10　Dijkstra 写入屏障活动示意图

虽然 Dijkstra 写入屏障的实现相当简单，能够保证强写入一致性，但它也存在一定局限性。

（2）Yuasa 写入屏障

Yuasa 写入屏障是一种删除屏障技术，基本思想是：当内存分配器从灰色或白色对象中删除白色指针时，通过写入屏障通知同时执行的垃圾收集器。

使用增量或并发执行垃圾收集时，我们可以用如下写入屏障保证程序的正确性，具体如下：

```
writePointer(slot, ptr)
  shade(*slot)
  *slot = ptr
```

为了避免丢失从灰色对象到白色对象的引用路径，我们需要假设插槽可能会变成黑色。为了确保在将指针分配给插槽之前，该插槽不会变成白色，我们首先将该插槽标记为灰色。写入操作始终会创建从灰色到灰色对象或从灰色到白色对象的引用路径，以确保删除写入屏障时能够保持弱三色不变性。此外，由旧对象引用的下游对象必须由灰色对象引用，以确保整个垃圾收集过程的正确性。具体活动过程可参考图 14-11。

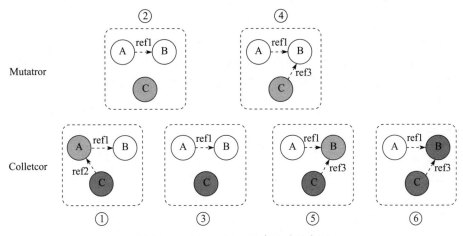

图 14-11　Yuasa 写入屏障活动示意图

（3）混合写入屏障

在 Go 1.7 之前，Dijkstra 写入屏障用于确保垃圾回收的三色不变性。为了防止垃圾回收期间对象引用不会被更改，Go 必须暂停所有 Goroutine，将所有堆栈对象标记为灰色，并完整重新扫描整个堆，耗时通常在 10～100ms 之间。

为了消除重新扫描的过程，Gov1.8 采用了混合写入屏障。这种方法将 Yuasa 写入屏障和 Dijkstra 写入屏障相结合，具体如下所示：

```
writePointer(slot, ptr):
  shade(*slot)
  if current stack is grey:
    shade(ptr)
  *slot = ptr
```

混合写入屏障不仅简化了垃圾回收流程，还降低了标记终止阶段重新扫描的成本。它的基本思想是，在写入屏障中遮罩所引用的对象，并在当前 goroutine 的堆栈尚未被扫描时，遮罩正在创建的引用。此外，在垃圾收集期间，所有新分配内存的对象都会立即变为黑色。

在垃圾收集的标记阶段，新创建的对象被标记为黑色，以防新分配的堆栈内存和堆栈内存中的对象被错误地回收。这样做可以确保垃圾收集器不会将尚未扫描的对象错误地回收，并且可以缩短垃圾回收的时间、降低成本。

4.垃圾回收策略优化

在实际的业务场景中，减少垃圾收集事件的发生，是优化 Go 程序性能的最佳手段之一。垃圾收集可释放程序不再使用的内存，但对于产生大量垃圾的程序来说，频繁的垃圾收集会造成性能瓶颈。因此，为了尽可能减少垃圾收集事件的发生，我们应该尽量少地进行堆栈内存分配，并尽可能复用对象。

基于 Go 语言的 GC 策略，我们可以通过调整 Traefik 的内存分配模式来优化性能，主要可以从以下几方面入手。

（1）调整参数

Go 语言的垃圾回收算法提供了一些可调参数，用于优化垃圾回收策略。其中，最关键的两个参数是决定何时运行垃圾回收的 GOGC 和控制垃圾回收时可使用 CPU 数量的 GOMAXPROCS。这些参数可以根据应用程序的负载情况进行调整，以更有效地处理请求。

具体可参考如下：

```
package main
import (
  "runtime"
  "sync"
)

var myPool = sync.Pool{
  New: func() interface{} {
    return make([]byte, 1024)
  },
}

func main() {
  runtime.Setenv("GOGC", "200")

  runtime.Setenv("GOMAXPROCS", "4")

  //使用内存池减少分配和释放内存的次数
  buf := myPool.Get().([]byte)
  defer myPool.Put(buf)

}
```

首先，设置了 GOGC 和 GOMAXPROCS 环境变量，以调整垃圾回收阈值和调度程序使用的 CPU 数量。此外，我们还使用了内存池 sync.Pool，以减少内存分配和释放的次数。

我们使用 runtime.Setenv() 函数来设置 GOGC 和 GOMAXPROCS 环境变量。GOGC 变量决定了垃圾回收的启动时机，默认值为 100，意味着当堆大小达到当前大小的两倍时，垃圾回收启动。我们这里将 GOGC 设置为 200，降低了垃圾回收的频率。

通过将 GOMAXPROCS 设置为较低的值，我们可以减少垃圾回收算法的开销并提高性能。

sync.Pool 包提供了一种重用内存而不是分配新内存的方法。在这个例子中，我们创建了一个内存池，使用 make([]byte,1024) 分配了一个 1024 Byte 的缓存区，并使用 myPool.Get().([]byte) 从内存池中获取缓存区，使用 myPool.Put(buf) 将缓存区返回到内存池。这样，我们就可以重用同一个缓存区，而不是每次都分配一个新的缓存区。

通过这些优化技术，我们可以减少内存分配和释放的次数，并优化垃圾回收算法，以提高应用程序的性能。需要注意的是，调整这些参数和使用内存池需要进行适当的测试和验证，以确保不会影响应用程序的正确性和稳定性。

（2）使用低延迟的垃圾回收策略

Go 提供了多种垃圾回收策略，比如 stop-the-world、concurrent 和 incremental。对于像 Traefik 这样的低延迟应用程序，建议使用并发垃圾回收策略，具体可参考如下示例：

```
package main
import "runtime"

func main() {
    //将垃圾回收策略设置为"并发"
    runtime.GOMAXPROCS(4)
    runtime.SetGCPercent(100)

}
```

在上述代码中，我们使用 runtime.GOMAXPROCS() 函数将调度程序使用的 CPU 数量设置为 4。我们还使用 runtime.SetGCPercent() 函数将 GC 阈值设置为 100，这意味着当堆内存使用量达到当前堆大小时将触发 GC 事件。

默认情况下，GC 运行时暂停应用程序。但是，如将垃圾回收策略设置为"并发"，GC 在后台运行，而应用程序继续运行。这样可以通过减少 GC 对应用程序响应能力的影响来提高应用程序的性能。

其实，从本质上讲，在实际的业务场景中，最佳垃圾回收策略取决于应用程序的特定要求和特征。我们应该尝试不同的垃圾回收策略并衡量结果，以确定采用适合实际用例的最佳策略。

（3）使用 runtime.GC() 函数

在 Go 语言中，我们可以通过调用 runtime.GC() 函数来手动触发垃圾回收机制。如果知道代码的某个区域将分配大量内存，可以在该代码执行结束后立即调用 runtime.GC()，主动释放内存。这对内存使用非常敏感的业务很有帮助，例如嵌入式系统或实时应用。

调用 runtime.GC() 函数可以减少内存使用，因为它会回收未使用的内存空间，具体可参考如下：

```
package main

import (
    "fmt"
    "runtime"
)

func main() {
```

```
    runtime.GC()
    fmt.Println("Garbage collected")
}
```

14.4 操作系统

最后一步优化 Traefik 性能的关键是确保其运行在能够满足资源需求的基础设施上。这涉及选择合适的服务器或容器，保证充足的 CPU 和内存资源。例如，Traefik 可以在专用服务器上运行，也可以作为容器在 Kubernetes 集群中部署。在这两种情况下，确保基础设施具备处理预期流量负载的能力并合理分配资源至关重要。

此外，优化网络性能也十分重要。这可以通过配置 Traefik 使用适当的网络接口、调整 TCP/IP 设置以及启用网络加速技术（如 TCP Fast Open 和 TCP BBR）来实现。

14.4.1 内核参数

众所周知，内核是 Linux 操作系统的核心组成部分，提供了硬件和软件之间的桥梁，主导着 Linux 系统的行为。通过调整内核参数，我们可以优化系统性能、提高安全性。

在 Linux 系统中，内核参数通常存储在 /proc 目录下，一般位于 /proc/sys 目录下。通过查看 /proc 目录树下的文件，我们可以简单了解与内核、进程、内存、网络以及其他组件相关的参数配置。此外，每个进程在 /proc 目录下都有一个以其 PID 命名的文件。通过访问该文件，我们可以查看与每个进程相关的信息和参数配置。

表 14-1 是列举的一些 /proc 目录下的文件，以及所包含的内核信息说明。

表 14-1 Linux 系统中常见内核参数目录下的文件及作用说明

编号	文件 / 目录	作用说明
1	/proc/sys/vm/*	控制缓存和缓冲区的使用，提高内存的使用效率
2	/proc/sys/abi/*	用于提供对外部二进制的支持，默认情况下是安装的，也可以在安装过程中移除
3	/proc/sys/fs/*	设置系统允许的打开文件数和配额等
4	/proc/sys/net/*	优化网络，例如 IPV4 和 IPV6
5	/proc/sys/kernel/*	可以启用热插拔、操作共享内存、设置最大的 PID 文件数和 Syslog 中的 Debug 级

由于 Linux 操作系统中内核参数较为丰富，下面讨论一些最常见的内核参数以供调整。

1. vm.swappiness

vm.swappiness 参数控制内核主动换出未使用的内存的程度。该参数的取值范围为 0 ～ 100，其中 0 表示禁用交换，100 表示内核会主动换出内存。默认情况下，vm.swappiness 的取值为 60。通过调整该参数的值，我们可以控制系统的响应能力和性能。较低的 vm.swappiness 值可以减少内存交换并提高性能，但可能会导致系统响应变慢；而较高的 vm.swappiness 值可以提高系统的响应能力，但会增加内存交换并可能导致性能下降。

因此，在调整 vm.swappiness 参数时，我们需要仔细考虑系统的使用情况和需求，以平衡系统的响应能力和性能。在生产环境中，修改该参数之前应该进行充分的测试和评估，确保不会对系统的稳定性和可靠性产生不利影响。

2. net.ipv4.tcp_syncookies

net.ipv4.tcp_syncookies 参数用于启用或禁用 TCP SYN Cookie 功能，是一种针对 SYN 泛洪攻击的重要防御机制。

SYN 泛洪攻击是一种 DOS 攻击，攻击者利用大量伪造的 SYN 请求包淹没目标服务器。服务器会响应 SYN-ACK 包，但攻击者不发送 ACK 回应包，导致服务器资源在等待 ACK 包时全部耗尽。

启用 TCP SYN Cookie 可以有效抵御这种攻击，即为每个连接请求生成一个唯一序列号，在收到 ACK 包时验证序列号的合法性，从而防止服务器维持大量 HALF-OPEN 状态的无效连接，节省资源。

3. fs.file-max

fs.file-max 参数用于设置 Linux 内核能够打开的文件最大数量。在 Linux 系统中，每个进程都可以打开一定量的文件，而内核需要追踪全部打开的文件的状态。打开的文件数超过 fs.file-max 的限制，可能会导致系统不稳定。

fs.file-max 的默认值通常为 8192。对于需要打开大量文件句柄的应用程序，适当提高 fs.file-max 的值可以提升系统性能。

4. net.core.somaxconn

net.core.somaxconn 参数用于设置 Linux 内核中监听 Socket 的排队最大连接数。

服务器收到客户端连接请求时，会先将其放入排队队列，待可以处理时再接收。如果排队中的待处理连接数超过 net.core.somaxconn 的设置值，服务器可能出现不稳定状况。

net.core.somaxconn 的默认值一般为 128。对于需要处理大量连接请求的服务器，适当提高该值，可以有效优化系统性能，防止出现连接溢出导致的故障。通常情况下，net.core.somaxconn 需要与内核参数 net.ipv4.tcp_max_syn_backlog 等其他参数配合优化才能达到性能最佳。

5. net.ipv4.ip_forward

net.ipv4.ip_forward 参数用于启用或禁用 Linux 系统的 IP 转发功能。默认情况下，Linux 操作系统禁用 IP 转发。在 Linux 系统充当不同网络之间的路由器或网关的情况下，启用 IP 转发很有用。由于转发大量数据包会占用更多 CPU 资源，因此，我们需要确认服务器性能能够满足需求。

6. kernel.panic

kernel.panic 参数设置内核恐慌之前的秒数，并在出现严重错误时重新启动系统。内核遇到致命错误而无法继续运行时，就会发生恐慌。默认情况下，kernel.panic 的值设置为 0，即禁用自动重启。将 kernel.panic 的值设置为非零值有助于确保系统在出现严重错误时自动重启。

14.4.2　网络子系统

网络优化是确保基础设施以最高效率运行的重要方面，涉及微调网络配置以减少延迟、提高吞吐量和提高网络整体性能。

通过网络优化，我们可以提高网络性能、减少网络停机时间、提高网络安全性、增加可扩展性并节省成本。除此之外，网络优化还可以改善用户体验、提高生产力、提高资源利用率、提高客户满意度。

1. 优化 TCP

为了支持海量并发连接，服务器通常需要做一系列内核参数优化，主要包括但不限于以下几方面。

1）基于高并发场景，复用 TIME-WAIT 套接字。

为了优化 Linux 服务器网络性能，可以调整两个核心参数：

```
[lugalee@lugaLab ~ ]% sysctl -w net.ipv4.tcp_tw_reuse=1
```

将 tcp_tw_reuse 参数设置为 1 可以启用 TCP 连接下 TIME-WAIT 的 Socket 重用机制，减少服务器中 CLOSE-WAIT 的 Socket 数量，从而节约资源。如果使用了上面的参数，还应该开启 TIME-WAIT 套接字快速回收参数：

```
[lugalee@lugaLab ~ ]% sysctl -w net.ipv4.tcp_tw_recyle=1
```

将 tcp_tw_recyle 参数设置为 1 可以启用 TCP 连接下 TIME-WAIT 的 Socket 快速回收机制，可以避免 Socket 长时间处于 TIME-WAIT 状态，提升连接效率。基于上述参数的优化，可以提高服务器 TCP 连接的资源利用效率，提升网络性能，特别适合 Web 服务器。但是，我们也需要考虑参数调整对网络稳定性的影响等。

2）大量的闲置 TCP 连接场景，调整超时时间。

默认情况下，Linux 系统的 TCP keepalive 超时时间是 7200s，意味着空闲连接会占据服务器资源长达 2h 之久。对于连接数量迅速增长的业务场景来说，这可能会耗尽服务器内存并降低系统性能。

```
[lugalee@lugaLab ~ ]% sysctl -w net.ipv4.tcp_keepalive_time=1800
```

将 net.ipv4.tcp_keepalive_time 参数值调小为 1800s 可以更好地释放无用连接的资源。keepalive 探测到空闲时间超过 1800s 的 TCP 连接将被主动断开。

适当缩短 keepalive 超时时间，可以避免大量空闲连接耗尽服务器资源，但也不能设置过短，否则会断开正在使用的连接。建议根据业务需要和服务器资源情况，选择一个合理的 keepalive 超时时间。

3）在高延迟场景，调整 backlog 队列。

当服务器承载大量负载且存在高延迟的客户端连接时，会产生大量半开（SYN_RECV）连接，这在 Web 服务器场景相当常见，尤其是在高流量场景中明显。

这些半开连接会被保存在积压连接队列中，队列长度默认为 1024。大量半开连接会导致队列溢出，从而丢弃新建立的连接请求。

```
[lugalee@lugaLab ~ ]% sysctl -w net.ipv4.tcp_max_syn_backlog=4096
```

为了避免连接请求溢出，可以适当增大 net.ipv4.tcp_max_syn_backlog 参数值，将 backlog 队列长度增大，比如设置为 4096，以承受更多等待接收的半开连接。

4）调整 FIN-WAIT-2 状态下的超时时间。

tcp_fin_timeout 参数用于设置 Linux 服务器端的 TCP 连接在 FIN-WAIT-2 状态下的超时时间。

在 TCP 三次握手过程中，主动方发出 FIN 报文表示完成数据传输。此时，连接进入 FIN-WAIT-2 状态，等待关闭方响应。

如果 CPU 关闭方长时间没有响应，连接会长时间占用系统资源。通过调整 tcp_fin_timeout 值，可以控制这类"死"连接释放资源的时间。

```
[lugalee@lugaLab ~ ]% sysctl -w net.ipv4.tcp_fin_timeout=30
```

因此，应根据服务器的实际业务流量模式，测试确定最佳 tcp_fin_timeout 值。一般建议设置在 1 ~ 2min 内，以达到释放无效连接并保护正常连接的平衡。

2. 调整窗口大小

在众多的 Linux 发行版中，rmem_max 和 wmem_max 的默认值通常为 128KB。对于一般低延迟的网络环境而言，这个设置已经足够。然而，当网络延迟变得越来越大时，这个默认值设置可能就无法满足需求。因此，对这两个参数进行优化非常有必要。

1）调整最大发送缓冲（wmem）和接收缓冲（rmem）。

建议设置系统最大发送缓冲区（wmem）和接收缓冲区（rmem）为 8MB，可以通过运行以下命令来完成：

```
[lugalee@lugaLab ~ ]% sysctl -w net.core.wmem_max=8388608
[lugalee@lugaLab ~ ]% sysctl -w net.core.rmem_max=8388608
```

这会导致在创建 TCP 连接时，每个 TCP 套接字自动获取 8MB 的发送和接收缓冲区。

增加缓冲区大小可以减少网络堵塞和丢包情况，提高网络吞吐量。需要注意的是，设置后会占用更多内存资源，因此，建议根据服务器实际情况调优。

2）设置发送和接收缓区，分别指定最小值、初始值和最大值。

建议设置 TCP 发送和接收缓冲区的最小值、初始值和最大值，具体配置如下：

```
[lugalee@lugaLab ~ ]% sysctl -w net.ipv4.tcp_rmem="4096 87380 8388608"
[lugalee@lugaLab ~ ]% sysctl -w net.ipv4.tcp_wmem="4096 87380 8388608"
```

需要注意的是，最大值应该小于或等于 net.core.wmem_max 和 net.core.rmem_max 的值。

在高速低延迟的网络环境下，可以适当提高最小值，让 TCP congestion window 可以从一个较大的初始值开始增加，全面利用网络带宽资源。

通常情况下，需要根据服务器网络环境，测试确定最佳参数组合，设置不当可能会导致缓冲区浪费或网络拥塞。

3）调整 /proc/sys/net/ipv4/tcp_mem。

可以通过调整 /proc/sys/net/ipv4/tcp_mem 参数（tcp_mem[0].tcp_mem[1] 及 tcp_mem[2]）来优化 TCP 内存缓冲区大小，以提高网络性能。第一个参数用于设置最小缓冲区大小，第二个参数用于设置压力模式下的缓冲区大小，第三个参数用于设置最大缓冲区大小。通常情况下，将套接字缓冲区大小限制得过小，会导致 TCP 窗口变小，需要频繁发送确认包，降低网络效率。反之，适当增大套接字缓冲区可以增加 TCP 窗口大小，提高网络吞吐量和效率。但是缓冲区过大也会浪费内存资源。

因此，我们需要在套接字缓冲区大小与网络性能之间找到最佳平衡点。根据服务器的内存大小、网络带宽等情况，测试确定最佳的参数组合，以达到网络传输的最佳效果。

3. 优化 IP 和 ICMP

针对网络子系统中 IP 和 ICMP 参数的优化调整，在实际的业务场景中主要涉及以下核心参数。

1）禁用以下参数可以防止外部流量对服务器 IP 进行地址欺骗攻击，具体如下：

```
[lugalee@lugaLab ~]% sysctl -w net.ipv4.conf.eth0.accept_source_route=0
[lugalee@lugaLab ~]% sysctl -w net.ipv4.conf.lo.accept_source_route=0
[lugalee@lugaLab ~]% sysctl -w net.ipv4.conf.default.accept_source_route=0
[lugalee@lugaLab ~]% sysctl -w net.ipv4.conf.all.accept_source_route=0
```

2）调整网关机器的重定向模式。重定向可能被作为攻击手段，因此只有来自可信来源的重定向是被允许的。

```
[lugalee@lugaLab ~]% sysctl -w net.ipv4.conf.eth0.secure_redirects=1
[lugalee@lugaLab ~]% sysctl -w net.ipv4.conf.lo.secure_redirects=1
[lugalee@lugaLab ~]% sysctl -w net.ipv4.conf.default.secure_redirects=1
[lugalee@lugaLab ~]% sysctl -w net.ipv4.conf.all.secure_redirects=1
```

上述配置将禁止服务器接收任何 ICMP 重定向消息，从而防止攻击者通过发送虚假的重定向消息来欺骗服务器路由。

3）ICMP 重定向。ICMP 重定向是路由器向主机传递更优路由信息的一种机制。当路由器从某个接口收到发往特定目标网络的数据包时，如果发现源 IP 地址与下一跳实际属于同一网段，路由器会向源主机发送 ICMP 重定向报文。报文会通知主机直接与目标网络通信，而不经过路由器。

为了避免重定向带来的安全风险，我们可以使用以下命令禁止重定向：

```
[lugalee@lugaLab ~]% sysctl -w net.ipv4.conf.eth0.accept_redirects=0
[lugalee@lugaLab ~]% sysctl -w net.ipv4.conf.lo.accept_redirects=0
[lugalee@lugaLab ~]% sysctl -w net.ipv4.conf.default.accept_redirects=0
[lugalee@lugaLab ~]% sysctl -w net.ipv4.conf.all.accept_redirects=0
```

4）设置 IP 碎片参数。对于 NFS 和 Samba 等服务，我们应该合理配置 IP 碎片相关参数，以便提高网络性能。

通常，可以设置 IP 碎片的最大和最小重组缓冲区大小，单位为 Byte。当分配给某个连接的碎片数量达到 ipfrag_high_thresh 设定的值后，内核会丢弃后续碎片，直到数量降至 ipfrag_low_thresh 设定的值。

基于 TCP 传输时，数据包如果因网络错误而成为碎片数据包，有效的数据会缓存保存，而错误的包会重传。例如，可以将可用内存范围设置为 256MB ～ 384MB，配置如下：

```
[lugalee@lugaLab ~ ]% sysctl -w net.ipv4.ipfrag_low_thresh=262144
[lugalee@lugaLab ~ ]% sysctl -w net.ipv4.ipfrag_high_thresh=393216
```

14.4.3　磁盘 I/O

针对 Linux 操作系统的磁盘 I/O 性能优化是维护系统稳定性和高效性的关键方面。磁盘 I/O 是指计算机磁盘存储与 CPU 之间的输入 / 输出，这个过程对于任何计算机系统都是必不可少的。然而，磁盘 I/O 也可能成为降低系统整体性能的瓶颈。因此，优化磁盘 I/O 性能对于确保系统顺利运行至关重要。

有几种方法可以在 Linux 操作系统中优化磁盘 I/O 性能。最有效的方法之一是使用 I/O 调度程序。I/O 调度程序是一个内核组件，可以控制系统处理输入 / 输出请求的顺序。

1. 使用适当的 I/O 调度程序

Linux 提供了几种 I/O 调度程序，包括完全公平排队（CFQ）、截止日期（Deadline）和 NOOP（No Operation）。CFQ 是大多数 Linux 发行版的默认调度程序，旨在为所有进程提供公平且平衡的磁盘访问权限。然而，对于高磁盘活动的系统而言，CFQ 可能不是最佳选择，因为可能导致延迟和性能下降。相比之下，Deadline 算法更注重处理对时间要求高的请求，例如交互式应用程序的请求，从而显著提高系统的响应能力。NOOP 调度程序是最简单的调度程序，适用于具有固态驱动器（SSD）的系统。它不会优先考虑请求，而是按照收到请求的顺序进行处理。选择 I/O 调度程序取决于系统的硬件和应用程序的需求。

2. 采用缓存机制

优化磁盘 I/O 性能的另一种方法是使用系统的缓存机制。缓存是指在内存中暂时存储经常访问的数据，以减少所需的磁盘访问。

Linux 具有多种缓存机制，包括缓冲区缓存和页面缓存。缓冲区缓存用于存储最近访问的数据，而页面缓存用于存储经常访问的数据。通过使用这些缓存机制，系统可以减少所需的磁盘访问并提高性能。

查看当前的缓冲区和页面缓存使用情况，可通过以下命令：

```
[lugalee@lugaLab ~ ]% free -m
```

3. 增加读取的缓冲区大小

读取的缓冲区是用于存储数据的内存的一部分。通过增加缓冲区大小，系统可以减少所需的磁盘访问并提高性能。

要增加读取的缓冲区大小，可使用以下命令：

```
[lugalee@lugaLab ~ ]% blockdev --setra [size] [device]
```

4.使用固态驱动器（SSD）

最后，建议采用 SSD。毕竟，SSD 比传统硬盘驱动器（HDD）快，可以显著改善系统的性能。如果条件允许的话，建议使用 SSD 替换 HDD，以获得最佳的性能体验。

总之，在 Linux 系统中优化磁盘 I/O 对于确保系统平稳运行至关重要。通过使用适当的 I/O 调度程序、缓存机制、增加读取缓冲区大小以及使用 SSD，我们可以显著提高系统性能。

14.5　本章小结

本章主要基于 Traefik 性能优化的相关内容进行深入解析，主要基于应用组件、Go 虚拟机以及操作系统等方面进行深入解析，具体如下。

❑ 讲解 Traefik 应用组件层面的优化，涉及日志、连接池、缓存和压缩、负载均衡算法、SSL/TLS 卸载以及 HTTP/2 支持等。

❑ 讲解 Go 虚拟机层面的优化，分别从编译、内存以及 GC 优化 3 方面进行阐述。

❑ 讲解操作系统层面的优化，分别基于内核参数、网络子系统磁盘 I/O 进行阐述。

第三部分 *Part 3*

Traefik 实战

通过本部分的学习，我们将深入了解如何使用 Traefik 来管理微服务架构并确保改造后的应用程序始终可用和可扩展。我们还将学习到如何使用 Traefik 提供的丰富特性来提升应用程序的性能和安全性，以及如何利用 Traefik 的监控和日志功能来实现运维自动化和故障排除。

让我们深入探索 Traefik 项目实践的世界吧！

项目实战

云原生项目实践是构建和部署可扩展应用程序，以满足当今业务需求的一种现代方式。在不同的行业和业务领域中，这种实践正在迅速普及。

通过采用这种最佳实践，组织可以实现更高的灵活性、更快的产品交付，并且可以降低成本，同时提供满足客户需求的高质量软件。

15.1 概述

多年来，IT 基础架构发生了显著变化。从运行在专用硬件上的单体应用程序到虚拟化环境，再到现在的容器和微服务世界，这些转变是由对可扩展性、灵活性和效率的追求驱动的。

云原生是演变趋势。通过利用基于云的基础架构、容器化和微服务，组织可以构建和部署比以往任何时候都更敏捷、可扩展、高弹性的应用程序。

云原生转型是一种采用云原生技术和实践来交付可扩展、高弹性、安全、敏捷的应用程序的过程。同时，云原生转型依赖容器、微服务、编排平台、服务网格、Serverless 架构和可观测性工具等。云原生实践涉及 DevOps、CI/CD、自动化、测试、监控及反馈循环等，以确保软件交付的质量和效率。通过采用云原生转型，企业可以更好地适应快速变化的市场需求，提高软件的可靠性和可维护性，从而获得更高的商业价值。

云原生转型的价值和意义可以从业务、技术、文化等多个角度进行衡量。

1. 业务视角

从业务角度来看，云原生转型使组织能够加速创新、降低成本、提高客户满意度并获得竞争优势。通过利用云原生技术，组织可以更快、更频繁、更可靠地交付软件，并且可以更有效地响应不断变化的客户需求和市场环境。云原生转型还有助于降低总体拥有成本（TCO），减少对专有硬件和软件供应商的依赖，并提高应用程序的灵活性和可移植性。

2. 技术视角

从技术角度来看，云原生转型提升了软件的质量、性能和安全性。通过使用容器和微服务，应用程序可以模块化为更小的独立单元，更易于开发、测试、部署和维护。容器还为应用程序在任何平台或云提供商上运行提供了一致且隔离的环境。通过使用编排平台和服务网格，我们可以跨节点集群管理和协调应用程序，实现负载平衡、服务发现、路由、健康检查、容错和安全策略等。通过使用 Serverless 功能，我们可以利用云计算的可扩展性。通过使用可观测性工具，我们可以监控与分析应用程序的指标、日志、跟踪和事件，以识别和解决问题。

3. 文化视角

从文化角度来看，云原生转型在开发人员、运营商和利益相关者之间塑造了一种协作、试验、学习和反馈的文化。通过采用 DevOps 和 CI/CD，团队可以在从规划到生产的整个软件生命周期中协同工作，从而促进团队之间的协作和沟通。同时，自动化工具还可以自动执行重复性任务，例如构建、测试、部署和发布软件，从而提高效率和减少错误。

通过采用自动化和测试，团队可以确保软件质量和可靠性，以减少人为错误和人工干预带来的影响。此外，通过监控和反馈循环，团队可以衡量软件对客户和业务成果的影响，以及从失败中吸取教训，不断改进流程和产品。这种文化将推动团队不断学习和创新，从而提高组织的敏捷性和竞争力。

总之，云原生转型是一项战略举措，可以在应用程序创新、效率、质量、安全及敏捷方面有所突破。但是，云原生转型不是一次性的，也不是简单的迁移，而是一段需要清晰视野的旅程，需要坚定的承诺、整体的方法和文化转变。这种转型需要全面的计划和执行，以确保组织能够真正受益于云原生架构的优势。最终，云原生转型的成功需要整个组织共同努力，确保文化变革的实现和持续改进的实现。

15.2　项目背景

传统应用程序在面对高并发、大数据等场景时，往往会出现性能瓶颈、可靠性不足、扩展性差等问题，难以满足业务需求。与此相比，云原生应用程序可以通过容器化、微服务化、自动化运维等方式，实现更高的可靠性、弹性和可扩展性，从而更好地应对业务需求的变化。

云原生改造项目是将传统应用程序迁移到云原生架构下的过程，旨在提高应用程序的可靠性、弹性和可扩展性。传统应用程序通常是基于物理机或虚拟机环境构建的，而云原生应用程序是基于容器和微服务构建的，具有更高的可靠性、弹性和可扩展性。

某公司基于自身的技术架构现状及业务发展诉求，主要基于以下几个出发点进行云原生改造。

1. 业务需求变化

传统应用程序通常是基于物理机或虚拟机环境构建的，难以适应快速变化的业务需求。与之相对，云原生应用程序是基于容器和微服务构建的，具有更高的灵活性和可扩展性，能够更好地满足业务需求，从而更好地支持业务快速迭代和创新。

2. 技术发展趋势

随着云计算、大数据、人工智能等技术的快速发展，云原生应用程序成为应用程序开发的新趋势。云原生应用程序采用了现代化的应用程序开发和部署方式，具有更高的灵活性、可扩展性和可移植性，能够更好地适应新技术的发展和变化。通过云原生改造，传统应用程序可以实现现代化的应用程序开发和部署，从而更好地应对新技术的发展和变化。

3. 成本降低和效率提升

云原生应用程序具有更高的效率和更低的成本，能够帮助企业降低开发和运维成本。基于容器化和微服务化，云原生应用程序能够更快地部署和更新，从而提高效率和性能。同时，云原生应用程序的基础设施也可以根据实际需求进行动态调整，避免了不必要的资源浪费和成本开销。

4. 安全性和可靠性增强

云原生应用程序具有更高的安全性，采用多层次的安全措施，包括访问控制、身份认证、数据加密等，可以有效地防止潜在的安全威胁和数据泄露。同时，云原生应用程序还具有更高的可靠性，采用微服务化架构，实现了服务之间的解耦和隔离，以便开发和运维人员更好地应对故障和问题。

总之，云原生改造项目是应对业务需求变化和技术发展的必然选择。通过采用云原生，企业可以提高应用程序的开发效率、性能和可靠性，同时降低成本和增强安全性。云原生改造不仅可以提高企业的业务竞争力，还能帮助企业适应新的市场环境和应对技术变革。

15.3 技术选型

在云原生项目改造过程中，技术选型至关重要。技术选型的重要性主要体现在以下 4 个方面。

（1）适配云原生架构

云原生架构是一种基于云计算平台和容器技术的开发模式，需要使用特定的技术栈和工具。选择合适的云原生技术可以帮助企业更好地实现应用程序的云原生化，提高应用程序的可靠性、弹性和可扩展性。

（2）提高交付效率

云原生技术通常具有更高的开发效率和更短的迭代周期，可以帮助企业更快地开发、测试和部署应用程序。同时，云原生技术还可以实现自动化运维和监控，减少人工干预和管理成本。

（3）改善应用架构性能

云原生技术通常具有更高的性能、可扩展性，可以帮助企业更好地应对高并发、大数据等应用场景。同时，云原生技术还可以实现负载均衡、容错和故障转移等功能，提高应用程序的可靠性和稳定性。

（4）增强安全性

云原生技术通常具有更高的安全性、隔离性，可以帮助企业更好地保护应用程序和用户数据。同时，云原生技术还可以实现网络隔离、数据加密、访问控制等，提高应用程序的安全性和可信度。

综上所述，云原生技术选型对于应用程序的可靠性、弹性、可扩展性、性能和安全性等方面都具有重要意义。

15.3.1　选型范围

基于公司当前的业务特点以及现有的架构拓扑现状，该云原生改造项目主要从如下层面进行技术选型及适配性调整。

1. 基础设施层

由于是自建的私有云资源池，因此需要对所涉及的 Kubernetes 编排平台、网络方案、运行时环境以及其他底层接口组件进行选型及规划，以满足日益增长的业务需求。

2. 流量接入层

在传统的虚拟机模式下，流量接入层采用最为常用的 7 层代理 Nginx 实现。然而，作为一款优秀的代理组件，Nginx 在云原生环境中却显得尤为水土不服，无论基于较大规模的流量冲击下的快速弹性扩容还是零停机下的自动热加载更新。

3. 微服务网关

基于历史原因，在整个业务架构设计过程中，微服务网关仍然采用 Spring Cloud 生态下的 Zuul 1.x 组件。Zuul 1.x 因性能低、灵活性较差、配置烦琐以及功能受限而被社区放弃。故此，我们需要对基于虚拟机环境下的业务网关进行改造以适应云原生架构，从而支撑业务发展。

4. 服务治理

尽管 Eureka 在过去被广泛使用，但它由于性能、可用性和维护问题，已经不再是最佳的微服务治理解决方案。Netflix 已经宣布停止对 Eureka 的维护，这意味着 Eureka 已经不再能得到更新和修复，可能存在安全漏洞和其他问题。除此之外，Eureka 频繁轮询所有的服务实例，可能导致网络拥塞和延迟，特别是在有大量服务实例的系统中。

15.3.2　选型原则

在进行技术选型时，我们往往需要全面考虑业务需求、技术成熟度、技术特点、技术栈整合、团队技术能力及开源或商业支持等因素，以确保所选的技术能够满足实际的业务需求，并且能够基于当前的技术生态顺利整合。

云原生网关选型原则如下。

（1）多协议支持及转换

云原生网关应该支持多种协议，如 HTTP、TCP、gRPC 等，并且能够实现协议转换和协议适配，以满足不同应用程序的业务场景需求。

（2）高可用及负载均衡

基于容错特性，云原生网关应该支持高可用和负载均衡，以实现应用程序的高可靠性和可扩展性。同时，云原生网关还应该具有容错和故障转移等功能，以确保应用程序的连续性和稳定性。

（3）安全认证及授权

基于安全特性，云原生网关应该支持安全认证和授权，以确保应用程序的安全性。云原生网关应尽可能实现 OAuth、JWT 等安全认证和授权协议，以保护应用程序和用户数据的安全。

（4）云原生架构

云原生网关应该支持云原生架构，与容器和编排系统无缝集成。云原生网关应实现自动化部署、自动化扩展、自动化管理等功能，以实现应用程序云原生化。

（5）API 管理及文档化

云原生网关应该支持 API 管理和文档化，以便开发人员和维护人员使用和管理 API。云原生网关可以提供 API 监控、API 日志等功能，以便开发人员和维护人员实时监测与管理 API。

（6）高性能及低延迟

云原生网关应该支持高性能和低延迟，以确保应用程序的性能和用户体验。通常，在实际的业务场景中，云原生网关能够实现缓存、流量控制、压缩等功能，以提高应用程序的性能和响应速度。

15.3.3　选型评估指标

1. 技术成熟度和稳定性

技术成熟度通常表现为技术解决方案的开发及测试水平。处于开发早期阶段的技术解决方案可能不太可靠，有更多错误，并且需要更频繁的更新。而经过更广泛的开发和测试的技术解决方案可能更可靠，错误更少，并且需要更新的频率更低。

稳定性是指系统或技术解决方案在长时间运行中能够保持预期的性能，并且不会出现意外崩溃或错误。在技术选型和评估中，稳定性是一个重要的指标，因为它直接关系到系统或技术解决方案的可靠性和可用性。

在评估技术成熟度和稳定性时，应考虑以下因素。

1）技术解决方案的历史和发展，包括它在实际应用中的表现和用户反馈。

2）技术解决方案的用户基础和生态系统，包括它在社区中的活跃程度和支持资源的可用性。

3）技术解决方案的更新计划和发展趋势，包括它是否具备良好的更新和维护计划。

4）技术解决方案的安全性和可维护性，包括它是否具备良好的安全性和可维护性。

2. 性能和可扩展性

性能和可扩展性主要用于评估技术解决方案满足业务要求的能力。性能是指技术解决方案高效且有效地执行任务的能力。具有良好性能的技术解决方案应该能快速无误地完成任务；同时，还应该能在不减慢速度或崩溃的情况下处理大量交易和用户请求。可扩展性则指技术解决方案在不牺牲性能的情况下处理不断增加的工作负载、用户请求和数据的能力。可扩展性良好的技术解决方案应该能通过添加服务器或存储容量等资源来处理增加的需求，而不影响性能。

在评估技术解决方案的性能和可扩展性时，通常需要关注以下因素。

1）响应时间：技术解决方案从响应请求到完成任务所花费的时间。

2）吞吐量：技术解决方案在给定时间段内可以处理的事务或请求的数量。

3）负载处理：技术解决方案处理各种负载（包括峰值负载和持续高负载）的能力。

4）资源利用率：技术解决方案对资源（如 CPU、内存和存储）的使用，以确保不会使系统负担过重。

5）可扩展性：技术解决方案扩展或缩小以满足不断变化的需求的能力，包括对扩展或缩小的难易程度和成本的评估。

总体而言，作为关键的技术选型和评估指标，性能和可扩展性可以帮助企业基于自身业务发展情况为架构的构建提供指导。

3. 安全性和可靠性

安全性和可靠性直接关系到技术解决方案的可用性和安全性，以及对业务和用户的影响。

安全性指的是技术解决方案在保护数据和系统免受未经授权的访问、恶意攻击和数据泄露等方面的能力。可靠性指的是技术解决方案在长时间运行中，保持预期的性能，并且不会出现意外崩溃或错误的能力。

在评估安全性和可靠性时，应考虑以下因素。

1）技术解决方案的安全机制，包括身份认证、访问控制、数据加密和传输机制等。

2）技术解决方案的安全审计和监控机制，包括日志管理、安全事件监控和告警等。

3）技术解决方案的可靠性机制，包括故障转移、负载均衡和容错等。

4）技术解决方案的维护成本和更新计划，包括可维护性和可扩展性。

作为关键的技术选型和评估指标，安全性和可靠性指标对于评估与提高系统或产品的安全性和可靠性非常重要，可以帮助设计和开发人员确保系统或产品具备足够的安全性与可靠性，并帮助企业提高形象和竞争力，降低风险和成本。

4. 开发效率和维护成本

开发效率和维护成本指标可以帮助企业评估技术解决方案的可持续性和长期成功性。维护成本指的是使用技术解决方案进行应用程序维护和更新的成本。

在评估开发效率和维护成本时，应考虑以下因素。

1）技术解决方案采用的开发工具和框架，包括其易用性和效率。

2）技术解决方案采用的编程语言和 API，包括其易学性和灵活性。

3）技术解决方案的文档和支持资源，包括其可用性和质量。

4）技术解决方案的集成能力，包括其与其他技术和系统的集成能力。

5）技术解决方案的可维护性和可扩展性，包括其代码结构和设计。

6）技术解决方案的监控和管理功能，包括其性能监测、日志管理和告警等。

开发效率和维护成本指标能够使设计和开发更加高效、更具成本效益，还可以帮助优化资源配置，找出需要改进的地方，提升公司的整体竞争力。

5. 社区和生态支持

社区和生态支持是技术选型和评估的关键指标，评估了技术解决方案所处的生态系统和社区支持程度，以及解决方案对环境和社会的影响。

社区支持指的是技术解决方案所处的用户社区的支持程度，包括文档、论坛和用户组的可用性。一个强大的用户社区可以为故障排除、学习和协作提供有价值的资源，有助于提高技术解决方案的普及率和采用效果。

生态支持指的是技术解决方案对环境和社会的影响，包括能源消耗、碳足迹和废物减少等。对于企业和消费者来说，环境友好和对社会有积极影响的技术解决方案越来越受到重视。

在评估技术解决方案的社区和生态支持时，应考虑以下因素。

1）用户社区：用户社区的规模、活跃程度和质量。

2）文档和支持资源：文档和支持资源的可用性和质量。

3）生态系统合作伙伴关系：与其他技术和供应商的合作伙伴关系友好程度。

4）环境影响：对环境和社会的影响，包括能源消耗、碳足迹和废物减少等。

社区和生态支持指标能够促进企业加强社会责任、提升声誉以及为可持续发展做出贡献。

此外，企业可以提高利益相关者的满意度，吸引对社会负责的投资者，并在市场上获得竞争优势。总体而言，社区和生态支持指标在确保企业以对社会和环境负责的方式运营，同时促进可持续发展和提高整体竞争力方面发挥着至关重要的作用。

15.4 Traefik 作为 Ingress

15.4.1 目标及意义

1. 概念解析

"Traefik 作为 Ingress"通常是指使用 Traefik 代理作为 Kubernetes 集群的入口控制器。在 Kubernetes 中，入口作为一个 API 对象，定义了外部流量访问集群内服务的规则。入口控制器通过将传入流量路由到适当的服务来实施这些规则。

作为一个流行的开源代理和负载平衡器，Traefik 可以在 Kubernetes 中用作入口控制器。Traefik 在用作入口控制器时，可以根据服务定义中的注释自动发现和配置到 Kubernetes 服务的路由。

要使用 Traefik 作为入口控制器，我们通常会将其部署为 Kubernetes 的一个应用实例或守护进程集，并定义应如何处理传入流量的配置文件。同时，我们还需要使用适当的注释配置

Kubernetes 服务，以指定传入流量的路由方式。

　　Traefik 一旦运行并正确配置，便可以处理 Kubernetes 集群的传入流量，根据入口对象定义的规则将流量路由到适合的服务。

2. 价值与意义

　　在云原生容器中使用 Traefik 作为入口控制器的价值和意义如下。

　　1）Traefik 提供了一种简单且可扩展的管理方式将入口流量路由至 Kubernetes 服务。作为代理和负载均衡器，Traefik 可以在服务的多个实例之间分配流量，确保高可用性和高资源利用率。

　　2）Traefik 支持广泛的协议，包括 HTTP、HTTPS、UDP 等，这使其成为管理多种类型服务和应用程序的流量的多功能工具。

　　3）Traefik 被设计为高度可配置和可定制的，允许用户微调以满足特定需求。这包括配置 SSL 终止、设置速率限制或实现自定义中间件来修改传入请求。

　　4）使用 Traefik 作为入口控制器可以帮助简化云原生容器中入站流量的管理，降低管理多负载平衡器和代理的复杂性与开销。

15.4.2　场景描述

　　在传统的微服务架构中，Nginx 作为流行的开源 Web 服务器和反向代理广泛应用于虚拟机环境。作为 L7 流量的代理和转发器，虽然 Nginx 具有诸多优点，但也有一些潜在的缺点需要考虑，尤其是在现代云原生容器中。

1. 架构解析

　　在传统的基于 Spring Cloud 的微服务生态体系中，以 Nginx 作为反向代理的微服务架构拓扑具体可参考图 15-1。

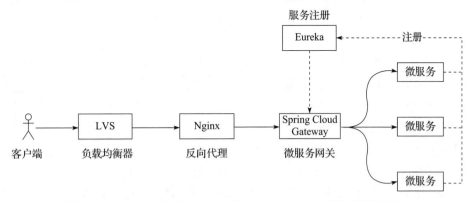

图 15-1　Nginx 作为反向代理的传统 Spring Cloud 微服务架构拓扑

　　从图 15-1 所示的拓扑结构可以看到：

　　1）在负载层，LVS 负责在 Nginx 服务器池中分配流量，使用各种负载均衡算法，例如循环、最小连接数和 IP 散列。

2）在接入层，Nginx 充当反向代理，根据配置的规则将传入的流量路由到适当的 Spring Cloud Gateway 实例。

3）在网关层，Spring Cloud Gateway 负责传入请求的实际处理，并可以执行各种业务功能，如身份验证、速率限制和路由到下游服务。

2.优劣势分析

（1）优势

这种拓扑结构的优势之一是提供了高水平的可扩展性和性能，因为每一层都可以根据需要独立缩放。LVS 可以在多个 Nginx 实例之间分配流量，以提高可用性和性能。Nginx 可以在多个 Spring Cloud Gateway 实例之间实现流量的负载均衡，以提高可扩展性。

这种拓扑结构的另一个优势是具有高度的可配置性和灵活性，允许用户微调每一层的行为，以满足他们的特定需求。例如：LVS 可以根据流量模式配置为使用不同的负载均衡算法；Nginx 可以使用各种插件和模块进行功能定制，以处理不同类型的流量并执行额外的处理。

（2）劣势

这种拓扑结构也有一些潜在的缺点需要考虑，主要缺点之一是其复杂性。与更简单的负载均衡解决方案相比，该结构可能更难设置和管理。此外，架构中的每一层都可能引入额外的延迟和开销，这可能会影响性能并增加故障风险。

另一个潜在的缺点是，这种拓扑结构更适合传统的虚拟机环境，而不是云原生容器环境。在云原生容器环境中，可能更常使用的是 Traefik 或 Istio 等现代入口控制器，并专为与 Kubernetes 和其他容器编排平台配合使用而设计。

15.4.3 将 Nginx 改造为 Traefik Ingress

Nginx 和 Traefik 都是流行的开源反向代理服务器，用于将传入的流量路由和均衡到后端服务器。近年来，Traefik 因其易用性、对多种服务发现机制的支持、SSL 终止、速率限制和身份验证等高级功能而广受欢迎。

然而，许多组织可能已经部署了 Nginx 作为自己的反向代理服务器而不想切换到 Traefik。在这种情况下，可以将 Nginx 转换为 Traefik Ingress 控制器。这涉及将 Nginx 配置为在路由和负载均衡方面像 Traefik 一样，以及支持 Traefik 的功能，如 SSL 终止、速率限制和身份验证。

1.Traefik Ingress 解决哪些痛点

（1）云原生支持

作为云原生时代的产物，Traefik Ingress 为 Kubernetes 提供原生支持，并且可以自动发现和配置在 Kubernetes 集群中运行的微服务的路由。这意味着 Traefik Ingress 可以在部署或删除新的微服务时动态更新路由规则，而不需要手动配置。相比之下，Nginx 反向代理需要手动配置路由规则和服务发现，这可能很耗时且容易出错。

（2）灵活、强大的路由机制

与 Nginx 相比，Traefik Ingress 提供了更灵活、更强大的路由机制。Traefik Ingress 支持多

种路由方法，包括基于路径、基于标头和基于 Cookie 的路由。这允许更精细的路由规则，这对复杂的微服务架构至关重要。相比之下，Nginx 只支持基于路径的路由，这在某些情况下可能会受到限制。

（3）丰富的中间件选项

Traefik Ingress 提供了一套丰富的中间件选项，可以按路线进行配置。中间件选项包括断路器、速率限制、重试、请求 / 响应修改和身份验证 / 授权。这允许对微服务的行为进行更精细的控制，并有助于提高微服务的可靠性、安全性和性能。相比之下，Nginx 只提供有限的中间件选项，这对于复杂的微服务架构来说可能不够用。

（4）高可扩展性

Traefik Ingress 具有高可扩展性，可以处理大量流量和微服务。Traefik Ingress 使用分布式架构，可以根据流量和资源使用情况自动向上或向下扩展。这可以帮助确保微服务在高流量环境中的可靠性和可用性。相比之下，Nginx 可能需要手动配置和调整来处理大量流量和微服务。

（5）SSL/TLS 终止支持

Traefik Ingress 为 SSL/TLS 终止提供本机支持，这可以简化使用 HTTPS 端点的微服务的部署和配置。Traefik Ingress 可以使用 Let's Encrypt 或其他证书颁发机构自动生成和管理 SSL/TLS 证书，而不必为每个微服务手动配置 SSL/TLS 证书（这可能很复杂且容易出错）。相比之下，Nginx 需要手动配置 SSL/TLS 证书。

改造后以 Traefik Ingress 作为反向代理的云原生架构拓扑可参考图 15-2。

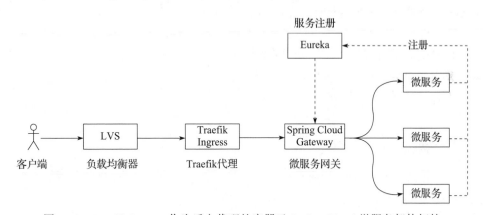

图 15-2　Traefik Ingress 作为反向代理的容器云 Spring Cloud 微服务架构拓扑

从上述架构可以看到，在接入层，使用 Traefik Ingress 组件作为反向代理转发来自上游的业务流量。除了具备与传统 Nginx 一致的路由转发功能外，在配置更新层面，Traefik Ingress 能够进行动态热更新，而无须手工干预。

2. 改造步骤

将 Nginx 配置转换为 Traefik 配置可能是一个相对简单的过程，但我们需要了解两种解决方案和特定用例之间的差异。在实际的业务场景中，将 Nginx 转换为 Traefik Ingress 控制器，需要遵循如下几个核心步骤。

（1）识别关键差异

通常而言，Nginx 和 Traefik 具有不同的架构和配置模式。Nginx 具有传统的静态配置文件格式，而 Traefik 使用基于标签和注释的动态配置格式。在将 Nginx 配置转换为 Traefik 配置之前，识别 Nginx 配置的关键组件差异显得尤为重要。

（2）梳理配置映射

与 Traefik 负载均衡功能类似，Nginx 上游模块允许 Nginx 使用不同的算法平衡一组后端服务器之间的流量。

Traefik 使用基于标签的配置格式，允许基于容器元数据的动态配置。要将 Nginx 配置映射到 Traefik，需要在 Traefik 中识别相应的标签和注释。

（3）配置转换

1）上游转换。在 Nginx 中，上游用于定义可以负载均衡的服务器组。在 Traefik 中，可以使用服务发现机制来自动发现和加载基于标签的负载均衡容器。

2）服务器块转换。在 Nginx 中，服务器块定义了正在服务的虚拟主机。在 Traefik 中，可以使用标签来定义每个容器的路由规则。

3）位置块转换。在 Nginx 中，位置块用于定义请求的特定路径或 URL 模式。在 Traefik 中，可以使用中间件根据标头、查询参数或其他请求属性自定义请求特定规则。

（4）配置优化及完善。配置 Nginx 以实现 Traefik 的功能，如 SSL 终止、速率限制和身份验证。SSL 终止可以使用 Nginx SSL 模块实现，该模块允许 Nginx 终止 SSL/TLS 连接并将普通HTTP 流量转发到后端服务器。速率限制可以使用 Nginx limit_req 模块实现，该模块允许 Nginx 限制可以向服务器发出的请求数量。身份验证可以使用 Nginx HTTP Auth 模块实现，该模块允许 Nginx 使用 Basic Auth、OAuth2 和 JWT 等机制对用户进行身份验证。

总体来说，将 Nginx 转换为 Traefik Ingress 控制器可能是一个复杂的过程，需要仔细配置和测试。

15.4.4　配置示例解析

以下为 Traefik 入口代理后端微服务的配置示例。这里定义两个后端服务实例，分别命名为devops-backend-1 和 devops-backend-2。

devops-backend-1 的配置如下。

```
apiVersion: v1
kind: Service
metadata:
  name: devops-backend-1
spec:
  selector:
    app: devops-backend-1
  ports:
    - name: http
```

```
      protocol: TCP
      port: 80
      targetPort: 80
---
apiVersion: apps/v1
kind: Deployment
metadata:
  name: devops-backend-1
spec:
  replicas: 3
  selector:
    matchLabels:
      app: devops-backend-1
  template:
    metadata:
      labels:
        app: devops-backend-1
    spec:
      containers:
        - name: devops-backend-1
          image: devops-backend-1:latest
          ports:
            - name: http
              containerPort: 80
```

devops-backend-2 的配置如下 :

```
apiVersion: v1
kind: Service
metadata:
  name: devops-backend-2
spec:
  selector:
    app: devops-backend-2
  ports:
    - name: http
      protocol: TCP
      port: 80
      targetPort: 80
---
apiVersion: apps/v1
kind: Deployment
metadata:
  name: devops-backend-2
spec:
  replicas: 3
  selector:
    matchLabels:
      app: devops-backend-2
  template:
    metadata:
      labels:
        app: devops-backend-2
```

```
spec:
  containers:
    - name: devops-backend-2
      image: devops-backend-2:latest
      ports:
        - name: http
          containerPort: 80
```

以上配置分别创建了名为 devops-backend-1 和 devops-backend-2 的后端微服务，并暴露在端口 80 上。Traefik 入口代理可使用以下路由规则将流量转发到这两个后端微服务，具体配置如下：

```
apiVersion: networking.k8s.io/v1
kind: Ingress
metadata:
  name: devops-ingress
  annotations:
    kubernetes.io/ingress.class: traefik
spec:
  rules:
    - host: lugalabdomain.com
      http:
        paths:
          - path: /devops-backend-1
            pathType: Prefix
            backend:
              service:
                name: devops-backend-1
                port:
                  name: http
          - path: /devops-backend-2
            pathType: Prefix
            backend:
              service:
                name: devops-backend-2
                port:
                  name: http
```

在此配置中，我们定义了两个后端微服务 devops-backend-1 和 devops-backend-2。在 Traefik 入口，我们配置了两条路径（/devops-backend-1 和 /devops-backend-2），分别映射至上述两个微服务。入口规则将 URL 路径 /devops-backend-1/2 映射到相应的 devops-backend-1/2 服务，然后这些服务会将流量路由至对应的后端微服务。我们设置了 pathType 字段为前缀，以此指示前缀 / devops-backend 应被匹配。host 字段指定了应用入口规则的域名。

例如：若请求 lugalabdomain.com/devops-backend-1，流量将被路由至 devops-backend-1 微服务；若请求 lugalabdomain.com/devops-backend-2，流量则会被路由至 devops-backend-2 微服务。

可以看出，这种设置允许在 Traefik 入口代理中使用多个后端微服务。这与之前的示例相似，但在其基础上增加了一个后端微服务以及相关的服务和部署资源。现在，入口规则指定了两条路径，每个后端微服务对应一条。

这种配置为需要单独管理不同服务的应用程序提供了更大的灵活性和可扩展性。例如，一个微服务负责用户身份验证，另一个微服务负责数据存储或处理，从而实现问题的分离，使服务的管理更便捷。

为了解析配置，Traefik 会读取入口规则，并根据路径和后端信息将传入的请求路由至适当的后端微服务。Traefik 也可以利用动态服务发现，根据容器附加的标签和注释，自动发现流量并将其路由至运行后端微服务的容器。

然而，使用多个后端微服务的一个潜在挑战是如何确保适当的负载均衡和资源分配。Traefik 提供了负载均衡和重试选项，以实现在多个后端微服务间均衡流量，并确保请求被正确分发，但仍然需要根据需求仔细监控和调整配置，以确保资源得到有效和高效的利用。

15.5　Traefik 作为网关

15.5.1　目标及意义

1. 概念解析

作为一款现代云原生网关，Traefik 用于容器环境，为微服务和应用程序提供单一的流量入口点。通过统一的 API 管理微服务的发现、安全和部署，它简化了服务网格的流量管理。

不同于传统网关，Traefik 作为微服务架构中的 API 网关，同时承担着业务网关和安全网关的功能，可实现服务发现、负载均衡、认证授权、流量控制等，帮助微服务应用程序实现敏捷和可靠的交付。

（1）流量网关

作为流量网关，Traefik 为基于微服务架构的入站流量提供单一入口，通过服务发现和负载均衡机制，将请求路由到合适的后端服务。Traefik 支持广泛的服务发现机制，如 Docker、Kubernetes、Mesos 和 Consul，可以方便地发现和管理不同平台上的微服务，简化部署流程。此外，Traefik 还内置了多种负载均衡算法，例如加权轮询、最小连接、IP 哈希等，可以根据后端服务的状态智能地分发流量，保证服务稳定可靠。

（2）业务网关

作为业务网关，Traefik 提供了一系列功能，允许组织管理和监控基于微服务的架构。例如，Traefik 支持 SSL 终止，能够帮助组织集中管理 SSL/TLS 证书，而不必在每个单独的服务上进行管理。除此之外，Traefik 还支持服务等级协议（SLA），可用于监控单个服务的性能，并确保满足服务水平目标。

（3）安全网关

作为安全网关，Traefik 提供了一系列安全功能，有助于保护基于微服务的架构免受恶意流量攻击。例如：Traefik 支持速率限制，这可用于限制允许向服务发出的请求数量，以防止 DoS 攻击；同时，还支持身份验证和授权机制，如 OAuth2、JWT 和 BasicAuth，这可用于限制授权用户或应用程序对服务的访问。除此之外，Traefik 还支持与第三方安全工具，如 WAF 和 IDS/

IPS 系统集成，以提供额外的保护层。

2. 价值与意义

1）Traefik 旨在与 Kubernetes、Docker 和 Mesos 等现代容器编排平台无缝协作。这使在各种环境中部署和管理 Traefik 变得容易，并将其与其他基于容器的服务和工具集成。

2）Traefik 提供广泛的特性和功能，包括支持多个协议和流量管理策略。Traefik 可以处理 HTTP、HTTPS、TCP、UDP 以及其他协议，并且可以配置为执行各种任务，如 SSL 终止、速率限制和负载均衡。

3）Traefik 具有高度可扩展性，可以轻松处理大规模流量。Traefik 被设计为水平可扩展，这意味着可以根据需要添加额外的实例来处理增加的流量负载。

4）Traefik 提供强大的安全功能，包括支持 SSL/TLS 加密和身份验证。Traefik 还可以配置为执行额外的安全检查和过滤，以抵御攻击和其他威胁。

5）基于 Traefik 的高度可定制性，可以具体配置以满足特定场景的需求。Traefik 提供一个灵活的中间件框架，允许用户为传入的请求添加自定义处理逻辑，从而实现 API 速率限制和请求过滤等高级功能。

15.5.2　场景描述

Spring Cloud Zuul 是当下传统 Spring Cloud 生态中较为流行的网关解决方案，拥有诸多优点，但在云原生容器环境中存在一些局限性。因此，那些正在采用微服务和容器的组织可能需要考虑其他更适合云原生环境的网关解决方案，例如 Traefik、Istio 或 Linkerd。这些解决方案提供了高级路由、负载均衡、安全和监控功能，并解决了 Spring Cloud Zuul 的一些痛点，例如性能、可扩展性及可维护性问题。

1. 架构解析

在基于云原生容器云的 Spring Cloud 微服务生态体系中，Spring Cloud Zuul 作为常用的业务网关的架构拓扑结构，具体可参考图 15-3 所示。

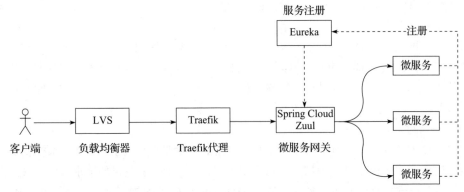

图 15-3　基于 Spring Cloud Zuul 业务网关的微服务架构参考示意图

从图 15-3 所示的架构可以看到，作为传统 Spring Cloud 生态系统中流行的网关解决方案，Spring Cloud Zuul 能够同时提供南北向和东西向流量管理功能。

（1）南北向流量管理

通常，南北向流量是指在外部网络和内部网络之间流动的流量。在微服务架构体系中，这种流量在客户端和 API 网关之间流动，API 网关负责将请求路由到适合的微服务。

Spring Cloud Zuul 为南北流量管理提供高级路由和负载均衡功能，允许根据各种标准（如 URL 模式、标头和 Cookie）将请求路由到适合的服务。

此外，Spring Cloud Zuul 可提供身份验证和授权功能，确保只有经过授权的客户端才能访问网关后面的服务。

（2）东西向流量管理

与南北向流量相对应，东西向流量指的是同一网络中微服务之间的流量。

Spring Cloud Zuul 还提供了东西向流量管理功能，允许微服务通过网关相互通信。这是使用服务发现和注册等功能实现的，这些功能允许微服务在网关上注册，并发现已注册的其他服务。此外，Spring Cloud Zuul 可以提供高级路由和负载均衡东西向流量的能力，允许微服务以可靠的方式通信。

2. 优劣势分析

（1）优势

Spring Cloud Zuul 是一个基于 Netflix Zuul 的 API 网关，提供了路由、过滤、负载均衡、缓存等功能，用于管理和保护微服务架构中的 API。它具备如下优势。

1）功能丰富。Spring Cloud Zuul 建立在 Spring 框架之上。Spring 框架是一个成熟的 Java 框架，为构建强大和可扩展的应用程序提供了丰富的功能。因而，Spring Cloud Zuul 也具有丰富的功能。

2）多种过滤器。Spring Cloud Zuul 提供各种内置过滤器，可用于实现跨领域问题，如身份验证、授权、速率限制和负载均衡。

3）易于实现。Zuul 支持基于传入请求的 URL、标头和其他属性的动态路由，这使实现复杂的路由变得容易。

4）较好的集成性。Spring Cloud Zuul 与其他 Spring Cloud 组件（如 Eureka、Ribbon 和 Hystrix）集成良好。这些组件提供了服务发现、客户端负载均衡和断路等附加功能。Spring Cloud Zuul 是用 Java 编写的，因而提供了高度的可移植性，并且可以在各种平台和操作系统上运行。

（2）劣势

诚然，Spring Cloud Zuul 在传统的 Spring Cloud 生态系统中有许多优势，但在云原生生态系统中存在一些局限性，具体如下。

1）性能低下。作为一个阻塞 I/O 网关，Spring Cloud Zuul 在高并发、高流量场景下性能低。这是因为每个传入的请求都由单个线程处理，如果线程被阻止，会导致服务中断。

2）可扩展性差。Spring Cloud Zuul 与 Spring Cloud 生态体系紧密耦合，可能没有其他网关解决方案那么灵活，无法很好地与其他技术和平台配合使用。同时，由于阻塞 I/O 性质，Spring

Cloud Zuul 在水平扩展方面可能会面临较大挑战。

3）成本较高。Spring Cloud Zuul 运行在 Java 框架下，与用 Go 等低级语言编写的其他 API 网关相比，可能需要更多的内存和 CPU 资源来运行。

4）已停止维护。Spring Cloud 官方文档声明 "Spring Cloud Zuul 已被弃用，转而支持 Spring Cloud Gateway"，并且 "不会为 Spring Cloud Zuul 开发新功能"。这意味着在实际的项目开发活动中，若我们的网关出现底层缺陷可能无法及时修复，从而可能导致业务受损。

因此，建议将 Spring Cloud Gateway 用于新项目，或将使用 Spring Cloud Zuul 的现有项目迁移到其他主流网关。

15.5.3 将 Spring Cloud Zuul 改造为 Traefik

随着技术框架以及所依赖的平台的不断创新，性能低下、扩展性差、高成本及停止维护等一系列问题使得 Spring Cloud Zuul 在云原生生态领域力不从心。因此，突破业务网关在云原生技术体系中的技术壁垒便成为当下最迫切的问题。

1. Traefik 解决的痛点

（1）降低复杂性并提高可扩展性

Traefik 集中访问控制和流量管理以简化团队工作流程，同时通过内置中间件、自定义插件和第三方集成轻松添加高级功能。

同时，Traefik 为 Kubernetes 等容器编排平台提供原生支持，如 Docker Swarm。这意味着 Traefik 可以自动发现和配置在这些平台上运行的微服务的路由，而无需手动配置。

（2）强大、灵活的路由机制

与 Spring Cloud Zuul 相比，Traefik 支持多种路由方法，包括基于路径、基于标头和基于 Cookie 的路由。这允许实现更精细和细粒度的路由规则，对复杂的微服务架构至关重要。

（3）丰富的中间件选项

Traefik 提供了一套丰富的中间件选项，支持按官方参考文档指南进行配置。中间件选项包括断路器、速率限制、重试、请求/响应修改和身份验证/授权。这允许对微服务的行为进行更精细的控制，并有助于提高服务可靠性、安全性和性能。

（4）确保一致性、可重复性和可扩展性

通过自动化烦琐的手动配置并使生态系统与 GitOps 存储库保持同步，Traefik 提高开发了团队工作效率，尤其涉及自动服务发现和配置、动态路由到正确的端点、分布式限速、断路器保护、IP 白名单和黑名单以及自动应用 Git 配置更改等。

改造后以 Traefik 作为微服务业务网关的云原生架构可参考图 15-4。

当然，我们也可以构建图 15-5 所示的架构。

基于上述拓扑结构，Traefik 无论处于何种层级，都能实现流量网关、安全网关以及业务网关三合一特性。

在流量治理方面，除了基于自身所具有的南北向流量管理功能之外，Traefik 可以基于外部提供商实现服务注册与发现，并根据服务实例数配置路由规则，从而实现东西向流量管理。

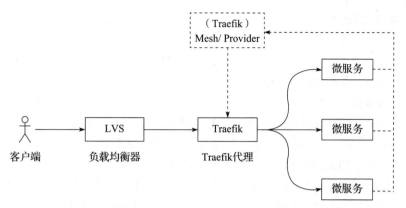

图 15-4　Traefik 作为业务网关的容器云微服务架构参考示意图

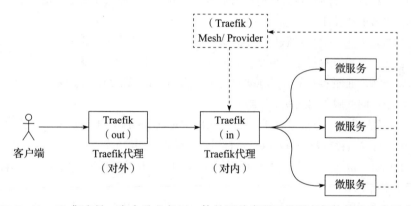

图 15-5　Traefik 集流量、安全及业务于一体的网关容器云微服务架构拓扑参考示意图

除了上述的外部提供商组件之外，在实际的业务场景中，我们还可以基于 Traefik Mesh 组件来实现东西向流量治理。Traefik Mesh 能够与 Traefik Ingress 无缝协作。Traefik Ingress 为南北向流量提供治理功能，使其成为在微服务架构中管理流量的强大、集成的解决方案。这两个组件一起为管理南北和东西向流量提供了一整套功能，使组织更容易构建和管理复杂的微服务架构。

2. 改造步骤

在实际的业务场景中，要对 pring Cloud Zuul 进行 Traefik 功能改造，通常需要遵循如下几个核心步骤。

（1）梳理关键差异点

首先，理解 Spring Cloud Zuul 和 Traefik 之间的区别：在开始改造之前，了解这两个网关解决方案之间的区别。如前文所述，Traefik 是一个异步非阻塞 I/O 网关，旨在与 Kubernetes 等容器编排平台很好地配合使用，而 Spring Cloud Zuul 是一个阻塞 I/O 网关，在高流量环境中可能存在性能和可扩展性问题。

此外，基于不同的业务特性，梳理 Traefik 网关是否存在 Spring Cloud Zuul 网关所不具备的功能特性，以及是否与业务逻辑强绑定等，还要对比 Traefik 所实现的网关功能与 Spring Cloud

Zuul 所实现的网关功能差异。

（2）功能抽象及拆分

在完成上述关键点差异梳理后，基于现有的业务特性，我们需要评估所要迁移的网关功能，可能涉及路由规则、负载均衡、安全性、监控以及其他功能实现等。

（3）适配性改造

针对 Spring Cloud Zuul 进行 Traefik 适配性改造主要涉及如下功能块。

1）路由规则改造。我们可以通过定义适当的中间件（如 PathPrefix、Header 和 Host）将现有路由规则从 Spring Cloud Zuul 转换为 Traefik 中间件。

2）负载均衡功能改造。Traefik 具备内置的负载均衡功能，支持多种负载均衡算法，如轮询、最小连接、IP 哈希等。我们可以通过在 Traefik 中定义 LoadBalancer 和 CircuitBreaker 等中间件，将 Spring Cloud Zuul 中已有的负载均衡规则平滑迁移过来，从而减少重复开发，也使负载均衡策略能够复用，无需重新设计。

3）安全性改造。我们可以通过在 Traefik 中定义相应的安全中间件，平滑地将 Spring Cloud Zuul 中已有的安全策略迁移过来，例如，将基于用户名 – 密码的认证策略转换为 BasicAuth 中间件，或将需要令牌验证的接口转换为 JWT 中间件等。这样可以复用原有的安全机制，无需重写验证逻辑，也使不同微服务间的安全控制一致。

4）监控及观测改造。我们可以通过在 Traefik 中定义 Metrics 和 Tracing 等中间件，将 Spring Cloud Zuul 中已有的监控策略平滑迁移。这样可以无缝地复用原有的监控方案，并基于 Traefik 提供统一的监控视图，帮助运维人员更快地发现和定位问题，保障微服务应用的高可用性。

（4）验证及优化

经过上述步骤改造，我们一旦将网关功能转换为 Traefik 中间件来实现，应尽可能彻底测试所构建的应用程序，以确保一切按预期工作。然后，我们可以将应用程序部署到首选的容器编排平台，如 Kubernetes。

15.5.4 配置示例解析

Spring Cloud Zuul 和 Traefik 都是流行的 API 网关，提供类似的功能。然而，它们以不同的方法来实现。

下面介绍一个将 Zuul 中间件改造为 Traefik 中间件的例子。假设我们有一个 Zuul 中间件，在将收到的请求转发到适合的微服务之前，对传入的请求进行身份验证和授权检查。基于 Spring Cloud Zuul 的业务逻辑实现参考如下：

```
public class AuthFilter extends ZuulFilter {
  @Override
  public boolean shouldFilter() {
    return true;
  }

  @Override
  public Object run() {
```

```
        RequestContext ctx = RequestContext.getCurrentContext();
        HttpServletRequest request = ctx.getRequest();

          if (!authenticate(request) || !authorize(request)) {
          ctx.setResponseStatusCode(HttpStatus.UNAUTHORIZED.value());
          ctx.setSendZuulResponse(false);
          return null;
        }

      return null;
    }

    private boolean authenticate(HttpServletRequest request) {
      return true;
    }

    private boolean authorize(HttpServletRequest request) {
      return true;
    }

    @Override
    public String filterType() {
      return "pre";
    }

    @Override
    public int filterOrder() {
      return 0;
    }
}
```

上述代码实现了在将传入请求转发至下游微服务之前，检查传入请求是否经过身份验证和授权。如果请求未通过任何一项检查，将返回 401 未经授权的状态码。

要在 Traefik 中实现此网关中间件的逻辑，我们可以利用 Traefik 的中间件 API，并将其打包成中间件链，具体可参考如下配置示例：

```
http:
  routers:
    devops-router:
      rule: "Path('/devops-service')"
      service: "devops-service"
      middlewares:
        - auth-middleware

  services:
    devops-service:
      loadBalancer:
        servers:
          - url: "http://devops-service:8080"

  middlewares:
    auth-middleware:
```

```
    chain:
      middlewares:
        - auth-check

  auth-check:
    plugin:
      go:
        import:
          - "net/http"
          - "github.com/traefik/yaegi/interp"
        code: |
          func(rw http.ResponseWriter, req *http.Request) {
            if !authenticate(req) || !authorize(req) {
            http.Error(rw, "Unauthorized", http.StatusUnauthorized)
             return
            }
          }

          func authenticate(req *http.Request) bool {
            return true
          }

          func authorize(req *http.Request) bool {
            return true
          }
```

在上述配置示例中，我们定义了一个 auth-middleware 中间件链以及一个 auth-check 中间件。auth-check 中间件作为 Go 插件实现，对传入的请求执行身份验证和授权检查。如果检查失败，将返回 401 未经授权的状态码。

将 auth-middleware 中间件链添加到名为 Traefik 的路由器中，devops-router 负责将传入的请求路由到适当的微服务。auth-middleware 在将请求转发到 devops-service 微服务之前，先将其链接到传入的请求。

与 Zuul 中间件相比，Traefik 中间件作为 Go 插件实现，并在实现复杂逻辑方面提供了更大的灵活性。Traefik 中间件 API 还支持将多个中间件链接在一起，允许更复杂的请求处理。

15.6　本章小结

本章主要从项目实践角度针对 Traefik 的相关内容进行深入解析，围绕入口控制器、业务网关等方面进行云原生项目改造，具体如下。

- ❏ 讲解基于 Traefik 进行云原生改造，涉及项目背景、技术选型、选型目标、选型原则以及选型评估标准等。
- ❏ 讲解 Traefik 作为 Ingress 实现接入层治理，以传统 Nginx 为例进行云原生适配性改造，内容包括目标及意义、场景描述、改造方案以及配置示例解析等方面。
- ❏ 讲解 Traefik 作为业务网关实现网关层治理，以传统 Spring Cloud Zuul 微服务网关为例进行云原生适配性改造，内容包括目标及意义、场景描述、改造方案以及配置示例解析等。

核心源码剖析

通过源码，我们能一目了然技术内部的工作机制，揭开它的神秘面纱。同时，源码赋予我们全新视角，帮助我们获得对新技术的全面认知，找到技术盲区，思考新的实现方式，提升我们的认知理解，从而真正掌握技术精髓和精华。

Chapter 16 第16章

Traefik 核心源码剖析

本章主要对前面章节所涉及的核心功能源码进行深入剖析，主要基于 Traefik v2.x，包括动态配置更新、Traefik 中间件功能之 AddPrefix 以及 Service 等。

本章源码剖析进一步说明 Traefik 组件的相关特性，同时，基于对源码的解读，在实际的项目开发活动中依据实际的业务场景进行性能调优，以支撑业务发展。

16.1　动态配置更新实现

和大多数 Go 程序一样，Traefik 也是在 runCmd() 方法中完成整个系统的初始化工作。runCmd() 作为 Traefik 的启动入口，以完成具体的操作，具体源码实现如下所示：

```
func setupServer(staticConfiguration *static.Configuration) (*server.Server,
error) {
    //根据 provider 类型实例化 Provider
    providerAggregator := aggregator.NewProviderAggregator(*staticConfiguration.
Providers)
    ctx := context.Background()
    routinesPool := safe.NewPool(ctx)
...
    //创建 Watcher 监听以及进行配置更新
    watcher := server.NewConfigurationWatcher(
      routinesPool,
      providerAggregator,
      getDefaultsEntrypoints(staticConfiguration),
      "internal",
    )
...
    }
```

16.1.1 Watcher 机制

作为整个动态配置更新的核心功能机制，Watcher 实现了配置监听以及更新的主逻辑，主要基于 3 个协程进行事件处理，具体如下。

- ❑ receiveConfigurations 协程监听配置变更事件，对本地配置参数进行差异比对，并在检测到变更时发送通知给相关处理器。
- ❑ applyConfigurations 协程进行配置应用更新，调用上层注册的监听器（Listener）回调函数，使各个组件能够被动地更新配置。
- ❑ startProviderAggregator 协程调度 Provider 的 Provide 接口方法，传递一个 Channel 和协程池给 Provide，以取得最新的配置信息。

Watcher 机制源码实现如下所示：

```
//ConfigurationWatcher 监测配置更新
type ConfigurationWatcher struct {
  providerAggregator provider.Provider
  defaultEntryPoints []string
  allProvidersConfigs chan dynamic.Message
  newConfigs chan dynamic.Configurations
  requiredProvider        string
  configurationListeners []func(dynamic.Configuration)
  routinesPool *safe.Pool
}
//NewConfigurationWatcher 创建一个新的 ConfigurationWatcher
func NewConfigurationWatcher(
  routinesPool *safe.Pool,
  pvd provider.Provider,
  defaultEntryPoints []string,
  requiredProvider string,
) *ConfigurationWatcher {
  return &ConfigurationWatcher{
    providerAggregator:  pvd,
    allProvidersConfigs: make(chan dynamic.Message, 100),
    newConfigs:          make(chan dynamic.Configurations),
    routinesPool:        routinesPool,
    defaultEntryPoints:  defaultEntryPoints,
    requiredProvider:    requiredProvider,
  }
}
//启动配置观察器
func (c *ConfigurationWatcher) Start() {
  c.routinesPool.GoCtx(c.receiveConfigurations)
  c.routinesPool.GoCtx(c.applyConfigurations)
  c.startProviderAggregator()
}
//停止配置观察器
func (c *ConfigurationWatcher) Stop() {
  close(c.allProvidersConfigs)
  close(c.newConfigs)
}
```

```
//AddListener 添加一个新的侦听器，在提供新配置时使用
func (c *ConfigurationWatcher) AddListener(listener func(dynamic.Configuration)) {
  if c.configurationListeners == nil {
    c.configurationListeners = make([]func(dynamic.Configuration), 0)
  }
  c.configurationListeners = append(c.configurationListeners, listener)
}
func (c *ConfigurationWatcher) startProviderAggregator() {
  logger := log.WithoutContext()

  logger.Infof("Starting provider aggregator %T", c.providerAggregator)

  safe.Go(func() {
    err := c.providerAggregator.Provide(c.allProvidersConfigs, c.routinesPool)
    if err != nil {
      logger.Errorf("Error starting provider aggregator %T: %s",
c.providerAggregator, err)
    }
  })
}
```

16.1.2　Listener 机制

在 Traefik 生态体系中，配置的动态更新是通过 Listener 机制来实现的。因 Traefik 里面的动态更新内容较多，本节仅简单介绍如下两种核心配置更新，具体如下。

1. Server Transport 连接池

针对 Server Transport 连接池的更新，Server Transport 的监听器在配置更新时，会对 Round-Tripper 管理器执行加锁操作，然后新建 Transport 连接池，此时，老的连接池将会抛弃，因为 HTTP 组件每次通过 Get() 方法实时获取 RoundTripper，在当前的请求都处理完毕后，HTTP 组件就不会再复用这个要销毁的 RoundTripper，然后基于后面所依赖的 idleConnTimeout 参数去关闭连接。

这里，我们重点来看一下 RoundTripper 更新的逻辑实现。实现较为简单：先去除老的配置，并分析配置是否有变更发生，对于变更产生的新建连接池以及新增的 Transport 配置则直接进行创建，具体源码实现如下所示：

```
type RoundTripperManager struct {
  rtLock          sync.RWMutex
  roundTrippers   map[string]http.RoundTripper
  configs         map[string]*dynamic.ServersTransport

  spiffeX509Source SpiffeX509Source
}
func (r *RoundTripperManager) Update(newConfigs map[string]*dynamic.
ServersTransport) {
    r.rtLock.Lock()
    defer r.rtLock.Unlock()
```

```
    for configName, config := range r.configs {
      newConfig, ok := newConfigs[configName]
      if !ok {
        delete(r.configs, configName)
        delete(r.roundTrippers, configName)
        continue
      }
      if reflect.DeepEqual(newConfig, config) {
        continue
      }

      var err error
      r.roundTrippers[configName], err = r.createRoundTripper(newConfig)
      if err != nil {
        log.WithoutContext().Errorf("Could not configure HTTP Transport %s,
fallback on default transport: %v", configName, err)
        r.roundTrippers[configName] = http.DefaultTransport
      }
    }

    for newConfigName, newConfig := range newConfigs {
      if _, ok := r.configs[newConfigName]; ok {
        continue
      }
      var err error
      r.roundTrippers[newConfigName], err = r.createRoundTripper(newConfig)
      if err != nil {
        log.WithoutContext().Errorf("Could not configure HTTP Transport %s,
fallback on default transport: %v", newConfigName, err)
        r.roundTrippers[newConfigName] = http.DefaultTransport
      }
    }
    r.configs = newConfigs
  }
```

2. Routers 路由匹配策略

关于 Router 监听器，当配置更新时，重新创建 tcpRouters 和 udpRouters 路由，然后分别在 TCP 和 UDP 的 EntryPoint 上执行更新操作，遍历更新到各个组件的 Switcher 上。因此，从本质上讲，Router 监听器是一个加锁的配置值容器。

以下为在 TCP 和 UDP 上更新 Router，具体源码如下所示：

```
func switchRouter(routerFactory *server.RouterFactory, serverEntryPointsTCP
server.TCPEntryPoints, serverEntryPointsUDP server.UDPEntryPoints) func(conf
dynamic.Configuration) {
    return func(conf dynamic.Configuration) {
      rtConf := runtime.NewConfig(conf)

      routers, udpRouters := routerFactory.CreateRouters(rtConf)
```

```
    serverEntryPointsTCP.Switch(routers)
    serverEntryPointsUDP.Switch(udpRouters)
  }
}...
//切换 TCP 路由
func (eps TCPEntryPoints) Switch(routersTCP map[string]*tcprouter.Router) {
  for entryPointName, rt := range routersTCP {
    eps[entryPointName].SwitchRouter(rt)
  }
}...
//SwitchRouter 切换 TCP 路由处理程序
func (e *TCPEntryPoint) SwitchRouter(rt *tcprouter.Router) {
  rt.SetHTTPForwarder(e.httpServer.Forwarder)

  httpHandler := rt.GetHTTPHandler()
  if httpHandler == nil {
    httpHandler = router.BuildDefaultHTTPRouter()
  }
  e.httpServer.Switcher.UpdateHandler(httpHandler)

  rt.SetHTTPSForwarder(e.httpsServer.Forwarder)

  httpsHandler := rt.GetHTTPSHandler()
  if httpsHandler == nil {
    httpsHandler = router.BuildDefaultHTTPRouter()
  }
  e.httpsServer.Switcher.UpdateHandler(httpsHandler)
  e.switcher.Switch(rt)
  if e.http3Server != nil {
    e.http3Server.Switch(rt)
  }
}
```

16.1.3　Switcher 机制

作为一个抽象层组件，Switcher 抽象了 http.Handler 以及 tcp.Handler 等逻辑，使得在 HTTP 场景下实现 http.handler 接口，在 TCP 场景下实现 tcp.handler 接口。

Switcher 本质是 sync.Map、interface{} 相组合，为了线程安全，获取和动态更新 Handler。

这样当每次请求需要处理时，Switcher 都会从 switcher.safe 里加锁以获取 http.Handler，当 Watcher 配置动态更新时，也是加锁更新 http.Handler。

Http Switcher 具体实现源码如下所示：

```
//HTTPHandlerSwitcher 允许热切换 http.ServeMux
type HTTPHandlerSwitcher struct {
  handler *safe.Safe
}
//NewHandlerSwitcher 构建一个新的 HTTPHandlerSwitcher 实例
func NewHandlerSwitcher(newHandler http.Handler) (hs *HTTPHandlerSwitcher) {
  return &HTTPHandlerSwitcher{
```

```
      handler: safe.New(newHandler),
    }
}
func (h *HTTPHandlerSwitcher) ServeHTTP(rw http.ResponseWriter, req *http.
Request) {
    handlerBackup := h.handler.Get().(http.Handler)
    handlerBackup.ServeHTTP(rw, req)
}
//GetHandler 返回当前的 http.ServeMux
func (h *HTTPHandlerSwitcher) GetHandler() (newHandler http.Handler) {
    handler := h.handler.Get().(http.Handler)
    return handler
}
func (h *HTTPHandlerSwitcher) UpdateHandler(newHandler http.Handler) {
    h.handler.Set(newHandler)
}
```

16.1.4　Provider 机制

Provider 机制主要用于实现对配置的动态更新和获取变更通知等。Provider 实现逻辑相对简单，大致的工作流程是：监听配置是否发生变更，当发生变更时，通知至 Watcher 组件，Watcher 组件再把事件传递给各个 Listener 以执行具体的配置变更操作。

通常可以把配置存储在 Etcd 中，当 Etcd 发生更新时通知 Traefik 进行变更。Traefik 支持多种 Provider 实现，如本地文件、Docker、Etcd、Redis、Consul 以及 Kubernetes CRD 等。这里主要以文件提供商的实现为例进行讲解，关键源码实现如下所示：

```
//Provide 允许文件提供商向 Traefik 提供配置
//使用指定的配置渠道
func (p *Provider) Provide(configurationChan chan<- dynamic.Message, pool *safe.
Pool) error {
    configuration, err := p.BuildConfiguration()
    if err != nil {
        return err
    }
    if p.Watch {
        var watchItem string
        switch {
        case len(p.Directory) > 0:
            watchItem = p.Directory
        case len(p.Filename) > 0:
            watchItem = filepath.Dir(p.Filename)
        default:
            return errors.New("error using file configuration provider, neither filename
or directory defined")
        }
        if err := p.addWatcher(pool, watchItem, configurationChan, p.watcherCallback);
err != nil {
            return err
        }
```

```
    }

    sendConfigToChannel(configurationChan, configuration)
    return nil
  }

//BuildConfiguration 从文件或目录加载配置
//由"文件名" /"目录"指定并返回一个"配置"对象
func (p *Provider) BuildConfiguration() (*dynamic.Configuration, error) {
    ctx := log.With(context.Background(), log.Str(log.ProviderName, providerName))

    if len(p.Directory) > 0 {
      return p.loadFileConfigFromDirectory(ctx, p.Directory, nil)
    }

    if len(p.Filename) > 0 {
      return p.loadFileConfig(ctx, p.Filename, true)
    }

    return nil, errors.New("error using file configuration provider, neither
filename or directory defined")
  }

  func (p *Provider) addWatcher(pool *safe.Pool, directory string, configurationChan
chan<- dynamic.Message, callback func(chan<- dynamic.Message, fsnotify.Event)) error {
    watcher, err := fsnotify.NewWatcher()
    if err != nil {
      return fmt.Errorf("error creating file watcher: %w", err)
    }

    err = watcher.Add(directory)
    if err != nil {
      return fmt.Errorf("error adding file watcher: %w", err)
    }

    //处理事件
    pool.GoCtx(func(ctx context.Context) {
      defer watcher.Close()
      for {
        select {
        case <-ctx.Done():
          return
        case evt := <-watcher.Events:
          if p.Directory == "" {
            _, evtFileName := filepath.Split(evt.Name)
            _, confFileName := filepath.Split(p.Filename)
            if evtFileName == confFileName {
              callback(configurationChan, evt)
            }
          } else {
            callback(configurationChan, evt)
          }
        case err := <-watcher.Errors:
```

```
            log.WithoutContext().WithField(log.ProviderName, providerName).Errorf
("Watcher event error: %s", err)
        }
      }
    })
    return nil
}

func (p *Provider) watcherCallback(configurationChan chan<- dynamic.Message,
event fsnotify.Event) {
    watchItem := p.Filename
    if len(p.Directory) > 0 {
      watchItem = p.Directory
    }

    logger := log.WithoutContext().WithField(log.ProviderName, providerName)

    if _, err := os.Stat(watchItem); err != nil {
      logger.Errorf("Unable to watch %s : %v", watchItem, err)
      return
    }

    configuration, err := p.BuildConfiguration()
    if err != nil {
      logger.Errorf("Error occurred during watcher callback: %s", err)
      return
    }

    sendConfigToChannel(configurationChan, configuration)
}

func sendConfigToChannel(configurationChan chan<- dynamic.Message, configuration
*dynamic.Configuration) {
    configurationChan <- dynamic.Message{
      ProviderName:  "file",
      Configuration: configuration,
    }
}
```

16.2　AddPrefix 中间件实现

　　Traefik 中间件是一个非常强大、灵活的机制，支持在请求被路由到后端服务之前进行各种处理。

　　正如前文所述，中间件处在路由规则和后端服务之间。外部请求进入 Traefik 并匹配路由规则后，在发送到后端服务之前，先经过一系列中间件的处理，比如添加请求头、身份验证、重定向等。一个请求可以经过一个或多个中间件。当所有中间件处理完成后，请求才会发送到后端服务。

从 Traefik 的整体设计和中间件功能来看，AddPrefix 中间件的实现主要包含以下 3 个核心步骤。

16.2.1 配置中定义 AddPrefix 中间件

首先，在代码中定义一个结构体，然后将其映射到配置文件。所有的中间件配置都在 http.middlewares 下，具体源码实现如下所示：

```
// Middleware 定义了所持有中间件配置
type Middleware struct {
  AddPrefix          *AddPrefix         'json:"addPrefix,omitempty" toml:
                                        "addPrefix,omitempty" yaml:"addPrefix,
                                        omitempty" export:"true"'
  StripPrefix        *StripPrefix       'json:"stripPrefix,omitempty" toml:
                                        "stripPrefix,omitempty" yaml:"stripPrefix,
                                        omitempty" export:"true"'
  StripPrefixRegex   *StripPrefixRegex  'json:"stripPrefixRegex,omitempty" toml:
                                        "stripPrefixRegex,omitempty" yaml:
                                        "stripPrefixRegex,omitempty" export:"true"'
  ReplacePath        *ReplacePath       'json:"replacePath,omitempty" toml:
                                        "replacePath,omitempty" yaml:"replacePath,
                                        omitempty" export:"true"'
  ReplacePathRegex   *ReplacePathRegex  'json:"replacePathRegex,omitempty" toml:
                                        "replacePathRegex,omitempty" yaml:
                                        "replacePathRegex,omitempty" export:"true"'
  Chain              *Chain             'json:"chain,omitempty" toml:"chain,omitempty"
                                        yaml:"chain,omitempty" export:"true"'
  IPAllowList        *IPAllowList       'json:"ipAllowList,omitempty" toml:
                                        "ipAllowList,omitempty" yaml:"ipAllowList,
                                        omitempty" export:"true"'
  Headers            *Headers           'json:"headers,omitempty" toml:"headers,omitempty"
                                        yaml:"headers,omitempty" export:"true"'
  Errors             *ErrorPage         'json:"errors,omitempty" toml:"errors,omitempty"
                                        yaml:"errors,omitempty" export:"true"'
  RateLimit          *RateLimit         'json:"rateLimit,omitempty" toml:"rateLimit,
                                        omitempty" yaml:"rateLimit,omitempty" export:
                                        "true"'
  RedirectRegex      *RedirectRegex     'json:"redirectRegex,omitempty" toml:
                                        "redirectRegex,omitempty" yaml:"redirectRegex,
                                        omitempty" export:"true"'
  RedirectScheme     *RedirectScheme    'json:"redirectScheme,omitempty" toml:
                                        "redirectScheme,omitempty" yaml:"redirectScheme,
                                        omitempty" export:"true"'
  BasicAuth          *BasicAuth         'json:"basicAuth,omitempty" toml:"basicAuth,
                                        omitempty" yaml:"basicAuth,omitempty" export:
                                        "true"'
  DigestAuth         *DigestAuth        'json:"digestAuth,omitempty" toml:"digestAuth,
                                        omitempty" yaml:"digestAuth,omitempty" export:
                                        "true"'
  ForwardAuth        *ForwardAuth       'json:"forwardAuth,omitempty" toml:"forwardAuth,
                                        omitempty" yaml:"forwardAuth,omitempty" export:
```

```
                                               "true"'
    InFlightReq        *InFlightReq      'json:"inFlightReq,omitempty" toml:"inFlightReq,
                                         omitempty" yaml:"inFlightReq,omitempty" export:
                                               "true"'
    Buffering          *Buffering        'json:"buffering,omitempty" toml:"buffering,
                                         omitempty" yaml:"buffering,omitempty" export:
                                               "true"'
    CircuitBreaker     *CircuitBreaker   'json:"circuitBreaker,omitempty" toml:
                                         "circuitBreaker,omitempty" yaml:"circuitBreaker,
                                         omitempty" export:"true"'
    Compress           *Compress         'json:"compress,omitempty" toml:"compress,
                                         omitempty" yaml:"compress,omitempty" label:
                                         "allowEmpty" file:"allowEmpty" kv:"allowEmpty"
                                         export:"true"'
    PassTLSClientCert *PassTLSClientCert 'json:"passTLSClientCert,omitempty" toml:
                                         "passTLSClientCert,omitempty" yaml:
                                         "passTLSClientCert,omitempty" export:"true"'
    Retry              *Retry            'json:"retry,omitempty" toml:"retry,omitempty"
                                         yaml:"retry,omitempty" export:"true"'
    ContentType        *ContentType      'json:"contentType,omitempty" toml:"contentType,
                                         omitempty" yaml:"contentType,omitempty" export:
                                               "true"'
    GrpcWeb            *GrpcWeb          'json:"grpcWeb,omitempty" toml:"grpcWeb,omitempty"
                                         yaml:"grpcWeb,omitempty" export:"true"'

    Plugin map[string]PluginConf 'json:"plugin,omitempty" toml:"plugin,omitempty"
yaml:"plugin,omitempty" export:"true"'
    }
```

以 AddPrefix 中间件为例，它所配置的结构体定义如下：

```
//AddPrefix 持有添加前缀中间件配置
//AddPrefix 中间件在转发请求之前更新请求的路径
type AddPrefix struct {
    //Prefix 在请求的 URL 中的当前路径之前添加字符串标识
    //通常包括一个前导斜线 (/)
    Prefix string 'json:"prefix,omitempty" toml:"prefix,omitempty" yaml:"prefix,
omitempty" export:"true"'
    }
```

基于前面定义配置的 AddPrefix，我们需要实现对应的处理器 Handler 以实现 AddPrefix 的功能。这是实现 Traefik 中间件实现的核心步骤。

16.2.2　实现 AddPrefix 中间件的处理逻辑

定义的 Handler 也需要实现 http.Handler 接口，即添加 ServeHTTP 函数，最终的实现如下所示：

```
//AddPrefix 中间件，主要用于为 URL 请求添加前缀
type addPrefix struct {
    next   http.Handler
    prefix string
```

```
    name    string
  }
//创建一个新的 Handler
  func New(ctx context.Context, next http.Handler, config dynamic.AddPrefix, name
string) (http.Handler, error) {
    log.FromContext(middlewares.GetLoggerCtx(ctx, name, typeName)).Debug("Creating
middleware")
    var result *addPrefix

    if len(config.Prefix) > 0 {
      result = &addPrefix{
        prefix: config.Prefix,
        next:   next,
        name:   name,
      }
    } else {
      return nil, fmt.Errorf("prefix cannot be empty")
    }

    return result, nil
  }

  func (a *addPrefix) GetTracingInformation() (string, ext.SpanKindEnum) {
    return a.name, tracing.SpanKindNoneEnum
  }

  func (a *addPrefix) ServeHTTP(rw http.ResponseWriter, req *http.Request) {
    logger := log.FromContext(middlewares.GetLoggerCtx(req.Context(), a.name,
typeName))

    oldURLPath := req.URL.Path
    req.URL.Path = ensureLeadingSlash(a.prefix + req.URL.Path)
    logger.Debugf("URL.Path is now %s (was %s).", req.URL.Path, oldURLPath)

    if req.URL.RawPath != "" {
      oldURLRawPath := req.URL.RawPath
      req.URL.RawPath = ensureLeadingSlash(a.prefix + req.URL.RawPath)
      logger.Debugf("URL.RawPath is now %s (was %s).", req.URL.RawPath, oldURLRawPath)
    }
    req.RequestURI = req.URL.RequestURI()

    a.next.ServeHTTP(rw, req)
  }

  func ensureLeadingSlash(str string) string {
    if str == "" {
      return str
    }

    if str[0] == '/' {
      return str
    }
```

```
    return "/" + str
}
```

基于上述代码定义，可以看到，中间件的 Handler 实现中调用 next.ServeHTTP(rw,req)，会触发执行下一个中间件。因此，我们可以通过是否调用该语句，以及在调用前后执行其他逻辑，来控制中间件的执行流程，从而实现更复杂的处理逻辑。

16.2.3　实例初始化及注册

最后，执行初始化操作，即定义中间件的构造函数，以读取配置并实例化中间件的 Handler。中间件的初始化流程主要涉及如下两部分内容。

1）中间件构造函数的定义。

2）中间件构造函数中的上游初始化代码调用。

关于构造函数定义，默认情况下，Go 没有传统意义上的构造函数，因此，我们仅仅需要定义一个能够返回 Middlewares Handler 实例的方法即可。

在实际的业务场景中，参数是可以自定义的，因为调用 New 方法的部分也是我们自己编写，故而我们可以完全控制 New 方法的定义和调用。不过，在没有特殊情况时，建议按 func New(ctx context.Context,next http.Handler,config dynamic.AddPrefix,name string) 所定义的 4 个参数（ctx、next、AddPrefix、name）来定义，因为其中包含中间件的信息。

返回值就是一个 Handler 实例，即我们定义的 AddPrefix 结构体（需要注意的是，返回的 http.Handler 类型是一个指针）。

关于构造函数调用，其中的 buildConstructor 函数负责初始化所有中间件。还是以 AddPrefix 中间件为例进行说明，buildConstructor 函数实现代码如下：

```
func (b *Builder) buildConstructor(ctx context.Context, middlewareName string)
(alice.Constructor, error) {
    ...
    var middleware alice.Constructor
    //添加前缀
    if config.AddPrefix != nil {
      middleware = func(next http.Handler) (http.Handler, error) {
        return addprefix.New(ctx, next, *config.AddPrefix, middlewareName)
      }
    }
    ...
    return tracing.Wrap(ctx, middleware), nil
}
```

可以看出，该函数主要目的是针对配置文件的数据进行处理，具体步骤如下。

1）确认中间件配置是否存在，若不存在，则跳过初始化，后续会进行容错处理。

2）确认中间件配置是否可用，若不可用，可以直接返回 Error，错误信息会显示在日志中。

3）调用中间件的 New 方法，并向中间件赋值。

middleware 是一个函数，定义为 func(next http.Handler)(http.Handler,error)New 方法返回的内容可以作为 middleware 函数的返回值。

16.3　Service 实现

在前文中，我们针对 Service 功能特性进行了详细介绍。作为一组服务访问规则，Service 负责配置如何访问最终将处理传入请求的实际服务。Service 的具体实现主要包含如下 3 部分。

16.3.1　定义 Service 配置

基于 Traefik 架构的设计思想，Traefik 的配置解析是直接映射（或者说反序列化）结构体实现的。所有 Service 的配置都隶属于 dynamic.Service 这个结构体，源码定义如下：

```
type Service struct {
  LoadBalancer *ServersLoadBalancer 'json:"loadBalancer,omitempty" toml:"loadBalancer,
                                     omitempty" yaml:"loadBalancer,omitempty" export:
                                     "true"'
  Weighted     *WeightedRoundRobin  'json:"weighted,omitempty" toml:"weighted,
                                     omitempty" yaml:"weighted,omitempty" label:"-"
                                     export:"true"'
  Mirroring    *Mirroring           'json:"mirroring,omitempty" toml:"mirroring,
                                     omitempty" yaml:"mirroring,omitempty" label:"-"
                                     export:"true"'
  Failover     *Failover            'json:"failover,omitempty" toml:"failover,
                                     omitempty" yaml:"failover,omitempty" label:"-"
                                     export:"true"'
}
```

基于上述 Traefik Service 结构体定义，所定义的 Service 所使用的配置均在此结构体中。

为了保证自定义的 Service 能够正常提供服务，通常需要遵循如下关键业务规范。

1）所定义的 Service 需要与 dynamic.Service 中的保持一致。例如，新定义一条 Service 配置，那么，需要在 dynamic.Service 中新增一条属性，以保证配置加载后能够生效。

2）所定义的配置模块会被加载、解析，故需遵循一定的语法规范，以保证可处理性。例如，基于 json、yaml 以及 toml 三种序列化格式，需保证语法的正确性。

3）针对可以省略的参数，基于 Go 语言特性，尽可能将其定义设置为指针类，以保证可访问性。

这里以 Mirroring 为例，首先定义 Mirroring Service 配置，具体源码如下所示：

```
type Service struct {
  LoadBalancer *ServersLoadBalancer 'json:"loadBalancer,omitempty" toml:"loadBalancer,
                                     omitempty" yaml:"loadBalancer,omitempty" export:
                                     "true"'
  Weighted     *WeightedRoundRobin  'json:"weighted,omitempty" toml:"weighted,
                                     omitempty" yaml:"weighted,omitempty" label:
                                     "-" export:"true"'
```

```
  Mirroring      *Mirroring          'json:"mirroring,omitempty" toml:"mirroring,
                                     omitempty" yaml:"mirroring,omitempty" label:"-"
                                     export:"true"'
  Failover       *Failover           'json:"failover,omitempty" toml:"failover,
                                     omitempty" yaml:"failover,omitempty" label:"-"
                                     export:"true"'
}
```

然后在 http_config.go 文件中定义 Mirroring 结构体，具体源码如下所示：

```
// Mirroring 负责持有镜像的相关配置 .
type Mirroring struct {
  Service        string              'json:"service,omitempty" toml:"service,omitempty"
                                     yaml:"service,omitempty" export:"true"'
  MaxBodySize *int64                 'json:"maxBodySize,omitempty" toml:"maxBodySize,
                                     omitempty" yaml:"maxBodySize,omitempty" export:"true"'
  Mirrors        []MirrorService     'json:"mirrors,omitempty" toml:"mirrors,omitempty"
                                     yaml:"mirrors,omitempty" export:"true"'
  HealthCheck *HealthCheck           'json:"healthCheck,omitempty" toml:"healthCheck,
                                     omitempty" yaml:"healthCheck,omitempty" label:
                                     "allowEmpty" file:"allowEmpty" kv:"allowEmpty"
                                     export:"true"'
}
```

16.3.2　定义 Service 对应的 Handler

完成上述 Service 配置后，定义 Service 的功能代码。按照 Traefik 已有的 Service 规范定义，Service 需要定义在 /pkg/server/service/ 路径。每个 Service 单独作为一个包存在。

因此，我们需要在 /pkg/server/service/ 目录下新建一个文件夹，并在该文件夹下新建文件。继续以上述 Mirroring 为例，它的目录结构如下所示：

```
├── pkg
│     └── server
│            └── service
│                   └── loadBalancer
│                           └── mirror
│                                  └── mirror.go
```

创建好对应的文件后，开始实现相关的业务逻辑，具体的源码实现如下所示：

```
package mirror

import (
  "bufio"
  "bytes"
  "context"
  "errors"
  "fmt"
  "io"
  "net"
  "net/http"
```

```go
    "sync"

    "github.com/traefik/traefik/v2/pkg/config/dynamic"
    "github.com/traefik/traefik/v2/pkg/healthcheck"
    "github.com/traefik/traefik/v2/pkg/log"
    "github.com/traefik/traefik/v2/pkg/middlewares/accesslog"
    "github.com/traefik/traefik/v2/pkg/safe"
)
type Mirroring struct {
    handler          http.Handler
    mirrorHandlers   []*mirrorHandler
    rw               http.ResponseWriter
    routinePool      *safe.Pool

    maxBodySize       int64
    wantsHealthCheck bool

    lock   sync.RWMutex
    total uint64
}

//返回一个镜像的新实例
func New(handler http.Handler, pool *safe.Pool, maxBodySize int64, hc
*dynamic.HealthCheck) *Mirroring {
    return &Mirroring{
        routinePool:       pool,
        handler:           handler,
        rw:                blackHoleResponseWriter{},
        maxBodySize:       maxBodySize,
        wantsHealthCheck: hc != nil,
    }
}

func (m *Mirroring) inc() uint64 {
    m.lock.Lock()
    defer m.lock.Unlock()
    m.total++
    return m.total
}

type mirrorHandler struct {
    http.Handler
    percent int

    lock   sync.RWMutex
    count uint64
}

func (m *Mirroring) getActiveMirrors() []http.Handler {
    total := m.inc()

    var mirrors []http.Handler
    for _, handler := range m.mirrorHandlers {
```

```
      handler.lock.Lock()
      if handler.count*100 < total*uint64(handler.percent) {
        handler.count++
        handler.lock.Unlock()
        mirrors = append(mirrors, handler)
      } else {
        handler.lock.Unlock()
      }
    }
    return mirrors
  }

  func (m *Mirroring) ServeHTTP(rw http.ResponseWriter, req *http.Request) {
    mirrors := m.getActiveMirrors()
    if len(mirrors) == 0 {
      m.handler.ServeHTTP(rw, req)
      return
    }

    logger := log.FromContext(req.Context())
    rr, bytesRead, err := newReusableRequest(req, m.maxBodySize)
    if err != nil && !errors.Is(err, errBodyTooLarge) {
      http.Error(rw, http.StatusText(http.StatusInternalServerError)+
        fmt.Sprintf("error creating reusable request: %v", err), http.
StatusInternalServerError)
      return
    }

    if errors.Is(err, errBodyTooLarge) {
      req.Body = io.NopCloser(io.MultiReader(bytes.NewReader(bytesRead), req.Body))
      m.handler.ServeHTTP(rw, req)
      logger.Debug("no mirroring, request body larger than allowed size")
      return
    }

    m.handler.ServeHTTP(rw, rr.clone(req.Context()))

    select {
    case <-req.Context().Done():
      logger.Warn("no mirroring, request has been canceled during main handler
ServeHTTP")
      return
    default:
    }

    m.routinePool.GoCtx(func(_ context.Context) {
      for _, handler := range mirrors {
        //prepare request, update body from buffer
        r := rr.clone(req.Context())
        ctx := context.WithValue(r.Context(), accesslog.DataTableKey, nil)
        handler.ServeHTTP(m.rw, r.WithContext(contextStopPropagation{ctx}))
      }
    })
```

```
}
```

16.3.3　编写 Service 初始化代码

基于上述 Service 配置以及对应的 Handler 定义，接下来进行 Service 初始化，具体源码实现如下所示：

```
//BuildHTTP 为服务配置创建 HTTP Handler
func (m *Manager) BuildHTTP(rootCtx context.Context, serviceName string) (http.
Handler, error) {
    ctx := log.With(rootCtx, log.Str(log.ServiceName, serviceName))
    serviceName = provider.GetQualifiedName(ctx, serviceName)
    ctx = provider.AddInContext(ctx, serviceName)
    conf, ok := m.configs[serviceName]
    if !ok {
        return nil, fmt.Errorf("the service %q does not exist", serviceName)
    }

    value := reflect.ValueOf(*conf.Service)
    var count int
    for i := 0; i < value.NumField(); i++ {
        if !value.Field(i).IsNil() {
            count++
        }
    }
    if count > 1 {
        err := errors.New("cannot create service: multi-types service not supported,
consider declaring two different pieces of service instead")
        conf.AddError(err, true)
        return nil, err
    }

    var lb http.Handler

    switch {
    case conf.LoadBalancer != nil:
        var err error
        lb, err = m.getLoadBalancerServiceHandler(ctx, serviceName, conf.LoadBalancer)
        if err != nil {
            conf.AddError(err, true)
            return nil, err
        }
    case conf.Weighted != nil:
        var err error
        lb, err = m.getWRRServiceHandler(ctx, serviceName, conf.Weighted)
        if err != nil {
            conf.AddError(err, true)
            return nil, err
        }
    case conf.Mirroring != nil:
        var err error
```

```
     lb, err = m.getMirrorServiceHandler(ctx, conf.Mirroring)
     if err != nil {
       conf.AddError(err, true)
       return nil, err
     }
   case conf.Failover != nil:
     var err error
     lb, err = m.getFailoverServiceHandler(ctx, serviceName, conf.Failover)
     if err != nil {
       conf.AddError(err, true)
       return nil, err
     }
   default:
     sErr := fmt.Errorf("the service %q does not have any type defined", serviceName)
     conf.AddError(sErr, true)
     return nil, sErr
   }

   return lb, nil
}
```

在上述代码中，我们需要关注 func(m *Manager) BuildHTTP() 方法。此方法由 Router 的初始化代码进行调用，用于初始化 Router 定义的 Service。

我们需要在 func (m *Manager) BuildHTTP() 方法中实现对自定义 Service 的初始化。

此方法首先提取了 Service 的配置，然后通过其中的 switch 语句，对配置的存在性进行判断。通过后，开始构建对应的 Service 实例。

```
func (m *Manager) getMirrorServiceHandler(ctx context.Context, config *dynamic.
Mirroring) (http.Handler, error) {
    serviceHandler, err := m.BuildHTTP(ctx, config.Service)
    if err != nil {
      return nil, err
    }

    maxBodySize := defaultMaxBodySize
    if config.MaxBodySize != nil {
      maxBodySize = *config.MaxBodySize
    }
    handler := mirror.New(serviceHandler, m.routinePool, maxBodySize, config.
HealthCheck)
    for _, mirrorConfig := range config.Mirrors {
      mirrorHandler, err := m.BuildHTTP(ctx, mirrorConfig.Name)
      if err != nil {
        return nil, err
      }

      err = handler.AddMirror(mirrorHandler, mirrorConfig.Percent)
      if err != nil {
        return nil, err
      }
    }
```

```
    return handler, nil
}
```

在上述实现的 Mirror 方法中，m.BuildHTTP(config.Service) 这里是调用 BuildHTTP 方法，通过配置中传入的其他 Service 名称，创建 Handler 实例，以供 Service 调用。

定义好 getMirrorServiceHandler 后，在 BuildHTTP 方法中增加配置的判断和调用。至此，Service 源码实现到此结束。

16.4   本章小结

本章主要基于项目实践角度针对 Traefik 的核心源码进行深入解读，具体如下。

❑ 针对 Traefik 动态配置更新功能实现源码进行剖析，涉及 Watcher 机制、Listener 机制、Switcher 机制以及 Provider 机制。

❑ 针对 Traefik 常用中间件 AddPrefix 实现逻辑源码进行剖析，涉及 AddPrefix 中间件定义、实现 AddPrefix 中间件的处理逻辑、实例初始化及注册。

❑ 针对 Traefik 的 Service 功能实现源码进行剖析，涉及定义 Service 配置、定义 Service 对应的 Handler 以及编写 Service 初始化代码。

云原生架构与GitOps实战

作者：王炜 张思施 著 书号：978-7-111-73742-1

全书共15章，分为四部分。

背景（第1章）：通过一个例子带领读者快速理解云原生架构和GitOps流水线，并介绍其业务价值。

GitOps核心技术（第2~7章）：介绍组成GitOps的核心技术栈，包括Docker、Kubernetes、持续集成、持续部署、镜像仓库和应用定义等。

高级技术（第8~13章）：介绍企业级场景下GitOps工作流的高级技术实战，包括高级发布策略、多环境管理、密钥管理、可观测性、服务网格和分布式追踪。

知识拓展与落地（第14~15章）：介绍云计算和CNCF的发展、GitOps的优势以及声明式和命令式的优劣，此外重点介绍了如何在企业内部落地GitOps。

推荐阅读

云原生落地：企业级DevOps实践

作者：应阔浩 李建宇 付天时 赵耀 著　书号：978-7-111-71045-5

　　这是一本指导企业如何向云原生架构转型的实战性著作。通过阅读本书，你将获得以下知识：透彻理解云原生的发展历程与意义；了解云原生实践应重点关注哪些方向；Kubernetes管理后台、关键组件选型以及定制化开发；如何研发自定义的企业级PaaS平台；如何设计持续集成的环境与分支选型；如何打造一个一流的CI/CD平台；如何选择流水线工具；如何设计企业级的持续部署平台；如何为工程师打造NPS高的配套工具；如何通过服务网格解决通用的熔断、限流问题；如何运营和推广云原生平台，让它100%落地。